U0309483

航天科技图书出版基金资助出版

航天推进技术

谭永华　主编

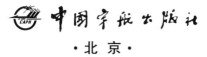

中国宇航出版社

·北京·

图书在版编目（CIP）数据

航天推进技术 / 谭永华主编 . -- 北京:中国宇航
出版社，2016.11

ISBN 978 - 7 - 5159 - 1211 - 0

Ⅰ.①航… Ⅱ.①谭… Ⅲ.①航天推进 Ⅳ.①V43

中国版本图书馆 CIP 数据核字（2016）第 260629 号

责任编辑　侯丽平
责任校对　祝延萍　　　　　　　**封面设计**　宇星文化

出　版
发　行　中国宇航出版社

社　址　北京市阜成路 8 号　　　　**邮　编**　100830
　　　　　（010）60286808　　　　　　　（010）68768548
网　址　www.caphbook.com
经　销　新华书店
发行部　（010）60286888　　　　　　（010）68371900
　　　　　（010）60286887　　　　　　（010）60286804(传真)
零售店　读者服务部
　　　　　（010）68371105
承　印　北京画中画印刷有限公司
版　次　2016 年 11 月第 1 版　　　2016 年 11 月第 1 次印刷
规　格　880×1230　　　　　　　　**开　本**　1/32
印　张　17.875　　　　　　　　　　**字　数**　514 千字
书　号　ISBN 978 - 7 - 5159 - 1211 - 0
定　价　148.00 元

航天科技图书出版基金简介

航天科技图书出版基金是由中国航天科技集团公司于2007年设立的，旨在鼓励航天科技人员著书立说，不断积累和传承航天科技知识，为航天事业提供知识储备和技术支持，繁荣航天科技图书出版工作，促进航天事业又好又快地发展。基金资助项目由航天科技图书出版基金评审委员会审定，由中国宇航出版社出版。

申请出版基金资助的项目包括航天基础理论著作，航天工程技术著作，航天科技工具书，航天型号管理经验与管理思想集萃，世界航天各学科前沿技术发展译著以及有代表性的科研生产、经营管理译著，向社会公众普及航天知识、宣传航天文化的优秀读物等。出版基金每年评审1～2次，资助20～30项。

欢迎广大作者积极申请航天科技图书出版基金。可以登录中国宇航出版社网站，点击"出版基金"专栏查询详情并下载基金申请表；也可以通过电话、信函索取申报指南和基金申请表。

网址：http：//www.caphbook.com

电话：（010）68767205，68768904

序

  航天推进系统是航天运载器的核心组成部分，其性能好坏直接关系到航天器的控制精度、寿命与可靠性，影响着进入空间的能力和水平，是国家高技术水平的重要体现。因此，世界各航天大国都致力于发展高性能、高精度、长寿命的航天器推进系统。

  借助以化学能为代表的航天推进技术，人类实现了人造卫星、载人航天和载人登月等辉煌壮举。然而对于未来深空探索而言，现有的火箭或空间飞行器显得力不从心，距人们希望飞得更远、飞得更快、飞行更经济还有不小的差距。进入 21 世纪以来，随着航天技术与空间科学的飞速发展，人类认识宇宙的手段越来越丰富，范围也越来越广，探索更深、更远、更广阔的太空，已成为人类航天活动的重要方向。各航天大国都制定了长远的深空探测计划，纷纷推出规模庞大的月球、火星和更远的行星际探测规划，作为未来航天发展的重要方向，相继发展了电推进、核推进及太阳帆等新型推进系统，为未来深空探测器提供动力支持。2015 年，我国航天领域首部蓝皮书也指出，未来几十年，中国航天将持续推进载人航天、深空探测等重大科技工程，这些都需要有先进的航天推进技术支持。

  《航天推进技术》一书是在作者及航天推进技术研究院的设计人员多年来从事航天推进技术的科研实践基础上，经系统地分析和总结航天推进技术方面的研究成果后编著而成，从航天推进技术的工程实际出发进行论述，广采博议，其中很多的数据、图表和分析结论是型号研制的体会及经验，可供同行和相关技术人员学习和参考。

中国工程院院士

2016 年 9 月

前　言

　　航天液体推进技术是人类空间活动的基础，其概念提出和理论研究起步于 20 世纪初期。冷战时期，美苏研制了数百种液体火箭发动机，促进了相关技术的初步应用和全面发展。20 世纪 90 年代以来，随着商业航天发展模式兴起，各国进一步研制了多种高可靠、高性能、低使用成本的无毒环保型发动机，支撑着航天技术的创新与发展。

　　20 世纪 50 年代后期，中国开始发展航天事业，液体动力推进技术经历了仿制、自主研制、全面发展和创新发展的四个阶段。60 年代，在吸收国外技术的基础上研制成功 YF - 2 系列发动机，支撑了中国导弹武器的发展，用于长征一号运载火箭，发射了东方红一号卫星。70 年代初，自主成功研制 700 kN 推力 YF - 20 发动机，用于战略导弹。在此基础上，进行了性能和可靠性提升，推力提高到 750 kN，同时，研制了 YF - 73、YF - 75 液氧液氢上面级发动机、YF - 40 常规推进剂上面级发动机，形成了现役运载火箭的主动力，为载入航天、月球探测等重大航天活动和各类卫星发射提供了坚强的动力。这一时期，空间推进技术也取得了长足的发展，研制了许多产品应用于导弹武器、航天器和卫星的轨姿控动力系统。90 年代以来，根据航天动力发展方向，形成了液氧煤油发动机和液氧液氢发动机两种主动力体系，研制成功 1200 kN 和 180 kN 液氧煤油发动机、500 kN 和 90 kN 液氧液氢发动机，用于新一代运载火箭，大幅度提高了中国进入空间的能力，将成为空间站建设、探月工程三期、火星探测等重大航天工程的主动力。根据未来发展的需求，目前已启动重型运载火箭大推力液氧煤油发动机和液氧液氢发动机研制，为大规模进入空间、开展载入登月和深空探测提供强大动力。与此同时，电推进已经进入工程应用阶段，吸气式发动机及其组合推进正进入工程探索阶段，核推进、微推进系统等新概念推进技术处于关键技术攻关阶段。

为了更好把握世界航天推进技术的发展态势，总结我国航天推进技术的发展经验，撰写了本书。由于固体火箭发动机技术是相对独立的技术领域，不在本书的论述范围内，本书主要论述液体推进技术和特种推进技术，共分为11章，其中，第1章为概论，介绍航天推进技术的基本概念、名词术语和分类；第2章常规发动机，介绍国内外可贮存推进剂发动机的典型产品，及其设计指导思想和设计细节；第3章低温发动机，介绍国内外典型和最新研制的液氧煤油发动机、液氧液氢发动机、液氧甲烷发动机的设计方法、设计参数和设计特点及发展趋势；第4章变推力发动机，主要论述泵压式、挤压式两种发动机的变推力实现模式、特点、设计方法和设计细节。第5章过氧化氢发动机，介绍单组元、双组元过氧化氢发动机的特点、设计方法、设计细节和发展趋势；第6章凝胶推进剂发动机，介绍凝胶推进剂的流动、雾化和理化特性，给出了凝胶发动机的设计方法、设计细节；第7章冲压发动机，回顾了冲压发动机的国内外发展现状，给出了冲压发动机关键技术的解决思路和设计方法，梳理了冲压发动机的发展趋势；第8章组合发动机，介绍国内外火箭基组合发动机、涡轮基组合发动机、复合预冷发动机等组合发动机的发展现状和发展趋势，各种组合发动机的技术特点、关键技术和设计方法；第9章电推进，介绍世界各种推进的发展现状和趋势、用途、设计特点和设计方法；第10章基于MEMS的微推进技术，论述基于MEMS的微推进技术的基本原理，不同种类微推力室、泵、阀门等组件的设计方法，同时也论述了发展现状和趋势；第11章其他特种推进技术，介绍了核推进技术、太阳热推进技术、太阳帆推进技术、脉冲爆震发动机等特种推进技术的概念、发展现状与趋势、特点和用途。

在本书的编写过程中，张贵田、孙宏明、丁丰年、陈祖奎等参与了全书的策划。孙宏明参加了第 1 章、第 2 章撰写，丁丰年、张小平参加了第 3 章撰写，林革、靳爱国、陈展参加了第 4 章撰写，林革、凌前程参加了第 5 章撰写，郝智超、陈祖奎参加了第 6 章撰写，杨宝娥、王玉峰、吕奇伟、严俊峰、付莉莉、周杰、尤裕荣参加了第 7 章撰写，张玫、南向谊、张蒙正参加了第 8 章撰写，韩先伟、魏建国参加了第 9 章撰写，张晰哲、陈祖奎参加了第 10 章撰写，唐周强、陈祖奎参加了第 11 章撰写。孙宏明、丁丰年、陈祖奎、林革、杜飞平等参加了全书的审校工作。

在本书的策划和撰写过程中，得到了张贵田院士的悉心指导，在出版过程中，得到了中国宇航出版社的大力支持，在此一并表示感谢。

本书在撰写的过程中，力求做到结构完整、概念清晰、论述清楚流畅，但由于航天推进技术领域广阔，特别是新型推进技术仍然处于发展和探索时期，本书的内容难免会有错误或疏漏，恳请读者批评指正。

2016 年 11 月于西安

目　录

第1章 绪 论

1.1 引言

自 20 世纪中叶起，航天技术一直是人类认识宇宙和改造自然进程中最具影响力和创新力的高新技术之一，不断发展和应用航天技术已成为世界各国现代化建设的重要内容。经过 60 多年的发展，人类在征服太空和开发空间资源方面取得了巨大的成就。迄今为止，世界各国已经发射了几千颗卫星和探测器，广泛用于通信、导航、资源探测和军事侦察等不同领域，极大地带动了科学技术的进步和经济的发展。

航天是当今世界高科技发展的重点。航天的发展对国民经济和国防建设都有着极其重要的意义。纵观世界航天的发展现状，不难看到，当前开发空间资源的主要目的是利用空间高远位置，实现信息的获取、传输和发布。当前航天活动涉及了应用卫星和卫星应用、载人航天、深空探测三个方面。半个多世纪的航天发展历史证明，航天技术创造的巨大社会财富，已为全人类所分享；航天技术推动着社会进步，已为全人类所共识。依靠航天技术，人类认识世界、改造世界的技术本领超过了以往任何一个时代。地球文明的边界正以不可思议的速度不断地向浩瀚的宇宙延伸。世界上几乎没有什么其他活动，会像航天活动那样，牵动着亿万公众的心，受到人们广泛和持久的关注。

航天技术的发展和进步，在很大程度上取决于航天推进技术的不断发展。世界各航天大国研制了一批先进的液体火箭发动机，用这些发动机组成了各种用途的运载火箭，实现了人造地球卫星的发射，实现了全球卫星通信和电视转播，实现了载人航天，实现了人类登上月球，实现了火星探测，极大地推动了人类文明的发展，取得了无以估量的经济效益及社会效益。

　　航天推进技术一般可分为化学推进和特种推进两大类，化学推进又分为固体推进、液体推进以及固液混合推进。由于篇幅所限，本书只就液体推进技术和特种推进技术展开论述。

1.2　液体推进技术

　　液体推进技术是指以液体火箭发动机为动力的推进技术。液体火箭发动机自身携带的推进剂在发动机燃烧室内进行燃烧反应或分解反应，将推进剂的化学能转变为热能，产生高温、高压燃气，燃气通过喷管膨胀，又将热能转变为动能，以超声速从喷管喷出，产生推力。

　　由于液体火箭发动机性能高、工作可靠、适应性强，因此在大型运载火箭及各种航天器上广泛使用。

1.2.1　液体火箭发动机的发展

　　20 世纪 20 年代，美国人罗伯特·H·戈达德（Robert. H. Goddard）成功研制了第一台液体火箭发动机，其推进剂为液氧汽油，并于 1926 年 3 月 26 日第一次进行火箭验证性飞行试验，获得了成功。

　　20 世纪 40 年代，液体火箭推进技术进入了实用阶段。1944 年，德国研制成功了以液氧酒精为推进剂的 A-1 发动机，组成了世界上第一枚 V-2 导弹。第二次世界大战中，德国首次把 V-2 导弹作为武器使用，向对方发动了攻击。

　　第二次世界大战结束后，美国和苏联利用从德国获得的 V-2 导弹的研制资料、人员以及生产工艺和制造设备，很快发展了自己的导弹工业，并在发展武器的同时，直接将战略武器的推进技术用于发展运载火箭，很快研制出第一代运载火箭推进系统。苏联首先研制了液氧煤油发动机 RD-107 和 RD-108，组成了东方号运载火箭，并于 1957 年 10 月 4 日，在世界上首次成功发射了第一颗人造地球卫星。此后不久，美国也改进了导弹用的液体推进系统，组成了运载火箭，成功发射了人造地球卫星。美苏两国竞相发展，研制了使用更为方便、性能更好的常规可贮存推进剂发动机，氧化剂为硝酸、N_2O_4，燃料为偏二甲肼（UDMH）、一甲基肼（MMH）以及混肼-50（A50），如苏联质子号运载火箭的 RD-253 发动机，氧化剂为 N_2O_4/偏二甲肼，美国的大力神 II 的一、二级发动机，推进剂为 N_2O_4/A50。

　　20 世纪 70 年代以后，美国、苏联/俄罗斯又相继研制出了推力更大、性能更高的液体火箭发动机。最具有代表性的是苏联的高压补燃液氧煤油发动机 RD-120、RD-170、RD-180 以及 RD-191，美国的航天飞机主发动机（SSME）——高压补燃液氧液氢发动机。

1.2.2　液体火箭发动机分类

　　液体火箭发动机按推进剂供应系统的形式，可分为挤压式液体火箭发动机和泵压式液体火箭发动机。图 1-1 所示为挤压式液体火箭发动机系统简图，这种系统的推力和室压较低，易于实现多次起动。目前使用的挤压式发动机推力范围为 0.02～100 kN。基本组件有阀门、喷注器、燃烧室和喷管。图 1-2 所示为泵压式液体火箭发动机系统简图。系统中除具有挤压式系统中那些组件以外，还包括燃气发生器以及把推进剂抽送到燃烧室的涡轮泵。

　　液体火箭发动机按所用推进剂组元的数量分类，可分为单组元、双组元和三组元液体火箭发动机。在单组元液体火箭发动机中，使用最多的是挤压式供应系统，这种供应系统相对简单，只有一种组元的贮箱和管路，只需向发动机供应一种组元，可靠性高；双组元液体火箭发动机使用最广，与单组元发动机相比，具有较高的能量特性，但在结构上比较复杂，需要氧化剂与燃料两个贮箱和比较复

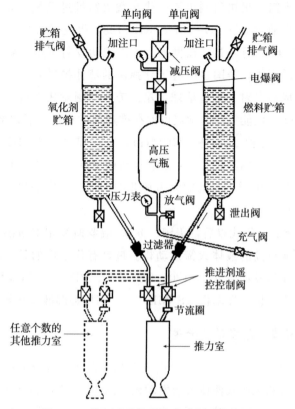

图 1 - 1　挤压式液体火箭发动机系统简图

杂的管路系统，还必须保证所需推进剂组元的混合比；三组元液体
火箭发动机属于远景动力装置。

　　液体火箭发动机按起动次数可分为：一次起动（如 SSME、
F - 1、RD - 107、RD - 108、RD - 253 等）；多次起动，上面级发动
机起动次数从 2 次到几十次，轨姿控发动机起动次数可达万次以上。

　　液体火箭发动机按循环方式，可分为燃气发生器循环液体火箭
发动机、推力室抽气循环液体火箭发动机、分级燃烧循环液体火箭
发动机、膨胀循环液体火箭发动机和全流量补燃循环液体火箭发
动机。

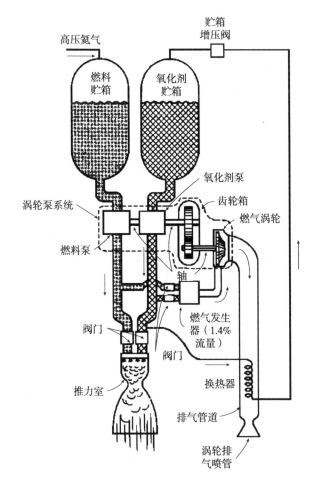

图 1 - 2　泵压式液体火箭发动机系统简图

燃气发生器循环液体火箭发动机是用得相当普遍的一种液体火箭发动机系统，用燃气发生器产生的燃气来驱动涡轮。由于涡轮叶片不能承受过高的温度，故燃气发生器常在高富氧混合比或高富燃混合比下工作。燃烧室压力一般为 4～15 MPa。由于涡轮排气的能量未能充分利用，使整个发动机的比冲下降 1%～5%。提高燃烧室压力就要提高组元供应压力，从而要求提高涡轮的输出功率。这导致燃气发生器的相对流量增加，结果使得燃烧室压力的提高受到限制。随着燃烧室压力增大，推力室真空比冲不断增加；但由于驱动涡轮的能量损失增加，发动机真空比冲的提高有一定的限制。因此减小传动涡轮泵的能量损失是一个重要课题，这主要靠完善涡轮泵的结构设计、合理选择各种参数以及有效地利用涡轮废气产生附加推力等方法来解决。

推力室抽气循环液体火箭发动机属于开式循环，该发动机的涡轮工质从推力室中靠近喷注器的截面处引出，温度适合于涡轮叶片的工作温度。这一系统不需要燃气发生器，结构简单，质量较小，但技术尚待进一步成熟。

分级燃烧循环液体火箭发动机又称为高压补燃循环液体火箭发动机，是将一种推进剂组元的全部流量和另一种推进剂组元的部分流量输送到燃气发生器中进行燃烧，产生低温燃气驱动涡轮。从涡轮排出的燃气再喷入燃烧室中进行补燃。这种方案涡轮工质的流量相当大，使涡轮的功率大幅提高，因而容许选取很高的燃烧室压力，以获得高性能。

膨胀循环液体火箭发动机将推力室冷却套中气化和加热了的气态推进剂引出来驱动涡轮，从涡轮排出之后再导入推力室，和另一组元进行燃烧。这种循环的发动机可以获得较高的发动机比冲，由于没有燃气发生器，发动机结构简单，质量也较小。但由于冷却套对推进剂的加热量有限，使涡轮的做功能力受到限制，从而限制了燃烧室压力的提高，燃烧室压力一般为 3～10 MPa，推力也受到了限制，这种方案适用于液氧液氢发动机。

全流量补燃循环液体火箭发动机拥有两个燃气发生器，一个富氧，另一个富燃，全部推进剂都经过这两个燃气发生器后进入燃烧室进行补燃。在这种系统中，发动机可达到的最高燃烧室压力值也有限制。这主要是由于涡轮的可用功率有限，该值由通过涡轮的燃气流量及其热力参数所确定。另一个可能出现的限制条件是需要过高的供应压力，当压力超过 60～70 MPa 时，由于技术和工艺上的原因，工作可靠性难以保证。

液体火箭发动机按其功能可分为两类：一类是导弹和运载火箭液体火箭发动机，包括主发动机、助推级发动机、芯级发动机、上面级发动机及游动发动机等；另一类是航天器主推进和辅助推进液体火箭发动机，包括远地点发动机、轨道机动发动机、姿态控制和轨道控制发动机及主发动机等。

1.2.3 液体火箭发动机组成

液体火箭发动机一般由推力室、燃气发生器、涡轮泵、阀门及总装元件等组成。

（1）推力室

推力室是将液体推进剂的化学能转变为喷气动能并产生推力的组件。推力室的组成有多种描述，如由头部和身部组成或由燃烧室和喷管组成等。本书认为推力室是由喷注器、燃烧室和喷管组成的。

对于双组元或多组元推力室，推进剂以确定的混合比经过喷注器喷入燃烧室，经雾化、蒸发、混合和燃烧后生成燃气。对于单组元推力室，推进剂经过喷注器喷入催化剂床，在燃烧室（分解室）分解，产生燃气。燃气经喷管膨胀、加速，形成超声速气流，从喷管喷气，产生推力。

为了燃烧室的工作可靠，不发生破坏性的燃烧不稳定性，经常设置隔板、声腔以及合理分布流强以形成"液相分区"的效果。

（2）燃气发生器

燃气发生器是产生涡轮工质的组件，燃气发生器的组成与燃烧室是相同的，只是扩张段很短。燃气发生器的工作过程与燃烧室一致，只是为了保证涡轮工作的可靠性，燃气温度要在涡轮材料的允许范围内，如使用不锈钢材料，燃气温度一般不应大于500 ℃，因此发生器的推进剂混合比要求高富氧或高富燃。如补燃循环的液氧煤油发动机，采用了高富氧发生器，混合比在55左右，以保证燃气温度为450 ℃～500 ℃，而液氧液氢发动机则可采用高富燃发生器。

（3）涡轮泵

涡轮泵由涡轮、转子、泵、轴承及密封等组成，其作用是由涡轮带动泵，将来自贮箱的推进剂组元进行增压。涡轮泵的总体布局，视所采用的推进剂类型不同，可以是涡轮、泵同轴或多轴同轴线布置；也可以异轴或多轴布置，此时设置齿轮箱，使之能协调工作，以保证准确混合比。根据发动机类型的不同，涡轮可以采用冲击式，也可采用反力式和部分反力式；泵多采用离心式，也有轴向式和径向式之分，对于输送低密度流体的液氢泵，要采用多级轴流泵。

（4）阀门

阀门有时也称为自动器，用于调节发动机参数或控制发动机的工作程序，一台发动机往往设置多个阀门和调节器。为了发动机的起动和关机，设置了启动阀和断流阀；为了调节推力，设置了流量调节器、节流圈、气蚀管；为了调节混合比，设置了混合比调节器；为了调节控制气体和液体，设置了各种单向阀、电爆阀等。

（5）总装及元件

发动机总装包括传递推力的机架，完成推力矢量调节的摇摆机构，以及管路、密封接头等。对于大型液体火箭发动机，一般需要由总装设置自身增压部件，如蒸发器或降温器，以保证给贮箱增压的气体流量和温度。

以上液体火箭发动机的部组件构成了液体火箭发动机推进剂的输送、点火、起动、关机、调节、贮箱增压以及吹除、预冷等分系统，实现液体火箭发动机起动、转级和关机。

推进剂供应系统是在要求的压力下，以规定的混合比和流量，将贮箱中的推进剂组元输送到推力室中的系统。推进剂供应系统有两个主要功能：提高推进剂的压力；把推进剂输送到一个或多个推力室。完成这些功能所需的能量或来自于高压气体，或来自泵，或来自于这两者。该系统由贮箱增压装置、推进剂输送管路、加注阀门、清洗泄出阀门、安溢阀门、液位指示器及相应导管组件组成。

贮箱增压是使贮箱内推进剂保持所要求压力的系统。惰性气体（如氦气和氮气）增压是最常用的增压方法。在泵压式系统中，贮箱需要一个较小的正压以避免泵的气蚀。对于低温推进剂，这个压力通过加热和蒸发一小部分从泵高压出口抽取的推进剂，然后把蒸气输入贮箱来获得。增压气体不能凝结，也不能溶解于液体推进剂，否则会大大增加所需的增压剂质量和增压系统硬件的质量。贮箱增压系统通常由增压气瓶或燃气降温器、推进剂蒸发器、增压气体输送管路和阀门组成。

自动调节系统是在干扰因素的作用下，保证发动机的主要参数（燃烧室压力、推进剂组元混合比以及推力室推力等）在允许的范围内或按预定的规律变化的系统。在自动调节系统中，数量最多的是各种阀门、节流圈和调节器。有各种气压、液压系统，电路系统，还有各种压力、流量及温度等传感器及测量仪表。在自动调节系统中还可能有专用的计算装置、微处理机或电子计算机。

点火系统是用于点燃燃烧室、发生器中非自燃推进剂的装置。它由点火器及电缆组成，一般安装于推力室的头部。在推力室起动时，一种推进剂组元总是比另一种组元提前很短的时间到达燃烧室，要使燃料和氧化剂供应系统完全同步、推进剂同时到达所有喷孔几乎是不可能的。通常有意让一种推进剂组元首先到达燃烧室能使点火更可靠。非自燃推进剂在开始燃烧之前需要通过吸收能量而激活。这部分能量由点火系统提供。目前许多非自燃推进剂的点火方案与方法已研制成功，且得到应用。

吹除系统是用惰性气体（如氮气、氦气）吹除发动机输送管路、燃烧室、发生器、涡轮泵和阀门等内腔的系统。吹除系统由气瓶、电动气阀、吹除阀和单向阀及其管路等组成。

预冷系统是低温推进剂（如液氢/液氧）液体火箭发动机起动前，用低温推进剂预先冷却发动机的热敏部件、组件和管路内腔的系统。发动机在起动前必须先将输送管道及泵腔等进行冷却，使它们的温度基本与推进剂温度一致。如果不预冷，当低温推进剂组元与相对较热的结构内壁接触时就会气化，结果使管路及泵腔内充满组元蒸气，从而使在涡轮泵起旋时泵造成气蚀，造成"断流"。此外进入燃烧室和燃气发生器的蒸气，会导致掺混不规则，从而形成有爆炸危险的气液混合物，使燃烧时组元混合比无论在燃烧室空间分布或随时间的变化上都处于不可控制的情况下。

为了在飞行中对飞行器进行控制，发动机具有推力矢量控制系统。推力矢量控制系统是使发动机改变推力作用方向，为火箭与导弹提供姿态控制力矩的系统。该系统应相对于飞行器的质量中心建立三种力矩：偏航力矩、俯仰力矩和滚动力矩。液体火箭发动机一般是火箭姿态控制系统的执行机构，它通过摇摆主推力室或游动发动机等方法，实现推力矢量控制。整个发动机安装在常平座上，通过火箭控制系统的伺服机构实现单向或双向摇摆。液体火箭发动机摇摆时，其推进剂输送管路要求至少有一段是柔性的，采用波纹软管，以保证推进剂从贮箱流进可摆动的发动机推力室中。

1.3　特种推进技术

非化学推进剂的推进技术称为特种推进技术，也称非常规推进技术，是航天推进技术的一种特殊类型。

特种推进技术包括电推进技术、微推进技术、核推进技术、太阳能推进技术和太阳帆推进技术等。电推进技术是利用电能加热、离解和加速工质形成高速射流而产生推力；核推进技术是用核热或核电加热推进剂而产生推力；太阳能推进技术是利用太阳能加热推进剂而产生推力；太阳帆推进技术是利用太阳光的光压产生推力。这些推进技术根据推进剂加速方式和结构形式的不同，还可分为多种不同的类型。如电推进技术就有电热式、电磁式和静电式三类。而电热式推进又可分为电阻加热式推进、电弧加热式推进、微波加热式推进和太阳能加热推进等；电磁式推进又可分为脉冲等离子体推进、稳态等离子体推进、阳极层推进、可变比冲磁等离子体推进、自洽磁场等离子推进、磁等离子动力学推进、脉冲感应推进等；静电式推进又可分为氙离子推进、场效应静电推进、微波离子推进和胶质离子推进等。

随着空间技术的不断发展，近几十年来，特种推进系统受到世界各航天国家的特别重视。尤其电推进技术，很多国家都在开发研究，其中电阻加热推进、电弧加热推进、脉冲等离子推进和稳态等离子体推进技术已趋成熟，并成功用于多种航天器。而核推进技术、太阳能推进技术和光子推进技术只有美国、俄罗斯等少数几个国家开展研究，需要解决一系列难题。

中国已开始了电推进技术的研究，目前处于工程应用演示验证阶段，其他特种推进技术还处在概念研究和探索阶段。

参 考 文 献

[1] HUZEL D K, HUANG D H. Design of Liquid Propellant Rocket Engines, revised ed. (In) 147, Progress in Astronautics and Aeronautics, AIAA, Reston, VA. 1992.

[2] 屠善澄. 载人航天发展展望. 北京：国防工业出版社，1997.

[3] SIDDIQI A A. Challenge to Apollo, the Soviet Union and the Space Race (1945—1974). NASASP - 2000 - 4408, 2000.

[4] 张贵田. 高压补燃液氧煤油发动机. 北京：国防工业出版社，2005.

[5] 毛根旺. 航天器推进系统及其应用. 西安：西北工业大学出版社，2009.

[6] MARTIN J L T. Rocket and Spacecraft Propulsion—Principles, Practice and New Developments (Third Edition). London: Springer - Verlag London Limited, 2009.

[7] CLAUDIO B, ANTONIOG G A. 先进的推进系统与技术：从现在到 2020 年. 侯晓，等，译. 北京：中国宇航出版社，2012.

[8] DAVID R G. Powered Flight—The Engineering of Aerospace Propulsion. London: Springer - Verlag London Limited, 2012.

第2章 常规推进剂发动机技术

2.1 引言

采用自燃可贮存推进剂的液体火箭发动机，一般称为常规推进剂发动机（简称常规发动机）。推进剂中，氧化剂多为硝基化学物质，最常用的有硝酸、四氧化二氮（N_2O_4）、硝酸与 N_2O_4 的混合物（如硝酸 27S）以及绿色 N_2O_4（在 N_2O_4 加入一氧化氮形成的物质，呈绿色）等；燃料则多为肼类物质，最常用的有无水肼（N_2H_4）、一甲基肼（MMH）、偏二甲肼（UDMH）及混肼（如混肼-50 为肼与偏二甲肼的混合物）。由于这些推进剂具有在地面和空间可长期贮存，且有可自燃的特点，成为液体火箭发动机广泛采用的推进剂组合。

在几十年的航天发展中，常规推进剂发动机起到了举足轻重的作用。在主级发动机方面，苏联研制的质子号运载火箭的 RD-253 系列发动机，采用了 N_2O_4/偏二甲肼推进剂，在世界上首次采用补燃循环；美国大力神Ⅱ和大力神Ⅲ运载火箭发动机采用了 N_2O_4/混肼-50 推进剂；欧洲（法国）的维金 4 发动机采用了 N_2O_4/偏二甲肼推进剂；中国的长征 2 号、长征 3 号和长征 4 号系列运载火箭的主级发动机全部采用 N_2O_4/偏二甲肼推进剂。

由于常规推进剂的可自燃性，是实现发动机脉冲工作和多次高空起动工作的方便条件，因而飞行器各种姿态控制发动机几乎都采用了常规推进剂。美国著名的阿金纳上面级发动机 LR-81-BA-91 采用了 N_2O_4/混肼-50 推进剂；阿波罗飞船的服务舱的主发动机、反作用发动机，登月舱的上升、下降发动机使用了 N_2O_4/混肼-50 推进剂，月球轨道器发动机使用了 N_2O_4／一甲基肼推进剂等。俄罗斯联盟号三级发动机，中国的长征-4系列的三级发动机，以及其他国家的上面级发动机多采用常规推进剂。

所有姿态控制发动机几乎无例外地都采用常规推进剂。小到几牛推力，大到几十牛、几千牛推力的单组元发动机，采用无水肼或无水肼—硝酸铵—水体系燃料，在催化剂作用下分解，形成高温高压燃气，从推力室喷管喷出，产生推力；双组元发动机也很容易实现脉冲工作和多次起动，用于导弹、火箭的姿态控制，完成航天器在轨工作的位置保持、变轨及返回等多种功能。

常规推进剂都具有毒性。如 N_2O_4 常温下易挥发成气体，吸入咽喉或接触皮肤有灼伤危害；遇水易形成稀硝酸，有强烈腐蚀作用。肼类燃料，如一甲基肼有剧毒，吸入体内，形成累积，且不可排出。因此，常规推进剂使用受到了限制。但是由于其具有较高的性能、可贮存和可自燃的优点，在上面级和姿态控制发动机上，在很长的时期内还将继续使用。

常规推进剂发动机在人类航天发展历程中，起到了非常重要的作用。从20世纪90年代开始，美国、欧洲对一次性运载火箭进行了更新换代，以常规推进剂发动机为主动力的运载火箭相继退役。中国从20世纪末开始研制以液氧煤油、液氧液氢发动机为主动力的新一代运载火箭系列，开始投入使用，将逐步代替常规推进剂发动机为主动力的现役长征系列运载火箭，常规推进剂的上面级发动机、航天器姿态控制发动机，在未来相当长的时期内，仍将继续起到举足轻重的作用。

2.2　主级发动机

常规推进剂的主级发动机按循环方式可分为燃气发生器循环发动机和补燃循环发动机，其中燃气发生器循环发动机的典型代表是美国大力神ⅢC一级发动机 LR-87-AJ-11，法国阿里安1～阿里安 4 系列火箭的一级维金 5（Viking 5）发动机以及中国长征系列运载火箭的 YF-20 发动机；补燃循环发动机的典型代表是苏联质子运载火箭和撒旦（SS-18）、匕首（SS-19）洲际导弹的一级 RD-253 发动机。其他的常规推进剂的主级发动机的性能见表 2-1。

2.2.1　LR-87-AJ-11 发动机

美国大力神ⅢC 的一级发动机为 LR-87-AJ-11（2 台并联），由美国宇航喷气通用公司于 1960—1964 年研制，推进剂为 N_2O_4/混肼-50，采用发生器循环，火药启动器起动。每台发动机可双向摇摆。

LR-87-AJ-11 发动机的系统由推进剂供应系统、增压系统及控制电路等组成，如图 2-1 所示。推进剂供应主系统由涡轮泵、推进剂主阀、管路以及推力室等组成。涡轮工质供应副系统由输送管路、阀以及发生器等组成。燃料增压系统由降温器、管路及阀等组成。由燃气发生器后引出一定流量的燃气，进入降温器，通过燃料主管路冷却成一定压力的低温燃气，给燃料贮箱增压。氧化剂增压系统由蒸发器、管路及阀等组成。由氧化剂泵后引出一定流量的氧化剂，进入蒸发器，通过涡轮排气加热成一定温度的蒸气，给氧化剂贮箱增压。为防止火箭（导弹）发生纵向耦合振动（POGO），在发动机前输送管路上布置了蓄压器。

LR-87-AJ-11 发动机的工作原理：接到起动指令，打开泵前阀，推进剂充填到主阀前腔道，固体火药启动器通电工作，产生的燃气驱动涡轮，通过齿轮箱带动燃料和氧化剂两个泵，使推进剂增压并加速。由泵后引出的燃料和氧化剂进入发生器燃烧产生燃气，接替火药启动器继续驱动涡轮工作。当燃料主管路压力达到 2.06 MPa 时，打开燃料主阀，随之，与其机械联动的氧化剂主阀也打开，推进剂相继进入推力室。氧化剂由头部直接进入推力室，燃料进入集合器，经推力室冷却通道、冷却推力室后进入推力室，发动机转为主级工作。

表 2 - 1　常规推进剂的主级发动机的性能

序号	发动机代号	研制公司	研制时间	推进剂	真空推力/kN	真空比冲/(m/s)	室压/MPa	混合比	推质比/(kN/kg)	用途
1	LR-91-AJ-11	宇航喷气通用公司	1960—1964	N_2O_4/混肼50	449.27	3 125	5.9	1.79	0.835	大力神3C第二级
2	AJ-10-138	宇航喷气通用公司	1962—1966	N_2O_4/混肼50	35.6	2 962	0.723	2.0	0.363	大力神3C过渡级
3	RD-0210	柯兹贝克设计局	1961—1968	N_2O_4/UDMH	600	3 099	14.87	2.28	1.06	质子号第二级和第三级
4	RD-214	气体动力试验室设计局	1952—1957	N_2O_4/UDMH	730	2 590	4.36	3.97	0.984	宇宙1第一级
5	RD-216	气体动力试验室设计局	1652—1958	N_2O_4/UDMH	1 728	2 857	7.35	—	1.109	宇宙2,短剑第一级
6	YF-2A	中国	1965—1968	AK-27S/UDMH	海平面推力 4×274.5	海平面比冲 2 363	6.57	2.46	0.93	CZ-1第一级
7	YF-3	中国	1965—1968	AK-27S/UDMH	320.2	2 814	6.31	2.48	0.915	CZ-1第二级
8	YF-21	中国	1965—1980	N_2O_4/UDMH	4×780	2 840	6.98	2.1	0.909	CZ-2/CZ-2C第一级
9	YF-24	中国	1965—1980	N_2O_4/UDMH	主机719.8 游机46.09	主机2 834 游机2 741	主机6.52 游机3.29	主机2.181 游机1.57	0.875	CZ-2/CZ-2C第二级
10	维金4	法国欧洲动力装置公司	1966—1978	N_2O_4/75%UDMH +25%水合肼	723	2 873	5.2	1.90	0.964	阿里安1~阿里安4第二级

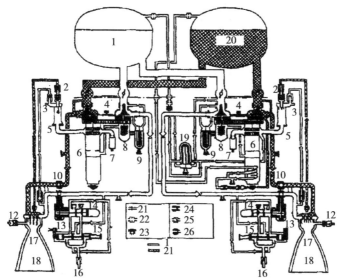

图 2-1　LR-87-AJ-11 发动机（2 台）的系统组成

1—燃料；2、3—单向阀；4—涡轮转速传感器；5—燃气发生器；

6—蒸发器；7—火药启动器；8—润滑油泵和油箱；9—润滑油换热器；

10—氧化剂主阀；11—燃料主阀；12—燃烧室压力传感器；13—LTCV 盒；

14—作动器；15—压力程序阀；16—向箭外排泄；17—燃烧室；

18—烧蚀喷管；19—降温器；20—氧化剂；21—限流孔；22—破裂膜片；

23—快速脱落连接器；24—气蚀文氏管；25—过滤器；26—声速流控制喷管

LR-87-AJ-11 发动机的结构特点：推力室由直流式喷注器头部、管束式身部以及烧蚀喷管延伸段组成。喷注器面为弧形结构，上面有以同心圆形式排列的直流互击式喷嘴，共 17 环，燃料环和氧化剂环交替排列，最内和最外为燃料环。采用燃料再生冷却和内冷却液膜，内冷却液膜由外圈燃料喷嘴环上的小孔喷出，流量占燃料总流量的 10.5%。涡轮泵由氧化剂泵、燃料泵、涡轮、齿轮箱以及润滑油系统组成，氧化剂泵和燃料泵通过齿轮带动。

LR-87-AJ-11 发动机的性能与结构参数见表 2-2。

表 2 - 2　　LR - 87 - AJ - 11 发动机的性能与结构参数

序号	参数	数值
1	真空推力/kN	1 176.8
2	氧化剂流量/（kg/s）	261.11
3	燃料流量/（kg/s）	137.42
4	混合比	1.9
5	地面比冲/（m/s）	2 533
6	真空比冲/（m/s）	2 952.8
7	燃烧室压力/MPa	5.9
8	喷管面积比	15
9	工作时间/s	190
10	推力质量比/（kN/kg）	1.05
11	结构质量/kg	1 120.8
12	直径/mm	3 100
13	高度/mm	3 100

2.2.2　维金 5 发动机

　　维金 5 发动机是法国阿里安 1～阿里安 4 火箭的一级发动机，由法国欧洲动力装置公司（SEP）于 1966—1978 年研制。推进剂为 N_2O_4 和 UH25 混肼（75％偏二甲肼＋25％水合肼）。采用发生器循环，泵压式供应系统。4 台独立工作的维金 5 发动机由机架并联组成一级发动机，每台单机可以沿切线摇摆±5°。

　　维金 5 发动机的系统由推进剂供应系统、涡轮工质供应系统、指令操作系统、贮箱增压系统、调节系统（混合比调节和燃烧室压力调节）以及火箭纵向耦合振动校正系统组成，如图 2 - 2 所示。

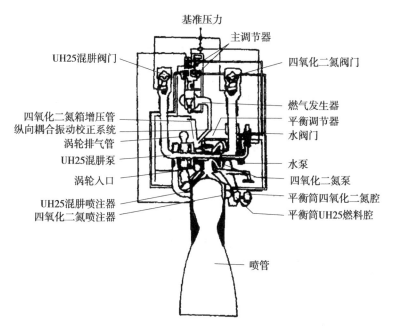

图 2 - 2　维金 5 发动机的系统组成

维金 5 发动机的性能与结构参数见表 2 - 3。

表 2 - 3　维金 5 发动机的性能与结构参数

序号	参数	数值
1	海平面推力/kN	613
2	真空推力/kN	686
3	海平面比冲/（m/s）	2 438
4	真空比冲/（m/s）	2 759
5	燃烧室压力/MPa	5.39
6	混合比	1.85
7	喷管面积比	13.8
8	工作时间/s	145
9	推力质量比/（kN/kg）	0.876
10	结构质量/kg	700
11	直径/mm	990
12	高度/mm	3 028

2.2.3　YF-20 发动机

中国长征 2 系列运载火箭的一级发动机，由 4 台独立的 YF-20 发动机通过机架并联组成。推进剂为 N_2O_4/偏二甲肼。采用燃气发生器循环，泵压式推进剂供应系统，火药启动器起动。每台单机可以做 $\pm 10°$ 的切向摇摆，为火箭提供姿态控制力矩。

长征 2 系列运载火箭的一级发动机的系统由起动系统、主系统（推力室推进剂供应系统）、副系统（涡轮工质供应系统）及增压系统等组成，如图 2-3 所示。

YF-20C 发动机的性能与结构参数见表 2-4。

表 2-4　YF-20C 发动机的性能与结构参数

序号	参数	数值	备注
1	海平面推力/kN	740	4 机并联为 4×740
2	真空推力/kN	820	4 机并联为 4×800
3	海平面比冲/（m/s）	2 550	
4	真空比冲/（m/s）	2 820	
5	混合比	2.12	
6	燃烧室压力/MPa	7.7	
7	喷管面积比	12.69	
8	工作时间/s	140	任务要求可工作 300 s
9	推力质量比/（kN/kg）	1.040	
10	结构质量/kg	2 850	为 4 机并联
11	直径/mm	3 510	为 4 机并联
12	高度/mm	3 335	为 4 机并联

YF-20 发动机的结构特点：推力室采用直流式喷嘴喷注器，两股自击喷嘴同心圆排列在 15 个喷嘴环上，每环两排喷嘴；采用小收缩比燃烧室，与喷管组成身部，用波纹管形成再生冷却通道，冷却剂为燃料。涡轮泵为同轴立式结构，涡轮端置，采用二级冲击式涡

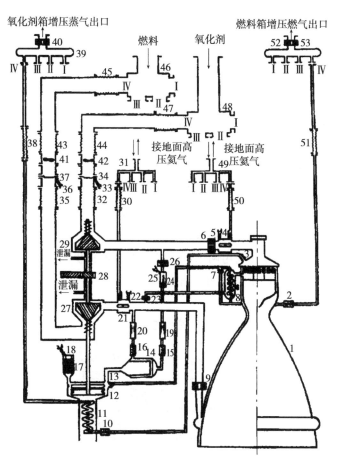

图 2-3　长征 2 系列运载火箭的一级发动机的系统组成

1—推力室；2、10、15、16—单向阀；3、19、20—气蚀管；4、21—主阀；

5、18、22、25、33、36—电爆阀；6、7、9、23、40、53—节流圈；

8—燃气降温器；11—N_2O_4 蒸发器；12—涡轮；13—声速喷嘴；14—燃气发生器；

17—火药启动器；24—N_2O_4 副断阀；26—过滤器；27、29—泵；28—齿轮箱；

30、38、43、44、45、47、50、51—补偿软管；31、49—控制气体集合器；

32、35—摇摆软管；34、37—启动阀；39、52—集合器；41、42—过滤器；

46—燃料五通；48—氧化剂五通

轮，离心泵。阀门多采用简单可靠的电爆阀和单向阀。采用自生增压方式，氧化剂用 N_2O_4 蒸发器，燃料用燃气降温器，泵前摇摆。主要管路采用自动位置焊接接头。

2.2.4　RD‑253 发动机

苏联研制了世界上首型常规推进剂补燃循环发动机 RD‑253，用于质子运载火箭和撒旦（SS‑18）、匕首（SS‑19）洲际导弹第一级的 6 台发动机并联使用。RD‑253 发动机由苏联气体动力试验室设计局（现动力机械科研生产联合体）于 1961—1965 年研制。推进剂为 N_2O_4/UDMH。采用补燃循环，泵压式供应系统。每台可作切向摇摆。发动机的主要特点是预燃室为富氧燃烧，自身起动，广泛采用焊接结构，并且利用两个小型燃气发生器提供燃气给贮箱增压。RD‑253 发动机的整体结构如图 2‑4 所示。

图 2‑4　RD‑253 发动机的整体结构

RD‑253 发动机的系统由推进剂供应系统、调节系统、推进剂利用系统和贮箱增压系统组成，如图 2‑5 所示。

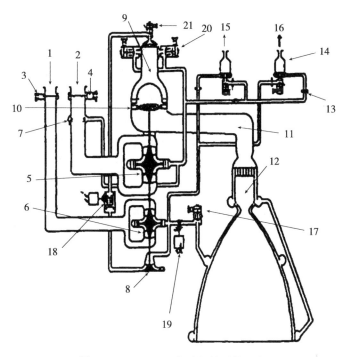

图 2-5 RD-253 发动机的系统组成

1、2—推进剂入口；3、4—电爆膜片阀；5—氧化剂阀；6、8—两级燃料泵；

7—氧化剂射流泵；9—发生器；10—涡轮；11—燃气导管；12—燃烧室；

13—节流圈；14—贮箱增压器（2）；15、16—增压器出口；

17、20（2）、21—火药断流阀；18—推力调节器；19—推进剂利用系统节流阀

RD-253 发动机的工作原理：启动时，通电打开两台泵前入口电爆阀。在贮箱压力和推进剂液柱静压头作用下，推进剂组元充填泵腔。然后通电打开发生器氧化剂电爆阀和燃料电爆阀，推进剂组元进入发生器，进行自燃燃烧。按程序通电打开推力室主燃料电爆阀，燃料进入推力室冷却通道后进入头部。这时发生器产生的燃气已驱动涡轮旋转。给涡轮做功后的燃气沿燃气导管进入推力室。在燃烧室内，燃气与沿推力室冷却通道进入的燃料进行燃烧。适当选择燃气和燃料进入推力室的时间，就可保证涡轮在推力室内还没有

建立反压时已达到足够的转速。随着涡轮转速不断增长，发动机转入主级工作。

RD - 253 发动机的发生器燃料管路上装有推力调节器，这是一种电动的节流阀，用以控制发生器的燃料流量。当改变燃料流量时，就改变了发生器的混合比，这就改变了燃气的 RT 值，因而涡轮和泵的功率发生了变化，也即改变了泵后压力及流量，从而调节了发动机推力。推力室燃料主管路上装有电动节流阀，由推进剂利用系统进行控制，根据其指令调节燃料流量，改变发动机推进剂的混合比。

RD - 253 发动机的性能与结构参数见表 2 - 5。

表 2 - 5　RD - 253 发动机的性能与结构参数

序号	参数		数值
1	推力/kN	海平面	1 474
		真空	1 635
2	比冲/（m/s）	海平面	2 795
		真空	3 100
3	混合比		2.69
4	燃烧室压力/MPa		14.7
5	喷管面积比		26
6	工作时间/s		130
7	推力质量比/（kN/kg）		1.15
8	结构质量/kg		1 280
9	直径/mm		1 500
10	高度/mm		2 720

RD - 253 发动机的主要组合件在下面描述。

（1）推力室

RD - 253 发动机的推力室由头部和身部两大部分构成，身部又由燃烧室和喷管组成，其结构如图 2 - 6 所示。

RD - 253 发动机推力室的头部装有 169 个主喷嘴，均匀地排列

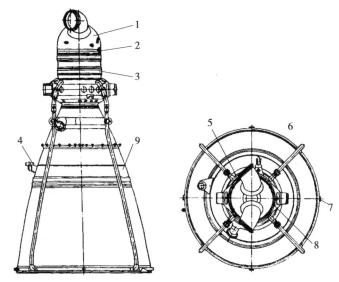

图 2 - 6　RD - 253 发动机的推力室结构

1—混合头部；2—连接环；3—燃烧室；4—支架；

5—接管嘴；6—接管；7—支架；8—标高座；9—喷管

在 7 个同心圆的圆周上，如图 2 - 7 所示。主喷嘴为气液双组元直流-直流式喷嘴。为了保护内底，在主喷嘴之间配置了 200 多个小流量的燃料单组元离心式喷嘴。冷却液自冷却通道直接进入头部内腔，给涡轮做功后的富氧燃气则沿燃气导管直接进入头部外腔。在燃气导管中装有导流栅，使燃气压力沿横截面均匀分布。

RD - 253 发动机推力室的身部为内外壁组成的焊接结构。冷却通道为铣槽和波纹板（喷管出口部位）结构，采用再生冷却和液膜冷却。再生冷却用燃料作冷却剂。燃料泵后绝大部分燃料进入冷却通道的集合器，此集合器位于喷管临界截面之后，其中大部分燃料沿冷却通道流向推力室头部，小部分燃料流向喷管出口，并汇集在喷管出口处的集合器内，然后从这里沿导管回流到位于推力室圆柱段末端的集合器。此时两股燃料流量汇合，再沿推力室冷却通道流向头腔。除了再生冷却及由头部形成的低温近壁层外，在推力室的

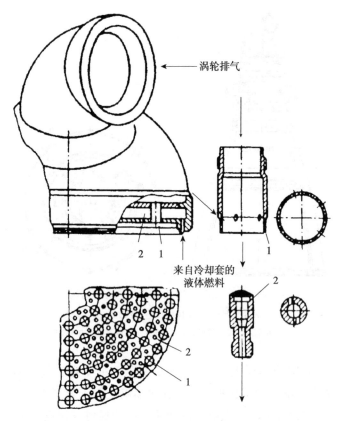

图 2-7　RD-253 发动机推力室的头部与喷注器

1—气液双组元直流—直流式喷嘴；2—液体单组元离心式喷嘴

圆柱段还设有两条内冷却带。冷却通道内的燃料经冷却带上的小孔喷入室内，在内壁形成冷却液膜。燃烧室内壁内表面还涂有耐高温陶瓷涂层。燃烧室壁的热流密度为 120 MW/m^2，燃烧室压力为 14.7 MPa，喷管出口截面压力为 0.061 MPa。RD-253 发动机推力室的身部结构如图 2-8 所示。

（2）发生器

RD-253 发动机的发生器为球形结构，直接焊接在涡轮壳体上。发生器包括球形外壳和圆柱形内壁，其结构如图 2-9 所示。室壁用氧化剂进行冷却。发生器流量占推进剂总流量的 75% 左右，产生的高压富氧燃气温度为 780 K，燃气压力为 24 MPa。

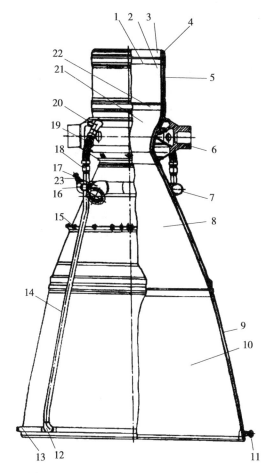

图 2-8　RD-253 发动机推力室的身部结构

1—上冷却环；2—燃烧室下圆柱段；3—燃烧室上圆柱段；4—内壁；5—推力室外壁面；

6—带摇摆轴的加强环；7—集液环；8—喷管上段；9—波纹板；10—喷管下段；

11—接管嘴；12—弯管；13—集液环；14—导管；15—隔热屏；16—支座；17—弯管；

18—过渡管；19—导管；20—弯管；21—推力室中段；22—下冷却环带；23—接管嘴

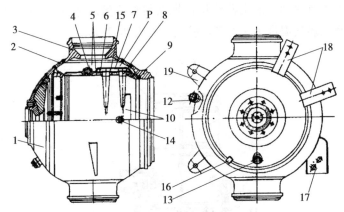

图 2 - 9　RD - 253 发动机的发生器结构

1—混合头部；2—球形底；3—氧化剂入口法兰（2个）；4—支座；5—内壁；6—冷却套；
7—导流板；8—喷嘴；9—环；10—衬环；12—接管嘴；13—接管嘴；14—接管嘴；
15—衬套；16—支架；17—支架；18—槽钢；19—支耳；P—内腔

（3）涡轮泵

RD - 253 发动机的涡轮泵由两台双面入口的带诱导轮的离心泵和轴流冲击式涡轮组成。

涡轮转速为 14 000 r/min，功率为 18 740 kW，涡轮和泵配置在两个轴上，氧化剂泵和涡轮安装在一个轴上，如图 2 - 10 所示。

RD - 253 发动机的燃料泵安装在另一个轴上，两轴之间用一个挠性短轴传递扭转力矩，如图 2 - 11 所示。燃料泵为两级，第一级向推力室供应燃料，先对推力室进行冷却，再进入燃烧室；第二级向发生器供应燃料，产生高压富氧燃气。

（4）氧化剂泵的前置泵

为了提高 RD - 253 发动机氧化剂泵的抗气蚀性能，在泵入口管路上安装射流泵（引射器），由主泵出口的高压腔引出燃料到射流泵。射流泵在喷嘴环中将液体的内能转化为动能，并在混合器中将能量传递给主流液体。如图 2 - 12 所示，氧化剂进口导管装有引射泵，以提高氧化剂入口压力，由氧化剂泵后的高压导管引出一股氧化剂供给此引射泵。

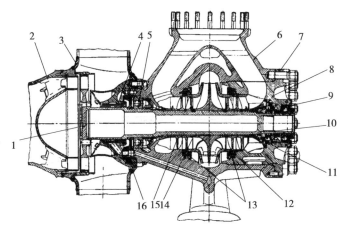

图 2-10　RD-253 发动机的涡轮与氧化剂泵结构

1—涡轮；2—涡轮喷嘴环；3—涡轮出口集合器；4—"浮动"式迷宫密封；5—轴承；
6—氧化剂泵壳体；7—泵盖；8—挡板；9—轴承；10—轴；11—轴套；12—盖；
13—"浮动"式迷宫密封；14—衬环（铜环）；15—诱导轮；16—盖

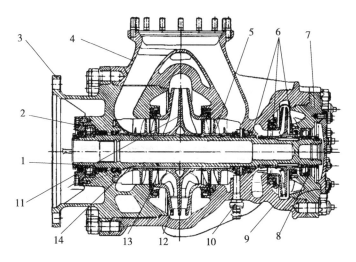

图 2-11　RD-253 发动机的燃料泵结构

1—轴；2—轴承；3—泵盖；4—泵壳体；5—诱导轮；6—"浮动"式迷宫密封；7—泵盖；
8—轴承；9—燃料二级泵离心轮；10—转速传感器；11—燃料一级泵离心轮；
12—"浮动"式迷宫密封；13—挡板；14—磁导体

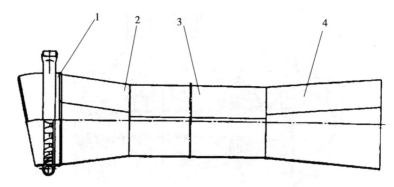

图 2 - 12　RD - 253 发动机的氧化剂射流泵

1—喷嘴环；2—收缩段；3—混合腔；4—扩压段

（5）贮箱增压组件

RD - 253 发动机的氧化剂贮箱增压用混合器结构如图 2 - 13 所示。

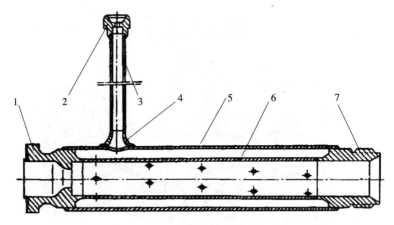

图 2 - 13　氧化剂贮箱增压用的混合器结构

1—节流圈；2—节流圈；3—导管；4—过渡管；5—外套；6—导管；7—接管嘴

RD - 253 发动机的燃料贮箱增压用的发生器结构如图 2 - 14 所示。

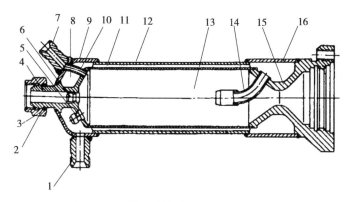

图 2 - 14　燃料贮箱增压用的发生器结构

1—燃料入口管嘴；2—衬环；3—外套螺母；4—壳体；5—燃料喷嘴；6—氧化剂喷嘴；
7—燃气压力测量管嘴；8—混合头部；9—外底；10—导管；11—内壁；12—外壁；
13—内腔；14—附加燃料供入喷嘴；15—法兰；16—环

（6）自动器

RD - 253 发动机共采用 9 个结构简单的电爆阀，用以控制发动机的起动和关机。发动机上还设有推力调节器和混合比调节器，用以控制飞行时发动机的推力和混合比。

苏联/俄罗斯对 RD - 253 发动机进行了改进设计，形成了一系列发动机，其性能与结构参数如表 2 - 6 所示。

表 2 - 6　RD - 253 系列发动机的性能与结构参数

序号	参数	型　号		
		RD - 253	RD - 275	RD - 275M
1	海平面推力/kN	1 474	1 590	1 669.9
2	真空推力/kN	1 635	1 747	1830
3	海平面比冲/（m/s）	2 814.5	2 814	2 824
4	真空比冲/（m/s）	3 098.9	3 099	3097
5	混合比	2.69	2.69	—
6	燃烧室压力/MPa	14.7	15.7	16.5

续表

序号	参数	型　号		
		RD-253	RD-275	RD-275M
7	结构质量/kg	1 080	1 070	1 070
8	直径/mm	1 500	1 500	1 500
9	高度/mm	3 000	3 050	3 050
10	工作时间/s	130	—	—
11	研制时间	1961—1965	1967—1993	2001—2005
12	用途	质子火箭	质子火箭	质子火箭

2.3　上面级发动机

2.3.1　LR-81-BA-9发动机

美国通用上面级阿金纳系列的主发动机LR-81-BA-9是由美国贝尔航天航空公司于1959—1960年研制的。推进剂为高密度硝酸（硝酸+44%四氧化二氮）和偏二甲肼。采用火药启动器起动（3个，可起动3次），泵压式供应系统。能双向摇摆，最大摆角±5°。

LR-81-BA-9发动机的性能与结构参数见表2-7。

表2-7　LR-81-BA-9发动机的性能与结构参数

序号	参数	数值
1	真空推力/kN	74
2	真空比冲/（m/s）	2 892
3	混合比	2.64
4	燃烧室压力/MPa	3.41
5	喷管面积比	45
6	工作时间/s	240
7	结构质量/kg	130
8	直径/mm	920
9	高度/mm	2 100

LR‐81‐BA‐9 发动机系统由推力室推进剂供应系统、涡轮泵工质供应系统、增压系统和控制电路组成。发动机的工作原理：启动时，同时给点火装置和燃气发生器阀门的电磁阀通电，固体燃气发生器点火，产生燃气吹动涡轮，涡轮加速。当燃料泵产生足够的泵后压力时，燃料压力打开燃气发生器的推进剂阀，涡轮开始由燃气发生器产生的燃气驱动，使涡轮达到所需转速。弹簧加载的氧化剂主阀输送压力打开，经压力开关喷入燃烧室。当氧化剂流量达到 90% 的额定值时，打开燃料主阀，燃料进入燃烧室与氧化剂相遇燃烧。

2.3.2　AJ‐10‐137 发动机

AJ‐10‐137 发动机是美国阿波罗飞船服务舱的主发动机，用于修正飞向月球的轨道，使飞船进入近月轨道、飞船脱离月球轨道转移到飞向地球的轨道以及对这些轨道进行修正。AJ‐10‐137 发动机由美国宇航喷气公司于 1962—1967 年研制。推进剂为 N_2O_4/混肼 50。采用氮气挤压供应系统。通过电动伺服机构可双向摇摆 $\pm 8°$。

AJ‐10‐137 发动机的性能与结构参数见表 2‐8。

表 2‐8　AJ‐10‐137 发动机的性能与结构参数

序号	参数	数值
1	真空推力/kN	97.5
2	真空比冲/（m/s）	3 060
3	混合比	1.6
4	燃烧室压力/MPa	0.7
5	喷管面积比	62.5
6	工作时间/s	750
7	结构质量/kg	367
8	直径/mm	2 500
9	高度/mm	3 900

2.4　姿态控制发动机

2.4.1　R-4D 发动机

R-4D 发动机是美国马夸特公司于 1962—1965 年为阿波罗飞船的登月舱和服务舱研制的姿态控制发动机，推进剂为 N_2O_4/混肼50，采用氦气挤压式供应系统。其功能是：使登月舱与指令—服务舱分离；登月舱自主飞行段的定向和稳定；月球表面着陆前机动飞行；从月球起飞后与阿波罗飞船交会和对接；当上升级发动机提前关机时保证登月舱必要的速度增量；登月舱主发动机起动前使贮箱内推进剂沉底。

R-4D 发动机的性能与结构参数见表 2-9。

表 2-9　R-4D 发动机的性能与结构参数

序号	主要参数	数值
1	真空推力/N	445
2	真空比冲/（m/s）	2 795
3	燃烧室压力/MPa	0.67
4	混合比	2
5	喷管面积比	40
6	最小脉冲时间/ms	12
7	最小冲量/（N·s）	1.76
8	启动次数/次	$\geqslant 1 \times 10^4$
9	最快工作速率/（次/s）	30
10	喷管喉部截面直径/mm	22
11	结构质量/kg	2.2
12	出口直径/mm	165
13	高度/mm	343

R-4D 发动机的结构如图 2-15 所示。推力室采用液膜加辐射冷却的组合冷却方式。燃烧室由钼材锻造而成，其表面涂有二硅化

钼涂层，用以防止由 N_2O_4 和肼类燃料所生成的燃气的氧化作用。喷
管面积比 6.8：1 以下为用钴基合金 L - 605 制成的喷管延伸段。由
于喷管为两段组成，只要改变延伸段，就可容易地改变喷管面积比。
喷注器头部有 4 个同心环和一个用来提供平稳起动的预燃室。同心
环上的喷孔是均布的，有 8 对双组元直流互击式主喷嘴。

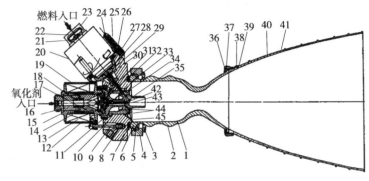

图 2 - 15　R - 4D 发动机的结构

1—燃烧室；2、40—加强肋；3—连接螺钉；4—连接卡圈；5—连接半环；6—燃烧室法兰盘；
7—燃烧室密封垫片；8—铜螺衬；9—电磁阀安装螺钉；10—喷注器壳体；11、26—酚醛隔热支衬；
12—氧化剂电磁阀；13—手控线圈；14—自控线圈；15—绕线轴；16—内塞；17—衔铁；
18—弹簧；19—阀门罩壳；20—燃料阀；21—过滤器环；22—节流圈；23—工艺堵头；
24—燃料阀安装螺钉；25—套筒式安装螺钉；27、28、32—密封圈；29、31—阀门隔热支承架；
30—预燃室引流管；33—密封支承垫块；34—8 个预燃室冷却喷孔；35—预燃室；
36—连接螺帽；37—垫片；38—固定销丁；39—防松套环；41—尾喷管；
42—预燃室氧化剂引入管；43——对预燃室喷嘴孔；44—8 对主喷嘴孔；45—冷却液膜喷孔

　　R - 4D 发动机的预燃室是一个从喷注器面上伸出的圆柱形小燃
烧室，它有一对双组元直流式喷嘴孔，氧化剂喷嘴孔径为 1.09 mm，
燃料喷嘴孔径为 0.635 mm。少量的推进剂先在预燃室内混合、燃
烧，使主燃烧室建立背压和温度，这样可以减少点火延迟时间，避
免起动压力峰。

　　R - 4D 发动机研制中出现了高热流燃烧、点火压力峰、集液腔
爆炸的典型问题。

1) 高热流燃烧。喷注器由于"热反侵"，在间歇工作时，喷注器吸收热量，达到平衡时温度可达 204～260℃，足以使氧化剂出现膜沸腾或两相流。另外，由于异常的喷注使燃烧温度升高约 149～204℃，即在正常燃烧温度 1 538℃ 的基础上又增加了 149～204℃，致使燃烧室壁温超过了硅化物涂层的上限。采取液膜冷却后解决该问题，但因此也使比冲下降。

2) 点火压力峰。分析认为是由于在上一次点火后在燃烧室壁上残留有燃料或燃料/氧化剂混合物，这一现象通过透明燃烧室观察已经证实。在下次点火时出现凝聚相爆燃。爆炸物是由燃料、水和硝酸盐组成。为了消除燃料混合物残留，规定了燃烧室最低工作温度，在此温度以上，混合物能够蒸发掉，可以安全点火。阿波罗登月舱采用混肼-50，温度下限为 51.7 ℃，而指挥舱采用一甲基肼，温度下限为 15.6 ℃。由于壁上残留的燃料是液膜冷却的结果，在脉冲循环工作时，氧化剂超前进入将不易造成残留。另外，减小集液腔有利于消除残留物。减少燃烧室质量也是有利的，但性能将相应降低。

3) 集液腔爆炸。原因是在阀门关闭后，燃料和氧化剂的排空是靠重力和外部压力作用。分析表明，克服重力排空，必须依靠蒸气压将液体压入喷注器。但这个过程中，在特定条件下，在燃料三相点以上的外压可能把燃料压入氧化剂腔。流入氧化剂腔的燃料，在适当的压力和试件温度条件下凝结。下一次氧化剂进入后发生反应并爆炸。减少集液腔容积，是解决这一问题的有效措施。

2.4.2　YF-80 发动机

YF-80 发动机是中国第一型姿态控制发动机，1971—1981 年研制。采用氮气恒压挤压式供应系统，无水肼催化分解推力器。

YF-80 发动机的主要性能见表 2-10。

表 2 - 10 YF - 80 发动机的主要性能

序 号	参数		数值
1	真空推力/N	甲推力室	44.13
		乙推力室	5.49
2	真空比冲/（m/s）	甲推力室	2 145
		乙推力室	2 059
3	燃烧室压力/MPa		0.608
4	喷管面积比		17.85
5	工作时间/s		3 000

YF - 80 发动机的推力室由头部、身部和催化剂组成。头部由上、下喷注盘，喷注管，框架以及滤网等组件组成。甲推力室用 9 根毛细管，乙推力室用 1 根毛细管作喷注管。毛细管外径 0.8 mm，壁厚 0.16 mm。采用穿入式喷嘴，喷嘴由粗、细滤网及环、片组成。甲推力室喷嘴呈环形，乙推力室喷嘴呈圆柱形。身部有催化剂床，装有颗粒度为 20～30 目的"816"催化剂（自发型，含铱）和直径 2 mm 的"814"催化剂（非自发型，含钼、铬）。喷管为双圆弧特型喷管。

YF - 80 发动机的推力室性能见表 2 - 11。

表 2 - 11 YF - 80 发动机的推力室性能

序号	参数	数值	
		甲推力室	乙推力室
1	真空推力/N	39.22	3.92
2	真空比冲/（m/s）	2 108	2 040
3	燃烧室压力/MPa	0.608	0.588
4	冷启动次数/次	5	5
5	冷启动加速性/s	≈1.5	≈1.5
6	热启动加速性/s	<0.2	≈0.15
7	最长工作时间/s	10	5
8	最短工作时间/s	0.22	0.22
9	最长间隔时间/s	150	400

续表

序号	参数	数值	
		甲推力室	乙推力室
10	最短间隔时间/s	0.5	1
11	累计工作时间/s	60	160
12	室压粗糙度	<±7%	120

2.4.3　FY-81 发动机

FY-81 发动机是长征 3 运载火箭第三级姿态控制和火箭推进剂沉底发动机。发动机为氮气恒压挤压式单组元肼催化分解发动机。共有 12 台推力器，其中 8 台用于姿态控制，俯仰和偏航控制各 2 台，推力分别为 58.8 N，滚动控制 4 台，推力为 9.8 N。另外 4 台为推进剂管理，2 台推力为 39.2 N，2 台推力为 196 N。

FY-81 发动机的性能与结构参数见表 2-12。

FY-81 发动机的推力室由头部、身部及催化剂三部分组成。头部由带法兰集合器、支架、喷注板、毛细管和滤网等组成。支架、毛细管与带法兰集合器和喷注板采用高温钎焊连接。身部由圆筒、喷管、挡板和隔网组成，圆筒与喷管的连接采用自动亚弧焊。催化剂有细颗粒 816H 和粗颗粒 814H 两种。

表 2-12　FY-81 发动机的性能与结构参数

序号	参数	数值			
1	真空推力/N	4×9.8	2×39.2	4×58.8	2×196
2	真空比冲/（m/s）	≥2 123	≥2 123	≥2 123	≥2 123
3	气瓶容积/L	7.2×2			
4	气瓶初始压力/MPa	21			
5	贮箱容积/L	60			
6	贮箱工作压力/MPa	1.6			
7	燃烧室压力/MPa	1.057	0.884	0.687	0.958
8	冷起动加速性/s	≤1	≤1	≤1	≤1.2

续表

序号	参数	数值			
9	热起动加速性/s	≤0.2	≤0.2	≤0.2	≤0.4
10	冷起动关机减速性/s	≤0.25	≤0.25	≤0.25	≤0.4
11	热起动关机减速性/s	≤0.2	≤0.2	≤0.2	≤0.2
12	催化剂床直径/mm	15.5	32	36	69
13	催化剂床长度/mm	38.5	31	33	59
14	喷管喉部直径/mm	2.63	5.8	8.06	15.9
15	推力室长度/mm	104	119.1	25.1	201
16	推力室质量/kg	0.3	0.4	1.4	—

2.4.4　DK600-3 发动机

DK600-3 是东方红 3 卫星的姿控发动机，1986—1996 年研制。推进剂为一甲基肼和绿色 N_2O_4。采用姿控、轨控推力器统一的挤压式供应系统。推进剂管理采用部分管理式表面张力贮箱。过渡轨道期间，采用恒压供应，同步轨道期间采用落压供应。

DK600-3 发动机 490 N 推力器的喷注器采用双漩涡喷嘴与燃烧室间用电子束焊连接。推力室身部采用液膜冷却，以降低热反侵。燃烧室和喷管采用难容铌合金，内外表面涂有硅化物抗氧化涂层。

DK600-3 发动机的推力室性能见表 2-13。

表 2-13　DK600-3 发动机的推力室性能

序号	参数	数值	
		姿控	轨控
1	真空推力/N	14×10	490
2	真空比冲/（m/s）	2 744	3 030
3	混合比	1.65	1.65
4	燃烧室压力/MPa	0.8	0.67
5	电磁阀开关效应时间/ms	≤10	≤10
6	喷管面积比	85	154

参 考 文 献

[1]　任新民，龙乐豪，屠守锷，等．世界航天运载器大全[M]．北京：中国宇航出版社，1996．

[2]　刑继发，刘国球，黄坚定，等．世界导弹与航天发动机大全[M]．北京：军事科学出版社，1999．

[3]　褚桂柏．航天技术概论[M]．北京：中国宇航出版社，2002．

[4]　栾恩杰，张庆伟，李双庆，等．国防科技名词大典·航天[M]．北京：航空工业出版社，兵器工业出版社，原子能出版社，2002．

[5]　毛根旺．航天器推进系统及其应用[M]．西安：西北工业大学出版社，2009．

[6]　陈新华，田希晖，苏凌宇，等．航天器推进理论[M]．北京：国防工业出版社，2014．

第 3 章 低温发动机技术

3.1 引言

低温发动机是指采用低温推进剂的液体火箭发动机。所谓低温推进剂是指在大气压下沸点低于环境温度的推进剂，这些推进剂只有在低于环境温度下才能保持液体状态。最常见的低温推进剂包括液氧（LO_2）、液氢（LH_2）、甲烷（LCH_4）、丙烷（LC_3H_8）、液氟（LF_2）、液氨（LNH_3）等。推进剂的沸点和临界温度低，为了在环境温度下减少沸腾引起的蒸发损失，需要采用绝热措施。其中液氧来源广泛、价格低廉，广泛用作液体火箭发动机的氧化剂，与多种燃料组合，如液氧/煤油、液氧/液氢、液氧/甲烷（或液化天然气）、液氧/酒精、液氧/丙烷等，形成低温推进剂组合。常用低温推进剂的物理化学性能见表 3-1。

表 3-1 常用低温推进剂的物理化学性能

	分子式	密度/ (kg/l)	冰点/ K	沸点/ K	蒸发热/ (kJ/kg)	临界温度/ K	临界压力/ MPa
液氧	O_2	1.14	54	90	214	154.3	5.004
液氢	H_2	0.07	13.9	20.4	454	33.2	1.273
甲烷	CH_4	0.42	91	112	578	191	4.5
煤油	$C_{12}H_{22}$	0.83	200~220	420~550	343	673	3.967
丙烷	C_3H_8	0.58	85.5	231.1	425.7	369.8	4.25

低温推进剂选用的基本原则包括性能高（单位质量推进剂的能量高，燃气或分解气体的分子量低）、无毒、无污染、易点火、燃烧

稳定、密度大、冷却性好、资源丰富、成本低。除此以外，还需考虑应用条件（一子级、助推级还是上面级）、研制经验、技术风险和研制成本等。

低温液体火箭发动机的发展大致可以分为以下几个阶段。

（1）最初的发展阶段

早在 20 世纪 20—30 年代，德国、美国、苏联、英国、法国的一些航天爱好者和业余团队开展了液体火箭发动机的探索性研究，设计制造了一些挤压式低温发动机，部分进行了试验性飞行，同时也开展了泵压式发动机的探索。

二战期间，德国研制出了世界上第一种战略武器 V-2 导弹及其低温火箭发动机——A-4 液氧/酒精发动机。A-4 发动机是世界上出现最早的较大推力的液体火箭发动机，推进剂是液氧和浓度为 75% 的酒精，室压 1.47 MPa（绝），比冲 1 961 m/s。该发动机的设计思想完全以武器为目的，因为急于投入战争，发动机并不完善，性能较低，但它仍代表着当时液体火箭发动机的最高水平，其设计理念和研制成果对后来研发更大推力的液体火箭发动机起着里程碑的作用。

（2）以导弹武器为应用背景的发展阶段

二战结束后，苏联和美国均获得了德国的 V-2 导弹和 A-4 发动机及其技术人才，开始仿制 A-4 发动机，并着手改进和研制新的液氧/酒精发动机。改进之一是提高酒精的浓度，增加室压，如美国 NA-75-110-A7 发动机的室压提高至 2.157 MPa（绝），比冲增加到 2 256 m/s。苏联在仿制的基础上研制了 RD-100、RD-101、RD-103 液氧/酒精发动机；美国研制了"红石"导弹的 A-6、A-7 和 NA-75-110-A7 液氧/酒精发动机。

20 世纪 50—60 年代，随着冷战时期军备竞赛的加剧，苏联和美国开始研制更高性能的液氧/煤油燃气发生器循环发动机。煤油比冲高、资源丰富、价格便宜，能够满足更大推力发动机的需要。如苏联 SS-6 导弹（东方号火箭）用的 RD-107、RD-108 发动机，SS-10

导弹用的 RD-111 发动机；美国雷神导弹的 MB-3 发动机（由一台 LR-79-NA 主发动机和一台 LR-101-11 组成），宇宙神导弹的一子级 MA-5 发动机（由二台 LR-89-NA-7 助推发动机、一台 LR-105-NA-7 主发动机和二台 LR-101-NA-7 游动发动机组成），丘辟特导弹的 S-3D 发动机、大力神 I 导弹的 LR-87-AJ-3 和 LR-AJ91-3 等。

这一时期研制的液氧/煤油发动机均采用发生器循环系统，共同特点是室压和性能偏低。后来，各国以洲际导弹为基础，经改进而成为第一代运载火箭，开创了人类卫星发射、载人航天的历史，其中俄罗斯的联盟号运载火箭目前仍在使用。

（3）以载人登月为应用背景的发展阶段

20 世纪 60—70 年代，是液体火箭发动机发展速度最快、研发规模最大的时期。以载人登月为目标，美国和苏联研制了多种液氧/煤油发动机和液氧/液氢发动机。

这一阶段研制的液氧/煤油发动机包括美国土星 1B 火箭的 H-1 发动机、土星 V 火箭的 F-1 发动机，以及德尔塔系列导弹/火箭的 RS-27；苏联 N-1 火箭的 NK-33、NK-43、NK-39 等发动机。

值得指出的是，美国这一时期的液氧/煤油发动机继续采用燃气发生器循环，性能较低；而苏联突破了高压补燃循环技术，发动机性能提高 15% 左右，使液体火箭发动机技术上了一个新台阶。

同时期，美国研制了高性能的液氧/液氢发动机，包括土星 V 火箭的 J-2 燃气发生器循环发动机、土星 I 火箭和半人马座上面级的 RL-10 膨胀循环发动机；苏联研制了 RD-57 补燃循环发动机，作为 N-1 火箭二、三、四级动力的备份。

（4）以航天飞机与重复使用为应用背景的发展阶段

20 世纪 70—80 年代，以大规模开发利用空间和实现航天运载器的可重复使用为目标，美国研制了部分重复使用的航天飞机，苏联研制了能源号运载火箭/暴风雪号航天飞机。

这一阶段，美国研制了 SSME 液氧/液氢发动机，俄罗斯研制了

RD-170 液氧/煤油发动机和 RD-0120 液氧/液氢发动机。这些发动机均采用先进的高压补燃循环系统，可以重复使用。

由于发射需求的不足和使用维护费用过高，航天飞机并没有实现降低发射成本的目的，美国航天飞机也在 2011 年全部退役，能源/暴风雪号更是在苏联解体后即告终止。但是，三种发动机的整体技术水平达到了很高的水平，对液体火箭发动机的发展有着重要意义。

此外，以重复使用为目标，美国和俄罗斯还进行了多种低温发动机的论证和研究，包括美国的 RS-2000 液氧/液氢塞式喷管发动机、RS-2100 液氧/液氢全流量补燃循环发动机、RS-84 液氧/煤油补燃循环发动机，俄罗斯的 RD-701 和 RD-704 液氧/煤油/液氢三组元补燃循环发动机等。但是，这些发动机均没有完成研制。

（5）以低成本一次性运载火箭为应用背景的发展阶段

20 世纪 90 年代—21 世纪初，世界各国运载火箭的发展方向转变为以民用、商用为目标，将可靠性、经济性、环保性、安全性等作为主要的设计原则。

这一阶段，各国研制了多种无毒环保、低成本的一次性使用运载火箭及其液氧/煤油和液氧/液氢发动机，美国宇宙神 V 火箭采用俄罗斯研制的 RD-180 液氧/煤油发动机、德尔塔 4 采用 RS-68 液氧/液氢发动机，俄罗斯安加拉火箭采用 RD-191 液氧/煤油发动机，欧空局阿里安 5 采用火神液氧/液氢发动机，日本 H-2A/B 火箭采用 LE-7A 液氧/液氢发动机，中国的新一代运载火箭采用 YF-100 和 YF-115 液氧/煤油补燃循环发动机、YF-77 液氧/液氢燃气发生器循环发动机、YF-75D 液氧/液氢膨胀循环发动机。

值得指出的是，这一时期商业航天得到了快速发展，Space X 公司以先进的管理模式，研制的猎鹰 9 运载火箭获得了巨大成功，其主动力为 Merlin 1 液氧/煤油发动机；轨道科学公司研制了安塔瑞斯运载火箭，采用苏联的 NK-33 液氧/煤油发动机。

（6）低温发动机未来发展趋势

21 世纪初以来，低温发动机的发展趋势主要为两个方向，一方面采用先进技术，不断提高发动机比冲和推重比等性能指标，结合先进的管理模式，持续降低一次性使用运载火箭的发射成本。另一方面大力发展重复使用技术，以期通过回收再利用，大幅度降低发射成本。

在此期间，研制或规划的发动机主要为美国的 BE - 4 液氧/甲烷富氧补燃循环发动机、AR - 1 液氧/煤油富氧补燃循环发动机、Raptor 液氧/甲烷全流量补燃循环发动机。结合已有的 RD - 180、RS - 25 等发动机，低温发动机的技术发展趋势是采用补燃循环等先进技术，液氧/煤油和液氧/甲烷发动机推力一般在 2 000 kN 以上，液氧/液氢发动机推力一般 1 000～2 000 kN。

3.2　液氧/煤油发动机

二战后，世界各国从仿制 A - 4 发动机开始，逐步由研制液氧/酒精发动机向研制液氧/煤油发动机过渡。这是因为与液氧/酒精相比，液氧/煤油的性能高、资源丰富、价格便宜。最初研制的液氧/煤油发动机借鉴了以前在液氧/酒精发动机上成功应用的方案：采用燃气发生器将过氧化氢催化分解成高温气体，再驱动涡轮。早期气体发生器的过氧化氢由过氧化氢高压贮箱供给，后来改为泵压式供给：从较低压力的贮箱流出的过氧化氢经小泵（主涡轮泵通过齿轮带动小泵旋转）升压后进入气体发生器。后续的液氧/煤油发动机采用双组元燃气发生器驱动涡轮。可以说，液氧/煤油发动机研制技术水平在不断提高与进步。在研制液氧/煤油发动机的过程中，虽经历了燃烧不稳定性、积碳等技术难关，却都一一得到了解决。20 世纪60 年代，宏伟的阿波罗计划让人类登上了月球，做出最大贡献之一的是 F - 1 液氧/煤油发动机。至今仍用于联盟号火箭的 RD - 107、RD - 108 是 20 世纪 60—70 年代研制的液氧/煤油发动机。另一种用于天顶号火箭的 RD - 170、RD - 120 则是 20 世纪 80 年代研制的补燃循环发动机。

　　针对燃气发生器循环的液氧/煤油发动机的缺陷和不足，苏联开创性地研制了富氧补燃循环液氧/煤油发动机。这一技术的发展使液体推进技术上了一个新台阶，不仅消除了大推力液氧/煤油发动机高频燃烧不稳定性和富燃发生器积碳等致命的难题，而且室压得以较大提高，性能大幅度增加，同时采用新技术、新材料及新工艺解决了煤油冷却及富氧环境下的强氧化问题，已成功用于天顶号、能源号运载火箭上，其中 RD - 170 发动机是目前世界上推力最大的液体火箭发动机。21 世纪初，俄罗斯在 RD - 170 基础上研制的 RD-180 已经成功地用于宇宙神 V 运载火箭的芯级上，研制的 RD - 191 发动机成功应用于安加拉系列运载火箭。在液氧/煤油发动机的发展过程中，具有里程碑意义的几种发动机的性能参数如表 3 - 2 所示。

表 3 - 2　典型的液体火箭发动机的性能参数

序号	名称	研制年代	推进剂	循环方式	海平面推力/ kN	海平面比冲/ (m/s)
1	A - 4	1940—1942 年	液氧/酒精	燃气发生器	249	1 959
2	MB - 3	1953—1957 年	液氧/煤油	燃气发生器	756	2 473
3	F - 1	1958—1966 年	液氧/煤油	燃气发生器	6 770	2 597
4	RD - 107	1954—1959 年	液氧/煤油	燃气发生器	813	2 510
5	RD - 170	1974—1985 年	液氧/煤油	高压补燃	7 259	3 030
6	RD - 180	1996—1999 年	液氧/煤油	高压补燃	3 826	3 059
7	RD - 191	1998—2014 年	液氧/煤油	高压补燃	1 922	3 035

　　由于液氧/煤油的密度比冲高，无毒、无污染、资源丰富及价格低廉，有利于用在基础级（一级和助推级）、全液氧/煤油运载火箭和小型重复使用运载器上，今后仍将被世界各国所广泛采用。

3.2.1 发动机系统

液氧/煤油发动机一般由推力室、推进剂供应系统、流量控制装置，以及保证发动机工作可靠的预冷、排放、吹除及程序控制要求的组件等构成。液氧、煤油在推力室内按一定规律混合、燃烧，生成高温燃气，进而膨胀、加速、排出，产生推力。

目前，已研制成功的液氧/煤油发动机，其推进剂供应系统可分为挤压式系统和泵压式系统两种。在泵压式系统中，按其涡轮的驱动系统又可分为开式循环（燃气发生器循环）和闭式循环（补燃循环，又称为分级燃烧）。如图 3-1 所示。

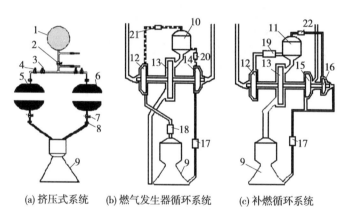

(a) 挤压式系统   (b) 燃气发生器循环系统   (c) 补燃循环系统

图 3-1 液氧/煤油发动机的系统简图

1—高压气瓶；2—电爆阀；3、4—减压阀；5—液氧箱；6—煤油箱；7—主阀；8—孔板；
9—推力室；10—燃气发生器；11—预燃室；12—液氧泵；13—涡轮；14—燃料泵；
15—燃料一级泵；16—燃料二级泵；17—燃料主阀；18、19—液氧主阀；20—燃料副阀；
21—液氧副阀；22—预燃室燃料阀

3.2.1.1 挤压式系统

挤压式系统是将较高压力贮箱中的液氧和煤油分别流经阀门和流量调节装置输送到推力室进行燃烧，进而产生推力。该系统采用高压气瓶及减压阀维持贮箱的压力恒定，保证发动机的推力不变。

该系统通常由推进剂贮箱、高压气瓶、推力室、推进剂供应及增压管路、各种阀门等组成。该系统简单、工作可靠，适合于推力较小的姿态控制系统和上面级，如韩国 2002 年飞行试验成功的韩国探空火箭三级推进系统（SKR-Ⅲ）（图 3-2）、美国 SpaceX 公司为小型猎鹰系列运载火箭研制的二级茶隼发动机（图 3-3）。茶隼发动机的推力室由发汗冷却的燃烧室和铌合金辐射冷却喷管延伸段构成，较好地解决了挤压式推力室的冷却问题。

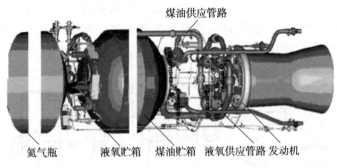

煤油供应管路

氦气瓶　　　液氧贮箱　煤油贮箱　液氧供应管路　发动机

图 3-2　SKR-Ⅲ的半安装系统

图 3-3　茶隼二级发动机

以 SKR-Ⅲ 为例，简单介绍一下液氧/煤油发动机挤压式系统。该发动机的性能参数如表 3-3 所示。

表 3-3 SKR-Ⅲ 的性能参数

序号	名称	单位	参数
1	推进剂	—	液氧/煤油
2	发动机真空推力	kN	123.56
3	发动机真空比冲	m/s	2 059
4	发动机混合比	—	2.34
5	工作时间	s	56
6	增压剂质量	kg	28.5
7	液氧质量	kg	2 390
8	煤油质量	kg	1 034
9	液氧质量流量	kg/s	42.0
10	煤油质量流量	kg/s	17.96

由图 3-2 可以看出，SKR-Ⅲ 由一个高压氦气瓶、液氧贮箱和煤油贮箱、推进剂供应管路、发动机和阀门等组成。该系统的特点是：采用文氏管保证推进剂流量不变；液氧阀和燃料阀采用可多次工作的气动球阀；采用常温氦气增压系统（高压气瓶分两路增压，每一路有两个减压器保证贮箱压力恒定，如图 3-4 所示）；为控制液氧温度，液氧输送管路出口使用了排放系统；发动机摇摆，各管路为软管。

3.2.1.2 燃气发生器循环系统

液氧/煤油发动机早期常采用燃气发生器循环系统，该系统除了推进剂供应分系统（包括贮箱、高压气瓶及其管路等）外，发动机本身由燃气发生器、涡轮泵、推力室、推进剂管路及阀门等组成。燃气发生器用来产生驱动涡轮旋转的工作介质（高温气体），涡轮带动液氧泵和煤油泵高速转动，使得液氧、煤油的压力提高，进入推力室燃烧、膨胀加速产生推力。与挤压式系统相比，推进剂贮箱的

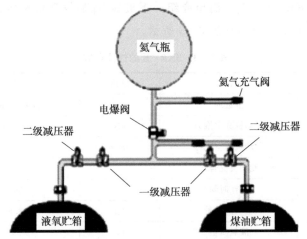

图 3 - 4　SKR - Ⅲ 的增压分系统

压力较低，整个推进系统结构质量较小；推力室易于采用再生冷却，较高的室压，发动机性能较高。

燃气发生器循环系统的特点：

1）燃气发生器为富燃发生器，混合比偏低，发生器燃气温度受涡轮转子材料的限制，通常在 920～1 060 K 之间。

2）推力室的室压一般低于 10 MPa（绝）。

3）通常采用燃料作为推力室的冷却剂。

4）燃烧室为液—液燃烧，燃烧稳定性较差，常产生高频燃烧不稳定性，尤其是大推力发动机。如 F - 1 发动机从开始研制到飞行，共做了 2 000 多次全尺寸试验，是一项为解决燃烧不稳定性而进行的最费时、最费力及最昂贵的研制计划。

5）驱动涡轮的燃气排到外界（如图 3 - 5 所示）。由于这部分燃气的化学能没有充分利用，使发动机的比冲下降 3～7％。部分发动机将这部分燃气引入推力室的喷管内，使燃气沿着喷管内壁面流动，有利于喷管冷却，并消除涡轮排气带来的推力偏心，同时发动机比冲也略有提高。

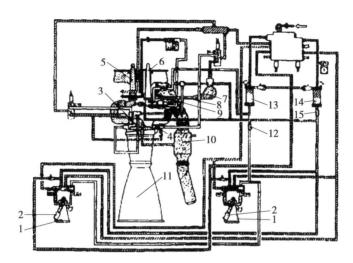

图 3-5　RS-27 发动机系统图（涡轮排气直接排往外界）

1—游动发动机；2—点火导管；3—液氧主阀；4—煤油主阀；5—液氧泵；6—煤油泵；

7—燃气发生器；8—燃气导管；9—涡轮；10—换热器；11—推力室；

12、15—节流阀；13，14—液氧启动箱

6）无论是导弹武器还是一次性使用的运载火箭，液氧/煤油发动机的阀门通常采用可多次作动的方案（电动、气动和液动控制），发动机具有多次工作的能力。

7）发动机起动前，对液氧系统要进行预冷排放。

液氧/煤油是非自燃推进剂，发动机无法采用自燃点火，这是与使用自燃推进剂的区别之一。液氧/煤油发动机可采用的点火方式有三种：火药点火、化学点火和电点火。

早期研制的燃气发生器循环发动机，驱动涡轮的燃气是过氧化氢分解的气体，这种发生器无需点火系统。A-4 发动机推力室采用火药点火方式，火药点火装置安装在点火架上，点火架固定在发射台上，并从喷管的喷口伸到燃烧室内。S-3D、RD-107 和 RD-108 发动机同样采用火药点火方式。

化学点火又分为地面点火与发动机自身点火。地面点火是把化学

点火剂贮存在地面，安装一根点火导管和一种起飞快卸机构。这种方案使发动机本身少了一套复杂的点火系统，系统简单、可靠、质量轻。但存在几个技术问题：一是如何保证煤油和点火剂能够交接供应推力室和燃气发生器（煤油进入推力室和发生器前，点火剂确保连续供应）；二是如何保证发动机的平稳转级；三是高压点火导管如何脱落；四是点火系统在地面如何设置（若远离箭体，点火管路较长，发动机起动同时性难以保证，且发动机研制试验无法模拟地面点火系统）。因此，后来的液氧/煤油发动机采用化学点火时，均不采用地面点火。

20世纪50年代后期研制的燃气发生器循环液氧/煤油发动机，如 MA-5、MB-3、H-1、F-1、RS-27 及 RD-111 发动机等，在同一台发动机中，燃气发生器采用火药起动器点火，推力室采用化学点火（化学点火剂为15%的三乙基铝+85%的三乙基硼的液体混合物）。

电点火的前提是点火的瞬间应有气相组元供应。液氧/煤油发动机燃气发生器和推力室均为液—液燃烧，进入的均是液相推进剂，受电点火能量的限制，电点火较为困难。

RD-107、RD-108 和 S-3D 发动机的起动方式是采用地面系统提供过氧化氢的起动方案。RD-107 发动机的地面起动系统提供浓度为82%的过氧化氢，在气体发生器内分解为压力 4.5 MPa、温度 830 K 的气体，驱动涡轮，当泵出口压力达到一定要求值时，推进剂主阀依次打开三个工位（起动、初级和主级）。这是一种典型的地面强迫起动方案，这类方案大都采用火药起动器，安装在燃气发生器上游的火药起动器点火燃烧使涡轮在短时间内旋转，并点燃发生器中的推进剂产生燃气，两者共同的作用使涡轮转速达到额定值。

LR-87-AJ-3 发动机采用的起动方案（图 3-6）是利用地面氮气起动瓶，发动机起动时起动瓶中的高压氮气通过管路输送到涡轮入口，吹涡轮旋转，泵出口压力上升，当压力达到一定值时，主阀开启，推进剂进入推力室点火工作，同时程序打开燃气发生器的两副阀，两种推进剂进入燃气发生器。

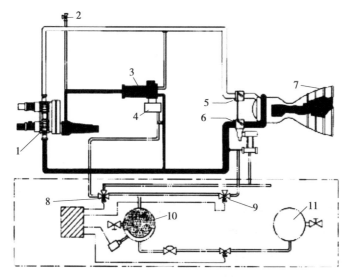

图 3-6 LR-87-AJ-3 发动机的系统图

1—涡轮泵；2—氮气起动箱；3—燃气发生器；4—发生器燃料副阀；5—液氧主阀；

6—燃料主阀；7—推力室；8、9—电动气阀；10—液体起动箱；11—高压气瓶

（注释：图中用虚线所示的部分为电气、液压辅助控制系统，该发动机改进时已作了简化）

3.2.1.3 补燃循环系统

燃气发生器循环系统的主要缺点是燃气发生器燃烧产生的富燃燃气驱动涡轮工作后，排往外界或引入喷管，损失了部分能量。采用补燃循环的话，涡轮排气将直接引入燃烧室中，进行补燃，使这一部分没有充分燃烧的燃气再次燃烧产生推力，从而使发动机的比冲明显提高。

（1）循环方式选择

从理论上讲，液氧/煤油发动机可供选择的补燃循环方案有三种：富燃循环、富氧循环和全流量循环。

富燃循环又可以分为两种可选用的方案：一是发动机的全部煤油先冷却推力室后，再全部或大部分进入预燃室和少量的液氧混合燃烧。这种方案，由于煤油路从推力室冷却出来再进入预燃室，使

得发动机系统复杂；二是推力室采用液氧冷却，而后液氧与驱动涡轮转动后的富燃燃气在推力室中补燃。由于液氧冷却富燃燃烧的推力室，一旦推力室生产工艺及室壁材料的原因出现冷却夹套中的冷却剂渗漏到燃烧室的现象，将会造成燃气温度升高，烧穿燃烧室，造成灾难性故障，正由于此种原因，至今为止，所研制的液氧/煤油发动机没有采用液氧冷却推力室的方案。此外，煤油富燃燃烧时存在积碳，将堵塞涡轮和推力室燃气喷嘴，长时间工作后对发动机性能有影响。

全流量循环发动机需采用一种富氧预燃室和一种富燃预燃室分别向富氧涡轮泵和富燃涡轮泵提供驱动涡轮转动的燃气，然后再分别引入到推力室内补燃。该方案从理论上说，性能最高、推力室为气—气燃烧，燃烧稳定性好。但是，该方案系统十分复杂，结构质量增加，富燃预燃室的积碳问题依然存在。

因此，对于液氧/煤油补燃发动机来说，为了避免富燃循环系统中的积碳问题，通常都采用富氧循环。富氧循环液氧/煤油发动机的预燃室由全部液氧与少量的煤油燃烧，产生的大流量、高混合比富氧燃气（混合比约为 40～65），驱动涡轮后引入推力室与煤油再次补充燃烧，其燃烧方式为气-液燃烧，消除了液-液高频不稳定燃烧的风险，克服了富燃发生器循环的积碳影响。

（2）系统组成

液氧/煤油发动机系统包括推进剂供应系统、燃气供应系统、起动与点火系统、预冷排放系统、推力室、贮箱增压系统及发动机的调节与控制系统等。除此之外，还有燃料路的抽真空、伺服机构能源系统等。

推进剂供应系统包括液氧供应系统和燃料供应系统。液氧供应系统由液氧预压泵、液氧主泵、液氧预冷、供应管路、排放管路及有关阀门组成。燃料供应系统由燃料预压泵、燃料主泵、供应管路及有关阀门组成。

燃气系统由预燃室（亦称为燃气发生器）、主涡轮、燃气导管、推力室和其他相应的管路等组成。

起动与点火系统包括预燃室、推力室的点火装置（通常为点火导管）和起动组件（起动箱）。

贮箱增压系统主要是发动机提供给贮箱增压用的增压气体的相关组件。

发动机的调节系统用于发动机的流量调节和混合比调节，由流量调节器、混合比调节器、阀门及管路等组成。控制系统是指发动机的配气系统，主要由高压气瓶、电动气阀、充气阀、气体单向阀及相应的管路组成。

在推进剂供应系统中，特别要指出的是高压主涡轮泵，它由液氧主泵、燃料主泵及主涡轮构成。通常，富氧补燃循环液氧/煤油发动机的液氧需全部进入预燃室与少量的煤油燃烧，则液氧泵的出口压力应满足预燃室室压的要求，因此液氧泵是大流量、高扬程的低温离心泵。

燃料泵常常设计成两级泵。燃料一级泵后分两路，一路主要用来供应推力室；另一路供应预燃室，但因预燃室的压力高，则需要设置一种进一步提升压力的燃料二级泵。这样，燃料一级泵为较大流量、较低扬程的离心泵，燃料二级泵是一种小流量、高扬程的离心泵。

涡轮根据发动机参数平衡，可以选用反力式涡轮（如 RD‐120 发动机）和冲击式涡轮（如 NK‐33 发动机）。由于液氧和煤油密度较为接近，涡轮泵一般采用同轴式方案（如 RD‐170、NK‐33），早期发动机液氧泵和煤油泵也有采用齿轮传动的非同轴式方案。

①发动机起动系统

液氧/煤油发动机的起动方式分为强迫起动和自身起动两种。强迫起动可以采用火药起动器（如 NK‐33 发动机），也可以选用高压气瓶。高压气瓶起动方案是由燃料一级泵和氧主泵之间设置的起动涡轮、起动气瓶、起动电磁阀和截止阀构成，起动介质为常温氦气（如 RD‐8 发动机），高压氦气吹动起动涡轮后从排气管排出；火药起动器方案是把高压气瓶起动介质—高压氦气变为火药燃气，在起动涡轮壳体上设置火药起动器，火药起动器点火产生的燃气驱动起动涡轮旋转后通过专用的排气管排往外界。无论采用火药起动器或是高压气瓶，均需专门设计一种起动涡轮，其结构复杂、质量大。但两者相比，火药起动器方案更好一些，尤其是对于较大推力的发动机（如 NK‐33 发动机）。

　　补燃循环液氧/煤油发动机最常采用是自身起动方式，这种方案无须设置专门的起动系统，发动机系统简单、可靠，如 RD‐120、RD‐170 及 RD‐180 等。发动机起动时，液氧在贮箱增压压力和液柱重力作用下先进入预燃室。利用预燃室供应路上的起动箱的高压煤油挤破点火导管膜片，将点火剂挤入预燃室。点火剂与提前进入的液氧混合燃烧，产生的燃气驱动主涡轮起旋，带动两个主泵转动。同时，起动过程中，由于燃料主路流量处于小流量状态，主涡轮功率基本上全部用于驱动液氧泵，能够快速提高转速。根据要求还可从液氧泵后引出一股液氧进入起动加速阀，驱动液氧预压泵的涡轮，带动预压泵，提高泵入口压力，有助于起动，且有利于涡轮加速旋转，以使发动机较快转入主级工作。

　　对于大推力液氧/煤油发动机，自身起动通常采用分级起动，要求起动瞬间进入预燃室的起动燃料流量适当，并在合适的时候，由起动转入初级、由初级转为主级。转级过程较为复杂，需采用动态仿真技术和试验方法解决。

　　②发动机点火系统

　　补燃循环发动机通常采用化学点火，化学点火剂预先加注到两端用金属膜片封闭的点火导管内。发动机点火时，按照程序，起动箱中的高压煤油挤破点火导管膜片，将点火剂挤压到预燃室和推力室，分别与提前进入的液氧和富氧燃气点火。

　　RD‐8 等发动机采用了一根点火导管。这种方案应满足分配给推力室与发生器的点火剂流量要求。该方案系统简单、布局合理及便于维护。RD‐120 等发动机采用了二根点火导管，分别在燃料二级泵出口的流量调节器后安装一根预燃室的点火导管和在一级泵出口的推力室点火路安装一根推力室的点火导管。两根点火导管的优点是发生器和推力室各自的点火互不干扰，但系统较为复杂。

③发动机调节系统

液氧/煤油发动机的调节系统包括推力调节系统和混合比调节系统。

液氧/煤油补燃循环发动机通常都进行推力调节。推力调节是为了适应火箭关机时降低推力，减少飞行过载、后效冲量及其偏差的要求。RD-120 发动机在预燃室燃料系统设置流量调节器，是典型的推力调节方案，它用设置在燃料二级泵后的流量调节器调节预燃室的燃料流量，以调节预燃室的混合比（即预燃室的燃气温度），达到调节发动机推力的目的。这种调节方案调节的流量小，设计难度小，容易实现推力调节。

混合比调节系统是火箭总体推进剂利用系统的组成部分，通常上面级应考虑采用混合比调节系统。典型的混合比调节方式是 RD-120 发动机的混合比调节系统：在燃料一级泵出口管路上设置混合比调节器，根据运载器的飞行要求，发出指令，混合比调节器的电机转动一定的角度，调整调节器的开度，调节燃料路的质量流量，从而实现发动机混合比的调节。这种调节方法很容易实现发动机混合比在 $\pm 5\%$ 的范围内调节。

④发动机预冷系统

火箭起飞前，火箭液氧供应系统及发动机液氧路均需要预冷，以确保发动机起动时，液氧供应无气泡，避免氧泵发生气蚀，保证燃烧组件的混合比。通常，液氧系统的预冷分步进行：首先预冷液氧箱至发动机入口的管路系统，预冷的同时对发动机入口以下的腔道进行吹除；然后，对发动机液氧路预冷，液氧从发动机入口流经预压泵、主泵、液氧管路，从液氧主阀的旁路排出，预冷的同时，需对液氧主阀下游的预燃室及其下游的燃气导管进行吹除。

⑤发动机吹除系统

液氧/煤油发动机起动前燃料系统的氮气吹除目的是防止氧化剂与燃料串腔、保证起动柔和及防止燃气腔道中水蒸气冷凝；发动机关机后的吹除是防止燃烧组件烧蚀；此外，发动机预冷前，氧化剂路腔道由地面进行氮气吹除防止腔道中的水蒸气凝结。发动机吹除包括预燃室和推力室冷却带及冷却通道的吹除。

液氧/煤油发动机吹除系统由高压气瓶（一个氮气瓶和一个氦气瓶）、电动气阀、充填泄出阀及吹除阀等组成。

⑥发动机抽真空系统

液氧/煤油发动机燃料路抽真空的目的是保证发动机燃料腔道中充填充分，不留死腔，保证点火剂进入发生器能正常点火。抽真空系统可以由地面设备与发动机上的专用组件承担。

⑦发动机燃料排放系统

液氧/煤油发动机上设置排放阀及相应管路以排除燃料路的空气和燃料蒸气。

3.2.2　燃气发生器循环发动机

3.2.2.1　参数选择

设计新的发动机时，最初的工作是发动机系统方案论证和参数选择。发动机的参数选择是根据运载器总体的技术要求，参考同类发动机的研制经验、预先研究成果和当前国内的工艺水平进行的；运用流量、压力和功率平衡的原理进行参数的迭代计算，得出发动机的主要参数和各主要组件的基本设计参数。发动机的主要参数包括室压、喷管出口压力、发动机混合比、燃烧室混合比及燃气发生器混合比等。

已研制的燃气发生器循环液氧/煤油发动机的性能参数见表3-4。从表中可以看出，燃气发生器循环发动机的室压选得较低，一般不超过 10.0 MPa（绝）。这是因为随着室压的增加，泵的出口压力也要增加，导致涡轮功率增加，这意味着驱动涡轮的流量增加，即化学能没有充分利用的流量增加，如果室压过高反而会降低发动机的比冲。发动机的混合比，一般为 2.15～2.50。燃气发生器的混合比，一般为 0.30～0.42，主要取决于涡轮承受的高温能力，即涡轮入口温度。

表 3-4 燃气发生器循环液氧/煤油发动机的性能参数

序号	运载器名称	发动机代号	发动机混合比	室压/MPa	燃烧室混合比	喷管出口压力/MPa	喷管面积比	推力/kN 海平面	推力/kN 真空	比冲/(m/s) 海平面	比冲/(m/s) 真空	燃气发生器 室压/MPa	燃气发生器 混合比
1	SS-东方	RD-107①	2.47	5.85	—	—	17	230×4	1 000	2 520	3 000	5.4	—
2	SS-东方	RD-108②	2.35	5.1	—	—	—	745	942	2 430	3 090	—	—
3	东方号	RD-448二级	—	5	—	—	82.17	—	54.9	—	3 198	—	—
4	SS-10	RD-111③	—	7.85	—	0.069	82.17	1 407	1 628	2 700	3 220	—	—
5	闪电,联盟,上升	RD-461④二级	—	—	—	—	—	—	298	—	3 237	—	—
6	雷神导弹	MB-3	2.15	4.13	2.27	—	8	756.2	867.8	2 473.2	2 839	—	—
7	宇宙神⑤	LR-89-NA-7助推	2.25	4.48	2.35	—	8	1 679.2	1 779.3	2 532	2 683	4.89	0.36
		LR-105-NA-7主	2.27	5.05	2.46	—	25.8	266.9	375.1	2 153	3 025	4.64	0.30
8	大力神I	LR-87-AJ-3一级 (2台发动机)	—	4.36	—	—	8	667.2×2	2 440.2	—	—	—	—
		LR-91-AJ-3二级	—	4.6	—	—	25	—	355.8	—	3 048	—	—
9	德尔塔2000	RS-27	2.245	4.874	2.38	—	—	920.77	1 027.4	2 582	2 880	4.59	0.337
10	土星V	F-1⑥	2.27	6.67	2.27	—	18	6 770	7 776	2 597	2 980	6.67	0.416
11	猎鹰9	Merlin 1D	2.36	10.8	2.36	—	16	845	914	2 766	3 051	—	—

注：① RD-107 由 1 台涡轮泵向 4 台推力室,2 台游动推力室提供推进剂；
② RD-108 由 1 台涡轮泵向 4 台推力室,4 台游动推力室提供推进剂；
③ RD-111 由 1 台涡轮泵供应 4 台摆动的推力室；
④ RD-461 由 1 台涡轮泵向 4 台推力室,4 台游动推力室提供推进剂；
⑤ 宇宙神一级发动机 M-5 由 2 台推力发动机,1 台主发动机和 2 台游动发动机组成。
⑥ F-1 发动机发生器温度为 1 061 K。

3.2.2.2　主要组合件

燃气发生器循环液氧/煤油发动机由推力室、燃气发生器、涡轮泵、阀门、摇摆组件、机架和管路等主要组合件组成。这里只讨论最为重要的几种组合件。

（1）推力室

推力室是把推进剂的化学能转变成动能的装置。两种高压推进剂分别进入其内，经喷嘴喷射、雾化、蒸发、混合和燃烧后变为高温的燃气流，通过喷管加速膨胀、喷出产生推力，是液体火箭发动机中最为关键的组件之一。由于推力室在高压、高温下工作，物理及化学变化过程短暂，燃烧机理复杂，伴随着燃烧振动、燃气冲刷及冷却传热等各种作用，精心设计推力室是十分重要的。

推力室由燃烧室和喷管组成，燃烧室包括头部、身部两部分。有时把推力室也分为头部和身部两大部分，此身部包括燃烧室的身部和喷管。推力室一般为焊接结构。美国早期研制的推力室多采用管束式结构，中国、苏联均采用双壁冷却夹套结构。

头部主要由顶盖、喷注器盘组成。顶盖与喷注器盘上端面构成液氧腔，喷注器盘由喷注器本体、喷注器面板和隔板等组成。喷注器的主要功能是在给定其压降和质量流量下，将推进剂均匀喷入燃烧室，保证推进剂的混合比和质量分布，并迅速完成雾化、混合和稳定燃烧等过程，实现高效燃烧。因此，喷注器设计又是推力室设计的最重要的工作。

燃气发生器循环液氧/煤油发动机推力室的头部大都采用平板同心环式喷注器，喷嘴为直流式自击或互击式喷嘴（RD-107、RD-108除外，它们的同心环喷注器的外圈为燃料直流式喷嘴，其余为双组元离心式喷嘴）。

两股自击式喷嘴［图3-7（a）］是液体火箭发动机喷注器最早采用的方案之一。主要归结于它的稳定燃烧特性以及良好的性能。氧化剂和燃料分别通过各自相邻的两个喷孔喷出液体射流，在距离喷注器下游一定距离处撞击形成扇状形液膜，然后氧化剂的液膜与燃料的液膜进行雾化、蒸发、混合和燃烧。两股自击式包含自撞击燃料对和自撞击氧化剂对，燃料对和氧化剂对的数量不一定相等。三股自击式喷嘴［图 3-7（b）］是氧化剂/燃料的三个喷孔的射流首先自行撞击，然后与燃料/氧化剂射流进行雾化、蒸发、混合和燃烧的喷嘴方案。相比之下，在其他条件相似时，三股自击式喷嘴的性能有更高的趋势。

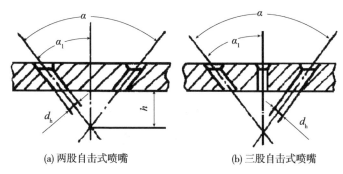

(a) 两股自击式喷嘴　　　　　　　(b) 三股自击式喷嘴

图 3-7　液氧/煤油发动机的自击式喷嘴

此外，Fastrac 发动机喷注器采用了四股自击式喷嘴。

两股自击式和三股自击式喷嘴已经在大推力喷注器上得到了成功应用，见表 3-5。F-1 发动机、宇宙神导弹的助推发动机和大力神 I 的一级发动机推力室采用了各种排列的两股自击式喷嘴，其撞击过程如图 3-8 所示。这些自击式喷嘴在燃烧室的中心区使氧化剂与燃料混合均匀，而在靠近室壁外圈为不撞击的燃料喷嘴，以形成低温富燃的边区，从而实现从外圈的富燃到中心富氧的混合梯度，这种方案既满足了冷却要求，又使总的混合损失减到最小。

在其他液体火箭发动机中，也采用过两股互击式和三股互击式喷嘴。两股互击式喷嘴是单股燃料射流与单股氧化剂射流撞击的喷嘴，三股互击式喷嘴是一种推进剂的两股射流与另一种推进剂射流撞击的喷嘴，相比之下，互击式的性能较佳，但同时也具有较不稳定的燃烧特性，因此，液氧/煤油发动机的推力室都不采用互击式喷嘴。

表 3-5 燃气发生器循环液氧/煤油发动机的推力室结构参数

序号	型号名称	结构特点	喷注器结构形式	推力室及喷注器		
				喷注器材料	氧化剂喷嘴	燃料喷嘴
1	MB-3	管束式,300根管	同心环	壳体:247不锈钢，面板:高导无氧铜合金	335个3股自击式喷嘴,孔径为2.88 mm	582个2股自击式喷嘴,孔径为1.61 mm
2	S-3D	双壁冷却夹套	钎焊同心环	壳体、面板均为4130钢	360个喷嘴,孔径为2.88 mm	361个喷嘴,孔径为2.26 mm
3	MA-5主发动机	管束式,347不锈钢管	直流3股自击式	壳体、面板均为4130钢	144个喷嘴,孔径为3.05 mm	175个喷嘴,孔径为2.37 mm
4	MA-5助推发动机	管束式,300根镍合金管	隔板:6个径向铜,1个圆周,分为7个区	壳体、面板均为4130钢	335个3股自击式喷嘴,孔径为2.88 mm	582个双股直流式喷嘴,孔径为1.61 mm
5	H-1	管束式,292根镍合金管	同心环,隔板:6个径向铜,1个圆周,分为7个区	壳体347不锈钢,面板高导无氧铜合金	365个3股自击式喷嘴	612个喷嘴
6	F-1	管束式	隔板:12个径向铜,1个圆周,分为13个区	壳体347不锈钢,面板高导无氧铜合金	2600个双股直流式喷嘴,孔径为6.15 mm	3700个喷嘴,孔径为7.2 mm
7	RD-107	双壁	平板式喷注器,10个同心圆,无隔板	—	337个喷嘴,中间环1个,最外圈为燃料直流式,其余为双组元	
8	LR-87-AJ-3	管束式,250根347不锈钢,壁厚0.5 mm	无隔板	壳体与面板为CRES 347	560个双股自击式喷嘴,孔径为3.03 mm	610个喷嘴
9	LR-91-AJ-3	管束式	同心环,无隔板	壳体与面板为CRES 347	328个双股自击式喷嘴,孔径为2.2 mm	392个喷嘴,孔径为1.48 mm

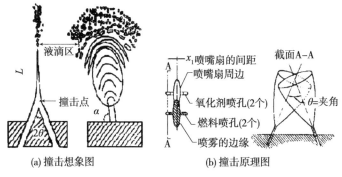

(a) 撞击想象图　　　　　　　(b) 撞击原理图

图 3-8　两股自击式喷嘴的撞击图

喷注器的设计除了确保推力室的性能外，还需保证其燃烧稳定性。燃烧不稳定性会影响发动机的正常工作，而且往往导致灾难性的破坏。因此，通常不允许发生任何不稳定性，所以设计喷注器必须考虑影响稳定性的因素。

火箭发动机出现的不稳定性类型有高频、中频和低频之分，但燃烧不稳定性主要是指高频，又称声学不稳定性，其振动频率大于 500 Hz。这种振动取决于燃烧室内的波动特性，而与供应系统无关。

影响燃烧不稳定性的因素很多，这些影响因素包含推力室的结构尺寸、头部结构、喷嘴形式、喷孔尺寸及流密（即燃烧室横截面单位面积内的推进剂流量）的大小等。这些因素将影响喷射流体的喷射速度比、喷射流体的质量分布、喷射液滴尺寸、液滴与当地气体之间的相对速度及燃烧速率等与燃烧不稳定性有关的参数。

为了提高燃烧稳定性，可在设计上采取措施：抑制纵向振荡，可延伸燃烧区；抑制横向振荡，可在燃烧室径向上调节推进剂的分布。也可在结构上采取防振措施：采用头部隔板和声腔等。

为了节省制造成本，常采用简化的喷注器结构，如 X-34 运载器的 Fastrac 发动机的喷注器（图 3-9），它采用机加工方法保证燃料径向通道和环形通道内的压力分布均匀，并在喷注器上端设置强度好的液氧顶盖焊接结构。Fastrac 喷注器的设计有三个特点：

1）采用十字孔燃料集合器替代外环形或蜗壳形集合器，燃料从相对的两孔由外向中心流动进入 2 个象限，并在中心汇合，剩余的燃料由垂直方向的另外两孔由中心向外流动进入另 2 个象限。这种集合器内部压力变化较小，使喷嘴流出的流量均匀。燃料从径向到环形通道再进入同心环喷孔，减少了下游的通道数量。

2）液氧顶盖上的液氧入口省去了法兰。

3）单独的面板零件上的喷孔采用专用的 5 坐标数控机床加工而成。

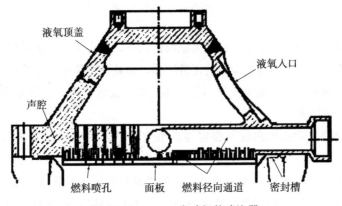

图 3 - 9　Fastrac 发动机的喷注器

推力室的身部包括除头部以外的燃烧室和喷管两部分。推进剂从喷注器进入燃烧室中，在其圆柱段内完成雾化、蒸发、混合和燃烧过程，燃烧后产生的燃气在收敛段加速，通过喉部达到声速，之后在扩张段进一步加速、膨胀产生推力。

身部通常用煤油作冷却剂，煤油从喷管出口外壁上的集合器流入，经过冷却夹套时吸收燃气传给的热量，保护身部内壁可靠工作。身部结构主要有内外壁＋波纹板结构、内壁外表面开槽＋外壁结构和管束式结构三种。苏联早期常采用内外壁＋波纹板结构（如 RD-107、RD-108，S-3D 为双壁夹层结构），美国早期研制的发动机采用管束式结构较多（如 MA-5 主发动机和助推发动机，H-1 发动机），后来研制的发动机多采用内壁外表面开槽＋外壁结构。

内壁外表面开槽＋外壁结构的生产工艺较为复杂。它包括内壁成型、在专门的半自动靠模铣床上或在数控机床上加工冷却槽、内外壁选配、表面处理、钎焊和焊接加工。

管束式身部是有上下行冷却通道的再生冷却结构，管束式通常用数百根（如 MB－3 的主发动机 LR－79－NA－13 用 300 根，MA－5 主发动机用 300 根 347 不锈钢管，H－1 发动机 292 根镍合金管）管子排列在芯轴上，经钎焊制成。为满足几何外形及传热特性要求，管束的截面形状在各处不同，圆柱段的管子为近似圆形，沿轴向向下游逐渐变为近似长方形，喉部处的管子的椭圆截面窄而高，该处的冷却剂流速最大，由此往下管子又逐渐变宽而短，在喷管出口处管子截面变得更宽和更短。

管束式身部结构应保证管子形成的内型面符合燃烧室及喷管型面要求。钎焊后管子的外边用钢带或玻璃钢带缠绕加固。

管束式身部的工艺过程包括：圆形截面管子内充满石蜡，放在专用夹具中弯曲成推力室的外形面；管子除去石蜡后，放在变截面模具中，管子注满液压介质，使管子与模具贴合而压成最终的形状，经校准符合装配要求；将管子均匀排列在钎焊夹具上，进行钎焊（钎焊炉自动钎焊和手工钎焊）。管束式结构生产工艺的难点是管子的成型和焊接对工艺要求非常高。

（2）燃气发生器

液氧/煤油发动机的燃气发生器用的推进剂可以是单组元的，也可以是双组元的。单组元通常采用过氧化氢催化分解，如 S－3D、RD－107 和 RD－108 发动机。当然也可以采用肼分解产生燃气，这种燃气发生器也称为气体发生器（图 3－10）。单组元系统可以通过与涡轮泵相连的专用小泵提高进入燃气发生器的压力，也可以用挤压式供应方式。单组元方案使得火箭总体多携带一种推进剂及相应的供应系统，总体的结构质量大。后来研制的液氧/煤油发动机燃气发生器基本上都采用双组元推进剂，且均为发动机本身的推进剂。

如美国的 MB-3 发动机的燃气发生器的推进剂与主推进剂相同，均为液氧/煤油，燃气发生器流量为 7.105 kg/s，室压为 3.78 MPa，混合比为 0.325，富燃燃气温度为 919 K，这是涡轮叶片材料能够承受的温度。

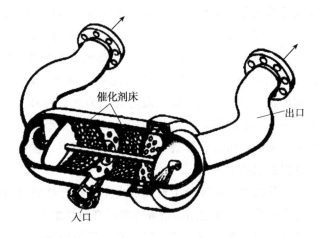

催化剂床

出口

入口

图 3-10　RD-108 发动机的燃气发生器

（3）涡轮泵

涡轮泵是将来自推进剂贮箱的两种推进剂，通过泵使其压力提高，将其大部分输送到推力室中燃烧，同时将少部分推进剂输送到燃气发生器燃烧产生燃气驱动涡轮，带动泵旋转的装置。液氧/煤油发动机的涡轮泵是同时承受高压、低温、高温工作环境及高速转动的组件，它是液体火箭发动机的重要组成部分之一。

燃气发生器循环液氧/煤油发动机的涡轮泵性能参数见表 3-6。从表中可以看出，随着发射有效载荷质量的不断增加，发动机的推力也不断增加，涡轮泵的功率也随之增加，本身的结构质量也在增加，为了减少不必要的结构质量以换取更多的有效载荷，在推进技术的发展过程中，涡轮泵的研制水平也在不断进步，比功率（单位涡轮泵结构质量的功率值）的增加显然是涡轮泵技术不断提升的重要标志。

表3-6 燃气发生器循环液氧/煤油发动机的涡轮泵性能参数

序号	发动机名称	涡轮泵结构方案及涡轮型式	涡轮泵质量/kg	泵入口压力/MPa	泵出口压力/MPa	泵质量流量/(kg/s)	转速/(r/min)	泵效率	入口压力/MPa	出口压力/MPa	质量流量/(kg/s)	功率/kW	入口温度/K	效率
1	MB-3	齿轮传动的涡轮 压力复合式涡轮	254.9	0.257	5.94	213.07	6 311	0.79	3.644	0.164	7.12	2.406	919	0.46
				0.331	6.219	93.36	6 311	0.72						
2	MA-5助推 LR-89-NA-7	齿轮传动的涡轮 压力复合式涡轮	386.9	0.3	6.02	207.93	6 844	—	3.81	0.16	15.56	1 363.6	944	—
				0.52	5.76	96.79	6 844	—						
3	MA-5主机 LR-105-NA-7	齿轮传动的涡轮 压力复合式涡轮	103.9	0.326	6.741	87.71	10 529	—	3.92	0.16	3.7	3 068	851	—
				0.528	6.837	41.36	10 529	—						
4	H-1	齿轮传动的涡轮 压力复合式涡轮	235.9	0.466	6.72	243.74	6 680	0.778	4.27	0.24	8.17	3 087	922	—
				0.391	6.99	108.96	6 680	0.718						
5	F-1	同轴、涡轮在一端、二级速度复合涡轮	1 428.8	0.446	10.976	1 847.8	5 488	0.746	6.31	0.385	77.99	39 400	1 060.9	0.605
				0.308	12.732	778.61	5 488	0.736						
6	RS-27		—	—	6.71	250.5	6 786	—	4.61	0.20	8.78	3 289	—	—
				—	6.70	111.3	6 786	—						
7	RD-107		—	—	7.8	226	8 280	—	—	—	—	3 820	—	—
				—	9.3	91	8 280	—						
8	大力神I LR-87-AJ-3一级	齿轮传动的涡轮	219.5	0.314	5.43	187.37	7 980	—	—	—	—	—	—	—
				0.151	7.19	83.22	8 780	—						

注：表中所示各种型号发动机泵的参数,上下部分别为氧化剂泵和燃料泵的参数。

比功率的增加主要依靠如下的措施：高转速的涡轮泵及合适的涡轮泵总体方案；选用密度小、强度大的结构材料；合适的结构安全裕度；高速轴承和先进的密封结构；轴向力平衡装置。

涡轮泵的总体结构方案即涡轮泵总体结构布局安排，是指涡轮、液氧泵和燃料泵的结构关系。影响涡轮泵总体结构的因素很多，主要是推进剂类型（密度）、发动机总体布局要求及涡轮泵本身的研制经验等。早期研制的发动机，因对泵的气蚀缺少经验，常采用齿轮传动，以使两种泵以最佳转速工作。后来就很少采用这种较为复杂的结构。

涡轮泵的结构型式很多，这里只讨论燃气发生器循环液氧/煤油发动机中使用的几种代表性方案。

① 同轴式

由于液氧和煤油的密度比较接近，两种泵的转速可以相同。这种方案泵与涡轮同轴，结构简单、质量轻，只需一个涡轮，可以放在一端，如图 3-11（a）所示，F-1 发动机的涡轮泵如图3-12所示；而 RD-107 发动机的涡轮泵（图 3-13）虽为同轴式但泵不完全是背靠背，液氧泵为双进口；RD-111 发动机的燃料泵和液氧泵都为双进口（图 3-14）；涡轮也可以放在在中间，如图 3-11（b）所示。

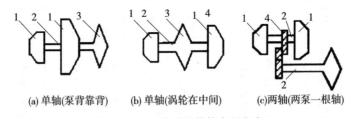

(a) 单轴(泵背靠背)　　(b) 单轴(涡轮在中间)　　(c)两轴(两泵一根轴)

图 3-11　涡轮泵的结构布局方案

1—泵；2—轴；3—涡轮；4—齿轮箱

②非同轴式

除了为解决泵的气蚀而采用非同轴式方案外，当同轴式结构可能使涡轮具有过短的叶片，或涡轮直径过大，或两者都存在时，也

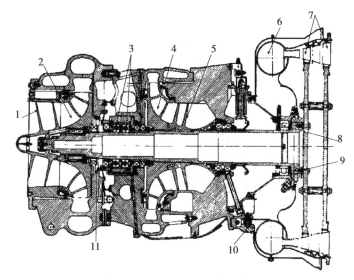

图 3 - 12　F - 1 发动机的涡轮泵

1—液氧诱导轮；2—液氧泵叶轮；3—前轴承；4—燃料泵叶轮；5—燃料泵诱导轮；

6—涡轮入口；7—涡轮；8—后轴承；9—联轴器；10—热变形径向销钉；

11—密封组件泄漏管

可采用非同轴式方案。非同轴式的方案有两种：一种是两种泵同轴、涡轮为另一轴，通过齿轮与泵连接，如图 3 - 11（c）所示，MA - 5 助推发动机的涡轮泵采用了这种布局，如图 3 - 15 所示；另一种是涡轮与燃料泵同轴，通过齿轮驱动安装在另一轴上的液氧泵，称为单泵齿轮传动方案。

（4）阀门

液氧/煤油发动机的工作过程中，使用了各种类型的阀门。这些阀门与其他组件协调一致，完成发动机的起动、点火、转级及关机各个工作阶段的任务。最主要的是确保推进剂按时输送和关闭、控制气体的输送与放气、增压气源的供应与切断，以及对于某些工作参数的调节和控制等。

液氧/煤油发动机通常使用的阀门有：隔离阀、液氧主阀、燃料主阀、液氧副阀、燃料副阀、电动气阀和推进剂利用阀等。

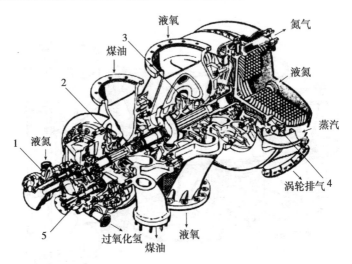

图 3 - 13　RD - 107 发动机的涡轮泵

1—液氮泵；2—燃料泵；3—液氧泵；4—涡轮；5—过氧化氢泵

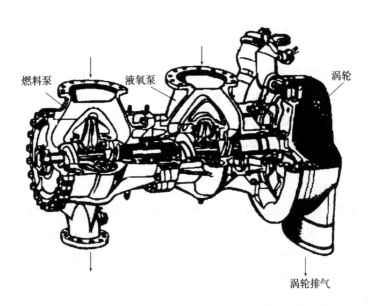

图 3 - 14　RD - 111 发动机的涡轮泵

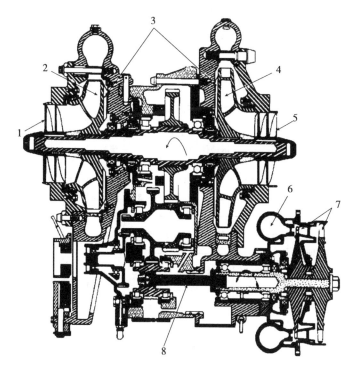

图 3 - 15　MA - 5 助推发动机的涡轮泵

1—液氧诱导轮；2—液氧泵叶轮；3—叶轮后叶封片；4—燃料泵叶轮；

5—燃料泵诱导轮；6—涡轮入口；7—涡轮轴；8—齿轮箱

隔离阀一般安装在发动机的入口，常采用常闭阀。火箭发射前，使加注到贮箱中的推进剂与发动机腔隔开，主要起隔离作用，也兼顾泄出推进剂的作用（若需要的话）。液氧主阀和燃料主阀安装在推进剂主系统，副阀安装在燃气发生器的供应系统，用来保证推进剂的输送与切断。电动气阀的作用主要是为主阀和副阀提供作动用的高压气源，确保这些气动阀的打开、关闭。推进剂利用阀主要是调节发动机的混合比，又称混合比调节器，常安装于燃料主系统管路中。

燃气发生器循环液氧/煤油发动机的常用阀门见表 3 - 7。从表中可以明显看出，发动机主阀大都采用蝶形阀。F－1 发动机的液氧主阀除外，它是平衡的菌状阀，具体结构如图 3－16 所示。该阀为液压作动，作动的液压源是高压煤油，由于液氧与煤油不相容，低温液氧与常温煤油有较大温差，因此该阀设计一定要严格防止泄漏。

表 3－7　燃气发生器循环液氧/煤油发动机的常用阀门

序号	火箭型号	发动机名称	阀门名称	运动件	管路内径/mm	工作压力/MPa	质量流量/(kg/s)	作动器类型	作动介质	响应时间/ms
1	宇宙神	MA－5助推发动机	液氧主阀	蝶形	101.6	5.39	192.55	气动活塞	氮气	400
			燃料主阀	蝶形	101.6	5.46	80.88	气动活塞	氮气	100
			液氧副阀	叶片	19.1	2.93	3.30	气动活塞	氮气	350
			燃料副阀	叶片	19.1	3.97	9.05	气动活塞	氮气	380
		MA－5主发动机	液氧主阀	蝶形	76.20	6.89	83.01	液压活塞	油	500
			推进剂利用阀	蝶形	76.20	6.89	33.57	液压活塞	油	500
			液氧副阀	叶片	19.1	6.77	0.96	液压活塞	油	235
			燃料副阀	叶片	25.4	6.32	3.44	液压活塞	油	235
2	雷神	MB－3	液氧主阀	蝶形	101.6	5.86	205.93	气动活塞	氮气	60
			燃料主阀	蝶形	101.6	8.86	90.72	气动活塞	氮气	110
			液氧副阀	叶片	19.1	4.49	1.69	气动活塞	氮气	100
			燃料副阀	叶片	25.4	4.46	5.21	气动活塞	氮气	100

续表

序号	火箭型号	发动机名称	阀门名称	运动件	管路内径/mm	工作压力/MPa	质量流量/(kg/s)	作动器类型	作动介质	响应时间/ms
3	土星-ⅠB	H-1	液氧主阀	蝶形	101.6	6.72	247.21	液压活塞	煤油	60
			燃料主阀	蝶形	101.6	6.72	110.25	液压活塞	煤油	110
			液氧副阀	菌状	15.47	6.48	2.09	液压活塞	煤油	100
			燃料副阀	菌状	21.38	7.38	6.13	液压活塞	煤油	100
4	土星Ⅴ	F-1	液氧主阀	菌状	203.2	11.03	907.2	液压活塞	煤油	600
			燃料主阀	菌状	152.4	12.41	376.49	液压活塞	煤油	600
			液氧副阀	球形	38.1	11.03	22.82	液压活塞	煤油	170
			燃料副阀	球形	47.63	12.41	55.11	液压活塞	煤油	170
			氧隔离阀	球形	431.80	7.93	1 800.79	气动活塞	氮气	500
			燃料隔离阀	球形	304.80	10.34	403.7	气动活塞	氮气	500

　　发动机副阀通常都采用菌状活门。但 F-1 发动机的副阀是一个例外，该阀采用球阀结构。由于球阀本身的质量和较高的密封载荷很难实现快速响应，为此，该阀设计空心球形活门，降低了惯性力，其结构如图 3-17 所示。

3.2.2.3　涡轮排气再引入

　　涡轮排气引入推力室大喷管的设计除 F-1 外，还有 H-1 发动机。这种设计要求将涡轮排气通过推力室喷管扩张段某一面积比处的入口管流入，该入口管设计成蜗壳状，蜗壳下游的圆周设计为均

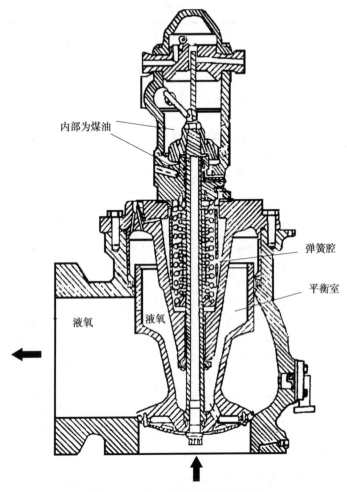

内部为煤油

弹簧腔

平衡室

液氧

液氧

图 3-16　F-1 发动机的液氧主阀

布的声速喷嘴（也可以为亚声速喷嘴），保证各喷嘴的排气流量相等。这种结构的基本设计原则有：沿喷管周向的涡轮排气压力、流量相等；保证进入大喷管处的涡轮排气的压力与主气流相同；喷管设计时，考虑涡轮排气的膨胀作用（与不进入喷管的方案相比），相应增大喷管的面积比。

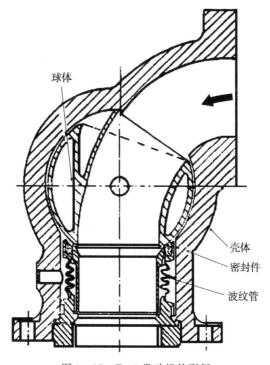

球体

壳体

密封件

波纹管

图 3 - 17　F - 1 发动机的副阀

接下来讨论涡轮排气或称为二次流喷射对发动机的性能影响。如图 3 - 18 所示，发动机的主气流与引入的二次流相互作用，局部排挤主气流并向外膨胀流动，这样就导致喷管的推力和比冲增加，其值的大小与二次流喷射的位置与喷射方法、二次流的质量流量及两种气流的热力学性能有关。

由于二次流喷射所涉及到的结构包括喷管形状不同（锥形、钟形）、引入二次流的喷管延伸段与原短喷管的对接形式不同（连续性和带有台阶形）及二次流引入大喷管后的流速不同（亚声速和超声速），因此理论研究与试验十分复杂。这里只简要地介绍一种分析计算方法，找出各参数的相互关系以及对发动机性能的影响。

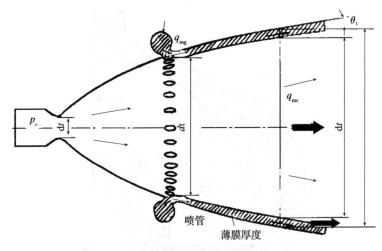

图 3-18　涡轮排气引入喷管的工作示意图

（1）没有二次流的推力室性能

推力室的真空比冲

$$I_{svc} = C_t^* \cdot C_{Ft} = \eta_c \cdot C_{th}^* \cdot \eta_{cp} \cdot C_{Fzh} \qquad (3-1)$$

$$C_t^* = \frac{p_c \cdot A_t}{q_{mt}} \qquad (3-2)$$

$$C_{Ft} = \frac{F_v}{p_c \cdot A_t} \qquad (3-3)$$

$$\eta_c = \frac{C_{Fs}}{C_{Fvth}} \qquad (3-4)$$

式中　I_{svc}——推力室的真空比冲，单位为 m/s；

　　　C^*——主气流的特征速度，单位为 m/s；

　　　q_{mt}——推力室的流量，单位为 kg/s；

　　　C_{Fs}——真空推力系数；

　　　F_v——推力室的真空推力，单位为 N；

　　　p_c——推力室的室压，单位为 Pa；

　　　A_t——喷管的喉部面积，单位为 m²；

　　　η_c——燃烧效率；

C_t^*——主气流的实际特征速度，单位为 m/s；

C_{th}^*——理论特征速度，单位为 m/s；

η_{cp}——喷管效率；

C_{Fvth}——理论真空推力系数。

（2）有二次流的推力室性能

推导计算的假设条件：二次流局部排挤了主气流，二次流占有一定的空间；忽略两种气流间的紊流混合效应；二次流不影响主气流的损失系数；喷管出口截面壁上的气体静压与二次流喷射无关。

发动机的真空推力等于推力室的主气流和二次流产生的推力之和

$$F_e = F_c + F_s \qquad (3-5)$$

式中　F_c——主气流产生的推力，单位为 N；

F_s——二次流产生的推力，单位为 N。

发动机的比冲

$$I_e = \frac{F_c + F_s}{q_{mc} + q_{mg}} \qquad (3-6)$$

式中　q_{mc}——主气流的质量流量（原推力室的质量流量），单位为 kg/s；

q_{mg}——二次流的质量流量（涡轮排气的质量流量），单位为 kg/s。

经过推导，式（3-6）演变为

$$I_e = \frac{C_t^* \cdot C_F \left(1 + \dfrac{q_{mg}}{q_{mc}} \cdot \dfrac{C_s^*}{C_t^*} \cdot \dfrac{C_{Fs}}{C_{Ft}} \right)}{1 + \dfrac{q_{mc}}{q_{mg}}} \qquad (3-7)$$

式中　C_s^*——二次流的特征速度，单位为 m/s；

C_t^*——主气流的特征速度，单位为 m/s。

对于没有二次流的情况，推力室的比冲

$$I_c = C_t^* \cdot C_{Ft} \qquad (3-8)$$

发动机与推力室的比冲比

$$\frac{I_e}{I_c} = \frac{1 + \dfrac{q_{mg}}{q_{mc}} \cdot \dfrac{C_s^*}{C_t^*} \cdot \dfrac{\eta_{cps}}{\eta_{cpc}} \cdot \dfrac{C_{Fsa}}{C_{Ftth}}}{1 + \dfrac{q_{mc}}{q_{mg}}} \qquad (3-9)$$

式中　η_{cpc}——主气流膨胀推力系数损失；

　　　η_{cps}——二次流膨胀推力系数损失；

　　　C_{Fsa}——二次流达到声速时的二次流推力系数；

　　　C_{Ftth}——喷管膨胀比的理想真空推力系数。

3.2.2.4　实例——F-1发动机

　　F-1发动机是美国洛克达因公司于1959—1966年研制的大推力液氧/煤油发动机，用于土星V火箭的一级，是人类登上月球的重型运载火箭土星V的最大推力的发动机，也是具有划时代意义的重要发动机之一。土星V的一级S-IC由5台F-1并联而成。中间1台不摇摆，其余4台泵前单向摇摆。F-1的总装结构如图3-19所示，发动机的系统组成如图3-20所示。

图3-19　F-1发动机的总装结构

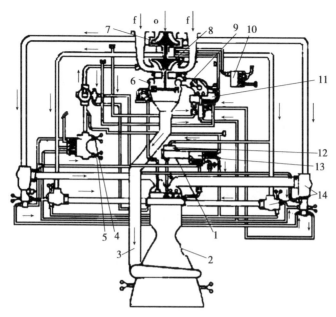

图 3 - 20　F - 1 发动机的系统组成

1—点火导管；2—推力室；3—涡轮排气管；4、5—四通电磁阀；6—涡轮；7—液氧泵；

8—燃料泵；9—燃气发生器；10—控制阀；11—副阀；12—点火起动阀；

13—控制阀；14—主阀

　　F - 1 发动机由推进剂供应主、副系统，点火系统，增压系统和控制系统组成，其中包括燃气发生器、涡轮泵、推力室、阀门及其管路等主要组件。其中点火系统包括推力室的化学点火（点火导管内封闭加注有三乙基铝和三乙基硼液体混合物）和燃气发生器的火药点火装置。

　　F - 1 发动机的设计特点：

　　1）发动机采用自身起动，燃气发生器采用火药点火，燃烧室采用化学点火。

　　2）推力室是全焊接结构组件。其喷注器为平面式，喷嘴按同心圆排列，为 2 股和 3 股直流式喷嘴，喷注器上焊接有隔板结构，2 个环形、12 个径向构成 13 个分隔开的燃烧区。研制过程中，通过大量

的试验研究，设计了各种头部方案，最终选定了燃烧稳定性好的
方案。

　　3）推力室的冷却方案。推力室为再生冷却和内冷却结构。其
中，管束式结构的再生冷却部分从头部向下到喷管面积比 10 处。采
用煤油作冷却剂，约使用 70％的煤油从头部的集合器进入先向下然
后向上流入喷注器，其余 30％的煤油直接进入喷注器。由头部外圈
直流式喷嘴形成的液膜近壁冷却层形成推力室的内冷却。

　　4）发动机的涡轮排气通过排气管引入喷管延伸段。在排气管内
安装蛇形管式换热器（液氧蒸发器和氮气加热器）分别向液氧箱和
煤油箱提供加热的增压气体。较低温度的涡轮排气（约 400 ℃）起
到冷却喷管的作用。

　　5）涡轮泵为同轴式布局。两种离心泵靠近，涡轮置于燃料泵的
一端。

　　6）发动机配置的主阀、副阀等均为液动阀，其工作介质均是发
动机的高压煤油。

3.2.3　补燃循环发动机

3.2.3.1　参数选择

　　已研制的补燃循环液氧/煤油发动机的性能参数见表 3 - 8。从表
中可以看出，发动机的混合比通常在 2.00～2.75 之间选取，室压也
选得较高，这就是补燃循环发动机性能有大幅度提高的关键所在。
预燃室的混合比通常在 50～60 之间选取。预燃室混合比的选择主要
受涡轮承受高温富氧环境的制约。

3.2.3.2　主要组合件

　　液氧/煤油补燃循环发动机由推力室、预燃室、涡轮泵、预压
泵、各种阀门、摇摆组件、机架和管路等主要组件组成。这里只讨
论最为重要的几种组合件。

表 3 - 8　补燃循环液氧/煤油发动机的性能参数

序号	代号	用途	室压/MPa	混合比	面积比	推力/kN		比冲/(m/s)	
						海平面	真空	海平面	真空
1	NK - 33	N - 1	14.7	2.55	27	1 512	1 680	2 914	3 247
2	NK - 43	N - 1	15.3	2.55	79	—	1 755	—	3 393
3	NK - 31	N - 1	9.6	2.60	124	—	400	—	3 452
4	RD - 170	天顶、能源	24.5	2.60	36.4	7 259	7 904	3 030	3 305
5	RD - 120	天顶	16.3	2.60	108	—	834	—	3 432
6	RD - 8	天顶	7.65	2.40	82.3	—	19.6×4	—	3 355
7	RD - 180	宇宙神 3/5	25.7	2.72	36.4	3 830	4 150	3 053	3 313
8	RD - 161	上面级	12.0	2.60	370	—	19.9	—	3 579
9	RD - 0124	联盟、安加拉	16.2	2.60	82	—	294	—	3 522
10	RD - 191	安加拉	26.2	2.63	36.4	1 922	2 081	3 047	3 305
11	YF - 100	CZ - 5/6/7	17.7	2.60	35	1 200	1 340	2 942	3 286
12	YF - 115	CZ - 6/7	12.0	2.50	88	—	180	—	3 342

（1）推力室

补燃循环液氧/煤油发动机的推力室由头部、身部两部分组成。头部一般包括燃气导管、整流栅和喷注器三个部分，为全焊接结构。

燃气导管的作用是将涡轮出口的富氧燃气引到喷注器前，燃气导管为变截面弯管。

整流栅是设置在燃气导管内的多孔结构，其作用是将流过弯曲的燃气导管的富氧燃气的旋涡流变为混合比分布均匀、压力相等的气流。如果燃气导管直径大（大于 300 mm），整流栅多采用球壳型打孔结构；如果燃气导管直径较小，可采用平板式多孔结构。

喷注器一般由喷注器盘（又称中底）、内底及喷嘴等组成。喷注器是组织推进剂雾化、蒸发、混合和燃烧的关键组件，对推力室乃至整个发动机的性能和可靠性有重要影响。喷注器中的导流器在保证喷嘴流量均匀的情况下，使进入喷嘴前的燃料流速增加起到冷却喷注面的作用。

补燃循环液氧/煤油发动机的推力室头部大都采用平板同心环式喷注器。除考虑设置点火喷嘴外，喷注单元均为双组元喷嘴，其中液喷嘴（燃料喷嘴）均为切向离心式喷嘴，中心的气喷嘴（富氧燃气）有全离心式、直流-离心式和全直流式三种形式。这三种形式的优缺点比较见表 3 - 9。

表 3 - 9　不同气喷嘴形式的优缺点比较

序号	项目	全离心式	直流-离心式	全直流式
1	气喷嘴形式	全部离心式	喷注器的边区直流式，中心离心式	全部直流式
2	应用情况	未见报道	RD - 8	RD - 120
3	性能	高	中等	较低
4	冷却性	不利	中等	较好
5	工艺性	差	中等	好

补燃循环液氧/煤油发动机的推力室喷注单元是气-液喷嘴，其结构如图 3 - 21 所示。与液-液喷嘴相比，这种喷嘴的燃烧稳定性较好。

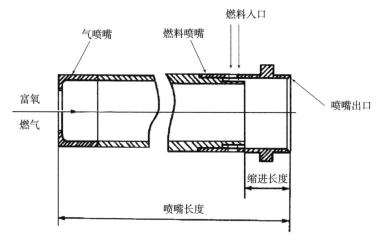

图 3-21　气-液喷嘴的结构

推力室用煤油作再生冷却剂，因煤油本身的冷却性能较差，组织冷却是设计补燃循环液氧/煤油发动机推力室的一项重要课题，通常采用分段冷却加内冷却带的冷却方式，冷却槽采用直槽和斜槽（又称螺旋槽）结构。

推力室身部采用外壁（不锈钢）、内壁（铜合金）双金属冷却槽焊接结构，其中内壁上加镀金属保护镀层。铜钢双金属结构的优点是结合力强、抗热震、耐冲刷、传热好，但工艺复杂。

（2）预燃室

由于液氧流量大，预燃室采用液氧作再生冷却剂，再生冷却温升不高。预燃室通常采用球形结构，如 RD-120 发动机的预燃室；也有采用圆筒形的，如 NK-33 发动机。

NK-33 预燃室为不锈钢外壳焊接结构，铜合金内壁外表面铣有液氧冷却槽。共有 214 个单组元主喷嘴。液氧喷嘴位于预燃室中间突出的分配器上的 24 个小管上，起到预燃室横截面的混合比均匀的作用。此外还有 6 块抑制压力振动的隔板。

（3）涡轮泵

已研制的与正在研制的补燃循环液氧/煤油发动机主涡轮泵的总体设计通常都采用同轴式结构，其基本布局形式是单级涡轮、同轴式、同转速、3轴及4支点。图3-22为某型号发动机涡轮泵的总体结构图，涡轮与液氧泵为一组件，燃料泵（两级泵）为一组件，每一组件有1根轴2套轴承，通过1根弹性传动轴和两泵壳体的法兰连接在一起，形成一个涡轮泵整体。该涡轮泵的涡轮入口与出口，在发动机装配时，采用焊接方式分别与预燃室和推力室头部的燃气导管焊为一体。

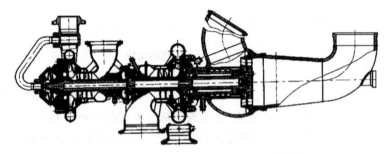

图3-22　某型号发动机涡轮泵的总体结构

NK-33发动机的涡轮泵总体结构采用了更为复杂的布局形式（图3-23），该涡轮泵为2个涡轮、不同轴式、5轴及4支点。液氧泵、液氧预压泵与涡轮为一组件，燃料泵、燃料预压泵与起动涡轮为一组件，每一组件有1根轴、2套轴承。2个组件之间由套筒轴连接。预压泵和主泵的转速不同，因此分别置于2根内外轴上。燃料泵通过齿轮带动燃料二级泵，并带动燃料预压泵。

对于采用同轴式涡轮泵布局的发动机来说，起动涡轮的能源可以采用火药起动器，也可以采用高压气瓶。火药起动器可以是富燃火药或富氧火药。

火药起动器驱动的起动涡轮为冲击式涡轮，其设计计算如下。

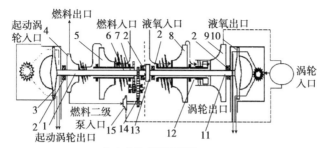

（a）总体布局示意图

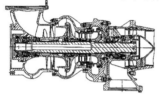　　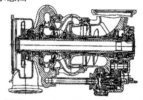

（b）液氧泵、预压泵与涡轮组件　（c）燃料泵、预压泵与起动涡轮组件

图 3-23　NK-33 发动机涡轮泵的结构

1—燃料泵轴；2—轴承；3—起动涡轮；4—燃料一级泵；5—燃料预压泵；

6—燃料预压泵轴；7—齿轮轴；8—液氧预压泵；9—液氧泵；10—主涡轮；

11—液氧泵轴；12—液氧预压泵轴；13—联轴器；14—齿轮箱；15—燃料二级泵

①工作喷嘴计算

火药燃气的绝热功

$$L_{ad} = \frac{\kappa R T_{it}}{\kappa - 1} \left[1 - \left(\frac{P_{et}}{P_{it}} \right)^{\frac{\kappa-1}{\kappa}} \right] \qquad (3-10)$$

式中　κ——绝热指数；

　　　R——燃气的气体常数，单位为 J/(kg·K)；

　　　T_{it}——入口温度，单位为 K；

　　　P_{et}——出口压力，单位为 Pa；

　　　P_{it}——入口压力，单位为 Pa。

喷嘴出口的理论温度

$$T_{theh} = T_0 \left(\frac{P_{et}}{P_{it}} \right)^{\frac{\kappa-1}{\kappa}} \qquad (3-11)$$

喷嘴内温升损失值

$$\Delta T_{\mathrm{h}} = \frac{\kappa - 1}{\kappa R} (1 - \varphi_{\mathrm{h}}^2) L_0 \tag{3-12}$$

式中 φ_{h}——喷嘴速度系数。

喷嘴出口的实际温度

$$T_{\mathrm{eh}} = T_{\mathrm{theh}} + \Delta T_{\mathrm{h}} \tag{3-13}$$

喷嘴的喉部面积

$$\sum A_{\mathrm{crh}} = \frac{q \sqrt{T_{\mathrm{it}}/\mu}}{P_{\mathrm{it}} \sqrt{\dfrac{\kappa}{R} (\dfrac{2}{\kappa + 1})^{\frac{\kappa + 1}{\kappa - 1}}}} \tag{3-14}$$

式中 μ——喷嘴流量系数。

喷嘴出口的面积

$$\sum A_{\mathrm{eh}} = \frac{q \nu_{\mathrm{eh}}}{c_{\mathrm{eh}}} \tag{3-15}$$

式中 ν_{eh}——喷嘴出口处的比容，单位为 $\mathrm{m^3/kg}$；

c_{eh}——喷嘴出口的实际速度，单位为 $\mathrm{m/s}$。

喷嘴的喉部直径

$$d_{\mathrm{crh}} = \sqrt{\frac{4 \sum A_{\mathrm{crh}}/Z}{\pi}} \tag{3-16}$$

式中 Z——喷嘴数量。

喷嘴出口的直径

$$d_{\mathrm{eh}} = \sqrt{\frac{4 \sum A_{\mathrm{eh}}/Z}{\pi}} \tag{3-17}$$

② 动叶气动参数计算

叶片入口的绝对速度

$$c_{\mathrm{ib}} = c_{\mathrm{eh}} \tag{3-18}$$

叶片入口的相对速度与圆周速度夹角

$$\beta_{\mathrm{ib}} = \arctan \frac{\sin \alpha_{\mathrm{eh}}}{\cos \alpha_{\mathrm{eh}} - u/c_{\mathrm{eh}}} \tag{3-19}$$

叶片的叶型角

$$[\beta_{\mathrm{ib}}] = \beta_{\mathrm{ib}} + (2° \sim 3°) \tag{3-20}$$

叶片入口的相对速度

$$\omega_{ib} = c_{eh} \frac{\sin \alpha_{eh}}{\sin \beta_{ib}} \qquad (3-21)$$

叶片入口的相对马赫数

$$M_{awib} = \frac{\omega_{ib}}{\sqrt{\kappa R T_{eh}}} \qquad (3-22)$$

叶片出口的相对速度

$$\omega_{eb} = \Psi_1 \omega_{ib} \qquad (3-23)$$

其中

$$\Psi_1 = 0.97 \times \left[1 - 0.24 \times \left(\frac{\beta_{ib}}{90}\right)^3\right] \times \left[1 - 0.05 \times (M_{awib} - 1)^2\right]$$

叶片出口的绝对速度与圆周速度夹角

$$\alpha_{eb} = \arctan \frac{\sin\beta_{eb}}{\cos\beta_{eb} - u/\omega_{eb}} \qquad (3-24)$$

叶片出口的绝对速度

$$c_{eb} = \omega_{eb} \frac{\sin \beta_{eb}}{\sin \alpha_{eb}} \qquad (3-25)$$

（4）预压泵

大部分液氧煤油补燃循环发动机主泵出口压力和转速高，为了满足主泵入口压力，通常在主泵入口设置预压泵。预压泵可以采用叶片泵或引射泵，叶片泵已在 RD-120、RD-170、NK-33 等发动机上广泛采用。引射泵没有旋转组件，可靠性高，对于重复使用发动机和可靠性要求更高的发动机可采用。

常采用的叶片式预压泵是轴流泵和带有诱导轮的离心泵。叶片式预压泵按转子的传动方式又可分为涡轮传动（气涡轮传动和液涡轮传动）和齿轮传动。实际应用时，预压泵与传动装置设计成为一个整体。涡轮传动的预压泵，一般称为预压涡轮泵。

已研制成功的补燃循环液氧/煤油发动机，通常在氧化剂泵入口设置液氧预压涡轮泵，预压涡轮为气涡轮，从主涡轮后引出一股富氧燃气，经换热器（加热器和液氧蒸发器）换热降温之后驱动液氧预压涡轮，带动预压泵使其出口压力达到液氧主泵入口所要求的压力值。富氧燃气驱动液氧预压涡轮后与预压泵的液氧混合在一起，输送到发动机中。液氧预压涡轮泵采用富氧燃气做工质，其优点是做功能力强，所需工质流量小，与液氧相容。液氧预压涡轮通常采用冲击式单级涡轮，预压泵是带有诱导轮的轴流式泵。在燃料泵入口设置燃料预压涡轮泵，预压涡轮为液涡轮，从燃料一级泵出口引出一股高压煤油驱动燃料预压泵，将其中的燃料压力提高到燃料一级泵所需的入口压力值。

引射式预压泵的工作介质来自于主泵出口的液流，也可以来自于主泵密封泄漏管的液流，使其通过引射泵的喷嘴流向主泵入口。在喷嘴内流体的压力能转换为射流的动能，这种射流在混合室内把这种动能传给主流。引射泵的效率低，只适用于补燃循环发动机，因为将高压液体导入引射器时，主涡轮泵功率随着主泵流量的增加而增加，但这种功率增加对于补燃发动机来说，实际上不会降低发动机的性能。

3.2.3.3　实例——RD-120发动机

RD-120发动机是苏联能源机械联合体于1987年为天顶号运载火箭二级研制的主发动机。该发动机采用液氧/煤油推进剂、富氧补燃循环系统，发动机真空推力为850 kN，是一种典型的高性能上面级发动机，具有推力和混合比调节能力。该发动机的总装结构如图3-24所示，发动机的系统组成如图3-25所示。

RD-120发动机由主系统、燃气系统、液氧预冷系统、起动系统、点火系统、推进剂供应系统、贮箱增压系统、吹除系统、调节（推力和混合比）系统、推进剂泄出及抽真空系统、配气系统组成。

RD-120发动机的设计特点：

1) 发动机主要大尺寸组件之间采用焊接连接。发动机装配时，预燃室出口管与主涡轮入口管、主涡轮出口管与燃气导管、燃气导管与推力室入口管均为焊接连接，提高了发动机的可靠性。

图 3 - 24　RD - 120 发动机的总装结构

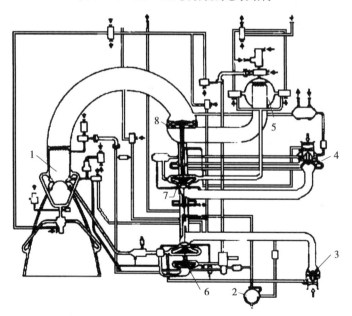

图 3 - 25　RD - 120 发动机的系统组成

1—推力室；2—起动箱；3—燃料预压泵；4—液氧预压泵；

5—预燃室；6—燃料泵；7—液氧泵；8—涡轮

2）推力室喷注器采用同心环排列（10 环）的双组元同轴式喷嘴，喷注器盘上焊接有隔板（6 个径向、1 个环形，分为 7 个燃烧区）。

3）推力室采用煤油作冷却剂。由于煤油冷却性能不好，尤其是在高压下煤油冷却很难满足要求。因此，该发动机采用再生冷却与内冷却相结合的冷却方式，在结构上采用了斜槽通道（只有在喷管扩张段后段为直槽）、铜内壁、分段冷却（先冷却推力室喉部）、设置三条内冷却带和在圆柱段及喉部附近的内壁燃气边镀隔热层等措施解决了高压推力室的冷却问题。

4）预燃室是高压、大流强及高混合比的燃烧装置。发动机的全部液氧和少量的煤油在预燃室内燃烧，燃烧生成的富氧燃气避免了燃气发生器循环产生的富燃燃气的积碳问题。但富氧燃气有极强的氧化特性，对金属和非金属材料氧化严重。为此，在富氧燃气流经的组件（燃气导管和涡轮通道）上都覆盖了陶瓷隔热层，较好地解决了富氧燃气对材料的氧化问题。预燃室用液氧冷却身部，并采用球形焊接结构，有利于冷却和工作可靠。

5）在燃料泵和氧化剂泵的入口设置预压涡轮泵。液氧预压涡轮泵的涡轮由驱动主涡轮后的富氧燃气经换热器换热后驱动，这股燃气最后流入液氧预压泵出口的液氧中，而不是排到外界。燃料预压涡轮泵中的涡轮由从燃料一级泵出口引出的高压煤油驱动，之后这些煤油汇入煤油路中。

6）涡轮泵为同轴式结构。主涡轮与液氧泵配置在一根轴上，两个燃料泵（其中一级泵向推力室供应高压、大流量煤油，二级泵向预燃室供应更高压力、较小流量的煤油）配置在一根轴上。两根轴同心，用弹性小轴连接并传递扭矩。为了涡轮泵可靠工作，在主涡轮热壳体与轴之间设计一种补偿膜盒，使轴、轴承能在稳定的低温下工作，在主涡轮与液氧泵之间设计脱开式及端面密封装置将涡轮燃气与液氧隔开。

7）发动机采用成熟的化学点火方式。用两根点火导管分别点燃预燃室和推力室。点火导管分别安装在预燃室和推力室的燃料路中，由起动箱中的高压煤油（由高压氦气挤压）挤破点火导管两端的膜片将点火剂挤到预燃室和推力室中。

8) 主涡轮泵的起动方式是自身起动。由于采用了合理的起动程序，使主涡轮泵起动过程中涡轮反压低，且燃料泵处于"零流量"状态，同时在液氧供应系统中设置起动加速阀，在起动过程中，随着泵出口压力的增加，部分液氧通过该阀进入液氧预压泵的涡轮，使其旋转，预压泵出口压力增加，因而起动加速性较快。

9) 发动机的推力调节系统是在预燃室燃料路设置流量调节器，调节预燃室的混合比，即预燃室的燃气温度，以实现调节发动机推力的目的；混合比调节器是在燃料一级泵出口设置节流阀，通过调节该阀的开度，调节推力室的燃料流量，达到发动机混合比的调节。流量调节器与节流阀独立调节，相互不受影响，提高了调节精度。

10) 发动机的阀门均为多次工作的气动阀和液动阀，使发动机具有多次工作的能力。通过更换点火导管，以及进行相应的试车后处理，使发动机具有多次试车的功能。

3.2.4　发展趋势分析

液氧/煤油发动机的研制，不同国家和不同研究机构走的道路不同。技术发展基本上可以分为四种，第一代采用挤压式系统，如 Space X 公司猎鹰 1 火箭的二子级和韩国探空火箭的三子级，其特点是推进系统结构质量较重、性能较低、技术难度较小。

第二种采用气体发生器循环，典型的发动机为联盟号运载火箭的 RD - 107 和 RD - 108。这种发动机主要突破了火箭发动机的涡轮泵技术，通过采用过氧化氢分解产物驱动涡轮，大幅度降低了贮箱质量。但是，该类发动机需要专门的过氧化氢推进剂系统，增加了发动机的复杂程度，上世纪 60 年代之后的新型发动机不再采用。

第三种采用燃气发生器循环，典型的发动机为土星 5 运载火箭的 F-1 和 Space X 公司猎鹰运载火箭的 Merlin1D。这种发动机主要突破了双组元燃气发生器的混合比控制技术，解决了高温燃气烧蚀涡轮的问题，利用发动机自身的液氧和煤油供应燃气发生器，不再需要过氧化氢，简化了发动机系统。但是，燃气发生器循环涡轮排气损失了一部分能量，同时推力室压力受到限制，发动机整体性能较低。

第四种采用补燃循环，典型的发动机为俄罗斯的 NK-33、RD-170、RD-180 和 RD-191。这种发动机主要突破了高压推力室冷却技术、涡轮和燃气导管的抗氧化材料等，将全部液氧引入预燃室，产生燃气驱动涡轮，之后燃气进入推力室补燃，使全部推进剂的化学能得到释放，同时大幅度增加了推力室压力，从而提高了发动机比冲性能。

上述四种液氧/煤油发动机中，挤压式系统和气体发生器循环不作为大中型发动机的选择。对于后两种发动机，补燃循环发动机比燃气发生器循环发动机压力高、结构质量重，需要多种高强度、耐氧化材料，成本高，但比冲性能可以提高 15% 左右。

其中，结构质量、成本和比冲直接影响航天运载器的性能。在运载火箭中，发动机的结构质量和成本仅占一小部分，属弱影响因素；而比冲对火箭的运载能力影响明显，属强影响因素，补燃循环发动机比冲增加带来的效益，要远远大于发动机结构质量和成本增加带来的不利影响。

分析液氧/煤油发动机的发展情况与技术特点，富氧补燃循环仍然是未来的发展趋势。航天运载朝着高可靠、低成本、无毒环保的方向发展，液氧/煤油发动机密度比冲高、推进剂来源广泛，是运载火箭助推级和一子级的理想选择，同时也可用于运载火箭上面级和空间飞行器。

3.3   液氧/液氢发动机

液氢分子量最小，与液氧组合成为化学推进中性能最高的推进剂。加上氢无毒无污染、与氧燃烧的产物是水蒸气，并具有良好的冷却性，与氧燃烧的稳定性较好，是液体火箭发动机的最佳燃料之一。同时，液氢密度低，导致贮箱体积大。总体来说，液氧/液氢发动机适应于运载火箭的二子级和上面级。

由于液氢的生产、运输及使用存在一定的难度且价格昂贵，直到 20 世纪 50 年代，美国才基本具备液氢配套技术。在此背景下，1956 年美国空军与普朗特·惠特尼公司（普惠公司）签署了研制液氢为燃料的航空发动机的合同，这一合同的实施为后来研制液氧/液氢发动机打下了技术基础。

1958 年 10 月，普惠公司与美国空军又签署了研制宇宙神—半人马星座火箭上面级 RL-10 发动机的合同。经过几年的工作，普惠公司成功地研制了世界上第一型液氧/液氢发动机，此后又进行了一系列的改进用于各种上面级。

液氧/液氢发动机的高速发展始于 20 世纪 50 年代末到 60 年代初开始的阿波罗载人登月计划。该计划研制的土星系列火箭中，土星 IB 的二级和土星 V 的二、三级均采用百吨级的液氧/液氢发动机，即 J-2 发动机。

1972—1981 年，在 NASA 的航天飞机研制中，最为关键的是洛克达因公司研制的性能最高、能够重复使用的航天飞机主发动机——补燃循环的液氧/液氢发动机。

苏联在 20 世纪 60 年代，试图与美国在登月竞赛上决胜负，他们研制了以富氧补燃循环液氧/煤油发动机为动力的 N-1 火箭，也同时研制了第四级的后备方案 RD-57 液氧/液氢补燃发动机，真空推力为 392 kN。该发动机虽然研制成功了，但因 N-1 火箭经历了几次发射失败最终取消了发射计划，失去了参与飞行试验的机会。

此后，苏联也开展了航天飞机计划，1987年用新研制的能源号重型火箭把暴风雪号航天飞机送入了太空。此后由于种种原因迫使他们放弃了这一计划，但他们为能源号火箭芯一级研制的 RD-0120 液氧/液氢补燃发动机还是十分完美的。目前为止，俄罗斯用于商业发射的运载火箭，如联盟号、天顶号等都采用液氧/煤油发动机，液氧/液氢发动机技术似乎停顿了下来。

欧洲运载器发展组织（ELDO）在1972年前，先后研制了欧洲号 I、II、III 三种火箭，其中欧洲号 I、II 火箭一级为英国研制的蓝光液氧/煤油燃气发生器循环发动机，欧洲 III 号二级为德国梅伯布公司（MBB）研制的液氧/液氢补燃发动机。这些发动机由于欧洲号运载火箭累遭失败而被取消。

接着，新成立的欧洲空间局开始研制阿里安系列火箭。其中，阿里安 4 的一、二级分别采用维金 5C、维金 4 可贮存推进剂发动机，三级为欧洲推进公司（SEP）和德国梅伯布公司联合研制的 HM-7 液氧/液氢燃气发生器循环发动机。该火箭1981年开始投入商业发射任务。

欧洲空间局1985年开始研制一级半阿里安 5 火箭。该火箭采用 2 个固体助推器，芯级为 HM-60 液氧/液氢燃气发生器循环发动机。另外，还研制了通用低温上面级"芬奇"膨胀循环液氧/液氢发动机。

1981年在美国的协助下，日本开始研制 H-1 火箭，一级选用美国的 MB-3 液氧/煤油发动机，二级为 LE-5 液氧/液氢燃气发生器循环发动机。该火箭1986年成功地发射了日本的通信卫星，标志着日本有能力独立研制自己的火箭。紧接着，日本开始研制 H-2 火箭，该火箭采用 2 个固体助推器，一级为 LE-7 液氧/液氢补燃循环发动机，二级为 LE-5A 液氧/液氢膨胀循环发动机。1994年 H-2 火箭发射成功。鉴于 H-2 发射成本过高、无竞争力而重新开始了 H-2A 火箭的研制。H-2A 是 H-2 的改进型，就发动机本身也做了相应改进：一级改进为 LE-7A 发动机、二级改进为 LE-5B 发动机。

印度是运载火箭领域的后起之秀。他们在发动机发展上，基本上走与俄罗斯密切合作的研发道路。两国合作研制出了 KVD-1 液氧/液氢发动机。该发动机的前身是 N-1 运载火箭第五级 RD-56 发动机。RD-56 发动机是 1965—1972 年由化工机械（Khimmash）设计局研制的，真空推力为 73.5 kN，能够起动 4 次的液氧/液氢补燃发动机。1990 年，由 RD-56 演变而来的 KVD-1 发动机用于印度的地球同步卫星运载火箭（GSLV）的第 3 级，其推力增加到 93.2 kN、比冲为 4 521 m/s。

20 世纪 90 年代，由于美国航天飞机的空难及发射费用没有达到预期目标，NASA 调整了航天计划，不再完全依赖航天飞机。调整的主要项目包括：

1）研制新的一次性使用运载火箭（德尔塔 4 和宇宙神系列火箭）。这就导致开始研制系统简单、价格低廉的 RS-68 液氧/液氢发生器循环发动机和购买俄罗斯研制的 RD-180 液氧/煤油补燃循环发动机。

2）提出以火箭为动力的单级入轨（SSTO）计划，即 X-33/冒险星试验验证机，它采用 RS-2000 液氧/液氢塞式喷管发动机。但是，由于轻质液氢贮箱技术难以突破等原因，该计划终止。

2003 年 NASA 放弃了 X-33/冒险星的以火箭为动力的计划。同时在航天发射倡议（SLI）中明确了以火箭为动力的两级入轨（TSTO）方案：一级为 4 000 kN 级液氧/煤油补燃循环发动机，二级为 2 000 kN 级液氧/液氢补燃循环发动机。

2004 年，NASA 再次修正了航天战略，全力以赴开展人类重返月球和探测火星的计划。其运载火箭采用固体助推和液氧/液氢主推进方案（RS-68 和 J-2X 发动机）。虽然 2010 年美国政府取消了星座计划，但仍将继续开展载人登陆火星和研制具有大推力液氧/液氢发动机的重型运载火箭计划，由此可以看出，液氧/液氢发动机在运载器上的应用极为广泛。

世界各国研制的部分液氧/液氢发动机的性能参数见表 3-10。

表 3 - 10　部分液氧/液氢发动机的性能参数

序号	发动机名称	应用	研制日期	研制单位	循环方式	真空推力/kN	真空比冲/(m/s)	室压/MPa	喷管面积比	混合比	发动机质量/kg
1	RL-10	宇宙神-半人马星座	1958—1963	惠普公司	膨胀循环	66.72	4 354	2.76	57	5.0	137
	RL-10A-3-1	半人马星座	1963 年成功	惠普公司	膨胀循环	66.72	4 227	2.06	40	5.0	—
	RL-10A-3-3	土星 I 二级（6 机并联）	1964 年成功	惠普公司	膨胀循环	66.72	4 354	2.76	57	5.0	—
2	J-2	土星 I B 二级、土星 V 二、三级	1960—1966	洛克达因	发生器循环	1 023	4 168	5.38	27.5	5.5	1 567
3	SSME	航天飞机轨道器	1972—1981	洛克达因	补燃循环	2 090	4 464	20.5	77.5	6.0	3 175
4	RS-68	德尔塔 4 芯一级 战神 V 芯一级（5 台）	1997—2001	洛克达因	发生器循环	3 341	4 012	9.7	21.5	6.0	6 597
5	HM-7	阿里安 1 三级	1973—1983	欧洲推进公司	发生器循环	61.6	4 340	3.01	63.5	4.44	149
6	HM-60（火神）	阿里安 5 芯一级	1984—1996	欧洲推进公司	发生器循环	1 145	4 246	11.2	45	5.3	1 700

续表

序号	发动机名称	应用	研制日期	研制单位	循环方式	真空推力/kN	真空比冲/(m/s)	室压/MPa	喷管面积比	混合比	发动机质量/kg
7	芬奇	阿里安 5 上面级	1988—2006	法德意大利等	膨胀循环	180	4 660	6.0	243	5.7~5.9	—
8	LE-5	H-1 二级	1977—1986	日本宇宙开发事业团	发生器循环	103	4 413	3.63	140	5.5	255
9	LE-7	H-2 芯一级	1984—1994	日本宇宙开发事业团	补燃循环	1 080	4 370	12.7	52	6.0	1 714
10	RD-57	N-1 拟四级	1959—1974	流利卡设计局	补燃循环	392	4 472	10.88	143	5.8	840
11	RD-0120	能源号二级	1974—1988	化学自动化研究所	补燃循环	1 863	4 467	20.6	85.7	6.0	3 450
12	YF-75	CZ-3A~CZ-3C 3 级 2 机并联	1986—1994	中国航天科技集团	发生器循环	82.76	4 295	3.85	80	5.1	620
13	YF-75D	CZ-5 二级 2 机并联	2006—2016	中国航天科技集团	膨胀循环	88.36	4 340	4.10	80	6.0	736
14	YF-77	CZ-5 一级 2 机并联	2001—2016	中国航天科技集团	发生器循环	700	4 197	10.0	80	5.5	双机 2 750

3.3.1　发动机系统

目前，已研制成功的液氧/液氢发动机均为泵压式系统，包括燃气发生器循环、补燃循环、膨胀循环等，如图 3-26 所示。这三种循环系统中，燃气发生器循环系统较为简单，性能稍低；补燃循环系统性能最高、系统复杂；膨胀循环系统最简单，但受冷却夹套中液氢吸收热流的限制，室压不可能选得较高，发动机的推力量级也受到一定的限制。

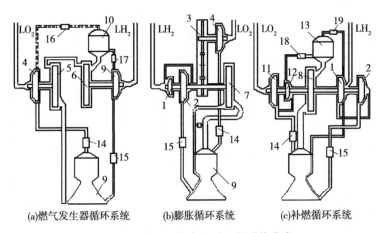

(a)燃气发生器循环系统　　(b)膨胀循环系统　　(c)补燃循环系统

图 3-26　液氧/液氢发动机的系统分类

1—液氢一级泵；2—液氢二级泵；3—齿轮箱；4—氧涡轮泵；5—氧涡轮泵涡轮；
6—氢涡轮泵涡轮；7、8—涡轮；9—液氢泵；10—燃气发生器；11—液氧一级泵；
12—液氧二级泵；13—预燃室；14—液氧主阀；15—燃料主阀；16—液氧副阀；
17—燃料副阀；18—预燃室氧阀；19—预燃室燃料阀

除上述三种循环方式外，还有一种称为抽气方式的循环系统，该系统直接从推力室中抽出高温燃气用来驱动涡轮泵，从而省去了燃气发生器及其相应组件，也克服了膨胀循环室压受到约束的影响，但可靠性有可能成为较大的问题，该方案曾用作 J-2S 发动机系统（图 3-27）。

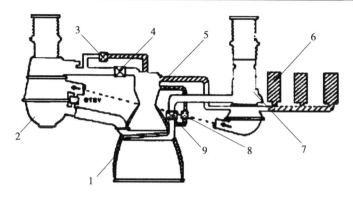

图 3 - 27　J - 2S 发动机的系统简图

1—推力室；2—氧涡轮泵；3—液氧旁通阀；4—液氧主阀；5—驱动涡轮的抽气管路；
6—火药起动器；7—氢涡轮泵；8—液氢旁通阀；9—燃料主阀

液氧/液氢发动机还曾尝试采用塞式喷管发动机的方案，这是一种由一簇燃烧室和塞式喷管构成的适合于发动机从地面起飞到近似真空高度的工作环境变化而使喷管燃气继续充分膨胀的循环方案。该方案的性能高，对于大推力的发动机，由于试验设备庞大，尤其是模拟真空环境的设备要求高，研制难度大，至今没有得到实际应用。

另外，美国一些研究部门也曾进行过气氧/气氢挤压式发动机的试验研究，以试图与液氧/液氢主发动机匹配完成液氧/液氢级的姿态控制任务。

3.3.1.1　燃气发生器循环系统

燃气发生器循环系统一般由推力室、燃气发生器、2 台涡轮泵（氧涡轮泵和氢涡轮泵）和各种管路及阀门等构成。它由燃气发生器燃烧生成的低混合比富燃燃气驱动涡轮带动两泵旋转，使泵出口的液氧和液氢压力提高，流入推力室燃烧产生推力。由两泵的出口分流出的较少推进剂进入燃气发生器，其燃气温度取决于涡轮材料的承受能力。驱动涡轮后的燃气通过排气管直接排至外界，或排至喷管延伸段内从推力室喷口喷出。

燃气发生器循环系统既可以用于较小推力的上面级发动机，如阿里安三级的 HM - 7 发动机、中国的 YF - 73 和 YF - 75 发动机、日本 H - 1 二级的 LE - 5 发动机，还可用于大型运载火箭的大推力发动机，如土星 V 二、三级的 J - 2 发动机、阿里安 5 芯级的 HM - 60 发动机和德尔塔 4 芯级的 RS - 68 发动机。

　　燃气发生器循环系统的优点是系统简单，工作可靠，尤其是 RS - 68，通过系统的进一步简化和总体优化，发动机的组合件数量大幅减少，发动机的研制和使用成本也大幅下降。

3.3.1.2　膨胀循环系统

　　膨胀循环系统通常由推力室、涡轮泵及各种阀门等组成。该系统是液氢泵出口流出的液氢通过推力室的再生冷却夹套，在冷却推力室的同时吸收热量变为一定温度的气氢后，驱动涡轮带动两种泵工作。与燃气发生器循环系统相比，该系统省去了燃气发生器，发动机系统得到了进一步简化，是一种较为理想的方案。

　　膨胀循环的液氧/液氢发动机又可分为如下两种方案。

　　第一种为闭式循环，如图 3 - 26 (b) 所示。该系统是发动机的全部液氢流入冷却夹套生成气氢驱动涡轮旋转后直接排到推力室中，与流入推力室的液氧混合、燃烧。这是一种最为理想的膨胀循环系统。美国普惠公司对 RL - 10 系列发动机进行了很多次改进，在基本结构不变的前提下使发动机的推力由最初的 66.72 kN 大幅提高到 155.69 kN，在此过程推力室的室压由 2.76 MPa 上升到 4.146 MPa。普惠公司突破了膨胀循环中冷却结构的最为关键的核心技术，才使室压有较大增加。众所周知，膨胀循环的室压不可能增加得过高，室压越高，泵出口压力越高，要求的涡轮功率越高，但涡轮的功率主要受限于来自推力室冷却夹套的液氢吸取热流的多少，即体现为气氢温度的高低，这除了与通过冷却夹套的液氢流量有关外，还取决于冷却夹套的设计、制造水平。

　　另一种是开式循环，如 H - 2 火箭的二级 LE - 5A 发动机，采用少量的液氢通过冷却夹套变为较高温度的气氢，驱动涡轮工作后直接排往外界。与闭式循环相比，性能有所降低，但结构设计简单。

LE-5B 发动机又在 LE-5A 的基础上作了进一步改进，驱动涡轮工作后的气氢排到喷管延伸段内，这部分气氢在喷管延伸段内进一步膨胀，使性能有所提高。

3.3.1.3　补燃循环系统

目前已研制成功并投入使用的液氧/液氢补燃循环发动机均采用富燃预燃室，这是因为氢的分子量小，以氢为主要成分的富燃燃气做功能力强，同时不存在富氧燃烧产物的氧化性问题。不同的液氧/液氢补燃循环发动机的系统组成也各有不同，如 SSME 发动机采用两台预燃室分别驱动两台涡轮泵，RD-0120 发动机采用一台预燃室驱动一台同轴式涡轮泵，LE-7A 发动机采用一台预燃室驱动两台独立的涡轮泵。

液氢具有非常良好的冷却性能，少部分的液氢流量即可满足推力室的冷却要求，RD-0120 发动机将 20% 左右的液氢流量冷却推力室后直接进入燃烧室，其余液氢进入预燃室与少量液氧燃烧，产生燃气驱动涡轮后进入燃烧室。

除此之外，全流量补燃循环也是一个重要发展方向。富燃补燃循环发动机的推力室压力已经达到 20MPa 以上，全流量补燃循环可以将比冲性能稍有增加，但增加幅度有限。全流量补燃循环主要的目的是降低燃气的温度，利用富氧燃气驱动液氧涡轮、富燃燃气驱动液氢涡轮，降低对密封的要求，有利于提高发动机的可靠性和使用寿命，便于发动机重复使用。美国曾开展 RS-2100 和 IPD 可重复使用液氧/液氢全流量补燃循环发动机研制，其中 IPD 曾完成整机试车，但由于项目取消未能完成研制。

3.3.2　燃气发生器循环发动机

3.3.2.1　参数选择

对于燃气发生器循环发动机来说，室压的选取决定于总体的性能要求、发动机的设计及制造经验。已研制的燃气发生器循环发动机室压在 3.6～11.2 MPa（绝）之间。随着技术水平的提高，后来研制的发动机，室压有逐渐上升的趋势。世界上研制最早（1960—1966 年）的大推力 J－2 发动机，室压为 5.38 MPa（绝），而 1984—1996 年研制的 HM－60 发动机的室压已达 11.2 MPa（绝）。室压增加时，要求泵的出口压力也增加，涡轮流量亦增加，发动机性能下降，增大发动机的生产、制造及可靠性方面的难度。

发动机的混合比，一般选为 5.0～6.50 之间。燃气发生器的混合比，一般选为 0.85～0.90，主要决定于涡轮材料承受高温的能力。

3.3.2.2　主要组合件

燃气发生器循环液氧/液氢发动机由推力室、燃气发生器、涡轮泵、各种阀门、摇摆组件、机架和管路等主要组件组成。这里只讨论最为重要的几种组合件。

（1）推力室

通常，推力室由头部和身部组成。头部主要由喷注器、液氧入口管、液氧顶盖及集合器等构成，如图 3－28 所示。喷注器上有同轴式双组元喷注单元，按同心环排列。每个喷注单元的中心为液氧喷孔，周围为环形气氢喷嘴，气氢来自于冷却夹套的液氢吸热蒸发，因此，这种发动机为气—液燃烧，稳定性较好。喷注器中心设置点火器。为确保燃烧稳定，喷注器上可设置隔板。如果推力室本身的燃烧稳定性较好，可以不加隔板。

液氧/液氢发动机推力室的喷注器大多为同轴式喷注单元。同轴式喷注器有剪切式和涡旋式两种型式。这两种型式都把气氢置于外环而液氧在中心。由于液氧/液氢发动机的混合比为 5～7，剪切式喷注单元的气氢喷射速度需要很高，才能获得足够高的喷射动量来充分雾化液氧并与之混合。只有在气氢的喷射动量不足以剪切液氧时，才在液氧流道内设置涡旋型零件。对于剪切式喷注单元，每个喷注单元由中间的液氧喷孔、剪切式气氢喷孔、喷注面和缩进室等构成，如图 3－29 所示。

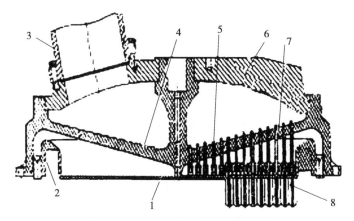

图 3 - 28　RS - 68 发动机的头部结构

1—面板；2—声腔环槽；3—液氧入口管；4—两种推进剂的分隔板；

5—同轴式喷嘴；6—液氧顶盖；7——条环形钎焊缝隙；8—隔板

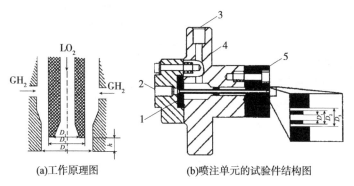

(a)工作原理图　　　　　(b)喷注单元的试验件结构图

图 3 - 29　液氧/液氢发动机的同轴式喷注单元

1—液氧集液腔；2—液氧入口；3—液氢入口；4—试验器壳体；5—喷注面

　　剪切式同轴式喷注单元可以为推力室圆柱段身部室壁内表面提供一个良好的热环境，但如果液氧的液滴在圆柱段身部末端没有完全气化，并且在喉部上游附近发生撞击、燃烧，则这种喷注单元会造成喷管收敛段冷却的恶化。

　　(2) 燃气发生器

　　燃气发生器由喷注器和身部组成，喷注器通常采用同轴式喷注单元。

（3）涡轮泵

由于液氧和液氢的密度相差较大，涡轮泵通常采用独立布置，即分别设置氢涡轮泵和氧涡轮泵，以便于泵在各自最有利转速下工作。两个涡轮可以采用串联方案，也可采用并联方案，由于燃气发生器循环的涡轮压比很大，通常采用串联方案，如 J-2 发动机，燃气先驱动氢涡轮，后驱动氧涡轮。燃气可以排至外界，也可排到喷管内。

氢涡轮泵主要有诱导轮、泵叶轮、涡轮、动静密封和轴向力平衡装置等组成。叶轮可以是多级轴流式，如 J-2 发动机液氢泵叶轮为 7 级；也可以是离心式，如 RS-68（图 3-30）。液氧涡轮泵通常由诱导轮、泵叶轮、涡轮、动静密封和轴向力平衡装置等组成。叶轮为单级离心式。两种涡轮泵的涡轮均为 2 级轴流式涡轮。

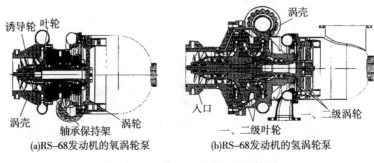

(a)RS-68发动机的氧涡轮泵　　　(b)RS-68发动机的氢涡轮泵

图 3-30　RS-68 发动机的涡轮泵

3.3.2.3　实例—J-2 发动机

J-2 发动机是早期研制的燃气发生器循环液氧/液氢发动机，由洛克达因公司于 1960—1966 年研制，首先用于土星 IB 的二级，也用于土星 V 的二级推进系统，由 5 台 J-2 并联而成。J-2 发动机采用直线式泵前单向摇摆方式，摇摆角±7°，2 次起动，其总装结构如图 3-31 所示。

J-2 发动机由起动系统、主系统、副系统、控制系统、预冷系统、吹除系统、增压系统及推进剂利用系统等组成，如图 3-32 所示。

图 3 - 31　J - 2 发动机的总装结构

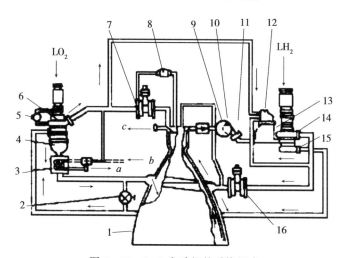

图 3 - 32　J - 2 发动机的系统组成

1—推力室；2—氧涡轮旁通阀；3—换热器；4—氧涡轮；5—混合比调节器；6—液氧泵；
7—液氧主阀；8—点火器氧阀；9—起动箱；10—氮气瓶；11—起动箱放气阀；
12—发生器控制阀；13—燃气发生器；14—液氢泵；15—氢涡轮；16—燃料主阀

J - 2 发动机的设计特点包括：

1) 发动机采用能够多次使用的起动系统。该系统由起动箱、氮气瓶、起动瓶及放气阀等组成。位于起动箱中的氮气瓶内充有一定压力的氮气,还可为发动机控制系统提供控制压力。起动箱内贮存一定压力的气氢,作为发动机的起动能源。发动机工作时,将冷却夹套中的气氢充入起动箱,准备在发动机下一次起动时使用。

2) 采用由 1 个燃气发生器串联供应 2 台独立的涡轮泵的方案。燃气发生器产生的富燃燃气先进入氢涡轮泵的涡轮,后进入氧涡轮泵的涡轮。两台涡轮泵的速度比由氧涡轮泵上游的旁通阀上的校准孔板预先调节,这样两台涡轮泵均可在各自的最佳转速下工作。

3) 燃气发生器和推力室采用电火花塞点火。

4) 推进剂利用系统采用安装在液氧泵出口涡壳上的混合比调节器（又称推进剂利用阀）,接到箭体指令后,调节其开度,调节液氧主路的流量以满足混合比的调节要求。

5) 发动机分别设置液氧和液氢预冷系统。

6) 推力室采用焊接管束式结构（图 3-33）,液氢从泵出口经燃料主阀流入冷却夹套,受热变为气氢,其中大部分气氢流入喷注器,少量通过多孔面板发汗冷却、增压液氢箱和充填起动箱。

7) 采用独特的增压方式：液氢箱用从冷却夹套出口抽出的气氢增压；液氧箱的增压有两种方法,土星 V 的二级发动机用液氧蒸发器中氧气增压,土星 V 的三级发动机用加热后的氦气增压。这两种换热器均安装在氧涡轮泵的涡轮排气管中。

8) 从两个主阀后分流小部分液氢和液氧经发生器控制阀流入燃气发生器。氧涡轮旁通阀使起动时氧涡轮泵滞后起旋,以保证燃料超前流入燃气发生器。

9) 发动机的阀门均可多次作动,如主阀（液氧主阀和燃料主阀）为气动、常闭式蝶形阀,副阀（发生器控制阀）为气动、常闭式菌状阀,点火器氧阀为气动、常闭式菌状阀。氧涡轮泵旁通阀为常开式闸阀等,混合比调节器为电动阀。

在 J-2 发动机的基础上,洛克达因研制了各种改进型发动机。20世纪 70 年代,在阿波罗计划后期研制了抽气循环的 J-2S 发动机,从

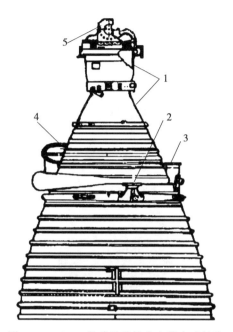

图 3-33　J-2 发动机的推力室管束式结构

1—推力室身部；2—氧涡轮旁通路入口；3—液氢入口；4—涡轮排气入口；5—液氧入口

主燃烧室中抽出燃气驱动涡轮，省去了燃气发生器，推力和比冲均比 J-2 发动机有所增加，并改善了零组件生产工艺。同时，还进行了 J-2T-200K 和 J-2T-250K 气动塞式喷管发动机的研究。

　　2006 年，NASA 在重返月球计划中，考虑将 J-2 系列发动机用作战神 I 和战神 V 火箭的上面级。最后决定选用 J-2X 发动机。J-2X 发动机采用燃气发生器循环，串联式涡轮，涡轮排气流入喷管内，其推力比 J-2 发动机大。J-2X 发动机的主燃烧室采用铣加工的铜合金内壁，其设计和制造工艺与 RS-68 发动机相同。再生冷却喷管也采用铣槽内壁，出口的面积比为 40。主喷注器采用与 J-2 发动机相似的同轴式喷注单元。J-2X 发动机的阀门采用 J-2 发动机的阀门设计方案，改进了密封材料和结构。阀门的控制采用数字式发动机控制器和较为简单的开环系统。J-2X 发动机采用成熟的技术，甚至直接采用以往

的关键组件，节省研制经费，大幅缩短了研制周期。J-2X 发动机的
总装结构和系统组成分别如图 3-34 和图 3-35 所示。

图 3-34　J-2X 发动机的总装结构

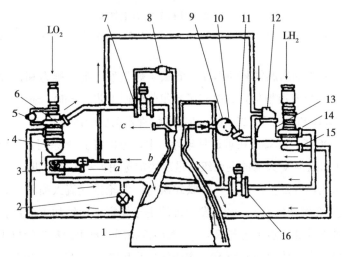

图 3-35　J-2X 发动机的系统组成

1—推力室；2—氧涡轮旁通阀；3—换热器；4—氧涡轮；5—混合比调节器；6—液氧泵；
7—液氧主阀；8—点火器阀；9—起动瓶；10—氦气瓶；11—起动瓶放气阀；
12—发生器控制阀；13—燃气发生器；14—燃料泵；15—氢涡轮；16—燃料主阀

3.3.3　补燃循环发动机

3.3.3.1　参数选择

　　燃气发生器循环液氧/液氢发动机由推力室、燃气发生器、涡轮泵、预压泵、各种阀门、摇摆组件、机架和管路等主要组件组成。这里只讨论最为重要的几种组合件。

3.3.3.2　主要组合件

　　补燃循环液氧/液氢发动机以美国研制的航天飞机主发动机为代表，该发动机是美国洛克达因公司于 1972—1981 年研制，其系统组成如图 3 - 36 所示。发动机由推力室、预燃室、涡轮泵、预压泵、各种阀门、摇摆组件、机架和管路等主要组件组成。

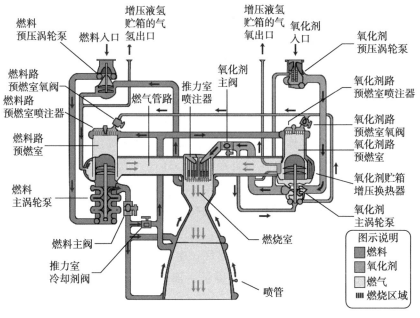

图 3 - 36　航天飞机主发动机的系统组成

　　(1) 推力室

　　推力室通常由头部、身部 (包括燃烧室和喷管) 和喷管延伸段等组成。头部主要由燃气导管、液氧顶盖、集合器和承力座构成。来自预燃室的富燃燃气经燃气导管流入头部，燃气导管分别与预燃室和推力室头部焊接连接。美国航天飞机主发动机的推力室头部连接形式如图 3 - 37 所示，采用整体焊接方法，通过两种燃气导管，将两种涡轮泵、预燃室与推力室连成一体。

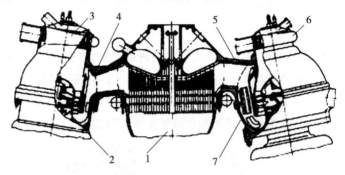

图 3 - 37　美国航天飞机主发动机的头部连接

1—推力室；2—氢涡轮泵；3—预燃室（燃料路）；4—燃料路燃气导管；

5—氧路燃气导管；6—预燃室（氧路）；7—氧涡轮泵

美国航天飞机主发动机的喷注器是推力室头部最重要的组件之一，它由喷注器本体、喷注单元、面板和点火室等组成。喷注单元根据其数量的多少和喷注器直径按同心环排列成一定的圈数。对于较大推力的发动机，喷注器还配置了隔板喷注单元。喷注器的主喷注单元和隔板喷注单元均为同轴式喷注单元，每个喷注单元的中心为液氧喷孔，由液氧腔供应液氧，周围为缝隙式燃气喷孔，由富燃燃气腔向主喷注单元供应富燃燃气，由气氢腔向隔板喷注单元供应一部分气氢。气氢腔还向面板提供一部分气氢对其进行发汗冷却。点火室位于喷注器的中心。

推力室身部可以设计成管束式，也可以设计成斜形和直线形冷却槽结构。美国航天飞机主发动机的推力室身部为冷却槽，它由内壁、外壁和承力套 3 层构成。铜合金材料加工的内壁外表面上铣有冷却槽，外壁为铜镍两种金属电铸覆盖。

喷管延伸段可以设计成辐射冷却的复合材料喷管，也可以设计成再生冷却喷管。美国航天飞机主发动机的喷管延伸段为管束式再生冷却喷管，它由 1 080 根镍铬不锈钢管束构成，管束呈矩形截面，且截面的长宽比沿长度方向变化。

（2）预燃室

预燃室为全焊接结构，通常由喷注器、身部、集合器及点火器等组成。RD - 0120 发动机和美国航天飞机主发动机的预燃室结构如图 3 - 38 所示。

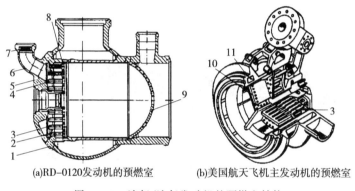

(a)RD - 0120 发动机的预燃室　　　　(b)美国航天飞机主发动机的预燃室

图 3 - 38　液氧/液氢发动机的预燃室结构

1—中底；2—边区喷注单元；3—喷注单元；4—导流板；5—外底；

6—液氧入口；7—节流圈；8—内底；9—格栅；10—隔板；11—声腔

预燃室喷注单元为同心环排列的同轴式方案。美国航天飞机主发动机的 2 台预燃室结构方案相同，其喷注单元均为直流式喷嘴，而 RD - 0120 发动机预燃室的喷注单元中心区的 3 圈为同轴式双组元离心式喷嘴，外圈为同轴式直流—直流互击式喷嘴。

预燃室下游的多孔型格栅用以使富燃燃气混合均匀，保证进入涡轮的温度场要求。

（3）涡轮泵

补燃循环液氧/液氢发动机的主涡轮泵可以采用 1 台同轴式结构，如 RD - 0120 发动机；也可以采用 2 台独立的涡轮泵（氧涡轮泵和氢涡轮泵），如美国航天飞机主发动机。

RD-0120 发动机同轴式结构涡轮泵如图 3-39 所示。液氢泵和涡轮共用 1 根轴，液氧泵分为两级，一级泵供应推力室，二级泵供应预燃室，液氧泵用花键弹性轴与液氢泵的轴连接在一起。液氧泵和液氢泵的入口相邻配置，两泵之间为低压区，有利于密封，并采用吹氦气（氦气流量 1.5～2.0 g/s）的方法防止两种推进剂泄漏相遇。液氧泵为 3 级，有 3 个相同的叶轮。涡轮为 2 级反力式，有 2 个出口，以保证涡轮壳体变形均匀。

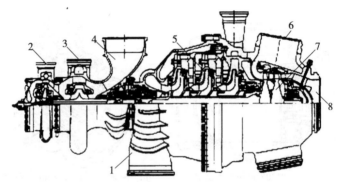

图 3-39　RD-0120 发动机的主涡轮泵

1—液氧泵入口；2—液氧二级泵；3—液氧一级泵；4—液氧泵入口；

5—液氢泵（3 级）；6—涡轮出口；7—2 级涡轮；8—涡轮入口

SSME 的 2 台涡轮泵彼此独立，其中，氢涡轮泵由 3 级离心泵和 2 级带叶冠的反力式涡轮组成（图 3-40）。涡轮用燃料预燃室的富燃燃气驱动，为了保证高温涡轮的可靠性，涡轮壳体用燃料预压泵涡轮后的气氢冷却，涡轮叶片根部和涡轮盘用冷却涡轮外侧轴承的液氢冷却。为了保证轴承的可靠性，一级泵和二级泵叶轮的密封直径按平衡涡轮轴向力设计，并将三级泵叶轮的后盖与圆盘形平衡活塞设计成为一体。采用轴承安装在两端（一端在液氢泵入口处，另一端在涡轮后）的柔性支座上，涡轮泵在第一临界转速和第二临界转速之间工作。氧涡轮泵由 2 台串联的单级离心泵（一级泵、二级泵）和二级带叶冠的反力式涡轮构成。涡轮用液氧路预燃室的富

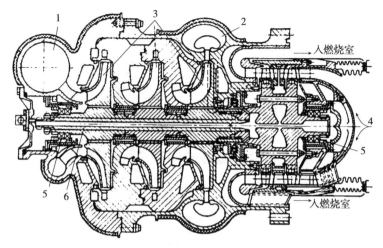

图 3-40　SSME 发动机的氢涡轮泵

1—泵入口；2—泵出口；3—液氢泵叶轮；4—涡轮入口；5—轴承；6—轴

燃燃气驱动，涡轮泵的轴向力由一级泵叶轮两盖板上的两个方向动作的平衡活塞的间隙来平衡。涡轮泵在第一临界转速和第二临界转速之间工作。

（4）预压涡轮泵

补燃循环发动机通常都采用预压泵提高主泵的入口压力，以满足主泵的抗气蚀要求。预压涡轮的动力源可采用高压气体或泵后的高压推进剂，SSME 发动机的液氢预压涡轮为两级气涡轮（如图 3-41 所示），由推力室冷却夹套出口分流的高压气氢驱动，驱动涡轮后这些气氢通过燃气导管进入推力室头部；液氧预压涡轮为两级液涡轮，由液氧泵出口分出 15％的流量驱动，驱动涡轮后这些液氧进入主泵入口。

（5）阀门

对于大推力发动机的主阀，考虑到流阻影响时可采用球阀结构。球阀的球体应使用精密加工确保密封。美国航天飞机主发动机的液氧主阀如图 3-42 所示，该阀设计简单、密封可靠，其作动器是安装在该阀阀体上的液压伺服驱动器。

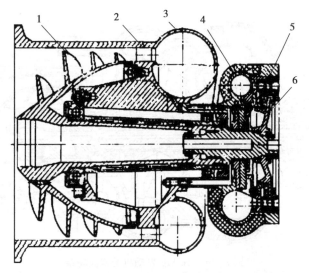

图 3-41　美国航天飞机主发动机的液氢预压涡轮泵

1—轴流泵叶轮；2—导向装置；3—泵出口；4—涡轮入口；5—涡轮喷嘴；6—涡轮转子

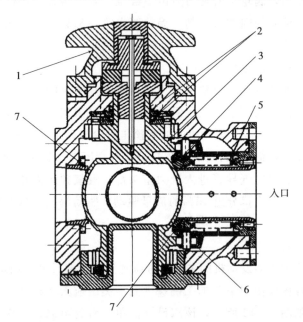

入口

图 3-42　美国航天飞机主发动机的液氧主阀

1—驱动器；2—轴密封件；3—凸轮；4—球密封件；5—波纹管；6—凸轮从动轮；7—节流套

3.3.3.3 实例——LE-7A发动机

LE-7A发动机是日本宇宙开发事业团为 H-2A 火箭研制的芯级补燃循环液氧/液氢发动机，该发动机是在 H-2 火箭芯级 LE-7 发动机基础上改进而成的，也是目前为止世界上正在使用的最新研制的补燃循环液氧/液氢发动机，其系统组成如图 3-43 所示。LE-7A 发动机的比冲较低，但其系统简单、成本低及可靠性高。

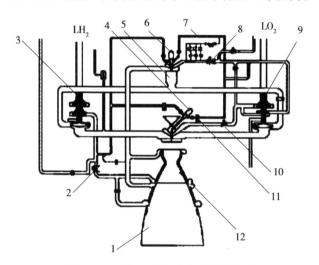

图 3-43 LE-7A 发动机的系统组成
1—喷管延伸段；2—燃料主阀；3—氢涡轮泵；4—推力室点火器；5—预燃室；
6—预燃室点火器；7—预燃室点火器氧阀；8—预燃室氧阀；9—氧涡轮泵；
10—液氧主阀；11—推力室点火器氧阀；12—喷管延伸段

与 LE-7 发动机相比，LE-7A 发动机的推力不变，比冲稍微降低，但发动机结构紧凑、可靠性高，且使用成本低。LE-7A 发动机与 LE-7 发动机的性能比较见表 3-11。LE-7A 发动机的研制重点是改进 LE-7 发动机及其组合件的结构，减少零组件数量，降低发动机振动，改善工艺性，便于零组件的生产、检验等。

表 3-11　LE-7 发动机和 LE-7A 发动机的性能比较

序号	名称	LE-7A	LE-7
1	地面推力/kN	854	854
2	真空推力/kN	1 080	1 080
3	真空比冲/ (m/s)	4 324	4 373
4	混合比	6.3	6.0
5	面积比	54	52
6	室压/MPa	11.9	12.7
7	预燃室压力/MPa	21.0	21.0
8	氢涡轮泵转速/ (r/min)	41 270	42 200
9	液氧泵出口压力/MPa	27.9	27.0
10	氧涡轮泵转速/ (r/min)	18 040	18 100
11	液氧泵出口压力/MPa	25.5	25.9
12	发动机最大外廓直径/mm	1 815	2 570
13	发动机最大高度/mm	3 660	3 243
14	发动机调节能力/%	70	无
15	发动机质量/kg	1 800	1 720
16	工作时间/s	350～600	350

改进的主要组件包括:

1) 推力室: 改进头部 (液氧顶盖更换为精铸件) 和喷注器 (去掉隔板、减少喷嘴数量), 去掉声腔, 增大喷管面积比, 简化焊接结构 (图 3-44)。

2) 喷管延伸段的改进: 由 LE-7 发动机的全再生冷却喷管延伸段改为部分再生冷却段和液膜冷却＋辐射冷却喷管延伸段 (图3-45)。

3) 预燃室: 液氧顶盖更换为精铸件、去掉隔板及减少喷嘴数量 (图 3-46)。

4) 涡轮泵: 两种涡轮泵的壳体均采用大型精铸件加工, 重新设计新的氢涡轮泵的泵叶轮并改进加工工艺, 重新设计氧液涡轮的诱导轮, 更换涡轮转子的材料等。

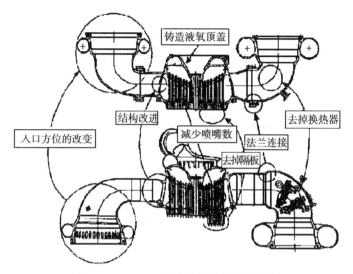

图 3-44 LE-7A 发动机的喷注器改进

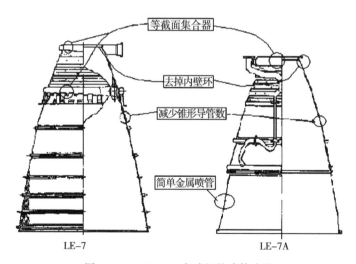

图 3-45 LE-7A 发动机的喷管改进

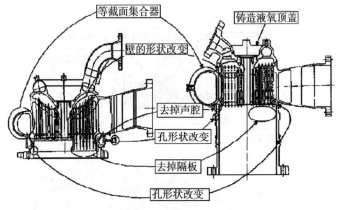

图 3-46　LE-7A 发动机的预燃室改进

3.3.4　膨胀循环发动机

3.3.4.1　参数选择

膨胀循环液氧/液氢发动机的室压范围为 1.5~4.0 MPa，混合比的范围为 5.0~6.0。

3.3.4.2　主要组合件

膨胀循环液氧/液氢发动机由推力室、涡轮泵、各种阀门、摇摆组件、机架和管路等主要组件组成。这里只讨论最为重要的几种组合件。

（1）推力室

以芬奇发动机为例，推力室由头部、身部和喷管延伸段等 3 大部分组成（图 3-47）。头部主要由顶盖、喷注器及集合器等组成。芬奇发动机的顶盖上配置有十字形滚柱轴承常平座，用于发动机的摇摆。喷注器是推力室的最重要组件，它不仅含有分配推进剂的通路和提供燃烧的喷注单元，还有点火装置。

芬奇发动机的点火系统是独立的（图 3-48）。该点火系统包括点火器供应系统（气氢和气氧高压气瓶及管路）、点火器（点火气体在小燃烧室内由火花塞点燃，并被送到喷注器的喷孔出口），激励器

（向点火器火花塞供应电能的电子装置，其功能是供电、通信、逻辑控制及产生高电压）。

这些组件最为关键的是点火器，芬奇发动机采用火花塞点燃富氧核心流（其混合比大于 30）及氢用作点火器管冷却的方案，点火器喷嘴是排放/撞击复合方案喷嘴（即围绕火花塞电极喷射氧而氢以一定角度从 6 个喷孔喷射）。这种点火器喷嘴的关键零件是火花塞电极及其绝缘材料。此外，点火器与喷注器液流之间的相互影响是发动机可靠点火的决定性因素，需通过大量的冷流试验和点火试验确定最终方案。

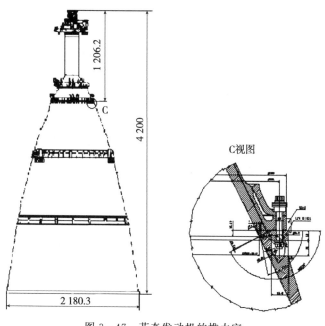

图 3 - 47　芬奇发动机的推力室

通常，膨胀循环喷注器的喷注单元是双组元同轴式喷嘴，按同心圆排列。各种膨胀循环液氧/液氢发动机的喷嘴排列见表 3 - 12。每个喷注单元均按照中心孔为液氧、周围环形缝隙为气氢设计。

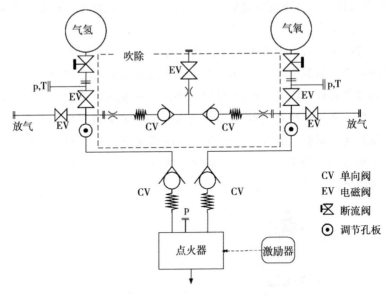

图 3-48　芬奇发动机的点火系统

表 3-12　膨胀循环液氧/液氢发动机的喷嘴排列

序号	发动机	喷注器设计特点	喷嘴数量	同心圆圈数	备注
1	RL-10	同轴式喷嘴，排成 8 圈同心圆，除内外圈 2 圈外，其余的氧喷嘴装有涡流器	216	8	面板发汗冷却，发汗冷却的流量占氢总流量的 10%
2	LE-5B	内圈点火器孔	LE-5 为 208，后改进	LE-5 为 7，后改进	面板发汗冷却，发汗冷却的流量占氢总流量的 3%
3	芬奇	内圈点火器孔	123	7	

（2）涡轮泵

膨胀循环发动机的涡轮泵基本上有两种：一种是两台独立的涡轮泵，如芬奇发动机的涡轮泵；另一种则是通过齿轮机构带动两个泵，如 RL-10 发动机的涡轮泵。

　　芬奇的氢涡轮泵包括诱导轮、两级离心泵和单级全进气式轴向涡轮，同轴式布置，涡轮放置在一端，另一端是一整体式诱导轮/离心轮，中间为 2 级离心泵。离心轮为粉末冶金方法制造的钛合金叶轮。转子的支承采用两套角接触轴承，轴承采用陶瓷材料。涡轮泵的轴向力平衡通过一个位于燃料二级泵叶轮后盖上可变间隙的自调节轴向力平衡装置来保证。涡轮泵的转速为 90 000 r/min，该转速介于 2 阶和 3 阶临界转速之间。

　　RL - 10 发动机的涡轮泵如图 3 - 49 所示，是一台双轴布局的涡轮泵，由液氢泵、液氧泵、涡轮和齿轮箱等组成。液氢泵与涡轮同轴，通过齿轮带动液氧泵。液氢泵为带有诱导轮的两级离心泵，2 个铝合金带后覆板的叶轮背靠背布局；液氧泵为不锈钢材料的单级离心泵；涡轮为全进气式两级冲击式结构，涡轮转子采用锻铝合金制造。齿轮箱的传动比为 2.5，齿轮箱壳体为铸铝，齿轮为渗碳钢。齿轮箱及所有轴承均用气氢冷却。

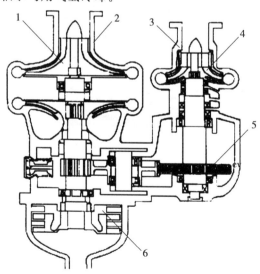

图 3 - 49　RL - 10 发动机的涡轮泵

1—液氢泵；2—液氢泵壳体；3—液氧泵壳体；4—液氧泵；5—齿轮箱；6—涡轮

3.3.4.3　实例——芬奇发动机

1988 年 6 月欧洲空间局决定研制阿里安 5 低温上面级 ESC‑B，与其配套的是芬奇液氧/液氢发动机。该发动机按照低成本、高性能、多次点火和高可靠性要求设计，选用膨胀循环系统。芬奇发动机的总装结构如图 3‑50 所示，系统组成如图 3‑51 所示。

图 3‑50　芬奇发动机的总装结构

芬奇发动机的设计特点：

1) 发动机采用两个独立的涡轮泵，涡轮工质"串联"供应，由推力室冷却槽流出的气氢先驱动氢涡轮，再驱动氧涡轮，然后流到推力室与液氧进行混合、燃烧。

2) 发动机采用改变涡轮流量的方法调节发动机的推力。在相应管路上设置一套两个旁通阀调节涡轮的流量以调节发动机的推力和混合比。

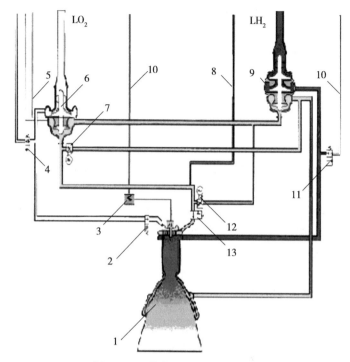

图 3-51   芬奇发动机的系统组成

1—推力室；2—液氧主阀；3—换热器；4—氧预冷阀；5—液氧吹除管；

6—液氧泵；7—旁通阀；8—气氢增压管；9—液氢泵；10—液氢预冷管；

11—氢预冷阀；12—旁通阀；13—燃料主阀

3) 发动机采用火炬式点火方式，用电火花塞作为点火源，点火用的气氧和气氢分别贮存在单独的高压容器中，高压容器以落压式工作。

4) 发动机起动前采用两路预冷系统对发动机管路及泵预冷，预冷后的推进剂从排放管排出。排放管的每条管路中设置一个菌状阀，该阀包含一个标定的节流孔板。在该阀的下游管路中也有一个节流孔板，再往下为真空条件（试车时，由引射器保证）。

5) 推力室组件采用焊接结构，由常平座、带有同轴式喷嘴的喷注器、带有加长的身部组件（顺流冷却槽结构、其中圆柱段长度为

620 mm）及固定尺寸的辐射冷却的喷管延伸段（其入口的面积比为25）等组成。如果需要，还可以另加上可延伸喷管。

6）发动机的阀门包括液氧主阀（气动球阀）、燃料主阀（气动提升阀）、旁通阀（电机驱动）和带有节流孔板的预冷阀（菌状阀）等。这些阀门均能多次动作，满足多次起动的要求。

7）该发动机有一个大面积比的可延伸喷管。可延伸喷管由喷管和喷管延伸系统构成。可延伸喷管的喷管延伸系统由挪威康斯堡（Kongsberg）公司研制，它包括 3 个高速旋转的螺杆、驱动电机、闭锁电机、齿轮和轴等。

8）两台独立的涡轮泵分别装配在推力室两侧，发动机的主要阀门均配置在推力室四周，确保发动机的外廓尺寸较小，便于可延伸喷管的布置。

3.3.5　发展趋势分析

液氧/液氢发动机的主要用途包括运载火箭的上面级和芯级。对于上面级来说，比冲对运载性能影响非常大，闭式膨胀循环的液氧/液氢发动机真空比冲达到 4 513 m/s 以上，是理想的选择。例如，美国采用 RL - 10 系列液氧/液氢发动机的半人马座上面级长期以来一直是多型运载火箭的配置，欧洲在拥有 65 kN 推力的 HM - 7B 液氧/液氢燃气发生器循环发动机的同时，进一步研制了 180 kN 推力的芬奇液氧/液氢膨胀循环发动机，俄罗斯也正在研制 98 kN 推力的 RD - 0146 液氧/液氢膨胀循环发动机。

对于运载火箭的芯级动力，目前主要采用液氧/煤油发动机和液氧/液氢发动机。以美国联合发射联盟公司（ULA）为例，其两型主力运载火箭宇宙神 3/5 和德尔塔 4 芯级动力分别选择了 RD - 180 液氧/煤油发动机和 RS - 68 液氧/液氢发动机，其中宇宙神 3/5 的竞争力更强一些。对于发动机的种类，不同的国家和研究机构有不同的特点，决定着各自的选择。

大推力液氧/液氢发动机中，富燃补燃循环和燃气发生器循环是目前的主流。NASA 曾提出过全流量补燃循环发动机、变混合比发动机和塞式喷管发动机等 3 种方案，这些方案将会使液氧/液氢发动机的性能达到更高的水平。

RS-2100 发动机的全流量补燃循环系统组成如图 3-52 所示。与一般补燃循环不同，发动机采用富燃预燃室和富氧预燃室分别向富燃涡轮、富氧涡轮提供燃气，优点是涡轮燃气温度低，发动机比冲性能稍高，但系统复杂。

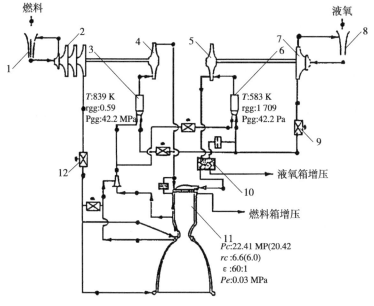

图 3-52　RS-2100 发动机的系统组成

1—富燃引射泵；2—燃料泵；3—富氧预燃室；4—富氧涡轮；

5—富燃涡轮；6—富燃预燃室；7—液氧泵；8—液氧引射泵；

9—液氧主阀；10—液氧蒸发器；11—推力室；12—燃料主阀

变混合比发动机通过提高增加运载器起飞初期的混合比，来提高推进剂的组合密度，从而减小贮箱容积。针对该项研究，提出了在起飞初期混合比为 8 时，有效载荷的最大理论值增益达 9.5%。

塞式喷管发动机通过调节塞锥的位置，补偿运载器飞行时因不同海拔高度大气压的不同而带来发动机的性能损失。同时，这种发动机可以采用非圆形喷管，便于实现运载器与发动机的一体化设计。其难点在于塞锥及其控制技术。

3.4　液氧/甲烷发动机

甲烷（CH_4）是分子结构最简单的碳氢化合物，广泛存在于天然气、沼气及煤矿坑井气之中。工业用甲烷主要来自天然气、烃类裂解气、炼焦时副产的焦炉煤气及炼油时副产的炼厂气，其中天然气中含量最多，部分天然气中甲烷含量超过 97%。液化天然气在液化过程中可以进一步分离部分杂质，因此可以直接用作火箭发动机的推进剂。

甲烷的热值高，其值为 882 kJ/mol，以甲烷为主要成分的天然气作为优质的气体燃料已有悠久的历史。目前，天然气已经成为世界第三能源，除了工业应用外，还可通过管道远距离输送到大城市供居民应用，也可作为城市供暖、公共交通的能源等。

虽然德国早在 1931 年就研制出了世界第一台液氧/甲烷火箭发动机，并于 1931 年 3 月 14 日进行了首次飞行试验，该发动机工作时间 14 s。但是第二台试验时就发生了爆炸，随后中断了研制。此后停顿了很长一段时间，似乎人们忘记了甲烷在液体火箭发动机中的应用。追其原因，认为二战期间德国成功研制了 A-4 液氧/酒精发动机，而二战结束后，苏联和美国均以 A-4 发动机为基础开始研制与液氧/酒精相类似的液氧/煤油发动机，因冷战竞争激烈，急需研制可贮存推进剂的战略导弹武器，忽略了研制液氧/甲烷发动机，并在载人登月的激烈竞争中，直接研制难度更大的液氧/液氢发动机。

随着航天运载由单纯的军用转向军民两用和大力开发商业发射市场，尤其是美国在 20 世纪 80 年代航天飞机的顺利升空，使航天推进技术达到了非常高的水平。但回首往事，却发现航天飞机并没有达到最初设想的使用成本大幅下降的目标。由于航天飞机的空难，

NASA 又改变了航天运载的发展战略，先后提出研制一次性使用运载火箭计划和改进航天飞机计划。就是在这样的背景下，NASA 于 20 世纪 80 年代中期，支持各大宇航公司和大学开展烃类燃料（甲烷、丙烷、煤油和酒精）的基础研究，包括烃类燃料的冷却、点火及燃烧性能。该项研究计划较为详尽，通过缩比喷注器、不同喷嘴方案、缩比燃烧室、不同冷却槽尺寸、不同循环方式、不同推进剂的组合热试和推进剂传热试验，确定和验证推进剂的性能。通过烃类燃料的试验研究得出了如下的结论：在烃类燃料中，甲烷的比冲和冷却性能最好，丙烷次之，煤油较差；天然气的性能与纯甲烷的性能差别不大，而且天然气的资源丰富，液化生产容易。这些试验研究结果曾被 NASA 十分看好，并在航天飞机的改进计划中曾提出过用液氧/酒精发动机替代轨道机动发动机的方案和用液氧/甲烷替代固体助推器的计划，最终因航天战略的变更而没有实施。但这些试验研究为 21 世纪初再次关注液氧/甲烷发动机提供了依据。

　　苏联也极为重视液氧/甲烷发动机的研制和发展，能源机械联合体运用自己在液氧/煤油富氧补燃循环的优势，对现成的液氧/煤油发动机产品略加改进，开展了液氧/甲烷发动机的试验研究，为适应重型和中、小型运载火箭的不同需求，设计了不同推力的液氧/甲烷发动机，这些发动机可组合搭配成全液氧/甲烷的"Riksha"系列运载火箭，见表 3 - 13。只是由于种种原因，这些发动机仅处于方案设计阶段。化学自动化研究所利用本身液氧/液氢发动机的优势同样开展了液氧/甲烷发动机的研究，见表 3 - 14。

表 3 - 13　能源机械联合体设计的液氧/甲烷发动机

发动机代号	真空推力/kN	真空比冲/ (m/s)	用途	状态
RD - 183	9.80	3 528	上面级	1996 年研制
RD - 160	19.60	3 734	上面级	1993 年研制
RD - 167	353.00	3 714	上面级	1990 年设计方案
RD - 169	167.00	3 440	第一级	1990 年设计方案

续表

发动机代号	真空推力/kN	真空比冲/（m/s）	用途	状态
RD-182	902.00	3 459	第一级	1994 年研制
RD-185	179.00	3 704	上面级	1996 年研制
RD-190	1 000.00	3 440	第一级	1996 年研制
RD-192S	2 128.00	3 646	上面级	1996 年研制
RD-192	2 138.00	3 489	上面级	1996 年研制

表 3-14　化学自动化研究所设计的液氧/甲烷发动机

序号	发动机型号	真空推力/kN	真空比冲/（m/s）	用途	状态
1	RD-0110MD	245	—	上面级	正在研制中
2	RD-0120-CH	1 576	3 557	第一级	1990 年设计方案
3	RD-0120M-CH	1 720	3 646	第一级	1990 年设计方案
4	RD-56M LNG	73.5	—	上面级	1996 年研制
5	RD-0132M	98	—	上面级	1998 年设计方案
6	RD-0144	147	3 665	上面级	正在研制中
7	RD-0145	147	3 665	上面级	正在研制中
8	RD-0143A	343	3 626	一子级	1998 年设计方案
9	RD-0143	343	3 646	上面级	1998 年设计方案
10	RD-0229M	883	—	一子级	正在研制中
11	RD-0134	2 038	3 508	一子级	正在研制中
12	RD-0139	2 038	3 342	一子级	正在研制中
13	RD-0140	2 086	3 420	上面级	正在研制中
14	RD-0141	2 251	3 459	一子级	正在研制中
15	RD-0142	2 353	3 616	上面级	正在研制中
16	RD-0234-CH	442	3 361	上面级	1996 研制
17	RD-0256-Methane	836	3 459	上面级	1996 年设计方案

　　欧洲空间局在液氧/甲烷发动机上做了大量研究工作。他们以下一代可重复使用和阿里安 5 固体助推器的替代发动机为目标，开展

了液氧/甲烷的燃烧、冷却性能试验研究，喷注器设计与试验研究，推力室铜合金内壁和耐高温镀层及耐高温材料研究等。在这些研究中，开展了国际合作，特别是与俄罗斯的合作。伏尔加（VOLGA）技术验证计划就是欧洲与俄罗斯合作开展的，目的是获得高性能、可重复使用的液氧/甲烷发动机，即推力为 4 000 kN 的 VOLGA 补燃循环发动机（图 3 - 53）。欧洲为准备未来可能研制的新一代运载器，提出了乌拉尔液氧/甲烷发动机系统方案。此外，俄罗斯宇航局和法国宇航局之间已在液氧/甲烷领域合作了很多年，目的是创造必备的技术条件以便共同研制新一代空间运输系统。在双方制定的特殊"OURAL"计划内，液体推进的合作项目包括将液氧/液氢上面级 KVD - 1 发动机改进成为液氧/甲烷发动机的设计、准备、生产和试验工作。2004 年，欧洲空间局启动"未来航天运载器预发展计划"，将液氧/甲烷发动机作为研究的重点。

图 3 - 53　VOLGA 发动机

日本也提出了用液氧/甲烷发动机替代 H-2A 火箭固体助推器的方案,并用 LE-7 液氧/液氢发动机产品的改进型进行了燃烧试验。

2006 年,韩国研制的 CHASE-10 液氧/甲烷发动机首次试车获得成功,该发动机推力 100 kN,采用燃气发生器循环,计划用于海神号亚轨道运载器,从事太空旅游。

在美国重返月球计划中,NASA 和各大宇航公司先后进行了载人登月上升级发动机的试验研究和液氧/甲烷在月球表面的贮存模拟试验研究,开展了液氧/甲烷反作用控制系统的研制,并提出了下降级发动机的具体方案。2010 年以来,美国蓝源公司开始研制 BE-4 液氧/甲烷发动机,Space X 公司开始研制 Raptor 液氧/甲烷发动机。

3.4.1　发动机系统

到目前为止,液氧/甲烷发动机共研究了挤压式系统、燃气发生器循环系统、补燃循环系统及膨胀循环系统。其中,补燃循环系统包括富氧补燃循环系统、富燃补燃循环系统和全流量补燃循环系统。

3.4.1.1　循环系统类型

（1）挤压式系统

美国宇航喷气公司（Aerojet）用现有的液氧/酒精发动机试验产品改进而成的挤压式液氧/甲烷发动机及其试验系统,如图 3-54 和图 3-55 所示。整个试验系统由推力室、推进剂贮箱、管路、阀门及点火系统等构成。为了适应液氧/甲烷发动机的试验,只对原系统做了几项改进:将原酒精系统改为甲烷系统;在液氧和甲烷管路中加上了排放系统;简化吹除系统,只吹除每台发动机喷注器上的主燃料孔板和氧化剂孔板;为提高真空舱的真空度,采取了防泄漏设计。图 3-56 给出了 Aerojet 的挤压式液氧/甲烷发动机的热试照片。

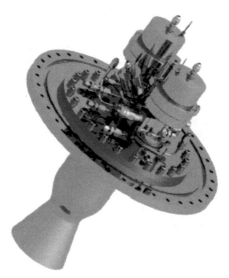

图 3-54 宇航喷气公司的液氧/甲烷发动机

图 3-55 液氧/甲烷发动机的试验系统

图 3 - 56　液氧/甲烷发动机的热试

（2）燃气发生器循环系统

欧洲空间局在阿里安 5 火箭采用液体助推器替代固体助推器的预先研究中，提出研制 4 000 kN 级液氧/烃发动机用来替代现有的固体助推器。这项研究还包括对发生器循环和补燃循环发动机（推力为 922.22 kN，室压为 10.0 MPa）进行比较分析。比较后得出的结论是甲烷冷却推力室的燃气发生器循环方案更佳。

燃气发生器循环液氧/甲烷发动机的系统由推力室、同轴式涡轮泵、燃气发生器、主阀、副阀及点火分系统等组成，如图 3 - 57 所示。发动机采用甲烷冷却推力室，全气蚀管控制流量，电火花塞点火，具有多次起动能力。涡轮排气从喷管扩张段某处引入，根据需要可设置喷管延伸段。该系统简单，结构质量小。室压为 6～10 MPa，发动机混合比为 3.0～3.5。

燃气发生器循环液氧/甲烷发动机可用于芯一级、助推级和上面级。

（3）富氧补燃循环系统

富氧补燃循环发动机的系统组成如图 3 - 58 所示。发动机由推

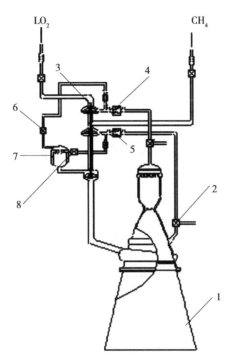

图 3-57　燃气发生器循环液氧/甲烷发动机的系统组成

1—推力室；2—燃料主阀；3—涡轮泵；4—液氧主气蚀管；5—燃料主气蚀管；

6—液氧副阀；7—燃气发生器；8—液氧副阀

力室、液氧预压泵、燃料预压泵、主涡轮泵（包括液氧泵、燃料一级泵、燃料二级泵和燃料三级泵）、预燃室和各种阀门及管路等构成。通常，液氧从液氧贮箱流出，经液氧预压泵、液氧泵后进入预燃室。甲烷从燃料贮箱流出，经燃料预压泵、燃料一级泵和燃料二级泵后分 3 路，大部分进入推力室冷却夹套，一小部分驱动燃料预压涡轮后进入燃料一级泵主流路，另一小部分经燃料三级泵进入预燃室。进入预燃室的小部分甲烷与流入预燃室的液氧混合、燃烧产生富氧燃气，驱动主涡轮，之后富氧燃气又分为 2 路，绝大部分流入推力室，小部分用来驱动液氧预压涡轮后，流入液氧泵入口的主流路。进入推力室的富氧燃气与冷却夹套出来的甲烷，在推力室内混合、燃烧产生燃气，经喷管膨胀产生推力。富氧补燃循环发动机可以通过设置在预燃室燃料管路中的流量调节器和燃料二级泵后管路中的混合比调节器调节发动机推力和混合比。

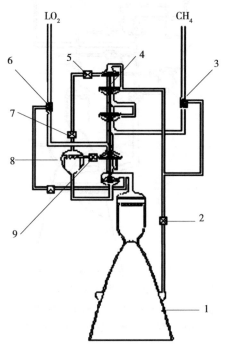

图 3 - 58　富氧补燃循环液氧/甲烷发动机的系统组成

1—推力室；2—燃料主阀；3—燃料预压泵；4—主涡轮泵；5—流量调节器；
6—液氧预压泵；7—预燃室燃料阀；8—预燃室；9—液氧主阀

富氧补燃循环系统的优点是：比冲高、燃烧稳定性好。但该系统对耐高温富氧环境的材料要求高。

（4）富燃补燃循环（全部甲烷冷却推力室）系统

富燃补燃循环（全部甲烷冷却推力室）发动机的系统如图3 - 59所示。发动机由推力室、液氧预压泵、燃料预压泵、同轴式主涡轮泵（包括液氧一级泵、液氧二级泵、燃料一级泵和燃料二级泵）、预燃室和各种阀门及管路等构成。液氧从液氧贮箱流出，经液氧预压泵、液氧一级泵后分为 3 路,大部分进入推力室,一小部分驱动液氧预压涡轮后进入液氧一级泵主流路,另一小部分经液氧二级泵增压后进入预燃室。甲烷从燃料贮箱流出,经燃料预压泵、燃料一级泵和燃料二级泵增压后全部进入推力室冷却夹套,随后再进入预燃室。进入预燃室中的那一小部分液氧和全部甲烷在预燃室内混合、燃烧产生富燃燃气驱动主涡轮后又分为 2 路,绝大部分流入推力室,小部分用来驱动燃料预压涡轮后进入燃料一级泵主流路。进入推力室的富燃燃气与液氧在推力室内混合、燃烧产生燃气,经喷管膨胀产生推力。富燃补燃循环发动机可以通过设置在预燃室液氧管路中的流量调节器和燃料二级泵后管路中的混合比调节器调节发动机推力和混合比。

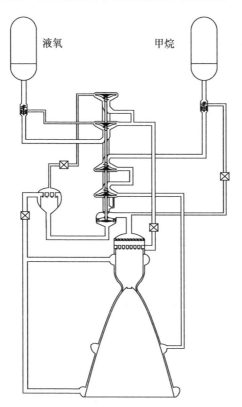

图 3-59　富燃补燃循环发动机(全部冷却)的系统

　　该系统的优点是比冲高、推力室燃烧稳定性好。从预燃室到推力室的燃气通道有积碳，虽不太严重，却不利于多次起动。冷却夹套的压降大，主涡轮泵的功率大。

　　(5) 富燃补燃循环（部分甲烷冷却推力室）系统

　　富燃补燃循环（部分甲烷冷却推力室）发动机的系统如图3-60所示。该发动机的系统与全部甲烷冷却推力室的基本相同，由推力室、液氧预压泵、燃料预压泵、同轴式主涡轮泵（包括液氧一级泵、液氧二级泵、燃料一级泵和燃料二级泵）、预燃室和各种阀门及管路等构成。针对全部甲烷冷却推力室的不足，可以采用40%左右的甲烷从燃料一级泵流入冷却夹套后，直接进入推力室，其余60%的甲烷经燃料二级泵增压后流入预燃室。

　　该系统的优点是比冲高、推力室燃烧稳定性好。与全部甲烷冷却推力室系统相比，从预燃室到推力室的燃气通道的积碳少一些。冷却夹套的压降也有所降低，主涡轮泵的功率较小。进入推力室有3种流体：富燃燃气、气体甲烷和液氧，喷注器和推力室设计难度较大。

　　(6) 全流量补燃循环系统

　　全流量补燃循环液氧/甲烷发动机的系统如图3-61所示。发动机由推力室、液氧预压泵、燃料预压泵、液氧主涡轮泵（包括液氧泵、涡轮）、燃料主涡轮泵（包括燃料一级泵、燃料二级泵和涡轮）、富氧预燃室、富燃预燃室和各种阀门及管路等构成。液氧经液氧预压泵、液氧泵增压后分为3路：大部分进入富氧预燃室；一小部分驱动液氧预压涡轮；另一小部分进入富燃预燃室。燃料经燃料预压泵、燃料一级泵和燃料二级泵后分为4路：一部分流入推力室冷却夹套后进入推力室；一部分进入富燃预燃室；一部分进入富氧预燃室；还有少部分驱动燃料预压涡轮。

　　该系统的优点是气—气燃烧，推力室燃烧稳定性好、比冲高。对涡轮泵的密封要求低，燃气温度较低，涡轮泵可靠性有所增加。但发动机系统复杂，结构质量大。

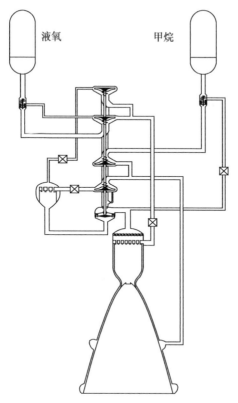

图 3 - 60　富燃补燃循环（部分甲烷冷却推力室）发动机的系统

（7）膨胀循环系统

美国普惠公司对膨胀循环液氧/甲烷发动机进行了试验研究。最初采用改进型 RL - 10 发动机进行了 FLOX（82.6％的液氟和 17.8％的液氧）/甲烷的试验研究。研究证明膨胀循环系统简单（取消了燃气发生器系统）、工作可靠。在此基础上，又研究了高性能、重复使用的膨胀循环液氧/甲烷发动机，结果表明液氧/甲烷发动机适合于上面级推进系统。该公司在进行乘员探测运载器方案研究中，同样也用改进型 RL - 10 发动机进行了膨胀循环技术的试验研究。

膨胀循环液氧/甲烷发动机的甲烷经燃料泵增压，流往推力室的冷却夹套吸热变为甲烷气体，驱动涡轮带动两种泵工作后流入推力

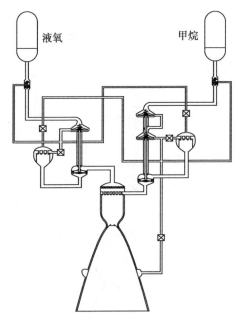

图 3 - 61　全流量补燃循环液氧/甲烷发动机的系统组成

室，与液氧泵流出的液氧在推力室内混合、燃烧、膨胀产生推力。

3.4.1.2　循环方式比较

（1）发动机性能

在结构尺寸基本相同的条件下，补燃循环液氧/甲烷发动机的比冲最高，燃气发生器循环液氧/甲烷发动机次之，膨胀循环液氧/甲烷发动机较差。在补燃循环中，全流量补燃循环的性能最高，富氧补燃循环次之，富燃循环（全部甲烷冷却推力室）最低。膨胀循环液氧/甲烷发动机的结构质量最轻，补燃循环液氧/甲烷发动机最重。膨胀循环液氧/甲烷发动机的可靠性最好，燃气发生器循环液氧/甲烷发动机次之，补燃循环液氧/甲烷发动机最差。在补燃循环中，富氧补燃循环已解决了富氧环境的氧化问题，可靠性高，富燃循环次之，全流量补燃循环复杂，可靠性最差。

（2）应用范围

燃气发生器循环液氧/甲烷发动机和补燃循环液氧/甲烷发动机

既适用于助推级和芯一级，又适用于上面级，膨胀循环液氧/甲烷发动机只适用于推力较低的上面级。

（3）大推力液氧/甲烷发动机循环方式的预先研究

欧洲正在进行 3 000 kN 级液氧/甲烷发动机的预先研究，为了选用高性能的循环方案，首先开展了液氧/甲烷发动机的循环方式分析，集中研究了燃气发生器循环、富燃补燃循环和富氧补燃循环方式。分析研究采用自行研发的计算机程序 ANAYC，研究的前提条件是推力固定为 3 000 kN，室压变化范围为 10.0~20.0 MPa，单轴涡轮泵和简单的冷却系统（燃料逆流通道）。初步分析计算表明：

1）燃气发生器循环的优点是系统简单，但更适合于低推力发动机，室压较高（高于 13.0 MPa）时，由于涡轮功率过大，性能下降显著。

2）与燃气发生器循环相比，补燃循环的性能（比冲）较高，但不同的分级燃烧循环也有其各自的缺点。

3）富燃补燃循环因泵的总功率过大，更适用于较低室压发动机。富燃补燃循环似乎在室压不超过上限（16.0 MPa）是可行的，但在富燃下，会出现结焦问题，不利于重复使用。

4）富氧补燃循环性能最高，允许室压更高（欧洲选用的最高室压为 20.0 MPa），适合于大推力液氧/甲烷发动机，但富氧环境工作带来的显著问题是材料选择和适当的防护镀层。

3.4.2　发动机研制现状

（1）挤压式液氧/甲烷发动机

NASA 格伦研究中心（GRC）开展了一项先进推进与低温技术研究（PCAD）项目，目的是将阿波罗登月舱 RS-18 上升发动机的有毒推进剂更换为液氧/甲烷推进剂组合，为此普惠·洛克达因公司用 RS-18 发动机在 NASA 约翰逊航天中心的白沙试验站（WSTF）进行了更换推进剂的高空模拟试车。发动机试车前安装到试车台上的情况如图 3-62 所示，目前这项研究还在进行之中。

宇航喷气公司又与 NASA 签署了研制推力为 445 N 的液氧/甲

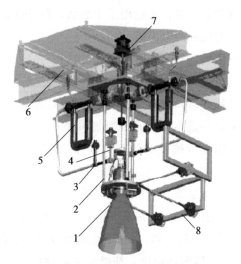

图 3-62　上升级 RS-18 的改进型发动机

1—RS—18 改进型发动机；2—推力架；3—涡轮流量计（3）；4—主阀（2）；
5—科里奥利流量计；6—辅助推进系统框架；7—推力传感器；8—水平稳定器

烷反作用控制发动机的合同。他们采用创新的设计理念开发了一种能够在大范围入口温度下可靠点火，在小电脉冲宽度（EPW）下产生最小的单元冲量（MIB），在发动机混合比（MR）范围内产生较高比冲的反作用控制发动机。该发动机如图 3-63 所示。目前发动机正在研制，已完成了基础阶段和第一阶段的研制任务，第一阶段试验验证了点火器、喷注器及其他组件的设计，创造性地提出了质量轻、性能高的姿态控制发动机方案。

（2）燃气发生器循环液氧/甲烷发动机

韩国为太空旅游的海神号（Proteus）运载器研制了泵压式液氧/甲烷 CHASE-10 发动机（图 3-64）。发动机的主要性能参数包括：海平面推力为 92 kN，真空推力为 106.75 kN，海平面比冲为 2 720 m/s，真空比冲为 3 150 m/s，室压为 7.2 MPa，发动机质量为 164 kg，发动机长度为 1 955 mm，推力调节下限为 40%，燃气发生器流量为 1.38 kg/s，燃气发生器压力为 7.2MPa，燃气发生器混

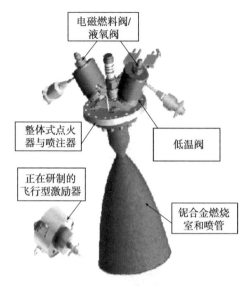

图 3-63　推力为 445 N 的液氧/甲烷反作用控制发动机

合比为 0.24，燃烧室压力为 6.5 MPa，发动机混合比为 2.5，液氧泵出口压力为 9.0 MPa，液氧流量为 22 kg/s，燃料泵出口压力为 15.2 MPa，涡轮泵转速为46 000r/min，燃料流量为 8.3 kg/s，重复使用次数大于 50 次，总工作寿命约等于 10 000 s。

CHASE-10 发动机的系统组成如图 3-65 所示。采用同轴式涡轮泵，推力室采用甲烷再生冷却，喷注器采用 91 个同轴式喷注单元和 2 个火花塞，燃气发生器的头部与推力室相似。

（3）补燃循环液氧/甲烷发动机

2011 年，美国蓝源公司开始研制 BE-4 液氧/甲烷发动机，此后与 ULA 签订合同协议合作发展 BE-4 发动机，确保其适用于 ULA 的下一代运载火箭，满足未来的商业需求和美国空军的需求。BE-4 发动机按重复使用设计，采用先进的设计和制造技术，以降低成本。发动机采用富氧补燃循环、同轴式涡轮泵，海平面推力 2 224 kN，海平面比冲 2 992 m/s，真空比冲 3 355 m/s，燃烧室压力 13 MPa。发动机结构模型如图 3-66 所示。

图 3 - 64　CHASE - 10 发动机的总装结构

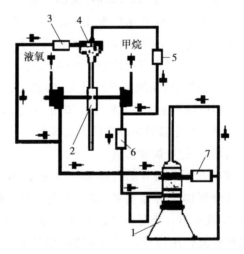

图 3 - 65　CHASE - 10 发动机的系统组成

1—推力室；2—涡轮；3—液氧副阀；4—燃气发生器；

5—燃料副阀；6—燃料主阀；7—液氧主阀

BE-4 发动机
商用研究
美国制造

6 ft.

图 3 - 66 BE - 4 发动机结构模型

2016 年，Space X 公司介绍了 Raptor 液氧/甲烷发动机，用于 ITS 行星际运输系统。发动机采用全流量补燃循环，包括基本型和高空型，基本型发动机海平面推力 3 050 kN，真空推力 3 285 kN，海平面比冲 3 277 m/s，真空比冲 3 541 m/s，燃烧室压力 30 MPa，喷管面积比 40。高空型发动机真空推力 3 500 kN，真空比冲 3 747 m/s，喷管面积比 200。发动机结构模型如图 3 - 67 所示，系统原理如图 3 - 68 所示。

图 3 - 67 Raptor 发动机结构模型

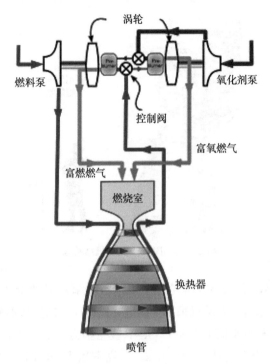

图 3 - 68　Raptor 发动机系统原理简图

（4）膨胀循环液氧/甲烷发动机

到目前为止，还没有正式研制膨胀循环液氧/甲烷发动机的报道。但各大宇航公司对膨胀循环液氧/甲烷发动机的研究极为关注，探讨了同轴式涡轮泵和各自独立的涡轮泵方案，评估了低成本上面级膨胀循环发动机的工作条件和具体设计方案，甚至普惠公司还对美国重返月球用的下降级发动机采用膨胀循环液氧/甲烷发动机方案进行了性能参数计算，并与液氧/液氢发动机进行对比，见表 3 - 15。

表 3 - 15　不同推进剂发动机的性能参数对比

序号	名称	原计划离地级	基本型（演示机）	液氧/甲烷
1	推进剂	液氧/液氢	液氧/液氢	液氧/甲烷
2	真空推力/kN	97.86～111.21	66.72	66.72

续表

序号	名称	原计划离地级	基本型（演示机）	液氧/甲烷
3	真空比冲/（m/s）	4 413～4 560	4 364	3 432
4	推力变化范围	—	10～20∶1	3～5∶1
5	可靠性	＞0.999 5	＞0.999 5	＞0.999 5
6	起动次数	50	50	50
7	设计寿命/s	10 000	10 000	10 000
8	发动机质量/kg	167.8～255.8	158.8	158.8

3.4.3　发展趋势分析

液氧/甲烷性能介于液氧/液氢和液氧/煤油之间，与液氧/煤油更为接近。与液氧/液氢相比，组合比冲（密度与比冲的乘积）高，可以替代运载火箭芯级的液氧/液氢发动机，对于尚无高性能液氧/煤油发动机的国家或研究机构而言是良好的推进剂组合。

甲烷比热高、粘度小、结焦温度高，是推力室良好的冷却剂；富燃燃烧时基本无积碳，可以采用富燃燃气发生器（预燃室）。这两点适应于可重复使用发动机，因此 BE - 4 和 Raptor 等新研制的发动机采用了液氧/甲烷。

同时，甲烷与液氧沸点接近，两种贮箱的绝热问题较小，可以采用共底贮箱，减小贮箱结构质量和长度。此外，火星探测时可以利用原位制造技术，在火星生产推进剂，因此液氧/甲烷也是火星探测中理想的推进剂组合。

液氧/甲烷发动机的研究正被世界各国所重视。从目前的研究看，发动机的冷却、燃烧等基本上已突破，关注的焦点是推进剂的点火问题，特别是多次点火、真空条件的多次点火以及点火系统方案和点火装置的设计等。其次是液体甲烷的安全性、维护使用性以及型号研制经验等。

总之，液氧/甲烷是可以选择的一种推进剂组合，目前 BE - 4 和 Raptor 发动机正在研制，有望在航天运载中得到应用。

3.5　低温发动机的关键技术

与常规推进剂发动机不同，低温发动机由于采用低温推进剂，因此在发动机起动前，均需对低温推进剂供应系统进行预冷和吹除。低温推进剂是非自燃推进剂，点火也较为复杂，加上低温发动机常用于需多次起动的上面级，则发动机起动也较为复杂。根据总体的要求，发动机有时需要推力调节和混合比调节。相对于常规推进剂发动机，低温发动机还需要绝热防护。

对于低温发动机来说，由于使用的推进剂不同，每种发动机关键技术也不尽相同。对于液氧/煤油发动机，目前多采用富氧补燃循环，其关键技术是推力室的再生冷却、富氧燃气环境下的抗氧化问题，以及涡轮泵的可靠性技术；对于液氧/液氢发动机，高压氢泵的可靠性更为关键，还需要研究如何进一步简化系统和采用低成本的生产制造技术；液氧/甲烷发动机最突出的问题是没有型号研制经验，技术风险较大。下面就低温发动机的共性关键技术进行初步探讨。

（1）发动机的预冷和吹除

预冷与吹除的目的是保证在发动机起动前推进剂供应管路与泵内无空气、水蒸气及杂物，使流入泵的推进剂呈液态，保证泵不会发生气蚀，使涡轮泵能够起动和正常工作。一旦发动机正常起动了，就与常规推进剂发动机的工作特性接近。因此，低温发动机首先应特别注意发动机起动前的预冷。而且，对于多次起动的低温发动机来说，应保证每次起动的预冷相似。在发动机研制过程中，应确定正确的预冷条件和预冷程序。

低温发动机的预冷方式各不相同。液氧/煤油发动机仅对液氧系统进行预冷，发动机起动前，液氧从贮箱流出通过液氧预压泵、液氧泵和泵后的液氧主阀，经该阀的旁路流出预冷液氧路；对于液氧/液氢发动机，需对两路进行预冷。如 J-2 发动机的预冷是液氢经过液氢泵、流到燃料主阀和副阀前，经旁路流出的沸腾氢气回流到液氢箱；而 RL-10 发动机设置了泵前阀，起动前该阀为关闭状态，以减少火箭滑行期间涡轮泵的传热造成推进剂沸腾损失，预冷时按程序打开泵前阀进行预冷；美国航天飞机主发动机的液氧泵和液氢泵均具有抽吸两相流的能力，泵在抽吸蒸气含量甚高的推进剂时，能够正常工作，因此，航天飞机不需专门的预冷程序。

对于高空起动的液氧/甲烷发动机来说，点火器中推进剂的进入程序、点火推进剂的预冷时间及预冷要求没有型号研制经验，应给予足够重视。

（2）发动机的点火与起动

低温发动机的点火方式各种各样。液氧/煤油发动机多采用化学点火，点火剂安装在点火导管中。也有例外，F-1 发动机的推力室采用化学点火，而燃气发生器却采用火药点火器点火。液氧/液氢发动机多采用火花塞点火，也有的发动机采用火药点火器点火，如 YF-73 和 YF-75 发动机。对于多次起动的液氧/液氢发动机，则采用火花塞点火较为有利。对于液氧/甲烷发动机，尤其是上面级发动机应解决真空多次点火这一关键技术。

低温发动机的起动方式各种各样。大推力的液氧/煤油发动机可采用自身起动，如 RD-120、RD-170 发动机，也可以采用强迫起动，如 NK-33 发动机为火药起动器起动。对于一次起动的液氧/液氢发动机可采用火药起动器起动，如 HM-7 发动机，而 J-2 发动机使用起动瓶起动（J-2 发动机具有 2 次起动能力）。对于多次起动的液氧/液氢发动机，多采用自身起动，如 RL-10 发动机。

（3）发动机的绝热与低温推进剂在轨贮存

对于低温发动机的液氧、甲烷等系统，绝热问题较易解决，在管路和组件外表面包覆隔热布即可。但是，对于液氢系统，应采取严格的绝热措施，以便减少火箭和发动机工作期间和滑行段推进剂的传热，可在液氢泵内表面喷涂 Kel-F 绝热层，泵前导管采用真空绝热套管，泵后导管采用聚氨酯塑料发泡绝热。

此外，低温发动机用于长期在轨的飞行器，要实现长达数天、数月甚至数年的在轨周期，需要解决低温推进剂在轨贮存问题，其中以零蒸发技术最为突出。零蒸发（Zero BoilOff，ZBO）是使用过冷器、散热器等设备拦截和阻止低温贮存系统气化损耗和排放等过程产生的热量泄露。美国 NASA 马歇尔飞行中心在多用途液氢试验台（Multipurpose Hydrogen Test Bed，MHTB）中加入了被动隔热的商业冷却器，去分层/掺混和压力控制子系统。冷却器在 20 K 时的冷却功率是 30 W。由于冷却器的热吸取速率不能直接控制，所以首先确定过冷器的热量损失。接下来，根据环境压力自动调节内部加热器以维持稳定压力。其试验于 2004 年进行，证明了液氢在大尺寸容器内可以精确控制压力、无气化损失的贮存。气垫压力偏差维持在 ± 0.003 kPa，通过过冷器和混合泵，在 90%（156 小时）和 50%（114 小时）充填状态下可以达到零气化状态。

（4）发动机的推力和混合比调节

先进的运载火箭需要低温发动机具有推力和混合比调节功能，月球下降级等特殊用途需要发动机具有更大范围推力调节能力。

对于大推力的液氧/煤油发动机，通常在预燃室燃料路设置流量调节器调节预燃室的燃料流量，亦即混合比，以调节预燃室的燃气温度，进而调节主涡轮的功率，实现发动机的推力调节；常通过混合比调节器调节推力室燃料主路的流量，实现发动机混合比的调节。

对于大推力的液氧/液氢发动机，如美国航天飞机主发动机，推力调节是通过调节供应氧涡轮泵预燃室的液氧阀来实现的，而混合比的调节是通过调节供应氢涡轮泵预燃室的液氧阀来实现的。当两种氧阀的开度改变时，进入预燃室的液氧流量就会改变，从而引起两个涡轮泵的涡轮功率值及相互间比例关系的改变，以实现对推力和混合比的调节。

一些大推力发动机无推力调节功能，只有混合比调节系统（或称推进剂利用系统），如 J-2 发动机（图 3-69）。在氧涡轮泵的出口管路上设置推进剂利用阀，将液氢箱中的电容式液位传感器测得

的液位数据传输给计算机伺服系统，控制该系统的伺服马达来调节
推进剂利用阀的开度，保证液氧流量和燃料流量同时耗尽。

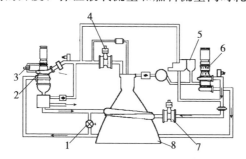

图 3-69　J-2 发动机的推进剂利用系统

1—旁通阀；2—液氧泵；3—推进剂利用阀；4—液氧主阀；

5—燃气发生器；6—液氢泵；7—燃料主阀；8—推力室

　　大推力发动机的推力可在 60%～105% 的范围进行调节，而混合
比调节的范围较窄。

　　推力较低的膨胀循环上面级发动机，如 RL-10 发动机。其推力
调节系统如图 3-70 所示，在推力室冷却夹套出口气氢管路上安装
推力调节器，通过敏感室压变化来调节其开度，进而调节不经过涡
轮而直接流经燃料主阀进入推力室的那部分气氢流量，由此调节涡
轮的气氢流量，进而实现推力调节。

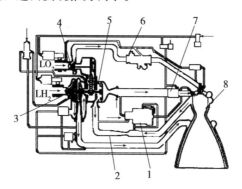

图 3-70　RL-10 发动机的推力调节系统

1—推力调节器；2—文氏管；3—液氢泵；4—液氧泵；5—涡轮；

6—液氧流量控制阀；7—燃料主阀；8—推力室

（5）发动机泵后摇摆技术

在液体火箭发动机总体布局方案选择中，推力矢量控制方式是主要决定因素，目前典型方案包括：泵后摇摆，如俄罗斯 RD－170/180/191 系列、美国 RS－68 等发动机，在泵后与推力室之间的供应管路上设置摇摆环节，以保证推进剂/燃气的连续供应，采用以机架为基础的布局，摆动时仅需摆动推力室；泵前摇摆，如美国 F－1、RS－84 和俄罗斯 RD－0120，以及我国 YF－100、YF－115、YF－77 等发动机等，在泵前的低压管路上设置摇摆环节，以保证推进剂的连续供应，采用以推力室为基础的布局，摆动时需摆动整个发动机。

与泵前摇摆相比，泵后摇摆具有如摇摆质量小、摇摆力矩小、固有频率高、结构布局紧凑、摇摆质量不偏心等显著优势，是低温发动机推力矢量控制的发展趋势。同时，摇摆环节的工质流量、压力、温度均大幅提高，引入了大口径高温高压燃气摇摆软管、异型金属密封、摇摆环节热防护等技术问题，需开展关键技术攻关予以重点解决。

（6）高效稳定燃烧及热防护技术

推力室喷注器组织推进剂的混合和燃烧，很大程度上决定了发动机的性能和可靠性。燃烧不稳定性是制约液体火箭技术发展的关键问题之一，特别是高频燃烧不稳定，经常伴随强烈的机械振动，燃烧室内部传热急剧提高，从而导致结构破坏或烧蚀。这问题往往很难解决，同时将增加研制周期和研制经费。如美国 F－1 液氧煤油发动机，在研制初期就出现了严重的燃烧不稳定问题。从研制到飞行，经历了 7 年 2 000 次的全尺寸试验才得以解决，这是迄今为止主要致力于解决燃烧不稳定问题最昂贵的事例。此外，苏联的"联盟号"运载火箭的 RD－0110 液氧煤油发动机等，也因不稳定问题，经历了长期的重新设计和制造过程。

推力室工作时，燃气温度高，热流密度大，热环境复杂且非常恶劣，应采取可靠的热防护措施，防止室壁的过热、冲刷和侵蚀，保证发动机的可靠工作和工作寿命。在目前使用的液体火箭发动机燃料中，烃类燃料尤其是煤油具有价格低廉、无毒、无污染和使用方便的优点，是理想的燃料组元。采用煤油作为高压推力室再生冷却剂时，冷却问题尤为突出：由于煤油的结焦温度低，易在室壁出现结焦和沉积，阻碍了热量的传递，使室壁温度升高超过上限，造成室壁过热或烧蚀。用煤油作为推力室冷却剂也是高压液氧煤油发动机研制中的一个关键问题。

（7）大功率高效涡轮泵技术

涡轮泵是液体火箭发动机的核心部件，它对整个系统的性能和可靠性影响重大。大推力低温发动机涡轮泵与工业能源动力机械相比，具有两个显著特点：1）超大比功率。涡轮泵比功率为涡轮输出功率与涡轮泵结构质量之比，表征了涡轮泵的功率密度。我国 120 t 液氧煤油发动机涡轮泵的功率约为 20 MW，涡轮盘径不到400 mm 的。而同样功率的工业燃气轮机涡轮尺寸超过 1 000 mm。也就是说，在同样面积上涡轮泵部件要承受极大的载荷。2）高温区与低温区相邻并存。由于空间和质量的限制，涡轮和泵必须是一体化紧凑设计，高温区的涡轮燃气路和低温区的增压泵流路紧密相连，热应力的影响十分突出。

降低泵进口压力和提高转速都可以有助于减少箭体结构质量，从而增加发射的有效载荷，但是就要求泵具有更优秀的抗气蚀性能，因此推动了新型诱导轮和多种形式预增压泵的技术发展，同时诱导轮内流空化诱发的低频和高频不稳定问题会严重影响涡轮泵、发动机、甚至运载火箭的正常工作；对于大推力低温发动机涡轮泵，由于载荷密度大幅度提高，以及复杂的温度场影响，涡轮泵必须采取多学科优化设计，才能同时满足性能与结构可靠性；尤其对于补燃发动机系统，为了降低或消除作用在轴承上由泵和驱动涡轮压力差产生的不平衡轴向力，现代的大功率涡轮泵结构中都采用轴向力平衡系统，设计中不仅要考虑包括启动等各种工况下的稳态能力，而且要预估力平衡系统的动态响应特性；返回式可重复使用运载器对变推力发动机提出了高需求，这就要求涡轮泵在更宽的工况范围中高效、稳定、可靠工作；涡轮泵转子为工作在高转速、重载荷、低温极限环境下的多盘多轴连结复杂转子系统。该系统的可靠性是影响涡轮泵稳定运行的关键因素，需要考虑支承、壳体、密封与配合等的影响；另外，转子的不平衡质量，密封间隙中流体激振力引起的振动，动静叶片匹配不合适引起的耦合振动会引起转子系统的振动、失稳，甚至造成涡轮泵系统的灾难性损坏。只有从产生振动的机理上进行分析研究，从结构上找出产生振动的原因，才能提出有效措施减振，提高转子的运行可靠性。

（8）发动机故障诊断系统

载人航天的发展对航天运载器的安全性提出了更严格的要求，这也就是开展发动机故障诊断系统研究的原因。

航天运载是一项高风险、高投入的行业，尤其是航天推进技术，需要高性能、高可靠性和降低全寿命周期的成本，其可靠性与所冒风险、成本水平及故障预测技术密切相关，世界各国对液体火箭发动机故障监控极为重视。

美国从 20 世纪 60 年代就开始研制用于发动机试验的专业数字记录系统，用部分自动红线代替了人为观察红线。20 世纪 70 年代围绕美国航天飞机主发动机状态监控和诊断系统开展了大量的研究工作，为美国航天飞机主发动机建立了先进的故障检测算法，该算法可比红线关机系统提前较长的时间发现不正常现象，及时关机，同时可以排除个别传感器失灵导致的误关机。20 世纪 80 年代后期，为了提高美国航天飞机主发动机故障监控系统的能力，增加故障检测范围，更及早发现故障和减少由于传感器失灵而误关机，洛克达因公司开发了一种建立在发动机影响系数基础上的标准算法与实时模型。

20 世纪 80 年代末，NASA 组织大专院校、工业部门使人工智能、神经网络及专家系统在健康监控系统中得到了应用，效果十分显著，如洛克达因公司的异常与故障检测系统（SAFD）在数十次灾难性的美国航天飞机主发动机地面试验中确实能及时发现故障苗头，实施紧急关机。

苏联从 20 世纪 60 年代就开展了故障诊断系统的研究，针对 RD-170、RD-120 及 RD-0120 等型号的发动机开展了故障诊断方面的研究，也得到了实际应用。

液体火箭发动机的故障诊断系统的发展趋势是不断提高故障监控系统本身的可靠性、实时性、实用性、故障定位的准确性及故障覆盖率。采取的主要措施：研制高可靠、高性能的传感器；开发故障动态模型，选用更有效的检测算法，使系统有容错能力，即使部分传感器失灵系统仍可正常工作，并能更迅速发现故障苗头；专项研究，如载人飞行、新研制发动机地面试车故障监控系统的研制等；研究发动机故障模式与测量参数信息之间的联系。

（9）饱和蒸气增压

近年来，美国和欧洲在研制小型低温运载器时，提出采用液氧/烃（液氧/甲烷或液氧/丙烷）挤压式系统，饱和蒸气增压（VaPaK）的发动机方案。这是因为液氧、甲烷和丙烷的饱和蒸气压高（液氧温度为 -178.2 ℃ 时的饱和蒸气压为 0.157 8 MPa；甲烷温度为 -160 ℃ 时的饱和蒸气压为 0.132 4 MPa，-150 ℃ 时的饱和蒸气压为 0.23 MPa；丙烷温度为 -40 ℃ 时的饱和蒸气压约为 0.117 MPa，-30 ℃ 时的饱和蒸气压约为 0.179 MPa），能够在不采用常规的增压系统前提下，完成贮箱的增压目的。

美国空射 LLC 公司研制的 VaPak 发动机，其液氧箱、丙烷箱的初始工作压力分别为 1.52 MPa、1.24 MPa，在约 95 s 时耗尽，耗尽时液氧箱、丙烷箱的压力分别约为 0.93 MPa、0.90 MPa。

VaPak 的增压原理与简单的喷发剂罐相似，推进剂被气垫中的推进剂饱和蒸气压所增压，如图 3-71 所示。

VaPak 的增压过程：封闭贮箱内的液体和蒸气处于饱和状态，压力强制达到平衡；一定流量的液体从贮箱中流出；蒸气压低于液体饱和压力，导致液体沸腾；沸腾产生的蒸气增压贮箱使气液重新达到平衡。

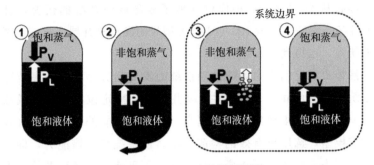

图 3 - 71　VaPaK 的增压原理

VaPak 的增压过程实际上也就是发动机的工作过程，发动机起动后，在饱和蒸气压的作用下，一定流量的推进剂从贮箱中流出进入推力室混合、燃烧。贮箱的气垫容积加大，贮箱压力降低，当箱压降低到推进剂的饱和蒸气压以下时，液体沸腾，一部分液体变为蒸气，使贮箱压力维持在箱内推进剂温度下的饱和蒸气压，维持一定流量的推进剂流向推力室。这种发动机方案无需高压气瓶、相关阀门和泵，系统简单，可靠性好。

3.6　低温发动机的发展趋势

从最初的液氧/酒精发动机，到高性能、可重复使用的液氧/煤油发动机、液氧/液氢发动机和正在研制的液氧/甲烷发动机，低温发动机为人类的各种航天活动提供了可靠的动力。

低温发动机是当前和未来液体火箭发动机的主要组成部分，其发展方向主要是实现重复使用，不断提高发动机可靠性和性能、降低发射成本。

世界各航天大国均特别重视对重复使用运载器及其动力系统的研究，先后提出了各自的重复使用运载器计划，并开展了广泛的研究。美国研制了部分重复使用的航天飞机及其 SSME 液氧/液氢发动机，开创了重复使用的先河。

　　根据技术发展的分析可知重复使用运载器应分两步走，先突破火箭动力的两级入轨重复使用技术，再开展单级入轨重复使用技术的研究。对于两级入轨重复使用运载器，主流的方案是 2 000 kN 推力以上的液氧/煤油发动机或液氧/甲烷发动机为一级动力、1 000 kN 级的液氧/液氢发动机为二级动力，发动机应采用高性能的补燃循环系统。

　　三组元发动机和双燃料/双膨胀循环主要用于单级入轨。三组元发动机既兼顾了液氧/煤油发动机密度比冲高的优点，又兼顾了液氧/液氢发动机真空比冲高的优点，对单级入轨重复使用运载器来说是最佳的液体火箭发动机方案之一。

　　三组元发动机的系统如图 3 - 72 所示，采用液氧、煤油、液氢

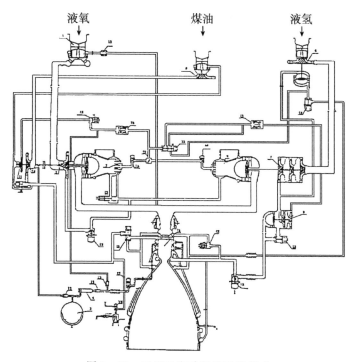

图 3 - 72　三组元发动机的系统组成

三种推进剂，双富氧预燃室，补燃循环系统。发动机有两种工作模式。第一模式工作时（从地面起飞开始），主要利用高密度的液氧和煤油，同时利用少量的液氢冷却推力室。第二模式工作时（在高空环境下），停止煤油供应，使用液氢、液氧两种推进剂，确保发动机的高比冲。已开展研制的三组元发动机主要是苏联能源机械联合体研制的 RD-701 和 RD-704 发动机，RD-701 发动机计划用于 MAKS 空间飞机，苏联解体后项目终止。RD-704 发动机原计划用于美国单级入轨可重复使用运载器，X-33 计划取消后项目终止。

双燃料/双膨胀循环发动机方案与 RD-701 和 RD-704 三组元发动机相似，使用液氧、液氢和碳氢燃料，是美国宇航喷气公司通过预先研究后提出的。与三组元发动机不同的是，双燃料/双膨胀循环发动机使用亚临界丙烷，采用内外两种既能独立工作又能同时工作的推力室，并采用发汗冷却，以降低冷却套压降、减少冷却流量（内推力室约占其总流量的 0.8%，外推力室约占其总流量的 1.2%）。双燃料/双膨胀循环发动机的推力室总体结构如图 3-73 所示，内外两种推力室形成双喉部。两种推力室同时工作时，共同边界层中的流速相等，其性能损失可忽略不计。当只有外推力室工作时，大面积比喷管为满流工作，性能损失也很低。因此，发动机的整体性能高。

低温发动机以其高可靠、无毒环保、高性能、低使用成本的优势，成为运载火箭及其上面级的发展主流。随着技术的发展，低温发动机也将应用于各种空间飞行器，为人类探索空间和利用空间提供动力。

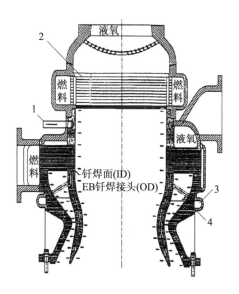

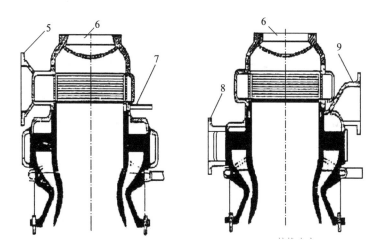

图 3-73　双燃料/双膨胀循环发动机的推力室

1—亚临界丙烷冷却剂入口（3 个）；2—层板喷注器；3—液氢冷却剂集合器；

4—隔板（5 块）；5—燃料入口；6—液氧入口；7—丙烷冷却剂管；

8—燃料入口；9—液氢冷却剂入口

参 考 文 献

[1] 孙国庆. 国外氢/氧发动机系统述评[J]. 国外导弹技术, 1983.3: 14 - 25.

[2] 张宝炯. 液氧—甲烷的膨胀循环发动机[C]. //中国宇航学会液体推进职业委员会 1990 年学术讨论会论文集, 1990.

[3] [苏] 加洪. Γ. Γ. 等, 著. 液体火箭发动机结构设计[M]. 任汉芬, 颜子初, 等, 译. 北京: 宇航出版社, 1992.

[4] COLASURDO G, PASTRONE D, CASALINO L. Mixture - Ratio Control to Improve LOX/LH$_2$ Rocket Performance [J]. AIAA 1996 - 3107.

[5] 吴建军, 张育林, 陈启智. 大型泵压式液体火箭发动机故障综合分析 [J]. 导弹与航天运载技术, 1996. 1 (219): 10 - 15.

[6] HUU P T, JOHN M C. Status of Liquid Oxygen/Liquid Methane Injector Study for a Mars Ascent Engine [J]. AD - A353849, 1998.

[7] ANDREW M C, STEVEN D P. System Sensitivity Studies of a LOX/Methane Expander Cycle Rocket Engine [J]. AIAA 1998 - 3674.

[8] MARK F F, MICHAEL R G. Low - Cost Propulsion Technology at the Marshall Space Flight Center - Fastrac Engine and the Propulsion Test Article [J]. AIAA 1998 - 3365.

[9] 丁丰年, 张小平, 张恩昭, 等. 重复使用运载器推进系统方案初探[C]. 中国空间试验室 (站) 学术讨论会, 1999.

[10] 刑继发, 刘国球, 黄坚定, 等. 世界导弹与航天发动机大全[M]. 北京: 军事科学出版社, 1999.

[11] TRINH H P. Liquid Methane/Oxygen Injector Study for Potential Future Mars Ascent Engines [J]. AIAA 2000 - 3119.

[12] TORANO Y, ARTIQ M, TAKAHASHI H, et al. Current Study Status of the Advanced Technologies for the J - 1 Upgrade Launch Vehicle - LOX/LNG Engine [J]. AIAA 2001 - 1783.

[13] MATTSTEDT T B，HAIDINGER F，LUGER P，et al. Development，Manufacturing and Test Status of VINCI Expander Thrust Chamber Assembly[J]．AIAA 2002 - 4009.

[14] ZURBACH S，THOMAS J L. Recent Advances on LOX/Methane Combustion for Liquid Rocket Engine Rejecter[J]．AIAA 2002 - 4321.

[15] BRUNO G，PATRICK A，JEAN - LUC B，et al. Testing the First Fuel Turbo pump of VINCI Engine[J]．AIAA 2003 - 5069.

[16] BOCCALETTO L. A Comparison between Two Thermodynamic Schemes for Reusable LOX/LCH$_4$ engines[J]．AIAA 2004 - 3356.

[17] PEMPIE P，BOCCALETTO L. LOX/CH4 Expander Upper Stage Engine [C]．IAC 2004 - S. 1. 03.

[18] D. K. 休泽尔，等，著. 液体火箭发动机现代工程设计[M]．朱宁昌，等，译. 北京：中国宇航出版社，2004.

[19] 张贵田．高压补燃液氧/煤油发动机[M]．北京：国防工业出版社，2005.

[20] ALLIOT P F，LASSOUDIERE C F，RUALT J M. Development Status of the VINCI Engine for the Ariane 5 Upper Stage[J]．AIAA 2005 - 3765.

[21] RCUBEN S，MATTHEW M，OLEG S，et al. Integrated Modeling and Analysis for a LOX/Methane Expander Cycle Engine：Focusing on Regenerative Cooling Jacket Design[J]．AIAA 2006 - 4534.

[22] LEUDIERE V，SUPIE P，VILA M. KDV - 1 engine in LOX/CH$_4$[J]．AIAA 2007 -5446.

[23] STEPHANE D. A Transient Model of the VINCI Cryogenic Upper Stage Rocket Engine[J]．AIAA 2007 - 5531.

[24] THOMAS D B，MICHAEL H K. Progress on the J - 2X Upper Stage Engine for the Ares 1 Crew Launch Vehicle and the Cargo Launch Vehicle [J]．AIAA 2007 - 5832.

[25] STEVEN J S，JEREMY W J，JOSEPH G Z. Design，Fabrication，and Test of a LOX/LCH$_4$ RCS Igniter at NASA[J]．AIAA 2007 -5442.

[26] 丁丰年，邹宇，张小平，等. 美国 FALCON 计划及对我国航天运载的启示[C]/中国宇航学会运载专业组和航天科技集团公司科技委运载专业组. 2008 年运载总体技术学术研讨会论文集. 2008.

[27] KEVIN B, KUMUD A. LOX/Methane Main Engine Igniter Tests and Modeling [J] . AIAA 2008 - 4757.

[28] JOEL W R, DAVID D S. Liquid Oxygen/Liquid Methane Ascent Main Engine Technology Development [C] . IAC 2008 - C4. 1. 02.

[29] 马红宇,刘站国,徐浩海,等. 液氧煤油发动机地面试车故障监控系统研制[J] . 火箭推进,2008, 34 (1): 45 - 48.

[30] BARSI S, MODER J, KASSEMI M. Numerical Investigation of LO_2 and LCH_4 Storage Tanks on the Lunar Surface [J] . AIAA 2008 - 4749.

[31] ERIC H, TARA A, MARK V, et al. 870lbf Reaction Control System Tests Using LOX/Ethanol and LOX/Methane at White Sands Test Facility [J] . AIAA 2008 - 5247.

[32] PHILIP J R, ERIC M V. 100 - LBF LO_2/LCH_4 Reaction Control Engine Technology Development for Future Vehicles [J] . IAC 2008 - [1] [1] . C4. 1. 7.

[33] JOHN C M IV, JENNIFER K A. Liquid Oxygen/Liquid Methane Testing of the RS - 18 at NASA White Sands Test Facility [J] AIAA 2008 -4843.

[34] DAVID C, NORMAN Y, PETER L, et al. Evolved Expendable Launch Vehicle System: RS - 68 Main Engine Development. www. sciencedirect. com.

[35] YUKIO F, HIROYUKI N, RYUJI N, et al. Development Status of LE - 7A and LE - 5B Engine for H - 2A Family. www. elsevier. com/locate/ actaastro.

[36] 张小平,李春红,马冬英. 液氧/甲烷发动机动力循环方式研究[J] . 火箭推进,2009, 35 (4): 14 - 20.

[37] 李斌,丁丰年,张小平. 载人登月推进系统[M] . 北京:中国宇航出版社,2011.

第4章 变推力发动机技术

4.1 引言

变推力发动机技术是液体火箭发动机领域的一项高难度、高技术含量的关键技术。采用变推力发动机，可以在飞行过程中优化弹道和巡航速度，减少阻力损失，有效地提高飞行器机动能力和运载能力，并满足飞行器机动变轨、对接交会和星球软着陆等特殊技术需求。

随着民用航天和现代武器的发展，需要研制更为先进的变推力发动机，以满足航天运载器、导弹武器轨道（弹道）变化的特殊需求，达到质量轻、性能高和经济性更好的目标。各种任务对变推力发动机推力变化范围的需求见表4-1。

表 4-1 各种任务对变推力发动机的要求

应用	推力调节形式	推力变化范围
月球轨道中途修正	连续	1.1∶1
月球轨道转移	台阶或连续	6∶1
月球垂直下降	连续	10∶1
地面发射（载人）	连续	2∶1
低轨道武器	连续	20∶1
弹道导弹	台阶或连续	50∶1～100∶1

从20世纪40年代开始，美国、苏联及德国等国家就致力于可变推力发动机的研制，其中一些发动机成功用于飞行试验，见表4-2。

表 4-2 大范围变推力发动机的研制情况

制造商	发动机名称	型号/应用	最大真空推力/kN	推力变比	调节形式	推进剂	备注
Walter	RII-203, R1-203B	改进型 He-176 火箭飞机	7.35/1 650	5	台阶式	80% H_2O_2 和液体催化剂溶液	第一台飞行验证的单组元发动机
Curtiss-Wright	XLR25-CW-1	Bell X-2 火箭飞机发动机	66.78/15 000	6	推力连续调节,采用一个 22.26 kN 和两个 44.52 kNRPL 燃烧室,阀调节范围 3:1,喷注器固定面积	LOX/75%酒精 25%H_2O	第一台飞行验证,连续可调大变比发动机,氧化剂喷孔为轴向,燃料为溅板径向,100%燃料液膜冷却燃烧室
TRW	LMDE, TR200	登月舱下降发动机	46.75/10 500	10	可变面积气蚀管,单个针栓喷注器	N_2O_4/混肼 50	挤压式
洛克达因	长矛机动发动机, BC73-60	长矛导弹机动发动机	22.26/5 000	35.7	可移动环形针栓喷注器,带预燃室,燃料作动伺服阀控制	IRFNA/UDMH	轴向为机动发动机,四周有独立的推力 222.61 kN 助推发动机,是推力调节范围最大的液体火箭发动机,共生产 3 200台

续表

制造商	发动机名称	型号/应用	最大真空推力/kN	推力变比	调节形式	推进剂	备注
洛克达因	J-2S	J-2火箭改进型,用于阿波罗计划土星 V 第二、三级	1 179.83/265 000	6	超临界液体喷注+热气式二级调制阀控制涡轮泵转速	LOX/LH$_2$	在挤压式状态验证过 44∶1 推力变比
洛克达因	SSME(Block2)RS-24	美国航天飞机主发动机	2 279.54/512 000	6.3	超临界液体喷注+富燃补燃循环下的涡轮泵转速控制	LOX/LH$_2$	仅于 1996 年在 NASA MSFC 进行过地面演示试验,飞行状态为 1.6∶1(67%~109%)
化学自动化设计局	RD-0120/11D-122	能源火箭一级	1 963.42/441 000	5.6	超临界液体喷注+富氧补燃循环下的涡轮泵转速控制	LOX/LH$_2$	仅于 1996 年由 CADB、Aerojet、NASA MSFC 进行过地面演示试验,飞行状态为 2.4∶1(45%~106%)
Kosberg	RD-0200	Lavochkin SB11 地空导弹第二级	587.69/13 200	10	双燃烧室,气体发生器燃烧室,其它细节未公布	硝酸/胺	—
KB Kimmash	S5.51,11D68	苏联 LOK 月球轨道器	33.21/7 460	8.1	三个独立的燃烧室,其他细节未公布	N$_2$O$_4$/UDMH	LOK 月球轨道器主发动机

　　实现液体火箭发动机推力调节的方法可以有多种，最简单的方法是系统节流，设置节流阀，通过推力室供应压力的变化而达到推力调节的目的。但如果推力室的喷注器采用固定面积，那么就存在一个问题，在小推力时，因喷注压降过低，使性能较低，还增加了激发低频燃烧不稳定性的可能，因而很难实现大范围推力调节，一般推力变比只能小于 3∶1。

　　自从针栓式喷注器发动机在美国 TRW 公司（现为诺斯罗普·格鲁曼公司，NGC）问世以来，变推力发动机开始了一个新的局面。可变面积栓式喷注器加上流量可调的气蚀文氏管，不仅可以保证推力（流量）的大范围变化，而且可以做到在推力大幅变化的同时喷注压降和混合比大致保持不变。基于这一原理，使变推力发动机的推力变化范围不断增加，从 5∶1 到 10∶1，以至到 20∶1，最后出现了 100∶1 的方案设想。

4.2　发动机变推力途径

　　为了实现变推力，人们提出了多种推力调节技术，某些技术已经成功地获得了应用，其中最著名的变推力发动机是美国阿波罗登月舱下降发动机（LMDE），推力变比 10∶1。而有些变推力技术由于过于复杂、或工程实现难度太大而几乎没有得到广泛的关注。

　　对给定的液体火箭发动机，推力和发动机流量的关系为

$$F = q_m I_{sp} \tag{4-1}$$

式中　　F——发动机的推力，单位为 N；

　　　　q_m——推进剂的流量，单位为 kg/s；

　　　　I_{sp}——发动机的比冲，单位为 m/s。

　　对于特定的发动机，当推进剂的混合比、燃烧效率变化不大时，比冲不会有明显改变，因此发动机的推力主要取决于推进剂的流量。因此，变推力通常通过流量的调节来实现。由伯努力方程推导出的流量方程，可以用来表征液体火箭发动机的流量特性

$$q_\mathrm{m} = C_\mathrm{d} A \sqrt{2\rho\Delta p} \qquad (4-2)$$

式中　C_d——喷孔或节流孔的流量系数；

　　　A——喷孔或节流孔的面积，单位为 m^2；

　　　ρ——推进剂的密度，单位为 $\mathrm{kg/m}^3$；

　　　Δp——喷孔或节流孔的压降，单位为 Pa。

由式（4-2）可知，对于挤压式系统，发动机流量的调节又可以通过如下方法来实现：改变供应系统的流阻；改变推进剂的喷注面积；改变推进剂的密度；以上一种或多种方式同时采用。这四种流量调节的方法均得到过应用。

（1）改变供应系统的流阻

通常，采用流量调节阀（可变面积的节流圈或可变面积的气蚀管）来改变供应系统的流阻，实现发动机流量的调节，这是变比较小的变推力发动机最常用的变推力方案。

这种调节方案采用固定面积喷注器，系统比较简单。但当采用液—液喷注器时，推力调节的范围受到了很大的限制。对于液体推进剂，采用固定面积喷注器时，由式（4-2）可知，推进剂的流量变化与喷注压降的平方根成正比。当推力变比为 3∶1 时，喷注压降变化可达到 9∶1，小工况下喷注压降很低，一方面喷注器的阻尼不足，容易引起低频不稳定燃烧，另一方面无法形成良好的撞击和雾化，导致性能低下；反过来，如果保证了小工况的喷注压降，则高工况时喷注压降很高，导致增压系统、贮箱的质量迅速增加，或泵压式发动机的副系统功率大幅上升，以至于最终难以接受；同时高的喷注压降还容易诱发高频不稳定。因此，实际工程中采用这种调节技术的发动机时，如果采用了液-液喷注方式，推力调节范围一般小于 3∶1。如中国的 1 600/1 200 N 发动机，在推力室的供应管路上采用两个节流通道，通过这两个通道上的阀门开、闭，实现发动机的变推力。

当采用气体或超临界流体时，情况有很大不同。式（4-3）为火箭发动机燃烧室室压与推进剂流量的关系式

$$p_c = \frac{q_m C_{th}^* \eta_c}{A_t} \qquad\qquad (4-3)$$

式中　p_c——推力室的室压，单位为 Pa；

　　　C_{th}^*——理论特征速度，单位为 m/s；

　　　η_c——特征速度效率；

　　　A_t——燃烧室的喉部面积，单位为 m^2。

在变工况过程，推力室的室压与推进剂的流量呈线性关系；同时，由气体状态方程可知，气体和超临界流体的密度与压力接近正比关系，由此，可认为气体或超临界流体的喷注压降与流量也大致成正比关系。同液体推进剂相比，气体或超临界流体由流量变化导致的喷注压降变化大为减小，即便在固定面积喷注器条件下，也能达到 3∶1 以上的推力变比。此时，实现更大推力变比的制约因素往往从燃烧的组织转移到其他方面，如涡轮泵对变工况的适应性上。

近几年正在研究的 NASA 登月舱大变比低温演示验证发动机，利用 RL-10 发动机成熟的膨胀循环技术，喷注器为固定面积，喷注器面采用发汗冷却；减小了喷注器中的液氧流通面积，提高了喷嘴压降，以适应推力变比 10∶1 的要求，即便在 10% 推力时喷嘴压降不会过低。2006 年 4 月至 5 月，成功进行了变比大于 10∶1 的演示试验（实际推力变比为 11.4∶1）。

（2）改变推进剂的喷注面积

① 改变喷嘴的数量

这种变推力方案来源于朴素、直观的思维：将推力室喷注器分为几个区域（或喷注单元），当需要改变推力时，打开或关闭其中的一些区域（或喷注单元），以改变喷注面积，实现发动机流量及推力的调节。德国早期的一些发动机采用了这种方案。该方案不需要在喷注器上游设置流量调节阀，同时喷注压降不随工况变化，发动机变工况时的性能容易保证。但这种方案也存在明显的不足，如对于双组元推力室，不工作区域喷注器面冷却的组织十分困难。为了防止燃气进入不工作的喷注器腔道，可能还需要对其进行吹除等。因

此，这种方案应用于推力室的难度较大，对于单组元发动机、燃气
发生器或预燃室，由于燃气温度较低，应用的难度会小一些。

② 采用可变面积的喷注器，并将其作为流量调节元件

在这种发动机中，喷注器采用了可移动的套筒，套筒沿轴向移
动，同时改变氧化剂和燃料的喷注面积及喷注压降，其工作原理如
图 4 - 1 所示。当需要减小推力时，驱动元件（如步进电机、伺服阀
等）驱动可移动套筒，减小喷注面积，同时增大了喷注压降，综合
作用的结果是氧化剂和燃料的流量同步减小，室压降低及推力减小。
习惯上，将这种方案称之为"单调"方案。

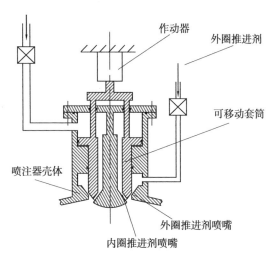

图 4 - 1　单调变推力发动机的工作原理图

理论上，在挤压式系统中采用这种推力调节方法，可使推力调
节到任意小，即推力变比可以做到无穷大，此时，室压和喷注面积
接近无穷小，喷注压降接近贮箱压力。中国的 BYF - 03 发动机和美
国的长矛发动机采用了这种变推力方案，其中后者获得了超过 40∶1
以上的推力变比。这种方案也存在一些问题：第一，燃烧的组织与
流量的控制均集中到喷注器上，制约了诸多性能改进措施的应用，
使得性能与冷却的优化变得困难；第二，反过来说，一些喷注器的

设计要求也制约了流量的精确调节，如通常情况下喷注器可移动套筒的开度较小，难以实现复杂的型面设计，造成难以精确控制流量和混合比，在小工况下该问题更加突出；第三，小工况时的喷注面积迅速减小，比如，对于一台推力变比 10∶1 的变推力发动机，若高工况室压取 0.8 MPa、喷注压降取 0.5 MPa，在上游不设置节流圈时，发动机入口压力约为 1.3 MPa。由式（4-2）和式（4-3）联立可解出 10% 工况的压降约为 1.22 MPa，接近贮箱压力，而此时喷注面积（或可移动套筒的开度）仅为最高工况的 6.4%（开度变比15∶1），零件的加工精度和表面质量对推进剂喷注均匀性的影响十分显著，可能导致小工况喷雾性能急剧恶化。该发动机的喷注压降、喷注器相对开度随工况的变化如图 4-2 所示，图中左侧为低工况，右侧为高工况。

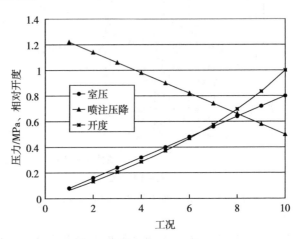

图 4-2　单调方案喷注压降与相对开度随工况的变化

③ 采用可变面积的喷注器，同时另设流量调节元件

为了解决上述两种方案存在的问题，有些发动机将上述两种方案结合，采用流量调节阀控制推进剂的流量，同时采用可变面积的喷注器，在工况变化时，在流量变化的同时改变喷注器的面积，使喷注压降基本保持不变，即所谓的"双调方案"。在这种方案中，喷

注器可移动套筒的开度与推力成正比。

双调方案既解决了采用固定面积喷注器时小工况喷注压降过低（或高工况压降过高）的问题，同时也解决了单调方案小工况可移动套筒开度过小造成的流量和混合比难以控制的问题，减轻了对加工质量的敏感程度，并使各工况的喷注压降均能保持在最佳值附近，易于在全工况范围获得良好的性能和稳定性，因而是十分理想的变推力方案。该方案的杰出代表是美国的阿波罗登月舱下降发动机。

（3）改变推进剂的密度

采用液体推进剂、固定面积喷注器的变推力发动机，当流量减小时，喷注压降降低，容易引发低频不稳定，而气体或超临界流体喷注时由于喷注速度变化较小，能够适应更大范围的推力调节。这启发人们在采用固定面积的喷注器喷注液体推进剂时，向其中吹入气体来改变喷注流体的密度，从而维持小工况下喷注器的喷注压降。尽管这种方案需要额外的气体吹入系统，并需要额外消耗吹入气体，但因为它比推进剂调节系统相对简单，也受到了关注。

在阿波罗登月舱下降发动机研制初期，洛克达因公司提出了氦气吹入节流方案，并与 TRW 公司的栓式喷注器变推力发动机开展了并行研制。由于存在一阶切向高频不稳定燃烧现象，在喷注器面安装了隔板用来抑制不稳定；但随后又出现了低频振荡（200～500 Hz）以及间歇式的高振幅压力脉动（popping）。由于这些不稳定问题，以及推力调节时性能较低、中等推力工作时燃烧室喉部烧蚀率过大等问题，该方案最终被淘汰。尽管吹入气体的初衷是想通过提高小工况时的喷注压降来防止出现低频不稳定，但在特定的条件下，气体的引入对液体的稳定流动形成了干扰，导致低频振荡或 popping 现象，并容易诱发高频不稳定。

（4）改变燃烧室喷管的喉部面积

假设推进剂供应压力不变，可以通过在推力室喉部设置可移动栓塞来改变喷管的喉部面积。当喉部面积减小时，燃烧室的室压提高，供应系统的压降减小，流量随之减小。因此，从理论上讲，通过改变燃烧室喷管的喉部面积能够获得推力调节。但是，典型双组元液体火箭发动机的燃气温度在 3 000 ℃的水平，使得这种可移动喉部栓塞的结构设计和冷却组织十分困难；同时，这种采用固定面积喷注器的变推力发动机同样存在大变比时喷注压降变化过于剧烈的弊端。因此，这种方法的实际应用受到了很大的限制，只是在无法采用其他调节手段的固体火箭发动机中有一定的应用。

（5）推力差动

采用多台推力室实现推力的差动调节是一项很容易实现、可采用的技术。航天器常常采用多台推力室实现飞行姿态控制或轨道机动。

（6）其他实现方案

俄罗斯技术人员提出了一种固定面积喷注器的大变比方案：采用一种双通道的离心喷注器，在变推力过程中，通过上游流量调节阀控制某一通道的推进剂流量，使喷嘴内旋流室存在不同的旋流速度，造成喷嘴流量系数的变化。

还有一种固定面积喷注器方案，采用毛细管形成"高惯性"喷注，利用流动惯性来产生阻尼，隔离喷注器上、下游的压力振荡，以便在较小的喷注压降下也不会发生低频不稳定燃烧。

（7）采用上述两种或多种技术组合

有的变推力发动机同时采用了上述几种变推力方案。比如阿波罗下降发动机，除了采用可变面积的流量调节阀控制发动机流量、可变面积的喷注器控制喷注压降外，推力室的液膜冷却通过喷注管进入燃烧室。估计这种喷注管具有较长的长径比，可形成较大的惯性流阻，有利于提高射流的稳定性。

4.3　针栓式变推力发动机

4.3.1　发动机系统方案

本节主要介绍"双调"挤压式变推力发动机方案。通常，双调方案的流量由专门的节流元件来调节，以精确控制流量和混合比，同时采用可变面积的喷注器来控制喷注压降，从而保证发动机的性能。发动机通常由断流阀、流量调节阀、作动器、可变面积的喷注器、燃烧室和喷管等组合件组成。

4.3.1.1　流量调节方案

流量调节可以采用可变面积气蚀管和可变面积节流圈。

（1）可变面积气蚀管

在气蚀文氏管中，通过收缩—扩张的文氏管型面，使推进剂在收缩段不断加速，静压降低，当流体的静压降到介质的饱和蒸气压时，流体发生气蚀。气蚀管气蚀后，流量只与气蚀管入口压力、介质的饱和蒸气压及文氏管的喉部面积有关，与下游背压无关，即使燃烧室压和喷注压降发生波动，也不会对发动机的流量造成影响。在变工况时，通过控制可移动调节锥伸入文氏管的长度，可以改变文氏管的喉部面积，实现对流量的调节。

采用可变面积气蚀管的双调变推力发动机的系统压力分配情况如图 4 - 3 所示。在气蚀管下游，室压和喷前压力基本随工况线性变化；在气蚀管上游，高工况时管路存在一定的损失，而低工况时这种损失小到可以忽略；气蚀管入口压力与喷前压力之差需要由气蚀管"消耗"掉。在下游压力出现波动时，气蚀管可以通过气蚀长度的自动调整适应下游的压力变化，并保持流量不变。

气蚀管的压力恢复系数是评价气蚀管品质的指标之一，定义为临界气蚀时出口压力与入口压力之比。压力恢复系数越高，说明工作时气蚀管的压力损失越小，可以采用更低的发动机入口压力，这对挤压式系统尤为重要。通常，火箭发动机所用的气蚀管的压力恢复系数在 0.85 左右，随着气蚀管的绝对尺寸减小，型面的精确加工变得困难，会导致压力恢复系数有所降低。

气蚀管的压降约为其入口压力的 15%，对于贮箱压力为 1.85 MPa 的动力系统，最高工况时的压力损失约为 0.28 MPa。而如果采用可变面积节流圈方案，则可选取低得多的压力损失。因此，采用可变面积气蚀管方案的缺点是存在较大的压力损失，导致了较

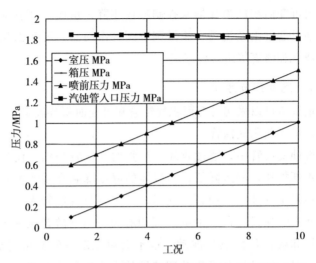

图 4 - 3　采用可变面积气蚀管时不同工况的系统压力分配

高的贮箱压力和较大的系统质量。此外，气蚀形成的气液两相流体
要恢复成液体状态，在气泡的"湮灭"过程中会产生一定程度的压
力振荡。

（2）可变面积节流圈

可变面积节流圈如图 4 - 4 所示。调节锥的锥面插入孔板内，与
孔板构成环形通道。当需要流量调节时，由作动器（如步进电机、
电液作动器等）驱动调节锥运动，改变调节锥在孔板内的伸入长度，
亦即改变了环形通道的面积和压降，从而达到流量调节的目的。

对于挤压式系统，系统压降由可变面积节流圈的压降、喷注器
压降及管路流阻等几部分组成。与可变面积气蚀管相比，可变面积
节流圈的优点在于最高工况时的压降可以取得很小，甚至是 0，由此
可以降低贮箱压力、减小系统质量。

但是在双调系统中，推力室的喷注面积也需要调节，以保持喷注
压降基本不变，因此，从节流圈入口到燃烧室之间的压差是由可变面
积节流圈和可变面积喷注器共同形成的，比可变气蚀管调节流量的方
案多出了一个环节。在某一工况下，氧化剂路和燃料路、可变面积的

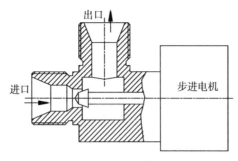

图 4 - 4　可变面积节流圈

节流圈和可变面积的喷注器的精度同时要达到很高的水平,才能保证各个工况的流量和混合比。但是,由于高低工况的特性不同,如喷嘴或节流圈的流量系数不同,或要求高、低工况下的混合比不同,流量调节器两路的压降很难做到根据这些特性精确匹配,因此除了设计工况外,其余工况流量和混合比的控制精度要差一些。

为了弥补上述不足,有的发动机将两路推进剂的可变面积节流圈分开,根据实际需要进行各个工况的流阻设计,并由各自的作动器按不同的规律驱动;或在一路设置流量调节阀,另一路设置混合比调节阀,根据前者的流量(或特征点的压力)随动调节后者的流量。这些方法提高了流量、混合比和调节精度,但同时也增加了系统的复杂程度和结构质量。

正因为存在上述问题,可变面积节流圈还没有在挤压的双调变推力系统中得到应用。即使应用于泵压式系统,往往也需要配置混合比调节阀来提高混合比控制精度。

(3) 可变面积节流圈与可变面积气蚀管相结合

有的变推力发动机(如阿波罗登月舱下降发动机)成功地将这两种节流方案有机地结合成一个整体:在最高工况,流量调节阀相当于可变面积节流圈(不发生气蚀),取很小的压降,以降低贮箱压力。这类似于固定推力发动机常用的方法,通过精确调整节流圈的压降(流通面积),将最大工况的流量和混合比精度控制在要求的范围内;在低工况，当下游压力降低时，调节阀开始气蚀，此时流量与下游的喷注器压降和室压无关，便于各个工况实现精确的流量和混合比调节。

在不气蚀向气蚀的转换阶段，调节阀的特性变化剧烈，混合比不好控制，需要避免在这一区域工作。因此，采用这种方案的发动机推力调节可能是不连续的。比如，阿波罗登月舱下降发动机，最高工况点设在94％的全推力状态，在60％～10％的推力范围进行连续变推，在94％～60％的范围内不工作。

4.3.1.2　作动方案

在双调变推力发动机中，喷注器和流量调节阀都有运动件，需要控制其运动规律。存在不同的作动方案。

（1）喷注器和流量调节阀用步进电机驱动

喷注器和流量调节阀分别由各自的步进电机按不同的规律驱动。通常，喷注器的位移较小，调节阀的位移相对较大。尽管这种作动方式在实际发动机中还未见到报道，但原理直观，也完全可行。两个电机的同步性可由驱动电机的控制器保证。

为了减小电机的作动力，可以设置补偿弹簧，使弹簧力与液压力相反，从而抵消一部分液压力。

（2）电液驱动

电液驱动器的工作原理如图4-5所示。采用某种组元推进剂作为驱动器作动液，驱动器设置有入口电磁阀和出口电磁阀，两个电磁阀均为常闭阀，通电打开，断电关闭。通过两电磁阀的打开或关闭，使活塞上下腔产生一定的压力差，推动驱动器活塞上下运动，带动调节器的调节锥动作，改变流量调节阀的流通面积，进而改变推进剂流量。达到目标推力后，两电磁阀断电关闭，驱动器活塞停止运动。这种作动方案的特点如下：结构质量小；响应快；电液驱动器采用进口和出口两个电磁阀协调控制，对其匹配性要求较高，控制较为复杂；变推力过程必须有反馈信号（调节锥位移反馈或燃烧室室压反馈）；从出口电磁阀排出的推进剂需要妥善处理。

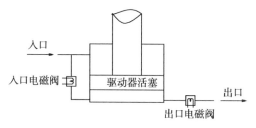

图 4 - 5　电液驱动器的工作原理图

（3）机械作动

机械作动方案，即喷注器和流量调节阀的运动件通过机械杠杆连接，并由作动器驱动该杠杆。阿波罗登月舱下降发动机采用了这种作动方案，其工作原理如图 4 - 6 所示。通过杠杆将左边喷注器的可移动套筒与右边的流量调节阀调节杆连接起来。在右边，杠杆通过曲颈与流量调节阀上的横梁相连接，横梁受作动器的驱动，沿着与燃烧室轴线平行的方向移动，其一端与氧化剂调节杆相联，另一端通过混合比微调连杆、曲颈与燃料调节杆相联。这样，氧化剂流量调节杆的位移与作动器相同，而燃料流量调节杆的位移与氧化剂按比例略为缩小。在右边，杠杆通过曲颈与喷注器的可移动套筒相连。杠杆的支点设在喷注器壳体上，这样，支点到喷注器可移动套筒或横梁连接点的长度比决定了喷注器可移动套筒与流量调节阀的位移比。两者的实际比值为 5∶1。

当需要减小推力时，作动器驱动横梁及杠杆的右端向上运动，流量调节锥与气蚀管之间的流通面积减小，发动机的流量减小；与此同时，杠杆左端带动喷注器可移动套筒向下运动，使得可移动套筒与喷注器壳体之间形成的喷注面积减小，从而在流量减小的同时保证喷注压降基本不变。

变工况过程，喷注器的可移动套筒和流量调节阀的调节锥作轴向运动；杠杆在绕支点旋转时，杠杆上的点存在径向位移，需要有机构补偿这些径向位移。颈曲亦可称作"挠性杆"，它的径向刚度较小，通过它的变形可以补偿杠杆旋转过程形成的径向位移。颈曲与

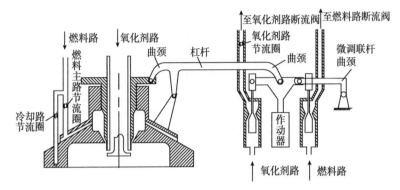

图 4 - 6　机械定位方案（阿波罗登月舱下降发动机）的工作原理图

可移动套筒、横梁采用刚性连接，如螺纹连接结构，甚至是焊接结构。这种连接方式的优点很多：连接可靠，无间隙和进回程差，无响应滞后现象，无摩擦力，也不存在真空冷焊效应。

连接杠杆本身也是力的放大机构，通过合理选择各受力点在杠杆上的径向位置，可以优化行程和作动器力的大小。在阿波罗登月舱下降发动机中，还在杠杆的喷注器端设置了一组补偿弹簧，使得作动器在各个工况所受合力控制在（220±98）N 的范围内，且指向大推力方向。这样，当作动器失效时，可以使调节锥向高工况方向移动，并最终稳定在最大推力状态。

（4）喷注器液压作动

在本文案中，流量调节阀同样可由某种作动器驱动，保证各工况的流量和混合比；喷注器的可移动套筒由外圈推进剂的喷前液压力作动，并与喷注器的弹簧保持平衡，其作动方案如图 4 - 7 所示。当需要减小推力时，作动器驱动流量调节器，使推进剂流量减少，室压降低，造成喷前压力降低，套筒在弹簧作用下向下运动，直至与喷前液压力达到平衡；当推力增大时，推进剂流量增加，室压提高，喷前压力提高，套筒在液压力作动下，克服弹簧向上运动，增大喷注面积，从而使喷注压降保持在一定的范围之内。

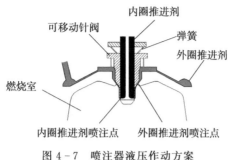

图 4 - 7　喷注器液压作动方案

很明显，这种方案去掉了复杂的杠杆体系，作动器只需驱动流量调节阀，减小了作动力；喷注器与流量调节阀可单独进行调试，试验过程得到大大简化。这种方案也存在一定的缺点，如在小工况，液压力大幅减小，喷注器的可移动套筒的位置容易受到各种干扰力的影响，如胶圈力、套筒与固定件之间的摩擦力、燃烧室压力波动等，有时会偏离设计位移。特别是采用胶圈作为可移动套筒的动密封元件时，可移动套筒向上和向下运动过程中胶圈力的方向相反，会造成可移动套筒上升行程和下降行程的受力不一致，进而造成可移动套筒开度、喷注压降的不一致。

4.3.1.3　推力室边区冷却方案

对于采用栓式喷注器的变推力发动机，当推力室尺寸较小时，往往可以通过栓式喷注器组织推进剂进行合理的撞击，提供适当的边区混合比，不需要专门的边区冷却小孔来组织边区冷却。当推力室尺寸较大时，单纯依靠栓式喷注器组织边区冷却变得困难，需要组织专门的液膜冷却。

对于大变比发动机，冷却液膜的流量也需要根据工况的不同进行调节。由于冷却液膜的流量较小，且分布圆直径较大，孔数较多，采用可变面积的液膜冷却孔并不现实。因此，在变工况过程，液膜冷却喷注小孔的喷注压降变化范围很大。比如，阿波罗登月舱下降发动机全推力时冷却液膜占燃料总流量的 10%；最小工况时则为

25％。按 10：1 推力变比，假设最大、最小工况燃料总流量之比为 10：1，则冷却路的流量比例为 4：1，喷注压降变化范围达到16：1。

从系统角度，边区冷却液膜流量的调节可以有不同的方法。

（1）单独的流量调节锥调节冷却液膜流量

在流量调节阀上设置氧化剂路、燃料主路和燃料冷却路三个调节锥，在变推力时保证各自的流量。这种方法原理上最为简单，缺点是调节阀的布置略为复杂，且要求三个锥的位移保持同步，微调手段不足，因而对调节锥和气蚀管的加工和安装精度要求高；在发动机推力较小时，冷却路调节阀的尺寸较小，加工难度较大。

（2）燃料路只设一个调节锥，在燃料调节阀后再分成主路和冷却路

这种方案流量调节阀只有两个锥，简化了调节阀结构；并且氧化剂和燃料路可以采用相同的尺寸，通过位移微调连杆使两路的位移不同，以适应推进剂特性上的差异；与三个锥相比，调节阀受到的液压力也小一些。

不论采用哪种方案，高、低工况冷却流量的大范围变化都意味着小工况的喷注压降很低。由于冷却路的推进剂从喷注小孔喷出后，撞击到燃烧室壁面上，一定时间后蒸发、与燃气掺混，并不直接与主路推进剂撞击、混合，因此较低的喷注压降对性能不会有实质上的影响。由于喷注压降很低，喷前压力容易受到燃烧室压力波动的影响，但由于上游有气蚀管，使得这种压力波动不会造成流量上的变化，因而不易对发动机的实际工作造成不良影响。为了防止喷注压降过低造成的喷前波动，可以采用较大长径比的喷孔，以增加推进剂在喷嘴中的惯性阻尼。

4.3.2　针栓式喷注器

4.3.2.1　工作原理

最基本的针栓式喷注器如图 4 - 8 所示。喷注器壳体与套筒构成外圈推进剂的环形喷嘴，推进剂从外圈喷嘴喷出后，形成环形液膜

并沿着套筒外表面向下流动（图 4 - 9）。内圈推进剂进入喷注器后，沿着内圈通道轴向流动，经过套筒与针栓顶帽构成的内圈喷嘴径向喷出，与外圈推进剂相互撞击（图 4 - 10），并在燃烧室内雾化、混合及燃烧。

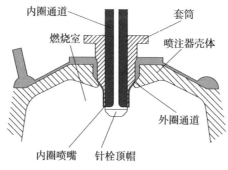

图 4 - 8　针栓式喷注器的结构示意图

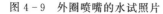

图 4 - 9　外圈喷嘴的水试照片

图 4 - 10　两路合成的喷雾照片

之所以称之为针栓式喷注器，是因为喷嘴伸入燃烧室一段距离，其形状像个"针栓"。针栓式喷注器往往采用单一喷注单元的型式，位于燃烧室的轴线上，组织两种推进剂在距喷注器面一定距离处进行撞击。这导致针栓式喷注器与常规的多孔型或多喷嘴型喷注器有很大的区别，在燃烧室中形成的流场也与传统喷注器大不一样。栓式喷注器的燃烧室流场如图 4 - 11 所示，两种推进剂在针栓头附近撞击后，形成与燃烧室轴线呈很大夹角的合成雾扇；在合成雾扇与喷注器面之间，以及燃烧室中心区域形成两个回流区，分别称之为上回流区和中心回流区。这两个回流区的存在对合成射流的雾化、混合起到了重要作用。针栓伸入燃烧室一定距离的目的是形成合适尺度的上回流区。

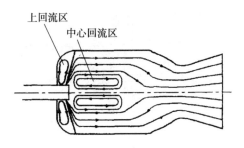

图 4-11　针栓式喷注器的燃烧室流场

栓式喷注器燃烧室的工作特性如下。

（1）能量释放呈立体化

推进剂的混合、蒸发和反应主要沿合成雾扇进行，而合成雾扇与燃烧室轴线呈一定夹角，使得推进剂的能量释放区域在空间上展开。这种空间能量释放特性使得燃烧室轴向和径向上的推进剂物性（如密度、分子量、绝热指数及温度等）差异很大，使得燃烧室内声波在形成反射之前就被耗散或抑制，对改善燃烧的稳定性有很大的好处；而传统的多喷嘴喷注器推进剂的混合和能量释放以平面方式展开，在某些层面存在大量性质相近的可燃混合物，容易受到各种扰动的激发。

（2）燃烧室内存在较大的气—液相对运动

由于两个回流区的存在，使得燃烧室内存在较大的气—液相对运动，可以促进液滴的蒸发及二次破碎，并对燃烧室内扰动的敏感程度大为降低。燃烧室内的扰动往往会在短时间内形成较大的气—液相对运动，对原本气—液相对运动速度较小的传统喷注器来说，会打破原有的平衡，极大地促进推进剂的蒸发与混合，导致能量释放的大幅变化。

主要基于上述原因，栓式喷注器具有很好的燃烧稳定性，TRW 公司研制的针栓式喷注器发动机采用 25 种不同的推进剂组合，推力覆盖范围达到 50 000∶1，燃烧室室压覆盖范围达到 250∶1。用 6 种不同的针栓式喷注器、4 种推进剂组合，包括 1 125 kN 推力发动机在内，进行了"火药脉冲"的动态稳定性研究试验，从未发生燃烧不稳定现象。这可以在很大程度上简化发动机的研究工作。

（3）对喷注器的结构参数和工作参数较为敏感

对于栓式喷注器，喷注器的结构参数（如环缝的开度、针栓直径）和工作参数（如喷注压降和压降比）决定了两股推进剂撞击后形成的合成雾扇的角度、液滴尺度、两股推进剂相互穿透的程度及初始的混合等，并由此决定了推进剂在燃烧室径向上的混合比分布。因此，推力室的性能和冷却对喷注器的结构参数和工作参数十分敏感。

4.3.2.2 内圈喷嘴型式

在栓式喷注器中，外圈喷嘴基本上都采用了环缝方案，而内圈喷嘴则有不同的方案。内圈推进剂可以通过以下几种方式进入燃烧室：连续环缝，径向槽或孔，上述两种方案组合。

（1）连续环缝

早期的小推力栓式喷注器大多采用这种型式的内圈喷嘴。如 TRW 公司的 MIRA150A 变推力发动机，采用了氧化剂在外圈、燃料在内圈的喷嘴布局，两路推进剂均通过连续环缝喷注。在这种情况中，内圈推进剂以完整的薄膜径向喷出，并与外圈推进剂沿针栓表面流动形成的空心圆柱薄膜成 90° 撞击。这种撞击的结果通常会形成中心回流区富含内圈推进剂，而上回流区和边区富含外圈推进剂的混合比分布。

对于采用针栓式喷注器的发动机，燃烧室内推进剂的混合比分布对性能和冷却起到了决定性的作用，而喷注器的设计在很大程度上又决定了混合比的分布情况。通过调整两路推进剂的喷注速度、速度比和液膜厚度，可以改变两种推进剂的混合状态。例如，对于燃料在中心的方案，当燃料的喷注速度提高后，可以加强其对外圈氧化剂液膜的"穿透"作用：一方面可以强化推进剂的混合，改善燃烧室的性能；另一方面，一部分燃料穿透氧化剂液膜，可以形成富燃的边区，有利于室壁的保护。而同时能够达到这两个要求的喷注器结构参数和工作参数也许处于一个很窄的范围之内，需要精细地设计、反复调试和验证。

针对具体的发动机，需要根据推进剂组合、系统参数（所允许的喷注压降）、混合比及身部冷却方式等来选择是氧化剂在内圈还是燃料在内圈。这两种方案都曾获得过应用。如 MIRA150A 变推力发动机，推进剂为 MON - 10（90％N_2O_4 +10％NO）/MMH，也验证使用过 N_2O_4/A - 50（50％N_2H_4 +50％UDMH）推进剂组合，采用了燃料在内圈的方案，可适应烧蚀材料的推力室，也可适应辐射冷却的推力室；TRW 公司为哨兵导弹研制的 19：1 变推力发动机，推进剂为 N_2O_4/MMH，烧蚀材料身部，采用了氧化剂在内圈的喷注方案，特征速度效率在最大推力状态达到 98％，即使在 1/10 推力时，仍可达到 94％。对于四氧化二氮和肼类推进剂组合，通常氧化剂的质量流量和动量要大一些，因而当氧化剂在内圈时更易"穿入"或"穿透"燃料薄膜，容易实现更高的性能。

内圈为环缝方案的缺点是两种推进剂的混合不易达到完善的程度。图 4 - 12 为某栓式喷注器燃烧室在无化学反应条件下的推进剂分布云图。在燃烧室的中心区域，富含内圈推进剂（燃料），氧化剂含量很少，并可明显分辨出中心回流区的形状，部分燃料未与氧化剂充分混合便通过喉部排出；在上回流区和燃烧室外围，富含外圈推进剂（氧化剂），而燃料含量很少。从云图中可以看出，该推力室的氧化剂和燃料混合不良，并且形成的富氧边区对烧蚀材料或辐射冷却身部的涂层不利。在这种情况下，就需要调节工作参数，或者改进内圈推进剂的喷注方案。

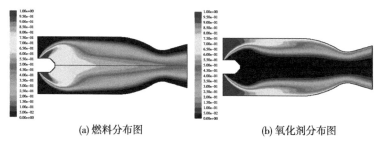

(a) 燃料分布图　　　　　　　　　(b) 氧化剂分布图

图 4 - 12　某栓式喷注器燃烧室的推进剂分布云图（无化学反应）

（2）径向槽或孔

尽管内圈为环缝的喷注器方案也可达到较高的性能，但能达到高性能的参数范围较窄。有时，由于系统的限制，无法达到所需的参数水平（如无法选取较高的喷注压降）；对于大推力发动机，所形成的液膜较厚，对两种推进剂相互"穿入"或"穿透"的控制更加困难。在这种情况下，为了改进推进剂的混合、提高性能，斯托德哈默（Staudhammer）等提出了在针栓上开一定数量的槽，使内圈推进剂通过这些槽沿径向呈细丝状喷出，并与外圈推进剂形成的空心薄膜相互撞击。实践证明，这一改进有效地提高了混合效率。

径向槽能够强化两种推进剂的混合机理如下。

1）微观上，内圈推进剂通过槽喷出、并与外圈推进剂所形成的薄膜撞击后，射流的顶部和侧面被外圈推进剂组元包围，如图 4 - 13 所示。这类似于常用的同轴式喷嘴，增加了两种推进剂的接触机会，改善了混合，并可以强化自燃推进剂的液相反应，增加初始反应能量、促进推进剂的蒸发。

2）宏观上，内圈推进剂得以形成相对集中的射流，更易于"穿入"或"穿透"外圈推进剂形成的薄膜，从而在燃烧室径向上形成了三个不同的区域：

a）中心区，包括从槽之间的间隙"漏下"的外圈推进剂和由这些推进剂"裹下"的内圈推进剂，反应后构成中心燃烧区，通常富含外圈推进剂；

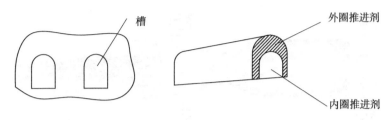

图 4-13　针栓上开的槽及形成的合成射流（不考虑化学反应）

　　b）主燃烧区，从槽喷出、穿透外圈液膜的内圈推进剂，以及被这些推进剂"卷入"的外圈推进剂，构成了合成射流的主体，反应后构成主燃烧区；

　　c）边区，在合成射流接近室壁的过程中，合成雾扇中的推进剂逐渐消耗，剩余的不易反应的推进剂到达边区，这些推进剂继续反应，形成低温的边区（无专门的边区液膜冷却的情况），或与边区液膜冷却推进剂共同组成低温的边区。

　　对于一定直径的针栓，通过调整槽的数量、形状和尺寸，可以调整三个区域的混合比，进而优化推力室的性能及边区的温度。因此，采用开槽方案后，对燃烧室性能和边区冷却的优化手段大大丰富，更容易达到高性能及良好的冷却，并降低了对工作参数的依赖程度。

　　通过大、小不同尺寸的主槽和辅槽的组合，如图 4-14 所示，可以进一步调剂燃烧室径向上的混合比分布。槽的尺寸不同，撞击后形成的液滴的尺度也有差异。较小的槽（辅槽）所形成的液滴尺度较小，易于混合、蒸发，负责"穿入"外圈推进剂，并向靠近燃烧室中心的区域投放推进剂；而较大的槽（主槽）形成的推进剂液滴尺寸较大，完成混合、蒸发所需的路程较长，负责"穿透"外圈推进剂，向远离中心的区域投放推进剂。通过调节主、辅槽之间流量的比例，可以调剂两种推进剂相互"穿入"和"穿透"的量，优化燃烧室不同区域的流强和混合比。

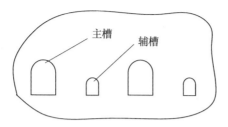

图 4 - 14　主、辅槽的结构示意图

槽的形状也可以是多种多样的，如矩形槽、梯形槽、T 形槽，以及圆形孔等，后者的采用往往是由于其易于加工的特性。

（3）上述两种方案组合

燃烧室径向混合比的分布品质，在根本上决定了针栓式喷注器推力室的性能和冷却。如前所述，内圈喷嘴为环缝方案时，燃烧室中心区域通常富含内圈推进剂；相反，内圈喷嘴采用开槽方案时，中心区又往往富含外圈推进剂。这两种情况对性能均是不利的，需要通过调整针栓式喷注器的结构参数和工作参数加以改善。显然，如果把这两种方案结合起来，就能够克服各自的缺点，更易于形成有利的混合比分布。由此，有的发动机采用了开槽加环缝的组合方案，如图 4 - 15 所示，内圈推进剂大部分通过槽喷出，向主燃烧区和边区运送内圈推进剂；小部分通过槽下方的环缝喷出，负责中心区域的内圈推进剂供应。通过调整从槽/环缝喷出的内圈推进剂比例，可以较为容易地优化燃烧室中心区和主燃烧区的混合比，从而达到较高的性能。

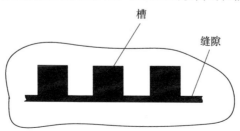

图 4 - 15　开槽加环缝的组合方案示意图

TRW 公司研制的液体远地点发动机（LAE），推力为 474 N，氧化剂为 N_2O_4 或 MON-3，燃料为 N_2H_4，采用了这种开槽加环缝的针栓式喷注器，在身部和喷管采用常用的 C103 铌合金、喷管面积比为 204 时，比冲达到 3 149 m/s。

4.3.2.3　可变面积喷注器

可以将针栓式喷注器中的套筒设计成可移动状态，在变推力的过程中，根据流量的变化，通过作动器驱动，同时改变内圈和外圈推进剂的喷注面积，从而保持两路推进剂的喷注压降（亦即喷注速度基本不变）。其工作原理如图 4-16 所示。

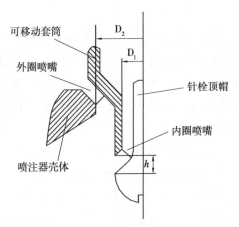

图 4-16　可变面积喷注器的工作原理图

对于某一种推进剂，流经喷注器的流量与喷注面积的关系式由式（4-2）确定。可移动套筒与喷注器壳体或针栓顶帽之间形成的最小节流面积为垂直于套筒锥面的圆台表面积，如对外圈推进剂来说，喷注面积为

$$A = \pi h \sin\alpha (D_2 - h \sin\alpha \cos\alpha) \qquad (4-4)$$

式中　D_2——喷注直径，单位为 m；

　　　h——套筒的开度，单位为 m。

忽略二次项，则式（4-4）可化简为

$$A = \pi h D_2 \sin\alpha \qquad (4-5)$$

从式（4-5）中可以看出，喷注面积与套筒的开度呈正比关系。将式（4-5）代入式（4-2），整理得

$$\Delta P \propto (\frac{q_m}{C_d h})^2 \qquad (4-6)$$

如果在变推力过程中燃烧室的燃烧效率不发生变化，则流量与推力成正比。进一步，由式（4-6）可知，如果高、低工况喷嘴的流量系数保持不变，则当套筒开度按线性调整时，各个工况下的喷注压降将保持不变。

在小工况，由于开度的减小，固体边界效应增大，同时各种加工缺陷的影响也在增大，会导致缝隙喷嘴的流量系数有所降低。与此同时，小工况时由于加工、装配偏差造成的缝隙喷嘴不均匀性也在增加，往往导致燃烧效率会略有降低，因此，在实际发动机中，流量并不会完全随推力线性变化。

4.3.2.4 液压作动计算

为了调节栓式喷注器的喷注面积，需要驱动其可移动套筒。除了采用机械驱动方式外，也可以采用液压作动方式。首先对液压作动的可移动套筒进行受力分析，如图4-17所示。

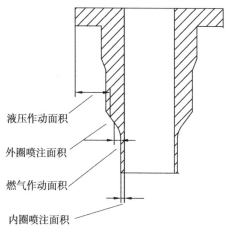

图 4-17 可移动套筒的受力分析

假设燃烧室的室压为 P_c，外圈喷嘴的喷注压降为 ΔP_1，内圈喷嘴的喷注压降为 ΔP_2，弹簧刚度为 K，弹簧预压缩量 h_0，套筒的工作开度 h，单位采用国际单位制。根据图 $4-17$ 中的可移动套筒的受力分析，可得套筒各部分的压强，见表 $4-3$。

表 $4-3$　可移动套筒的各部分受力

名称	压强	面积符号
液压作用力	$P_c + \Delta P_1$	S_1
外圈喷注力	$P_c + \dfrac{1}{2}\Delta P_1$	$S_{inj,1}$
燃气作用力	P_c	Sc
内圈喷注力	$P_c + \dfrac{1}{2}\Delta P_2$	$S_{inj,2}$
弹簧作用力	$Kh + Kh_0$	—

根据套筒的受力情况，弹簧作用力与液压作用力、燃气作用力相互平衡，即

$$Kh + Kh_0 = (P_c + \Delta P_1) \cdot S_1 + (P_c + \frac{1}{2}\Delta P_1) \cdot S_{inj,1} + P_c \cdot S_c +$$

$$(P_c + \frac{1}{2}\Delta P_2) \cdot S_{inj,2}$$

$$= P_c(S_1 + S_{inj,1} + S_c + S_{inj,2}) + \Delta P_1 \cdot S_1 + \frac{1}{2}\Delta P_1 \cdot S_{inj,1} +$$

$$\frac{1}{2}\Delta P_2 \cdot S_{inj,2}$$

$$= P_c \cdot S_\Sigma + \Delta P_1 \cdot S_1 + \frac{1}{2}\Delta P_1 \cdot S_{inj,1} + \frac{1}{2}\Delta P_2 \cdot S_{inj,2}$$

$$(4-7)$$

式中　S_Σ——套筒的作动面积之和，单位为 m^2。

由式（$4-7$）可得到不同工况下的受力方程

$$Kh_{max} + Kh_0 = Pc_{max} \cdot S_\Sigma + \Delta P_1 \cdot S_1 + \frac{1}{2}\Delta P_1 \cdot S_{inj,1} + \frac{1}{2}\Delta P_2 \cdot S_{inj,2}$$

$$(4-8)$$

$$Kh_{min} + Kh_0 = Pc_{min} \cdot S_\Sigma + \Delta P_1 \cdot S_1 + \frac{1}{2} \Delta P_1 \cdot S_{inj,1} + \frac{1}{2} \Delta P_2 \cdot S_{inj,2}$$

$$(4-9)$$

式中　max、min——分别表示最高工况和最小工况。

对于推力变比为 $n:1$ 的发动机，可认为

$$P_{c,max} = nP_{c,min} \qquad (4-10)$$

如果高、低工况燃烧效率保持不变，则有

$$h_{max} = nh_{min} \qquad (4-11)$$

将式（4-11）、式（4-10）代入式（4-8）、式（4-9），解得

$$K = \frac{P_{c,max} - P_{c,min}}{h_{max} - h_{min}} S_\Sigma = \frac{P_{c,max}}{h_{max}} S_\Sigma = \frac{P_{c,min}}{h_{min}} S_\Sigma = \frac{P_c}{h} S_\Sigma$$

$$(4-12)$$

$$h_0 = \frac{1}{K} \left(\Delta P_1 \cdot S_1 + \frac{1}{2} \Delta P_1 \cdot S_{inj,1} + \frac{1}{2} \Delta P_2 \cdot S_{inj,2} \right)$$

$$(4-13)$$

因此，式（4-7）右边套筒作动力可分为两部分。

第一部分是室压作用在整个作动面积上，这部分力与工作过程中套筒压缩弹簧形成的弹簧力相等。通常，发动机各工况的室压在发动机系统方案论证时就确定了，一旦套筒的结构确定，各部分的受力面积就确定了，那么弹簧刚度只与所选的套筒位移有关。

第二部分是由喷注压差形成的力，当各工况两路的喷注压降保持一定时，这部分力与工况无关，在数值上等于弹簧的预紧力。换句话说，当喷注器的结构确定后，弹簧的预紧力只与选取的喷注压降有关。

采用这种液压作动的栓式喷注器，其优点十分明显，如取消了复杂的机械作动机构，并且喷注器和调节阀可以分别调试等，但也存在如下缺点。

1）套筒的开度取决于室压的大小，当燃烧效率与设计值不同时，套筒的开度及两路的喷注压降会偏离设计和调试结果。

2）当工作过程中室压出现波动，且波动的频率小于套筒—弹簧

体系的固有频率时，套筒的位置也会跟着波动，并导致喷注压降的波动。

4.3.2.5　性能影响因素

对采用针栓式喷注器的推力室来说，影响性能的喷注器主要结构参数包括：阻塞率、槽数、辅槽比例、针栓直径及针栓伸入长度等；主要工作参数包括：动量（或压降）、动量比（或压降比）；此外，燃烧室的一些结构参数也对性能有重要影响，如燃烧室直径（或收缩比）、特征长度等。

（1）阻塞率

阻塞率定义为外圈推进剂在针栓表面形成的液膜被径向喷出的内圈推进剂"阻断"的比率。对于开槽方案，也可以理解为槽的宽度占外圈环形液膜周长的百分比

$$B\% = \frac{n(W_p + W_s)}{\pi D} \times 100\% \qquad (4-14)$$

式中　W_p、W_s——分别为主、辅槽的宽度，单位为 m；

　　　D——针栓直径，单位为 m；

　　　n——主、辅槽的对数。

阻塞率是调节外圈推进剂在燃烧室内径向分布的最直接、有效的结构参数。以外圈推进剂为燃料的情况为例，当阻塞率较低时，"漏"下的外圈推进剂（燃料）较多，往往会导致燃烧室中心区域的混合比偏低；随阻塞率提高，"漏"下的燃料不断减少，中心区域的混合比会不断提高。

开槽方案的栓式喷注器的最佳阻塞率并不是一成不变的，它与推进剂组合、槽的形状（如高宽比）、针栓直径、燃烧室的直径、喷注压降和压降比等参数有关。

（2）槽数

槽数的变化可以调节两种推进剂的混合程度或燃烧室内混合比的分布，进而影响推力室的性能。

1）当其他参数不变时，槽数的增加意味着在槽侧面两种推进剂

接触的机会增加，可以强化推进剂的初始混合，特别是对于自燃推进剂，两种组元的这种初始混合产生的液相反应对推进剂后续的蒸发、混合有着深远的影响。槽数增加后，对于燃料在外圈的情况，被槽内喷出的氧化剂"卷走"的燃料量增大，"漏"下的燃料减小，中心区的混合比提高。在此方面，增加槽数的效果与增大阻塞率的效果近似。

2）在其他参数不变时，增加槽的数量相当于减小了喷嘴的直径，相应减小了液滴的尺度，使得液滴更易于混合、雾化和蒸发。

槽的具体数量需要结合发动机及推进剂的具体情况确定。推力较小的发动机，燃烧室的直径通常较小，为了使合成射流在达到室壁之前基本完成混合、蒸发，有时反而需要较多的槽数来细化液滴尺度，强化混合、蒸发过程。同时也应该看到，槽数并不是越多越好。随着槽数的增加，加工偏差形成的累计偏差也随之增大，导致燃烧性能对加工偏差更加敏感。

（3）辅槽比例

辅槽比例定义为流经辅槽的推进剂流量占内圈推进剂总流量的比例，或理解为辅槽面积占内圈推进剂总喷注面积的比例。

主槽、辅槽与外圈推进剂撞击后，分别形成主槽雾扇和辅槽雾扇，两者的特性和作用存在较大的差异：

1）液滴尺度不同。由于辅槽的尺寸较小，所形成的液滴尺度也较小，易于混合、蒸发；主槽的尺寸较大，形成的推进剂液滴尺寸较大，完成混合、蒸发所需的路程较长。

2）合成动量角不同。由于辅槽的槽高往往比主槽小，从辅槽喷出的内圈推进剂与它涉及的外圈推进剂的动量比相对要小一些，形成的推进剂合成动量角较小；而主槽形成的合成动量角相对较大。这样，可以在燃烧室中形成错落有致的立体状射流和混合比分布。

3）混合比不同。同样由于槽高较小，辅槽与外圈推进剂形成的合成射流中外圈推进剂所占的比例相对主槽更高，举例来说，对于燃料在外圈的针栓式喷注器，辅槽合成射流的混合比要低一些。

因此，通过调节辅槽比例，也可以在一定程度上调节燃烧室内的混合比分布，进而优化燃烧室性能。

（4）针栓直径

针栓直径 D_p 的大小决定了外圈推进剂撞击前的液膜厚度

$$\delta \approx \frac{q_m}{\pi D_p \rho v} \tag{4-15}$$

式中　q_m——外圈推进剂的流量，单位为 kg/s；

　　　　δ——外圈推进剂沿针栓表面流动时的厚度，单位为 m；

　　　　ρ——外圈推进剂的密度，单位为 kg/m³；

　　　　v——外圈推进剂沿针栓表面流动的速度，单位为 m/s。

同样以燃料在外圈为例，针栓直径越大，燃料液膜越薄，在动量比相同的情况下，氧化剂更容易穿透燃料液膜；同时撞击后燃料的液滴尺度减小，更易于蒸发。

在其他参数一定时，存在最佳针栓直径，使得氧化剂和燃料之间的相互"穿入"与"穿透"适度，并且撞击后形成的液滴尺度与燃烧室的直径相互匹配，此时，燃烧室的性能达到最佳。

（5）针栓伸入长度

针栓伸入长度定义为两种推进剂撞击点到喷注器面的距离。伸入长度主要用来调节上回流区的大小：伸入长度增大，上回流区增大，回流作用增强，可以促进推进剂的蒸发和混合。当燃烧室尺寸不变时，增大伸入长度意味着提供推进剂反应的轴向距离缩短，有可能影响推进剂的反应完善程度。因此，在燃烧室尺寸一定时，针栓伸入长度存在最佳值。

（6）动量和动量比

当流量一定时，动量取决于推进剂的喷注速度，喷注速度为

$$v = \mu \sqrt{\frac{2\Delta p}{\rho}} \tag{4-16}$$

根据经验，两股推进剂撞击时的动量越大，所形成的液滴尺寸越小，越易于蒸发。对于挤压式发动机，受到贮箱压力不能过高的

限制，喷注压降通常无法取得较高值，因而动量的上限受到了严格的限制。

正因为动量的可选择范围受到限制，动量比成为针栓式喷注器最重要的工作参数。在此定义动量比为内圈推进剂与外圈推进剂的动量之比。动量比有三方面的影响。

1) 合成动量角。动量比增大则合成动量角增大，合成雾扇更靠近喷注器面，中心回流区增大、上回流区减小。

2) 流强分布。动量比增大，推进剂分布向室壁方向推进，中心区的流强减小。

3) 径向混合比分布。同样以氧化剂在内圈为例，对于环缝方案，动量比增大，氧化剂的穿透能力增强，合成射流外侧的混合比提高，内侧的混合比降低；对于开槽方案，动量比增大，被氧化剂"卷入"合成射流的燃料增加，则沿槽与槽之间"漏"下的燃料减少，中心区混合比提高，这与增大阻塞率的效果接近。

(7) 燃烧室尺寸

与常规的小孔式或多喷嘴式喷注器不同，栓式喷注器只有一个喷注单元，撞击后射流的混合不能依靠喷注单元之间推进剂的相互补充来进一步完善，只能靠合成射流内部进一步的撞击、二次破碎、雾化和蒸发来实现，需要相对较长的路径来完成这一过程。因此，相对于传统燃烧室，针栓式喷注器需要较大的燃烧室直径和特征长度。

对于一定的针栓式喷注器，存在最佳燃烧室直径，使得合成射流到达室壁附近时，能够基本完成蒸发与混合，并形成所需的边区混合比。如果燃烧室直径过大，推进剂沿径向继续反应，可能导致边区温度过高；另外，在特征长度一定的情况下，直径增大则意味着燃烧室轴向长度减小，可能会导致反应不充分。

由于推力室身部的生产过程需要一定的工装，在研制过程更改燃烧室直径的成本较高，因此在实践中往往是通过改变喷注器的结构参数或工作参数来适应所选的燃烧室直径，以保证足够的性能及充裕的冷却。

从提高性能的角度来说，栓式喷注器可调节的手段非常丰富，因而能够实现高性能，其典型的特征速度效率可以达到 0.96～0.99；另一方面，正是由于存在较多的优化环节，因而又需要较多的试验次数，对不同的优化方案分别加以验证。比如，在阿波罗登月舱下降发动机研制过程，共进行了 2 809 次试验，其中的 1 755 次试验用于验证喷注器方案。

4.3.3　流量调节器

具有大范围流量调节能力的流量调节器是变推力发动机的关键部件之一，是发动机实现大范围推力调节的执行机构。流量调节器依靠改变阀口流通面积的大小或节流通道的长短来改变流阻，控制通过阀的流量。流量调节器通常包括两个基本部分：节流部分与调节部分。

4.3.3.1　可调气蚀管

挤压式变推力发动机中，节流部分主要采用了可变面积气蚀管方案。可调气蚀管由气蚀管及同心安装的可移动调节锥组成，可调气蚀管的结构及效果如图 4-18 所示。

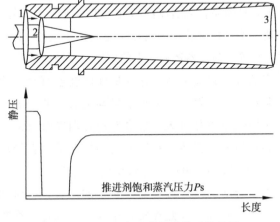

图 4-18　可调气蚀管的结构及效果图

图 4 - 18 中截面 1 和截面 3 分别为可调气蚀管的入口截面和出口截面，截面 2 是可调气蚀管的喉部，为调节锥与气蚀管成的圆台形通流截面。介质在可调气蚀管的流动伯努利方程

$$Z_1 + \frac{P_1}{\rho g} + \frac{V_1^2}{2g} = Z_2 + \frac{P_2}{\rho g} + \frac{V_2^2}{2g} = Z_3 + \frac{P_3}{\rho g} + \frac{V_3^2}{2g} \quad (4-17)$$

简化并求解后得到

$$q_m = C_d A \sqrt{2\rho(P_i - P_s)} \quad (4-18)$$

式中　P_i——入口压力，单位为 Pa；

　　　P_s——推进剂的饱和蒸气压，单位为 Pa。

从截面 1 到截面 2，流通面积逐渐减小，介质的静压头转变为动压头，速度越来越大，静压越来越低，在截面 2 上所保持的静压力仅为流体的饱和蒸气压 P_s。在这种情况下，由于气蚀管喉部面积一定，所以通过截面 2 的流量是恒定的。通过上面的分析可以看出，在气蚀管气蚀的前提下，当气蚀管入口总压（截面 1）不变而发生变化时，气蚀管的流量不会发生变化，也就是说气蚀管压降稳定在 $P_i \sim P_s$ 范围内。

4.3.3.2　设计计算

（1）可调气蚀管的设计计算

可调气蚀管由可移动调节锥和气蚀管组成。设调节锥旋转母线为直线，则根据气蚀管与调节锥的几何关系，可得最小流通截面积

$$A = \pi L \frac{d_1 + d_2}{2} = \pi \sin\frac{\theta}{2}\left[d_t + 2r_t\left(1 - \cos\frac{\theta}{2}\right)\right]H - \left(\pi\sin\frac{\theta}{2}\cos\frac{\theta}{2}\right)H^2$$

$$(4-19)$$

式中　L——圆台侧表面母线长度，即锥孔间隙，单位为 m；

　　　d_1——圆台上底直径，单位为 m；

　　　d_2——圆台下底直径，单位为 m；

　　　H——调节锥行程，单位为 m；

　　　θ——调节锥全角；

　　　d_t——气蚀管喉部直径，单位为 m；

　　　r_t——气蚀管喉部圆角半径，单位为 m。

另外，L、H 与 θ 满足下列关系

$$L = H\sin\frac{\theta}{2} \tag{4-20}$$

整理可得

$$q_m = B_2 H - B_1 H^2 \tag{4-21}$$

其中

$$B_1 = C_d \pi C \sin^2\frac{\theta}{2}\cos\frac{\theta}{2} \tag{4-22}$$

$$B_2 = C_d \pi C \sin^2\frac{\theta}{2}\left[d_t + 2r_t\left(1 - \cos\frac{\theta}{2}\right)\right] \tag{4-23}$$

$$C = \sqrt{2\rho(P_i - P_s)} \tag{4-24}$$

在给定温度下，对给定推进剂来说，C 为常数。对确定结构参数的气蚀管，B_1、B_2 亦为常数。气蚀管流量 q_m 仅是行程 H 的函数。因此可得下式

$$H = \frac{1}{2B_1}\left(B_2 - \sqrt{B_2^2 - 4B_1 q_m}\right) \tag{4-25}$$

由上式可知，流量 q_m 与调节锥行程 H 之间的关系是非线性的，而在调节过程中，希望它们为线性关系。容易证明，式（4-25）中的非线性项比线性项小得多，因此，流量 q_m 与调节锥行程 H 可以很接近线性关系，接近的程度可引入误差进行描述。

（2）调节部分的设计计算

当流量调节阀所需的驱动力不大时，可以采用步进电机驱动，并利用滚珠丝杠将电机的圆周运动转变为直线运动。调节部分的设计计算主要按以下公式选择电机及滚珠丝杠

$$T_F = \frac{F_a P_h}{2\pi\eta} \tag{4-26}$$

$$T_P = \frac{F_P P_h}{2\pi} \cdot \frac{1 - \eta^2}{\eta^2} \tag{4-27}$$

$$M_a = 3(T_F + T_P) \tag{4-28}$$

式中　T_F——电机工作时克服的力产生的摩擦力矩，单位为N·m；

F_a——电机在工作过程中应克服的力，单位为 N；

P_h——丝杠导程，单位为 m；

η——滚珠丝杠效率；

T_P——滚珠丝杠预紧力产生的预紧力矩，单位为 N・m；

F_P——丝杠的预紧力，单位为 N；

M_a——步进电机在一定工作频率的牵入力矩，单位为 N・m。

4.3.4　国内外研究现状

4.3.4.1　国外研究现状

二战前，作为飞机的起飞助推器，液体火箭发动机得到了首次应用。此后不久，德国工程师沃尔特（Walter）为火箭助推器成功研制了单组元的变推力火箭发动机。很快，他又成功研制了泵压式的双组元变推力火箭发动机，喷注器采用了多个可选的集液腔。

二战后，美国研制成功并应用了一些变推力发动机，杰出代表是长矛导弹机动发动机和阿波罗登月舱下降发动机。

长矛导弹机动发动机的推进剂为 IRFNA/UDMH（抑制红发烟硝酸/偏二甲肼），最大推力为 22 kN。采用单调方案，通过喷注器上的可移动套筒控制发动机的流量、混合比和喷注压降。为了克服环缝方案套筒行程小、流量控制精度差的不足，一方面采取了较小的喷注角度，以增大行程；另一方面，在内、外圈的喷注环节设置了具有渐缩形斜面的槽，通过它与可移动套筒上装的活塞密封环配合，形成相间的喷注孔。通过斜面上开槽率的调整可以调节套筒的开度，比如，在斜面角度不变的情况下，当开槽率为 25% 时，最大工况时套筒的开度是环缝方案的 4 倍。这种方法在很大程度上克服了流量精度差的难题，但推测它又带来了其他问题，比如两种推进剂从槽内喷出后，由于撞击角较小，且存在贴壁现象，难以组织良好的混合。因此，在可移动套筒的下游又设置了预燃室，组织氧化剂和燃料进行初步的混合和燃烧，再进行二次喷注。无疑，预燃室的存在改善了推进剂的混合，但由于预燃室和燃烧室之间存在一定压差，相应地提高了发动机的入口压力。通过这一系列的措施，使得发动机具有极强的推力调节能力，推力变比超过 40：1。

阿波罗登月舱下降发动机的推进剂为 $N_2O_4/A-50$，最大推力为 46 kN，推力变比 10：1。双调方案，采用可调气蚀管控制流量，可变面积喷注器控制喷注压降，烧蚀材料燃烧室，以及铌合金喷管延伸段。飞行时，发动机将全推力的 94% 作为额定工作点；在全推力的 100%～65% 的范围内，气蚀管不气蚀，相当于可变面积节流圈，以此来降低高工况下的贮箱压力；在 60%～10% 的推力范围内，可进行连续变推。

20 世纪 80 年代，美国的 TRW 公司又为陆军的弹道导弹防御系统的拦截器研制了 19：1 的哨兵俯仰/偏航发动机，最大推力为 44.5 kN，推进剂为 N_2O_4/MMH。与阿波罗登月舱下降发动机相似，采用了可调气蚀管控制流量，可变面积栓式喷注器控制喷注压降，以及烧蚀材料燃烧室。但也存在以下不同。

1) 高室压。设计室压高达 15.2 MPa，使得发动机结构尺寸十分紧凑，但同时也使得气蚀管的入口压力高达 19.6 MPa。

2) 液压定位的喷注器方案。喷注器可移动套筒的行程由外圈推进剂（燃料）的喷前压力决定，省去了较为复杂的杠杆机构。

3) 快响应。可变面积喷注器采取了环缝方案，可移动套筒可以同时密封氧化剂路和燃料路，实现"面关机"，从而使发动机没有"滴漏"容腔和充填容腔，再加上发动机结构尺寸十分紧凑，能够实现 8 ms 的脉冲宽度。

4) 转折喷管。为了能装入较小的弹体内，采用了转折喷管，燃气从燃烧室轴线转折了 110°。

5) 高性能。降至大约 30% 额定推力，燃烧效率仍保持在 98% 水平。高性能的原因被归结为热的室壁（采用烧蚀材料）、高室压和气流偏转。

6) 轻质。44.5 kN 真空推力的发动机质量只有 9 kg。

7) 适应凝胶推进剂。

4.3.4.2　国内研究现状

我国从 20 世纪 70 年代开始研制变推力发动机，第一台双组元变推力液体火箭发动机在 1983 年试车成功，采用针栓式单调变推力方案。1992 年，研制了一种 5∶1 的变推力液体火箭发动机，其总装结构如图 4-19 所示，发动机的性能参数见表 4-4。该发动机采用流量调节阀调节流量与控制混合比，电液作动器用来驱动流量调节阀的可移动调节锥；采用高度集成的数字控制器来控制电液作动器上的进、出口电磁阀的动作，以实现发动机的快速响应。首次在低压下采用了液压作动的可变面积喷注器，习惯上称之为低压流量定位喷注器，从而取消了常规双调变推力发动机的杠杆系统。研制中共生产了 6 台产品，推力室采用水冷身部和烧蚀身部，进行了 76 次热试车，累计点火 1 672 s。燃烧室的特征速度效率为 92%。

图 4-19　5∶1 变推力发动机的总装结构

表 4-4　5∶1 变推力发动机的性能参数

序号	参数	数值
1	推力/N	1 250～250
2	推力变比	5∶1
3	推进剂	N_2O_4/UDMH
4	最大室压/MPa	1.0
5	喷管面积比	12∶1
6	冷却方式	烧蚀冷却

续表

序号	参数	数值
7	起动时间/s	≤0.25
8	关机时间/s	≤0.10
9	1/5 行程阶跃响应/s	≤0.04
10	混合比调节精度	±5%

2002—2005 年，在 5∶1 变推力发动机的基础上，进一步研制了10∶1 变推力发动机。发动机同样采用流量定位针栓式喷注器、可变面积气蚀管的流量调节阀及数字控制器等组件，其总装结构如图 4-20所示，发动机的性能参数见表 4-5。研制过程共生产了 8 台产品，进行了大量的冷试研究。采用水冷身部，进行了 2 次热试研究，结果表明发动机燃烧室的特征速度效率为 90%～94%。

图 4-20　10∶1 变推力发动机的总装结构

表 4-5　10∶1 变推力发动机的性能参数

序号	参数	数值
1	真空推力/N	2 500～250
2	推力变比	10∶1
3	推进剂	N_2O_4/UDMH

续表

序号	参数	数值
4	燃烧室压力/MPa	2.0～0.2
5	起动加速性 T90/ms	≤150
6	1/10 行程阶跃响应/ms	≤60
7	混合比调节精度	<±5%
8	流量调节精度	<±3%

通过 5∶1 和 10∶1 变推力发动机的研制，我国在高精度流量调节技术、高性能可变面积栓式喷注器技术及发动机快响应控制技术等方面取得了重要突破，为探月二期月球着陆探测器变推力发动机的研制打下了良好的基础。

目前，我国正在实施举世瞩目的探月工程。目前已完成了探月一期工程、二期工程，探月三期工程也正在紧锣密鼓地进行当中。在探月二期和三期工程中，月球着陆探测器借助于 7.5 kN 变推力发动机实现了月面软着陆。7.5 kN 变推力发动机如图 4-21 所示。

图 4-21　7.5 kN 变推力发动机

　　7.5 kN 变推力发动机继承了大量前期预先研究的成果，采用挤压式系统，推力范围为 7.5～1.5 kN，变比 5∶1；由步进电机驱动的可变气蚀管控制流量和混合比；采用可变面积针栓式喷注器控制喷注压降，使高、低工况的喷注压降保持在最佳值附近，相对喷注压降曲线如图 4-22 所示；采用辐射冷却身部和喷管。

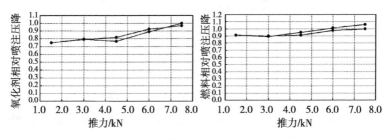

图 4-22　7.5 kN 变推力发动机的喷注压降试验曲线

　　研制初期发动机的燃烧效率只有 0.90 左右，不能满足要求，为此开展了高性能针栓式喷注器关键技术的攻关。主要措施包括如下。

　　1）提高喷注均匀性。对针栓式喷注器来说，推进剂喷雾的均匀性对发动机的性能和冷却至关重要，是高性能和可靠冷却的基础。在喷注器内流场仿真计算的基础上，对喷注器的结构进行了优化；开展了相关的工艺技术攻关，保证产品的加工尺寸和形位公差。通过不断改进，实现了喷雾的周向均匀性。

　　2）优化喷注器针栓的构型。燃烧室流场仿真表明，初期方案在燃烧室内存在推进剂分层的现象，两种推进剂掺混不良。通过优化喷注器的构型，强化了两种推进剂的掺混。

　　3）优化喷注器的结构尺寸及喷注压降，实现在燃烧室径向方向上的混合比最佳分布。

　　4）调整边区液膜冷却量及燃烧室直径，优化中心区与边区的混合比分布。

　　针栓式喷注器的结构相对简单，但可调节的环节多。经过仿真计算和理论分析，对多个环节进行了优化改进，明显改善了推进剂的掺混程度和沿燃烧室径向的混合比分布，从而将燃烧效率提高到0.95 以上。

月球着陆探测器变推力主发动机采用单壁辐射冷却身部和喷管，这在 7.5 kN 推力量级的发动机中尚属首次，身部冷却可借鉴的经验不多。在研制初期，尽管燃烧效率只有 0.9，喉部壁温却高达1 800 ℃，超过了材料允许的范围。为此，采取了下列措施：

1）改善推进剂喷注的配置。分析及仿真计算表明，原喷注器方案使得氧化剂主要分布在靠近室壁的区域，破坏了燃料冷却液膜。试验表明，改善推进剂喷注的配置后，可使壁温降至 1 600 ℃以下。

2）优化燃烧室直径。在燃烧室特征长度一定时，直径增大则长度缩小，可进一步缩小液膜冷却的长度，从而降低喉部壁温。

3）优化冷却液膜流量。热试结果表明，当边区液膜比例从 20%增加到 25%时，喉部温度还可降低 150～250 ℃，如图 4-23 所示，但燃烧效率会降低 1.4%～3%。

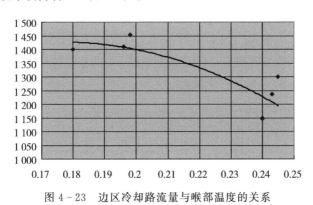

图 4-23　边区冷却路流量与喉部温度的关系

4）优化冷却液膜喷注角度。对不同喷注角度的液膜冷却方案进行了仿真和冷热试研究，确定了合理的角度，其冷试情况如图 4-24所示。

通过上述研究，在保证高性能的前提下，将喉部最高温度控制在 1 400 ℃以下，突破了长寿命冷却技术。

图 4 - 24　边区冷却路的喷雾照片

截止到 2009 年 9 月，7.5 kN 变推力发动机共进行 38 次试车，累计点火时间 9 500 s，某次热试车的室压曲线如图 4 - 25 所示。在 5∶1 和 10∶1 变推力发动机的基础上，突破了高性能栓式喷注器和高可靠冷却等关键技术，在壁温不超过 1 400 ℃的情况下，特征速度效率超过 0.95，并且燃烧稳定。

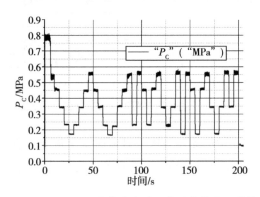

图 4 - 25　7.5 kN 变推力发动机热试车的室压曲线

4.4　燃气发生器循环变推力发动机

通常，挤压式发动机适合用于总冲较小的场合，在总冲量较大、推力量级高、空间尺寸小及热辐射限制严格等情况下，采用泵压式发动机更有优势。燃气发生器循环发动机是非常成熟的液体火箭发动机，在航天以及武器领域获得了广泛应用。与补燃循环发动机相比，燃气发生器循环发动机虽然性能（比冲）略低，但其却具有系统简单、技术成熟、可靠性高、结构质量轻、制造难度小及成本低的优势。因此，在变推力发动机的应用领域，燃气发生器循环变推力发动机的研究也是一个非常重要的研究方向。

4.4.1　发动机系统

燃气发生器循环发动机的系统组成如图 4-26 所示，可以看出，燃气发生器循环发动机主要由燃气发生器 1、涡轮泵 2、推力室 7 和节流元件 3、4、5、6 等组成。一个发动机系统一般含一套涡轮泵机组，推力室可以是一个或者多个。

出于后文论述的需要，对推进剂供应管路简要地作一下说明和定义。参照图 4-26，泵的出口和推进剂供应管路的对接面为 E、F，推力室的进口和推进剂供应管路的对接面为 B、D，燃气发生器入口和推进剂供应管路的对接面为 G、H，管路 EB、FD 称为泵后推进剂供应管路，泵后推进剂供应管路上向燃气发生器供应推进剂的分岔点为 A、C。泵出口到发生器分叉之间的管路（EA、FC）称为推进剂供应总管路（简称总路），管路 AB、CD 是单独为推力室供应推进剂的管路，称为主路；管路 AG、CH 是单独为发生器供应推进剂的管路，称为副系统推进剂供应管路（简称副路）。为推力室供应推进剂的系统（包括泵和管路 EB、FD）称为主推进剂供应系统；由发生器供应管路（AG、CH）、发生器和涡轮组成的系统，是为泵工作提供能量的系统，称为副系统。

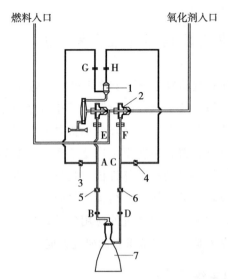

图 4 - 26　燃气发生器循环发动机系统原理图

1—燃气发生器，2—涡轮泵；3、4—发生器推进剂供应管路节流元件；

5、6—推力室推进剂供应管路节流元件；7—推力室

与挤压式发动机相似，泵压式发动机推力调节的途径包括：

1）调节发动机系统流阻特性，改变推力室入口压力。

2）采用可变面积喷注器来改变推力室及发动机的系统流阻特性，进而实现变推力。

3）上述两种调节方案组合。

在推力调节过程中，还需要考虑另外一个重要的参数——推进剂混合比。该参数之所以重要，首先是因为，推进剂耗量比例的限制，该项要求一般是由发动机的用户——火箭总体提出的，受到推进剂贮箱及其中两种推进剂的加注量和剩余量限制。再者，是出于发动机性能（比冲）的限制和推力室结构安全的考虑（室温和冷却），混合比是发动机比冲和燃烧室温度的主要影响因素，混合比偏离额定设计值太远，会导致发动机性能降低，也有可能导致燃气温度过高，超出推力室或燃气发生器的冷却能力，造成结构破坏。

对于变推力发动机，在调节推力时，两路推进剂流阻特性的变

化往往无法做到一致，导致高、低工况混合比发生变化。若要保证混合比在相应的要求范围内，需要在推进剂供应管路上，增加新的流阻元件约束，而且该流阻元件的流阻特性是可以调节的，以满足不同推力点上混合比的控制要求。

为了同时保证不同推力点上的推力和混合比达到要求的值，需要通过仿真计算和试验修正，以确定相应的一组入口压力和调节器流阻特性的值。

燃气发生器的工况调节原理和推力室的相同。燃气发生器工况调节的目的是通过调节燃气发生器的流量或者 RT 值，从而调节燃气发生器的输出功率，以改变发动机副系统的做功能力，进而改变发动机的工况（推力）。燃气发生器的工况调节中，必须严密监视燃气的温度，也就是控制发生器的混合比，避免温度过高，烧毁涡轮。对于冲击式涡轮，还应保证涡轮静子喷嘴出口气流在超声速状态，避免激波缩入喷嘴入口内。

对泵压式发动机，可用节流装置改变燃气发生器流量，或者用旁通管路对燃气发生器燃气分流，直接改变涡轮流量，从而改变涡轮泵的转速和泵的供应压力；还可以在推力室的供应管路中安装节流装置，或采用可变面积喷注器直接改变推力室的流量。

典型的推力调节系统如下。

（1）调节涡轮流量的推力调节系统

对于燃气发生器循环变推力发动机，可在燃气发生器推进剂供应管路中安装流量调节装置，调节燃气发生器的推进剂流量，从而控制涡轮流量，以实现推力的调节。还可以用旁通管路在涡轮入口前将燃气分流，在旁通管中设置燃气分流控制阀门，也能达到控制涡轮流量的目的，但由于一部分燃气未对涡轮做功就进入涡轮排气管，对开式循环系统造成能量损失。

（2）调节推力室供应系统压降的推力调节系统

在推力室的推进剂供应管路中安装节流装置，改变节流装置的流通面积来改变压降，从而实现推力调节，主要由燃烧室压力传感器、计算机、伺服作动器和调节器等组成。

由于推力室供应系统的流量大，调节器须由伺服作动器推动，伺服作动器的动力应尽量不用电源，也尽量限制使用高压气源，最好利用发动机液路中自身的压力。

如果将氧化剂调节器和燃料调节器用机械机构或用液路联系起来，这样可以用一个伺服作动器来推动两个调节器。由于两个调节器之间有机械或液路的联系，因而该系统在调节推力的同时，能够保持推力室混合比不变。

对于小推力量级的发动机，调节器的尺寸、质量比较小，驱动功率也较小，不是限制因素。但是，对于大推力量级的发动机，由于推力室的推进剂供应管路（主管路）流量大、直径大，调节器的尺寸、质量和驱动功率也会相当大，成为制约使用的重要因素，在选用时必须仔细考虑。

（3）混合比调节系统

对于泵压式发动机，调节发生器的混合比，可以改变发生器燃气的温度，从而改变燃气的做功能力，进而可在一定范围内改变发动机的推力。另外，在一些情况下，出于性能或者再生冷却的考虑，在推力调节的过程中，需要对燃气发生器或者推力室的推进剂混合比进行调节，将其控制在合适的范围内。

对于大推力的泵压式发动机，如果混合比调节范围比较小，则可以在推进剂主管路上设置旁通路，在旁通路上设置调节器。其优点是旁通路流量小、管路直径小，与主路上设置调节器相比，调节器尺寸和质量可以大幅减小。

4.4.2　推力调节方案比较

对于燃气发生器循环变推力发动机，可以有多种选择方案实现推力调节。研制燃气发生器循环变推力发动机的关键问题是推力调节方案的选择，从而合理配置系统参数，并选取适用的调节装置。

下面介绍对不同调节方案的仿真计算结果。通过仿真计算可得到各种方案的具体参数，从而得到各种方案的技术特点和相应的发动机特性。

　　仿真计算选用的基准发动机为一台推力为 12 kN 的燃气发生器循环发动机，其系统组成如图 4 - 27 所示。发动机为双推力室发动机，推进剂为 $N_2O_4/UDMH$，采用冲击式涡轮、富燃燃气发生器。

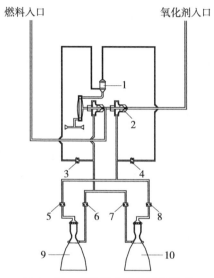

图 4 - 27　基准发动机的系统组成

1—燃气发生器，2—涡轮泵；3、4—发生器推进剂供应管路节流元件；

5、6、7、8—推力室推进剂供应管路节流元件；9、10—推力室

　　液体火箭发动机的工况调节系统通常分为两类：开环调节系统和闭环调节系统。开环调节系统依靠外部控制的无发动机自身参数反馈的调节系统，适用于发动机用户要求对工况（当前为推力）相对变化量进行控制的场合；闭环调节系统是有发动机自身参数反馈的调节系统，适用于发动机用户要求发动机达到指定工况（当前为推力）的控制。如果需要通过调节发动机推力来控制飞行器的加速度，可以采用开环调节系统，用飞行器的加速度作为控制量，推力调节信号由飞行器提供；而在对推力值的精度要求较高时，则应采用闭环调节系统。

4.4.2.1　方案选择

按照液体火箭发动机理论，对于泵压式发动机系统，采用以下推力调节措施，可以达到发动机推力调节目的：副系统节流（即燃气发生器推进剂供应管路节流），涡轮燃气流量调节，在推力室的主供应管路或喷注器节流，改变推力室喉部面积。

对于液体火箭发动机，改变推力室喉部面积技术要求高，目前尚没有成熟、可靠、适用的耐高温调节元件，暂时不考虑。

当采用固定面积喷注器时，有如下可选的推力调节方案：

1）方案 A——副系统（即燃气发生器路）双路调节方案。方案 A 的调节系统组成如图 4-28 所示，该方案是在燃气发生器推进剂供应管路上安装流量调节器（图 4-28 中的 3），该流量调节器实际为可变开度的节流阀，通过改变该节流阀的开度，调节燃气发生器推进剂供应管路的流阻，改变燃气发生器的流量，进而改变发动机的工况（推力）。

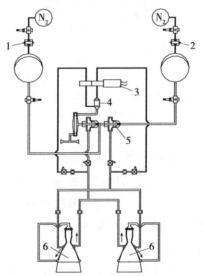

图 4-28　方案 A 的调节系统组成

1、2—推进剂贮箱及增压系统；3—流量调节器；4—燃气发生器；5—涡轮泵；6—推力室

2) 方案 B——副系统（即燃气发生器路）燃料路单路调节方案。方案 B 的调节系统组成如图 4 - 29 所示，将最高工况时发生器的混合比设计为最低混合比，然后对副系统（即燃气发生器路）燃料路进行单路节流，设置流量调节器（图 4 - 29 中的 3），通过增大燃气发生器燃料供应管路的流阻，降低燃气发生器燃料的流量，达到降低推力的目的。在燃料节流过程中，氧化剂路不节流，而是随动变化。

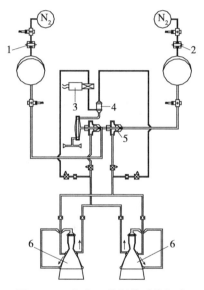

图 4 - 29　方案 B 的调节系统组成

1、2— 推进剂贮箱及增压系统；3—流量调节器；4—燃气发生器；5—涡轮泵；6—推力室

3) 方案 C——涡轮燃气排放方案。方案 C 的调节系统组成如图 4 - 30 所示，在发生器后、涡轮静子喷嘴之前，设置旁通的放气管路，在其上安装高温燃气排放阀（图 4 - 30 中的 4），将一部分尚未作功的发生器燃气排放到涡轮废气排气管中，通过改变高温燃气放气阀的开度，调节排出燃气的多少，进而达到调节推力的目的。在放气调节过程中，不调节推力室、发生器流路，而是随动变化。

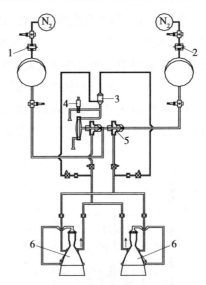

图 4-30　方案 C 的调节系统组成

1、2—推进剂贮箱及增压系统；3—燃气发生器；4—高温燃气排放阀；5—涡轮泵；6—推力室

4）方案 D——主路旁通打回流方案。方案 D 的调节系统组成如图 4-31 所示，在泵出口后面的推进剂供应主管路上设置旁通路，与泵入口连通，将高压推进剂回流到泵前，旁通路上安装可以连续改变开度的流量调节器（图 4-31 中的 5），调节回流流量的大小，可以改变发动机的推力。

5）方案 E——总路节流（在泵出口和发生器分叉点之间节流）方案。方案 E 的调节系统组成如图 4-32 所示，在泵后的推进剂供应总管路上设置可变开度的流量调节器（图 4-32 中的 5），位置在泵出口与发生器供推进剂供应管路分叉点之间，即在发生器推进剂供应管路分叉点之前的总路上，在节流的同时对推力室和发生器的入口压力进行调节，以实现变推力。在通过总路调节降低发动机推力的过程中，推力室和发生器的推进剂供应同时随动变化。

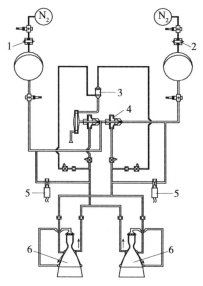

图 4-31   方案 D 的调节系统组成

1、2—推进剂贮箱及增压系统；3—燃气发生器；4—涡轮泵；5—流量调节器；6—推力室

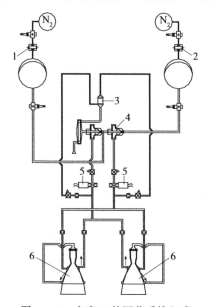

图 4-32   方案 E 的调节系统组成

1、2—推进剂贮箱及增压系统；3—燃气发生器；4—涡轮泵；5—流量调节器；6—推力室

6）方案 F——主路节流（在发生器分叉点和推力室入口之间节流）方案。方案 F 的调节系统组成如图 4-33 所示，在泵后的主推进剂供应管路上设置可变开度的流量调节器（图 4-33 中的 5），位置在总路上的发生器供推进剂供应管路分叉点之后和推力室入口之间，通过对推力室推进剂供应进行控制，以实现变推力。在通过主路调节降低发动机推力的过程中，发生器流路不调节，而是随动变化。

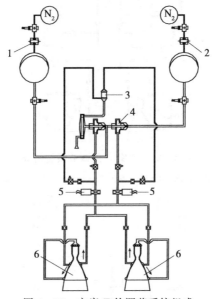

图 4-33　方案 F 的调节系统组成

1、2—推进剂贮箱及增压系统；3—燃气发生器；4—涡轮泵；5—流量调节器；6—推力室

4.4.2.2　仿真分析

仿真分析采用了基准发动机的涡轮泵、推力室和发生器的数据，设定的变推力目标是实现 2.5∶1 的推力变比。

主要判别的参数有：推力室、燃气发生器喷注器压降是否合适；涡轮泵转速是否过高（应该在临界转速以下）；泵是否会发生气蚀；涡轮入口压力是否过低，是否能够保证涡轮静子喷嘴出口气流为超声速；调节装置能否适应；推力室、燃气发生器的混合比是否在可以接受的范围；发动机性能（比冲）是否满足要求；能否达到推力调节范围；调节元件能否实现；涡轮提供的有用功是否低于泵消耗的功率（低于将导致发动机熄火）。

（1）方案 A——副系统双路调节方案

仿真计算结果见表 4 - 6，其中调节系数为流量调节器的流阻系数与未安装流量调节器时（对应最大推力工况）副系统流路的流阻系数之比。

表 4 - 6　方案 A 的调节系统仿真结果

调节系数	推力	转速	发生器氧化剂流量	推力室混合比	发生器混合比	发动机混合比	发动机比冲
倍数	N	rpm	kg/s	质量比	质量比	质量比	m/s
1.00	12 037.19	37 395.32	0.016 0	2.305 8	0.146 0	1.956 0	3 005
1.50	10 685.75	34 015.57	0.012 4	2.253 7	0.142 2	1.948 7	3 013
2.00	9 707.09	31 565.80	0.010 2	2.212 3	0.139 7	1.937 3	3 018
2.50	8 947.48	29 658.03	0.008 7	2.177 1	0.137 9	1.924 2	3 020
3.00	8 333.38	28 102.77	0.007 6	2.147 3	0.136 6	1.911 4	3 022
3.50	7 822.17	26 801.68	0.006 8	2.129 2	0.136 0	1.906 0	3 024
4.00	7 384.96	25 699.39	0.006 1	2.131 0	0.136 3	1.916 0	3 028
4.50	7 005.84	24 740.35	0.005 5	2.132 8	0.136 6	1.924 8	3 032
5.00	6 671.76	23 888.31	0.005 2	2.134 8	0.136 9	1.932 6	3 035
5.50	6 376.49	23 129.80	0.004 8	2.136 8	0.137 1	1.939 7	3 037
6.00	6 113.56	22 448.68	0.004 5	2.139 3	0.137 3	1.946 4	3 040
6.50	5 876.20	21 830.77	0.004 2	2.141 1	0.137 5	1.952 5	3 042
7.00	5 666.53	21 288.49	0.004 0	2.141 2	0.137 6	1.956 3	3 043
7.50	5 472.00	20 792.44	0.003 8	2.140 3	0.137 7	1.959 0	3 045
8.00	5 282.05	20 292.15	0.003 6	2.147 9	0.138 1	1.968 7	3 047
8.50	5 091.65	19 796.76	0.003 4	2.163 1	0.138 7	1.985 0	3 050
9.00	4 916.17	19 336.32	0.003 2	2.178 6	0.139 2	2.001 3	3 053
9.50	4 751.86	18 908.86	0.003 1	2.194 6	0.139 8	2.017 7	3 056

当副系统节流阀的流阻系数为副系统管路流阻系数的 8.3 倍

（调节系数为 8.3）时，推力可以调节到 5 kN。

通过分析表 4-6 的数据，可以发现方案 A 的发生器流量变化范围大，最低工况（5 kN）时，发生器氧化剂流量只有 3.3 g/s。此时，发生器喷注器氧化剂喷嘴压降只有 0.06 MPa，燃料喷嘴压降只有 0.04 MPa，发生器喷注器喷嘴压降偏低。

对于低工况时，喷注器压降偏低问题，有如下解决途径：

1）减小喷注器孔径，提高低工况下的喷注器压降，但这样做，是否会导致高工况下喷嘴内部推进剂发生气蚀，有待进一步试验验证。

2）在低工况下，喷注器内掺气，可以解决雾化问题，但是需要增加一套掺气系统（气瓶、减压阀和控制阀），系统复杂。

3）采取新的喷注器设计方案，比如可变截面喷注器、分区喷注器等，但流量如此小的针栓式可变截面喷注器设计比较困难。

4）采用一大、一小双发生器，在小工况时，切换到小发生器上，需要解决的问题是切换后停止工作的发生器富燃燃气向氧化剂腔串腔问题，以及平稳地实现两发生器安全、平稳切换的问题。

采用方案 A，主要有以下两个难点：

1）流量小，调节阀研制难度大。

2）发生器流量变化范围大，高、低工况相差 4.8 倍，按照流阻与流量成平方的关系推算，喷注器压降相差 23.5 倍，尤其是低工况时发生器喷嘴压降很低，推进剂通过喷嘴的雾化效果将显著降低，发生器能否适应需要试验验证。

（2）方案 B——副系统燃料路单路调节方案

仿真计算结果见表 4-7。其中调节系数为流量调节器的流阻系数与未安装流量调节器时（对应最大推力工况）副系统流路的流阻系数之比。

表 4 - 7 　方案 B 的调节系统仿真结果

调节系数	推力	转速	发生器氧化剂流量	推力室混合比	发生器混合比	发动机混合比	发动机比冲
倍数	N	rpm	kg/s	质量比	质量比	质量比	m/s
1.00	12 007.63	37 318.88	0.014 0	2.309 8	0.126 0	1.951 3	3 006
1.20	11 482.51	36 006.27	0.013 7	2.287 2	0.136 3	1.952 5	3 009
1.40	11 032.96	34 888.97	0.013 4	2.266 3	0.145 7	1.951 4	3 011
1.60	10 646.77	33 917.36	0.013 2	2.249 8	0.154 6	1.951 2	3 013
1.80	10 306.48	33 059.60	0.013 0	2.235 0	0.162 9	1.950 3	3 015
2.00	9 999.46	32 292.25	0.012 8	2.220 0	0.170 7	1.947 7	3 016
2.20	9 722.29	31 602.05	0.012 6	2.205 9	0.178 0	1.944 6	3 017
2.40	9 472.15	30 975.51	0.012 4	2.193 7	0.185 1	1.942 0	3 018
2.60	9 241.77	30 397.39	0.012 2	2.182 2	0.191 8	1.939 3	3 018
2.80	9 031.74	29 868.32	0.012 0	2.171 3	0.198 3	1.936 2	3 019
3.00	8 838.16	29 380.29	0.011 9	2.161 2	0.204 6	1.933 4	3 019
3.20	8 657.12	28 923.04	0.011 7	2.151 7	0.210 6	1.930 4	3 020
3.40	8 489.13	28 498.10	0.011 6	2.142 8	0.216 5	1.927 7	3 020
3.60	8 330.60	28 096.01	0.011 5	2.134 2	0.222 2	1.924 7	3 020
3.80	8 186.91	27 718.72	0.011 4	2.129 0	0.228 0	1.924 4	3 021
4.00	8 048.45	27 373.41	0.011 3	2.126 0	0.233 8	1.925 7	3 021
4.20	7 917.36	27 043.00	0.011 2	2.126 0	0.239 7	1.929 5	3 023
4.40	7 792.90	26 732.33	0.011 1	2.126 3	0.245 5	1.933 3	3 024
4.60	7 674.34	26 440.80	0.011 0	2.126 6	0.251 1	1.936 9	3 025
4.80	7 563.43	26 162.71	0.010 9	2.126 9	0.256 7	1.940 3	3 026

　　当燃气发生器燃料路节流时，发生器混合比升高，当发生器混合比升高到上限（0.23）时，推力只能下降到 8 kN，不能达到要求的 5 kN 的变推水平。因此该方案达不到预定的 2.5∶1 的推力调节能力。

　　另外，对只进行副系统氧化剂路节流进行了计算，由于在可以变化的混合比范围内，燃气温度变化不大，氧化剂流量占发生器流量的比例很低，对发生器的 RT 值和流量影响不大，对推力的调节能力有限，推力调节量在 1 000 N 之内。

（3）方案 C——涡轮燃气排放方案

仿真计算结果见表 4-8，其中调节系数为放气旁路的放气面积与涡轮静子喷嘴面积之比。计算发动机比冲时，副系统比冲取 981 m/s。

表 4-8　方案 C 的调节系统仿真结果

调节系数	推力	转速	发生器氧化剂流量	推力室混合比	发生器混合比	发动机混合比	发动机比冲
倍数	N	rpm	kg/s	质量比	质量比	质量比	m/s
0.00	12 037.19	37 395.32	0.016 0	2.305 8	0.146 0	1.956 0	3 005
0.10	11 005.13	34 782.74	0.015 1	2.295 7	0.145 0	1.937 7	2 999
0.20	10 112.60	32 512.64	0.014 2	2.284 4	0.144 1	1.919 0	2 994
0.30	9 322.94	30 516.52	0.013 5	2.270 5	0.143 1	1.898 8	2 988
0.40	8 627.67	28 750.80	0.012 8	2.254 8	0.142 1	1.877 4	2 981
0.50	8 012.42	27 177.87	0.012 1	2.239 0	0.141 2	1.856 4	2 975
0.60	7 458.84	25 766.26	0.011 6	2.218 7	0.140 2	1.832 2	2 969
0.70	6 969.40	24 496.79	0.011 1	2.201 4	0.139 4	1.810 8	2 962
0.80	6 529.40	23 346.06	0.010 6	2.184 9	0.138 7	1.790 0	29 56
0.90	6 132.71	22 286.29	0.010 2	2.173 3	0.138 3	1.773 9	2 951
1.00	5 767.51	21 330.68	0.009 8	2.154 1	0.137 6	1.752 0	2 944
1.10	5 445.77	20 481.17	0.009 4	2.156 3	0.137 8	1.746 4	2 941
1.20	5 147.90	19 711.82	0.009 1	2.151 9	0.137 8	1.736 1	2 937
1.30	4 879.70	19 000.95	0.008 8	2.154 9	0.138 1	1.731 4	2 934
1.40	4 631.61	18 337.49	0.008 6	2.154 8	0.138 2	1.724 3	2 930

当放气面积为涡轮静子喷嘴面积的 1.23 倍（即调节系数为 1.23）时，推力下降到要求的 5 kN。

方案 C 的优点是系统简单，调节稳定性好，在最低工况时，发生器流量较大，可以避免发生器喷注器压降偏低的问题，其缺点是在推力向下调节时，比冲损失较大。

方案 C 的难点在于高温放气阀的研制。高温放气阀需要电机驱动，燃气发生器的燃气温度在 1 150 K（877 ℃）左右，而与电机相连的阀轴需要冷却到 350 K（80 ℃）以下，才能保证电机正常工作。另外，需要解决高温燃气的密封问题。可以采用从泵后引一股燃料对高温燃气放气阀进行冷却降温的措施，解决高温问题。还有另外一项可选的措施是在高温放气阀之前的放气管路上设计一个降温器，将分流出来准备排放的燃气降温，但增加了系统复杂程度。

（4）方案 D——主路旁通打回流方案

在通过改变主路旁通路回流流量降低发动机推力的过程中，推力室、发生器流路不调节，而是随动变化。仿真计算结果见表 4-9，其中调节系数，为氧化剂回流流量（单位 kg/s），为保证变推力过程中的推力室混合比燃料回流流量与氧化剂回流流量保持适当的比例。

表 4-9　方案 D 的调节系统仿真结果

调节系数	推力	转速	发生器氧化剂流量	推力室混合比	发生器混合比	发动机混合比	发动机比冲
倍数	N	rpm	kg/s	质量比	质量比	质量比	m/s
0.00	12 037.19	37 395.32	0.016 0	2.305 8	0.146 0	1.956 0	3 005
0.10	11 771.76	36 946.47	0.015 7	2.315 0	0.146 7	1.963 9	3 006
0.20	11 497.14	36 486.85	0.015 3	2.322 9	0.147 2	1.970 8	3 008
0.30	11 219.58	36 007.23	0.015 0	2.333 2	0.148 0	1.979 7	3 009
0.40	10 937.74	35 511.59	0.014 6	2.339 0	0.148 4	1.984 8	3 010
0.50	10 654.32	35 000.50	0.014 2	2.339 3	0.148 4	1.985 4	3 010
0.60	10 362.16	34 469.69	0.013 8	2.339 3	0.148 5	1.985 7	3 011
0.70	10 063.60	33 921.96	0.0134	2.339 1	0.148 5	1.986 0	3 011
0.80	9 756.62	33 348.55	0.013 0	2.339 1	0.148 5	1.986 3	3 011
0.90	9 439.57	32 752.68	0.012 5	2.339 0	0.148 5	1.986 6	3 011
1.00	9 113.87	32 129.56	0.012 1	2.338 6	0.148 5	1.986 7	3 011
1.10	8 773.52	31 468.84	0.011 6	2.338 1	0.148 5	1.986 7	3 011
1.20	8 419.10	30 770.27	0.011 1	2.337 6	0.148 4	1.986 8	3 011
1.30	8 040.60	30 010.53	0.010 6	2.337 5	0.148 5	1.987 2	3 012
1.40	7 645.59	29 200.68	0.010 1	2.336 3	0.148 4	1.986 9	3 012

续表

调节系数	推力	转速	发生器氧化剂流量	推力室混合比	发生器混合比	发动机混合比	发动机比冲
倍数	N	rpm	kg/s	质量比	质量比	质量比	m/s
1.50	7 221.45	28 312.36	0.009 5	2.335 0	0.148 3	1.986 5	3 012
1.60	6 761.14	27 319.21	0.008 9	2.332 9	0.148 2	1.985 6	3 012
1.70	6 237.22	26 154.44	0.008 1	2.330 8	0.148 1	1.984 8	3 012
1.80	5 603.77	24 687.61	0.007 3	2.325 3	0.147 8	1.981 4	3 012
1.90	4 737.55	22 559.61	0.006 1	2.315 3	0.147 1	1.975 1	3 011

氧化剂回流流量增加到 1.85 kg/s（即调节系数为 1.85）时，推力才下降到要求的 5 kN。此时，泵的转速为 23 000 rpm，而氧化剂泵的流量为 3 kg/s。经过分析，在这种低转速、大流量的情况下，泵会由于诱导轮扬程下降而发生气蚀。因此，方案 D 推力调节能力有限，达不到 2.5：1 的推力变比要求。

（5）方案 E——总路节流方案

仿真计算结果见表 4-10，其中调节系数为氧化剂路流量调节器的流阻系数与氧化剂主管路的流阻系数之比。

表 4-10　方案 E 的调节系统仿真结果

调节系数	推力	转速	发生器氧化剂流量	推力室混合比	发生器混合比	发动机混合比	发动机比冲
倍数	N	rpm	kg/s	质量比	质量比	质量比	m/s
0.00	12 037.19	37 395.32	0.016 0	2.305 8	0.146 0	1.956 0	3005
0.05	11 108.54	36 523.89	0.014 5	2.240 7	0.141 4	1.902 7	2 996
0.10	10 343.19	35 768.06	0.013 3	2.175 5	0.136 6	1.849 1	2 987
0.15	9 691.46	35 077.86	0.012 3	2.136 9	0.133 6	1.817 8	2 982
0.20	9 104.59	34 461.42	0.011 5	2.137 3	0.133 6	1.818 9	2 982
0.25	8 623.35	33 992.49	0.010 8	2.131 1	0.133 1	1.814 5	2 982
0.30	8 202.65	33 562.46	0.010 3	2.123 1	0.132 4	1.808 5	2 981
0.35	7 655.48	32 670.30	0.009 7	2.167 5	0.135 8	1.846 4	2 988

续表

调节系数	推力	转速	发生器氧化剂流量	推力室混合比	发生器混合比	发动机混合比	发动机比冲
倍数	N	rpm	kg/s	质量比	质量比	质量比	m/s
0.40	7 146.59	31 760.74	0.009 1	2.221 2	0.139 9	1.892 0	2 996
0.45	6 768.66	31 127.75	0.008 7	2.237 3	0.141 1	1.906 1	2 998
0.50	6 418.99	30 492.11	0.008 2	2.252 5	0.142 3	1.919 5	3 001
0.55	6 106.49	29 892.74	0.007 8	2.269 9	0.143 6	1.934 5	3 004
0.60	5 817.75	29 316.34	0.007 5	2.287 3	0.144 9	1.949 5	3 006
0.65	5 589.91	28 953.17	0.007 2	2.293 7	0.145 4	1.955 3	3 007
0.70	5 395.82	28 656.45	0.006 9	2.294 5	0.145 5	1.956 3	3 008
0.75	5 217.04	28 379.27	0.006 7	2.295 1	0.145 5	1.957 3	3 008
0.80	5 050.47	28 110.04	0.006 5	2.295 8	0.145 6	1.958 2	3 008
0.85	4 897.67	27 837.58	0.006 3	2.295 1	0.145 6	1.958 0	3 008
0.90	4 736.26	27 524.08	0.006 1	2.294 0	0.145 5	1.957 5	3 008
0.95	4 599.62	27 251.70	0.005 9	2.292 9	0.145 4	1.956 9	3 008

　　流量调节器的流阻系数与主管路流阻系数之比为 0.8（即调节系数为 0.8）时，推力下降到要求的 5 kN。此时发生器氧化剂流量为 0.006 3 kg/s。其他参数均合适。经过分析认为 0.006 3 kg/s 的氧化剂流量为基准发动机的发生器正常工作的边缘，基准发动机的发生器在此流量下应该可以正常工作，或者将基准发动机的发生器稍做改动，即可使用。因此，方案 E 可以达到预定的 2.5∶1 变比的推力调节能力。

　　(6) 方案 F——主路节流方案

　　仿真计算结果见表 4-11，其中的调节系数为氧化剂路流量调节器的流阻系数与氧化剂主管路的流阻系数之比。

表 4 - 11　方案 F 的调节系统仿真结果

调节系数	推力	转速	发生器氧化剂流量	推力室混合比	发生器混合比	发动机混合比	发动机比冲
倍数	N	rpm	kg/s	质量比	质量比	质量比	m/s
0.00	12 037.19	37 395.32	0.016 0	2.305 8	0.146 0	1.956 0	3 005
0.05	11 764.73	38 243.92	0.016 6	2.270 1	0.143 8	1.907 3	2 991
0.10	11 510.13	39 023.32	0.017 0	2.229 8	0.140 9	1.856 4	2 997
0.15	11 292.20	39 748.79	0.017 5	2.193 3	0.138 1	1.810 1	2 964

在主路上节流，虽然推力可以下降，但是涡轮泵转速却在上升，而且上升速率很快，最终会导致涡轮泵超速。这是由燃气发生器循环发动机的特性决定的。在主路上节流，使得发生器入口压力提高，发生器功率提高，与此同时，泵的负载下降。两者叠加，造成泵的转速提高。因此，方案 F 的推力调节范围很小。

通过以上仿真计算结果分析，得到以下结论：

1) 方案 B——副系统（即燃气发生器路）燃料路单路调节方案，在可以接受的发生器混合比变化范围内，只能将发动机推力降低到 8 kN，推力变比可达到 1.5：1，不能达到 2.5：1 的推力调节能力。

2) 方案 D——主路旁通打回流方案，在低工况下，泵的转速低，而流量过大，泵会发生气蚀，推力调节范围小。

3) 方案 F——主路节流方案，在降低推力的过程中，转速明显上升，会造成涡轮泵超速，推力调节范围小。

4) 推力调节范围可达到 2.5：1 的推力变比的方案为以下三个：方案 A——副系统（即燃气发生器路）双路调节方案；方案 C——涡轮燃气排放方案；方案 E——总路节流方案。

4.4.2.3　方案比较

A、C、E 三个可行方案的比较如下：

1) 从性能方面比较：方案 A 最高，其次是方案 E，方案 C 性能最低。

2）从系统简单程度方面比较：方案 C 最简单，调节器最少，方案 A 和方案 E 相当。

3）从调节器研制难易程度方面比较：方案 E 最容易，其次是方案 A，方案 C 采用高温燃气调节阀，研制难度最大。

方案 E（总路节流方案）是最容易实现的方案，该方案推力调节响应最快、混合比可以比较精确地控制，可作为 12 kN 推力量级的燃气发生器循环变推力发动机的首选方案，对该方案，需要重点进行燃气发生器适应范围的验证试验和推力室不同工况下安全混合比的研究。

方案 A（副系统双路调节方案）是性能最高的方案，也是最有发展前途的方案，需要重点开展能够适应大范围变工况的发生器技术研究，研究方向是燃气发生器的可调喷注器技术，另外需要对高精度的小流量调节阀技术进行研究。

方案 C（涡轮放气方案）是最简单的方案，其优点是对基准发动机改动最小，在结构上最容易实现改装，其缺点是比冲损失偏大，其难点是高温燃气放气阀，要求该高温燃气放气阀在关闭时漏气率要尽量的小，需要重点进行高可靠性高温燃气放气阀关键技术研究。

4.4.2.4　方案验证

采用方案 E，在基准发动机上增加推力调节系统，对推力变比为 2.5∶1 的燃气发生器循环变推力发动机方案进行了试验验证。采用开环调节系统，由计算机进行控制。推力调节器采用可变截面节流阀，由步进电机驱动。

通过系统仿真计算，获得了满足线性控制要求的发动机推力的控制规律，即步进电机的控制脉冲数和调节器的节流特性对应关系。按照要求的调节器的节流特性，设计了调节器节流型面。

完成了推力室、燃气发生器、涡轮泵及调节装置大范围变工况适应性试验和可行性验证试验，优化了系统设计，重点研制了调节装置、计算机控制装置，最终完成了全系统集成验证试车，达到了预期的变推力要求和性能指标。该燃气发生器循环变推力发动机如图 4 - 34 所示，发动机的热试车照片如图 4 - 35 所示，发动机的试车推力调整曲线如图 4 - 36 所示。

图 4 - 34　燃气发生器循环变推力发动机的总装结构

图 4 - 35　燃气发生器循环变推力发动机的热试车照片

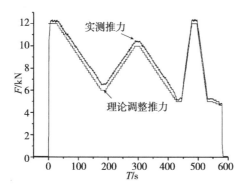

图 4 - 36 燃气发生器循环变推力发动机的试车推力调整曲线

4.5 应用前景

变推力发动机在飞行器的速度控制、轨道优化方面具有得天独厚的优势，可应用于以下领域：

1）星球探测着陆器的软着陆动力装置。为了实现星球软着陆，需要实施制动、减速、悬停及软着陆等机动飞行，变推力火箭发动机是惟一可以使用的动力装置。为了满足我国的探月工程需要，探月二期变推力主发动机已经完成了研制，并为探月三期和后续的载人登月提供技术储备。

2）导弹武器的机动与突防。长矛导弹采用变推力发动机，是要实现机动变轨，而哨兵导弹采用 19∶1 的变推力发动机，是要实现对弹道导弹的拦截。导弹武器的突防与拦截就是矛盾的两个方面，是"矛利"还是"盾坚"，机动能力往往决定了最终的结果，谁的机动能力强，谁就有可能战胜对方。高性能、大变比变推力发动机的使用，能够极大地提高飞行器的机动性能，轻易地突破苦心编织、耗资巨大的防御体系，或提高飞行器捕捉、拦截的成功率。

3）临近空间高速飞行器。临近空间高速飞行器为了保持航速，需要一定的动力抵消空气的阻力，随着推进剂的不断消耗，飞行器质量越来越小，所需的动力也越来越小。因此，需要一种缓变推力的发动机，随着飞行时间不断减小发动机推力。

参 考 文 献

[1]   SHIEBER H，RUPERT R C. Assurance of Service Life of the MIRA
       150A Variable Thrust Rocket Engine[J]. AIAA 1965－608.

[2]   JOHNSON R J，BOYD B R，SMITH T H. Application of the MIRA
       150A variable Thrust Rocket Engine to Manned Lunar Exploration Flying
       Systems[J]. AIAA 1967－505.

[3]   ELVERUM G，et. al. The Descent Engine for the Lunar Module[J].
       AIAA 1967－0521.

[4]   HARDGROVE J A，KRIEG JR H C. High Performance Throtting and
       Pulsing Rocket Engine[J]. AIAA 1984－1254.

[5]   刘国球. 液体火箭发动机原理[M]. 北京：宇航出版社，1993.

[6]   BAZAROV V G. Throttleable Liquid Propellant Engines Swirl Injectors
       for Deep Smooth Thrust Variations[J]. AIAA 1994－2978.

[7]   ONO D K，DRESSLER G A，et. al. The Design，Development，and
       Qualification of an Advanced Columbium Liquid Apogee Engine[J].
       AIAA 1998－3671.

[8]   GORDON A，DREDDLER J M. TRW Pintle Engine Heritage and
       Performance Characteristics[J]. AIAA 2000－3871.

[9]   张育林. 变推力液体火箭发动机及其控制技术[M]. 北京：国防工业出
       版社，2001.

[10]   周杰. 变推力液体火箭发动机针栓式喷注器研究[D]. 北京：航天十一
       所，2004.

[11]   D. K. 休泽尔，等，著. 液体火箭发动机现代工程设计[M]. 朱宁昌，
       等，译. 北京：中国宇航出版社，2004.

[12]   张贵田. 高压补燃液氧煤油发动机[M]. 北京：国防工业出版社，2005.

[13]   章荣军，林革，李福云. 变推力液体火箭发动机技术研究[C]. 第五届液
       体火箭推进技术发展研讨会，2005.

［14］　DRESSLER G A. Summary of Deep Throttling Rocket Engines with Emphsis on Apollo LMDE［J］. AIAA 2006 - 5220.

［15］　刘昌波，张涛，兰晓辉. 变推力液体火箭发动机研制进展［J］. 航天十一所青年科技论文，2008 年.

［16］　李进贤，岳春国，侯晓，等. 针栓式变推力火箭发动机内流场数值仿真研究［J］. 计算机仿真，2009，26（8）：49 - 52.

［17］　岳春国，李进贤，侯晓，等. 变推力液体火箭发动机综述［J］. 中国科学E 辑：技术科学，2009，39（3）：464 - 468.

第5章　过氧化氢推进技术

5.1　引言

过氧化氢是最早广泛使用的火箭推进剂，已有六十多年的应用历史。但是到 20 世纪 70 年代以后，为了追求高性能，普遍使用比冲高但毒性大的肼类推进剂。随着环保意识的日益提高，以及在轨长期贮存、可重复使用及降低维护使用成本等需求的提出，采用无毒无污染、长期可贮存的推进剂成为推进领域的发展趋势。从 20 世纪 90 年代开始，高浓度过氧化氢推进技术得到复苏和发展。

作为火箭推进剂的过氧化氢含量在 90%～98%。过氧化氢既可以作为高密度的液态氧化剂使用，同时又具有分解放热的特性，可用作单组元推进剂。

5.2　过氧化氢特性及应用

5.2.1　过氧化氢特性

过氧化氢（H_2O_2）的物理性质见表 5-1，作为比较，表中同时给出了其他两种常用氧化剂的物理性质。

过氧化氢具有独特的优点，在航天推进领域应用较广泛，特点如下。

1）常温可贮存。过氧化氢在常温下为液体，且有较宽的液态温度范围。可在地面或空间长期贮存，无需复杂的热控设备和维护操作，其可操作性、可维护性优于低温推进剂。

表 5 - 1　过氧化氢与其他氧化剂的物理性质比较

参数	100% H_2O_2	95% H_2O_2	90% H_2O_2	LO_2	N_2O_4
分子量	34.016	32.571	31.286	32.00	92.02
冰点/℃	−0.5	−5.1	−11.5	−218	−11
沸点/℃	150	146.0	141.7	−183	21
密度/（g/cm³）	1.444	1.415	1.387	1.14	1.45
比热/（cal/g·℃）	0.626	0.645	0.663	0.405	0.361
蒸气压/Pa	277	351	443	11 030	96 524
临界压力/MPa	25.027	24.77	24.51	5.13	10.3
临界温度/℃	460	452	445	−118	158
动力粘度/[Pa·s(×10⁻³)]	1.153	1.160	1.158	0.2	0.42

2）无毒、无污染。过氧化氢饱和蒸气压低，很难被人体吸入，同时人体也可天然地分解过氧化氢，因此对人体的影响要比其他推进剂小得多。人体皮肤接触过氧化氢后只有轻微灼伤，易于现场处理与操作。过氧化氢与大气中的成分不会发生反应，其分解产物为氧和水蒸气，与煤油、酒精等燃料燃烧的产物也是无毒、无污染的，可最大限度地减小对环境和人员的危害。

3）密度及密度比冲高。过氧化氢/烃（或醇）组合的比冲比常规和低温推进剂组合低，但密度比冲高于液氧/煤油和液氧/液氢，与四氧化二氮/偏二甲肼相当。密度比冲高弥补了其性能低的缺点，有利于减小飞行器体积和质量，用过氧化氢作氧化剂的助推器比用液氧作氧化剂的助推器要小，对于有空气动力损失或对容积有严格限制的系统具有吸引力。

4）既可作为双组元推进剂的氧化剂，又可以作为单组元推进剂。过氧化氢既可作为双组元主发动机、姿轨控发动机和固液发动机的氧化剂，又可以作为单组元反作用控制系统、气体发生器的工质，可用于贮箱增压、系统热控及真空引射气源等，还可用于载人飞行器生命保障系统。近几年，有多家机构在研究过氧化氢燃料电池技术。采用过氧化氢推进剂可实现动力系统一体化，简化飞行器系统设计。

5）良好的热物理性质。过氧化氢具有饱和蒸气压低、沸点高及比热高等优良特性，特别适宜作为推力室的再生冷却剂。

5.2.2　过氧化氢应用

5.2.2.1　单组元发动机及气体发生器

过氧化氢具有催化分解的特性，其单组元发动机性能介于冷气发动机和肼分解发动机之间，但它无毒无污染、低成本和较高的比冲非常适用于微卫星系统以及对性能要求不高的推进系统，如飞机应急动力系统、空间飞行器反作用控制系统（RCS）等。

20 世纪 30 年代，德国瓦尔特（Walter）设计的 Heinkel - He52 飞行器最早采用了过氧化氢作为单组元推进剂，使用高锰酸钙溶液催化分解浓度为 80% 的过氧化氢。过氧化氢单组元姿控发动机在 20 世纪 50 年代末到 60 年代中期被广泛应用于各种飞行器。如美国 X - 1 飞行器的 RCS 采用 90% 过氧化氢的单组元发动机，推力范围为 22 ~334 N，比冲为 1 020 m/s（89 N）和 1 158 m/s（187 N）；X - 15 带有 4 组 90% 的过氧化氢单组元火箭发动机（总共有 8 台发动机）。在早期的一些卫星上，也采用了过氧化氢单组元姿控发动机。

过氧化氢单组元气体发生器也被广泛地应用在航空航天、防御动力和推进产业等多领域，如驱动涡轮、作动其他机械装置、增压和充气等。过氧化氢是 20 世纪 70 年代前最常用的驱动涡轮的推进剂，最早可追溯到 V - 2 导弹发动机。苏联的 P - 1、P - 2、P - 5M 火箭、美国的红石、木星、海盗火箭等均采用过氧化氢单组元气体发生器驱动涡轮泵。可通过调整过氧化氢的浓度来控制其分解的气体温度。

5.2.2.2　双组元发动机

过氧化氢和烃类（醇类）燃料组成的双组元推进剂组合，具有密度比冲高、冷却性能好的优点，综合性能不低于其他可贮存推进剂，性能比较见表 5－2。

表 5－2　过氧化氢/煤油及其他推进剂的热力性能

$$(P_c=1.0\ \text{MPa},\ \alpha=1,\ \varepsilon=100)$$

推进剂组合	H_2O_2 浓度/%	氧化剂密度/(kg/m^3)	燃料密度/(kg/m^3)	理论混合比	折合密度/(kg/m^3)	真空比冲/(m/s)	密度比冲/$[\text{g/m}^2\text{s}(\times 10^6)]$	燃烧温度/K
$H_2O_2/$煤油	90	1 391	800	7.98	1 290	3 180	4.102	2 669
	93	1 420	800	7.72	1 300	3 228	4.209	2 722
	95	1 430	800	7.56	1 309	3 258	4.264	2 755
	98	1 437	800	7.33	1 311	3 303	4.330	2 803
	100	1 450	800	7.18	1 319	3 421	4.512	2 910
$H_2O_2/$酒精	90	1 391	789	4.68	1 230	3 102	3.815	2 565
	93	1 420	789	4.53	1 240	3 148	3.903	2 617
	95	1 430	789	4.43	1 240	3 177	3.939	2 649
	98	1 437	789	4.29	1 240	3 220	3.992	2 696
	100	1 450	789	4.21	1 250	3 338	4.173	2 805
$LO_2/$煤油		1 140	800	2.7	1 048	3 367	3.448	3 600
$N_2O_4/$UDMH		1 458	796	3.10	1 210	3 428	4.148	3 500

　　通常，过氧化氢与烃类（醇类）燃料无法自燃，需要采用特殊的点火方式。传统的方法是先将过氧化氢引入分解室，催化分解成高温、富氧的气体，再通过气—液喷注器喷入燃料与之燃烧。由于存在分解室，使得过氧化氢双组元发动机的头部显得比较笨重，但这种气—液燃烧也成功地避开了燃烧不稳定性的问题，大大简化了发动机的研制过程，使过氧化氢双组元发动机在 20 世纪 40—50 年代得以顺利研制并应用。比较典型的是英国在战后研制的伽马系列发动机，如伽马 MK201 发动机采用过氧化氢单组元气体发生器，推力室中过氧化氢先经过催化剂床分解成高温燃气后再与煤油进行燃烧，真空推力为 84.3 kN，室压为 3.1 MPa，在面积比 40 时的真空

比冲为 2 227 m/s。伽马系列发动机用于黑骑士运载火箭，成功进行了 22 次飞行。

过氧化氢双组元发动机使用后进行简单的吹除即可，而不像常规发动机那样需要复杂的处理工作。由于可采用过氧化氢单组元气体发生器，也使得过氧化氢双组元发动机的系统比常规的泵压式双组元发动机简单。因此，过氧化氢双组元发动机具有很高的可靠性和良好的可重复使用特性。最为典型的是美国洛克达因公司在 20 世纪 50 年代研制的 AR2-3 发动机：采用发生器循环，过氧化氢催化分解后再与煤油燃烧；推力约为 30 kN，室压为 3.85 MPa，在面积比 12 时，真空比冲为 2 413 m/s；具有可重复使用能力，经历了 400 次飞行，载人飞行时间接近 50 000 s。20 世纪 90 年代，过氧化氢推进技术开始复苏时，洛克达因公司从库房中获得了一些 AR2-3 发动机的组件，将它们进行返修和水试，组装成发动机进行了试车。

过氧化氢双组元发动机的系统方案简单，使之能很好地适应不同的循环方案，并由此诞生了世界上首台闭式循环发动机——LR-40。20 世纪 50 年代，几乎在 AR2-3 发动机研制的同时，美国 Reaction Motor 公司开始研制可重复使用的 LR-40 发动机，将驱动涡轮后的燃气引入燃烧室中与煤油进一步燃烧。发动机采用 90% 的过氧化氢和 JP-5，在面积比 5.6 时，发动机比冲为 2 521 m/s。为了减小发动机的径向尺寸，LR-40 发动机采用了氧化剂泵—燃料泵—分解室—涡轮—燃烧室几个组件同轴、串联安装的总体布局。

由于过氧化氢双组元发动机大都采用气—液喷注器，当流量减小时，不易出现液—液喷注器由于喷注压降过低导致的低频燃烧不稳定现象，因而更易于实现大范围的推力调节，如 AR2-3 发动机可进行 2∶1 推力调节，LR-40 发动机可进行 3∶1 的推力调节。

20 世纪 90 年代以来，随着过氧化氢推进技术的复苏，国外又开展了诸多过氧化氢双组元发动机的研究项目。

（1）上面级飞行试验（USFE）计划

1998 年开始，美国的轨道科学公司与 NASA 马歇尔航天中心签订了协议，与空军研究实验室合作开发和论证一种低成本的上面级火箭发动机，即上面级飞行试验计划。凯瑟马跨特公司为此研制了44.5 kN 真空推力的挤压式发动机，采用 90% 过氧化氢和 JP-8 推进剂组合、银网催化剂，过氧化氢催化分解后与煤油点火、燃烧，燃烧室/喷管采用烧蚀材料。发动机室压为 3.45 MPa，面积比 45时，真空比冲为 2 698 m/s。

（2）LR-40 发动机改进计划

通用动力公司对 LR-40 发动机进行了改进，包括改进喷注器、涡轮，增大喷管面积比，采用 98% 的过氧化氢和 JP-10，在面积比250 时，发动机真空比冲可达 3 178 m/s。

（3）美国空军的可重复使用火箭发动机（ARRE）

宇航喷气公司为美国空军的空间机动飞行器（SMV）设计了先进可重复使用火箭发动机，以取代前几年的上面级飞行试验计划。空间机动飞行器是一种小型的无人太空飞行器，可作为具有在轨机动能力的可重复使用卫星运载器，可实施对太空目标的战术侦察、识别和监视，以及天基后勤等任务。可重复使用火箭发动机采用泵压式闭式循环过氧化氢/煤油发动机；部分过氧化氢经发生器催化分解并驱动涡轮后，引入推力室，通过三流体喷注器来点燃其余的液态过氧化氢/煤油。发动机推力为 53 kN，室压为 10 MPa，在喷管面积比 200 时，真空比冲可达 3 237 m/s，使过氧化氢/煤油发动机性能达到常规有毒推进剂的水平。宇航喷气公司还将三流体喷注器技术用于 NASA 的火箭基组合循环（RBCC）吸气式发动机综合系统试验（ISTAR）的过氧化氢/煤油推力室，并于 2003 年 6 月成功地进行了热试车。

（4）可重复使用的上面级推进系统

NASA 规划的新一代天地往返运输系统，需要可操作性好、成本低及可重复使用的上面级或轨道转移推进系统，提出采用非低温、可贮存及无毒无污染的过氧化氢/煤油推进剂方案。可重复使用的上面级推进系统将采用泵压式发动机系统，单组元气体发生器循环，推进剂为 98％的过氧化氢/JP-8，推力为 45 kN，室压为 10.5 MPa，发动机性能达到与有毒推进剂发动机相当的水平，比冲达到 3 169 m/s。发动机的设计时，尽量采用陶瓷或复合材料，包括涡轮泵组件，以减轻发动机质量和实现重复使用。进行了先进催化剂床、涡轮泵和推力室的研制工作。研制成功了 98％的过氧化氢催化剂，单一催化剂床试验件上累计试验时间达到 10 285 s，催化剂床整体性能良好。还进行了过氧化氢/煤油的火炬及用火炬点燃其余液态过氧化氢/煤油的研究，2002 年 3 月试验取得了成功。

（5）TR108 发动机

在美国国防部导弹防御局（MDA）液体助推器开发计划的资助下，诺斯洛普·格鲁曼（Northrop Grumman）公司于 2002 年 4 月开始研制 150 kN 级的 TR108 发动机，用于导弹防御系统试验的目标飞行器（即靶弹）。采用 91％的过氧化氢/甲苯，泵压式系统，过氧化氢催化分解后再与燃料燃烧。发动机燃烧室压力为 6.21 MPa，混合比为 5.84，在喷管面积比 15.4 时，真空比冲为 2 659 m/s。推力室催化剂床的直径为 330 mm，床载达到 56.3 g/(cm² · s)，分解室总压降约为 1 MPa。推力室喷注器采用了 7 个栓式喷嘴来喷注燃料，燃烧室和喷管均采用烧蚀材料。2004 年 5 月，进行了全系统整机热试车。

（6）俄罗斯的过氧化氢发动机

俄罗斯从 1993 年开始研制 RD-161D 过氧化氢/煤油发动机，拟用于联盟号运载火箭。该发动机由 RD-161 液氧/煤油发动机改进而来，采用 96％～98％的过氧化氢，真空推力为 25 kN，室压为 12 MPa，富氧补燃循环，在面积比 265 时，真空比冲可达 3 129 m/s，可长时间工作，具备多次起动能力。

总体来看，未来过氧化氢双组元发动机的发展趋势是：采用浓度为 98％的过氧化氢和补燃循环方案，使性能达到当前有毒推进剂发动机的水平；简化发动机系统，提高使用维护性能，实现可重复使用；使用复合材料和陶瓷材料，减轻发动机的质量，提高工作寿命。

5.3　单组元发动机技术

过氧化氢单组元发动机及气体发生器的突出优点是无毒无污染、可贮存及密度比冲高等，可以提高空间推进系统的使用维护性能，降低全寿命周期成本。使用浓度为 90% 的过氧化氢，具有足够的稳定性，容易贮存和处理，安全性和可靠性高，同时推进剂价格较低。

过氧化氢的化学能可通过分解反应来释放，分解后产生高温的氧气和水蒸气。可以利用活性催化剂或电催化来促进分解过程。由于催化剂本身具有降低分解反应活化能的作用，因此，它可以使分解反应自然发生。使用固体催化剂使液态过氧化氢发生分解反应被称为非均相催化；当催化剂被溶解在某种载体或燃料中时所发生的催化反应被称为均相催化。

过氧化氢催化分解装置结构较为简单，分解产物无毒、不含碳。25 ℃时 100% 的过氧化氢的分解热为 2 884 kJ/kg。不同浓度的过氧化氢的分解温度见表 5-3。通过选择不同浓度的过氧化氢，可以得到温度 100~1 000 ℃的气体，这一特性使其比其他推进剂的气体发生器更具有吸引力。

表 5-3　过氧化氢的分解特性

H_2O_2 质量浓度/%	绝热分解温度/℃	分解气体密度/（kg/m³）
60	100	1.37
70	233	2.01
80	487	2.95
90	740	3.83
100	996	4.68

5.3.1　关键技术

催化分解技术是过氧化氢发动机的关键技术之一，过氧化氢的分解因其工作条件的差异需要选取不同类型的催化剂。过氧化氢在催化剂的作用下分解，同时释放出大量的热量，在温度较高的情况下过氧化氢自身还会发生热分解反应。因此，在催化剂床中包括多种反应同时存在的过程，如液相加热和分解、蒸发及气相分解。反应的多样性导致了分解过程的复杂性，而这种复杂性又给催化剂及催化剂床的设计和研究带来了难度。

衡量和评估催化分解技术的参数包括床载荷、工作寿命、起动和关机特性、床流阻、室压粗糙度、尺寸和结构质量、成本及可靠性等。过氧化氢的催化分解技术主要体现在以下几个方面：

（1）高床载荷、长寿命催化剂技术

目前90％的过氧化氢银网催化剂研究的主要工作是改进镀银及其后处理工艺、催化剂床结构，以及在高床载情况下如何进一步提高催化剂床的寿命。

床载荷是单位时间内从单位横截面积催化剂床流过的推进剂质量，简单描述为过氧化氢质量流量与催化剂床横截面积之比

$$G_b = \frac{q_{mo}}{A_c} \qquad\qquad (5-1)$$

式中　　q_{mo}，A_c——过氧化氢质量流量、催化剂床横截面积。

根据过氧化氢质量流量和床载荷，催化剂床直径的计算式

$$d_b = \sqrt{\frac{4q_{mo}}{\pi G_b}} \qquad\qquad (5-2)$$

式中　　q_{mo}，G_b，d_b——过氧化氢质量流量、催化剂床载荷和床直径。

床载荷越高，催化剂床的尺度越小，结构质量越轻，同时分解室的起动、关机响应性能越高。但是，当床载荷提高时，催化剂床的寿命将以指数形式降低，如果床载荷提高一倍，寿命往往要缩短一倍以上。当床载荷提高到某一值后，催化剂床将被"淹没"，分解能力急剧降低。提高床载荷还会使床流阻相应增加。

单组元姿控发动机的推力通常较小，对高床载荷的需求并不十分迫切。但对于过氧化氢气体发生器和双组元发动机来说，过氧化氢的流量在每秒几千克到数吨的水平，床载荷的大小决定了气体发

生器或发动机的外廓尺寸与结构质量。

实现高床载、长寿命的关键是催化剂具有良好的活性及活性寿命。良好的活性主要依靠优化镀银及后期活化工艺,以期获得理想的表面状态。但催化剂的活性并不是越高越好,比如,催化剂床的长寿命与高活性往往是相互矛盾的,当镀层的表面粗糙度较大(即比表面积较大)时,催化剂往往表现出较高的活性,但表面粗糙度过大可能导致催化剂在高温、高速分解气体的冲刷下快速流失,催化剂寿命降低。因此,需要在活性与寿命之间进行协调与优化。再如,当催化剂的活性较高时,反应向前床集中,并形成高温的分解气体通过中、后床,会导致其中的催化剂经历的温度偏高,同样会影响催化剂的寿命,同时还会造成催化剂床的流阻偏大等问题。催化剂床的参数选择和结构设计对分解性能影响很大,合理的催化剂床参数如床载荷、直径和长度是保证催化剂在较优状态下工作的必要条件,因此设计合理的催化剂床结构能充分发挥催化剂的潜力。

在实际应用中,浓度为 90% 的过氧化氢催化床稳态工作的寿命已经达到数小时。寿命的长短还受到推进剂的性质、热力循环及床载荷的影响。目前设计的 100 N 和 25 N 发动机,通过合理的催化剂床结构设计和提高催化剂性能等工作,已经达到了床载荷 40 g/(cm^2·s),寿命数千秒以上。相比之下,肼催化剂床的床载荷通常为 4~5 g/(cm^2·s),要低一个数量级。

(2) 催化剂床工作稳定性技术

在高床载荷下,很多新研制的过氧化氢催化剂床都遇到了工作稳定性问题,表现为工作时室压出现大幅值的低频振荡,粗糙度有时超过 100%。出现这种问题的本质往往是过氧化氢在催化剂床内的流动不均匀,在某些流阻较低的区域形成液态过氧化氢的聚集,直接流到温度较高的下游,形成催化剂床的“短路”。这些直接进入催化剂床下游的过氧化氢在高温环境下迅速热分解,造成室压的突然升高,导致进入催化剂床的过氧化氢瞬时流量减小,使得后续分解室压力降低,继而又会引起流量的增大。如此循环,形成流量型工作不稳定。这与双组元发动机中的低频燃烧不稳定的机理十分相似。

这种室压低频振荡一方面与催化剂的特性及其装配工艺有关，另一方面，也与催化剂床的结构密不可分。采用多孔式分配板时，要保证催化剂床整个横截面的流量均匀，并提供一定的压降，形成适当的阻尼。如果分配板设计不合理，导致催化剂床中的过氧化氢流量不均匀，或提供的阻尼偏小，均有可能造成液态过氧化氢的聚集与催化剂床的"短路"。

另外，由于催化剂网片和壳体所用的材料不同，在冷热交替工作条件下，膨胀系数的差异会造成催化剂床与室壁之间出现间隙，形成"隧道"效应，也会导致催化剂床"短路"。因此催化剂床结构设计上还应重点防止出现过氧化氢贴壁流的现象。

有的发动机要求催化剂床具有变工况能力，需要保证催化剂床在高、低床载荷下均能稳定工作。在小工况时，分配板的阻尼不足，容易产生室压的低频振荡。可通过优化头腔、分配板、分解室边区结构的设计，银网的装填工艺，催化剂分解活性调整，来解决催化剂床变工况工作不稳定的问题，从而实现大范围变工况。设计的单组元分解燃气发生器实现了 10：1 的工况变比，各工况下发生器工作稳定，粗糙度很小。

（3）高浓度和高温分解技术

目前常用的银网催化剂只能适用于浓度为 92% 以下过氧化氢的分解。为了提高过氧化氢发动机的性能，采用更高浓度过氧化氢成为一种发展趋势。过氧化氢的分解温度随着浓度的提高而升高，98% 的过氧化氢绝热的分解温度达到 950 ℃，已超过了银的熔点（840 ℃）。因此需要采用新型催化剂。

分解气体的温度还随着催化剂床入口过氧化氢温度的提高而升高。当过氧化氢作为再生冷却剂通过推力室的冷却夹套时，会有一定的温升，这将导致分解气体温度的进一步升高。对于 90% 的过氧化氢，当催化剂床入口温度超过 60～63 ℃ 时，分解温度将升高 100 ℃ 左右，银网可能发生烧结或熔化。

20 世纪 60 年代，美国曾进行耐高温银钯合金催化剂床的试验研究，98％的过氧化氢有优良的催化分解能力，但冷起动特性差。为解决高浓度过氧化氢的催化分解问题，NASA 已委托波音公司、普渡大学等寻找新的催化剂材料或催化形式。波音公司成功地研制出了 98％的过氧化氢催化剂床，工作寿命超过了 10 000 s。

5.3.2　国外研究现状

在过氧化氢催化分解技术研究中，曾经采用了很多种催化剂，从最初的液态催化剂、颗粒催化剂到银网催化剂，近几年又出现了层板催化剂床这种新型结构。

最早研制的过氧化氢催化分解系统，大部分使用液态催化剂喷注技术，其中多数使用高锰酸盐溶液作为催化剂。液态催化剂催化分解技术的缺点主要是液体催化剂的浓度有限，所含的大量水分会稀释过氧化氢，导致分解温度及发动机比冲较低。

由于液体催化剂催化分解比冲较低，且系统复杂，随后人们研制了固态催化剂催化分解技术。颗粒催化剂就是其中之一，它采用多孔颗粒状物质作为催化剂载体，载体上浸有催化剂，当过氧化氢流过催化剂床时，与颗粒载体上的催化剂发生催化分解反应。二战期间，德国的过氧化氢/煤油潜艇发动机使用颗粒催化剂催化分解过氧化氢。二战后，美国和英国也开始使用颗粒催化剂床。美国红石导弹的涡轮泵气体发生器使用的催化剂就是充满高锰酸钙的碳化硅颗粒。俄罗斯科学中心应用化学所从 1996 年起陆续研制出了 K-83 等系列催化剂，用于浓度低于 95％的过氧化氢分解，而且也完成了 K-88 等系列催化剂研制试验，计划用于浓度高达 100％的过氧化氢。颗粒催化剂床主要问题为床载较低，高压下容易破碎，这样会造成床流阻过大或流量降低，影响催化剂床性能。

20 世纪 60 年代中期，人们发明了更轻巧且寿命更长的银网催化剂床，逐渐取代了颗粒催化剂床，是目前最常用、最成熟的过氧化氢催化剂床。所谓银网催化剂是在金属网上镀银，进行活化处理，再将这些网片层层叠放、压制而成。镀银基材可为镍、镍铬合金及不锈钢等。英国的伽马系列发动机和美国的 AR 系列发动机均采用了银网催化剂床。

过氧化氢银网催化剂床主要由集液腔、分配板、银网及支撑板组成。集液腔与分配板使得过氧化氢均匀地进入催化剂床，分配板具有一定的开孔率，能形成一定的压降，在系统中起阻尼的作用；银网作为催化剂促使过氧化氢发生催化分解，其中前床、后床银网的作用与成份有所差异，通常前床银网要求活性要高一些，后床则活性低一些，以保证催化剂具有更长的寿命，同时采用较低目数来降低流阻；在银网中通常设置止流环，防止过氧化氢沿室壁流动；支撑板用来支撑银网，要求它在高温环境下具有足够的刚度。银网催化剂床的结构组成如图 5-1 所示。

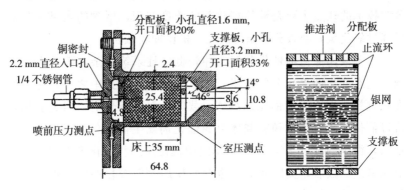

图 5-1　过氧化氢银网催化剂床的结构组成

近年来，无毒化的需求使过氧化氢分解方式和催化剂研制得到了较快发展。通用动力公司研制了浓度为 70%～98% 的过氧化氢催化剂床，完成了确定过氧化氢装置寿命标准的试验，给出了九种不同装置的性能数据，包括推力为 13 N 的单组元发动机和用于 4.45 kN 双组元发动机的燃气发生器。单个装置的寿命超过了 6 000 s。2004 年研制了新型的银网催化剂床，床载荷可高达 98 g/(cm² · s)，室压粗糙度低于 3%。

凯瑟马跨特公司也开展了过氧化氢不同催化技术的研究。针对上面级飞行试验（USFE）计划的上面级发动机银网催化剂床进行了工艺改进和试验。主要是研究镍基材料的镀银和硝酸钐覆层工艺、催化剂床结构、银网表面状态及床载荷等对催化剂活性、分解效率、寿命及冷起动特性的影响，并进行了 220 N 单组元推力室热试，为上面级发动机的设计提供了试验依据和设计准则。

宇航喷气公司设计了一种整体式的非均相催化剂床。催化剂由一叠非常薄的、镀银的光刻金属板构成，用 90% 的过氧化氢进行了验证，在床载 42 $g/(cm^2 \cdot s)$、室压 12.4 MPa 下的床流阻为 1.23 MPa，寿命大于 900 s。这种催化剂床的突出优点是床长非常短，只有 13 mm，结构十分紧凑，响应快；催化剂床是一个整体，维护和更换方便，不同催化剂床之间的一致性较好。其缺点是过氧化氢的流道较为曲折，造成床流阻较大，特别在低室压时更是如此，通常只能用于高室压的场合。

5.3.3　国内研究现状

早在 20 世纪 50 年代，在我国第一代中程战略导弹研制的 5D52 发动机，就采用过氧化氢作为发生器的工质，通过颗粒状催化剂催化分解后产生热蒸气，驱动发动机的涡轮。到了 20 世纪 90 年代，随着过氧化氢推进技术的复苏，国内再次开始了过氧化氢单组元技术研究热潮。最初的研究借用了肼分解单组元推力室，采用颗粒催化剂，床载通常只有 3~5 $g/(cm^2 \cdot s)$，试验照片如图 5-2 所示。

某型 200 N 过氧化氢单组元催化分解发动机采用颗粒催化剂，床载荷为 3.65 $g/(cm^2 \cdot s)$，催化剂床长 50 mm，累计工作时间 4 000 s，稳态工作时间达到 2 000 s，进行了 600 s 稳态和脉宽为 20~500 ms 的脉冲试验，室压粗糙度 3.3%，发动机性能和催化剂床性能均没有下降。

在轨道机动发动机研究项目中设计了 90% 的过氧化氢气体发生器，采用颗粒催化剂，经过攻关，床载荷提高到 7 $g/(cm^2 \cdot s)$。多

 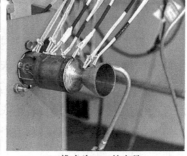

(a) 推力为25 N的产品　　　　　　(b) 推力为98 N的产品

图 5-2　采用颗粒催化剂的产品

次的热试考核表明，发生器工作稳定，性能良好并且可以多次起动，分解效率超过98%，室压粗糙度低于2%。其产品如图5-3所示。

图 5-3　90%过氧化氢的气体发生器

采用颗粒催化剂的催化剂床存在着床载荷难以提高、床流阻偏大的问题。研究重点转向了银网催化剂。设计了多种推力单组元发动机并完成了考核试验：100 N发动机采用非常规的轮毂式分配板，最高床载达到40 g/(cm²·s)，累计寿命2 000 s以上；25 N发动机在床载荷高于30 g/(cm²·s)时稳态工作寿命不低于3 000 s，室压粗糙度低于4%，分解效率高于99%，其室温起动特性比肼分解发动机要好。其产品如图5-4所示。

(a) 推力为100 N的产品　　　　　(b) 推力为25 N的产品

图 5-4　采用银网催化剂的产品

近两年，又突破了过氧化氢高温分解技术和催化剂床大范围变工况技术。在过氧化氢入口温度为 70 ℃时，催化剂床能够正常工作，分解效率高于 98%，床流阻低于 0.75 MPa；单一催化剂床的流量变比超过 10:1，催化剂床工作稳定。

当前，90% 的过氧化氢的催化分解技术已经基本能够满足单组元发动机、气体发生器及双组元发动机的需求。今后将在更高浓度、更高床载、更长寿命及更高工作可靠性等几个方向开展进一步的研究。

5.4　双组元发动机技术

20 世纪 90 年代后，随着过氧化氢发动机技术热潮的再度兴起，在早期研制和应用的基础上，国内外又提出和开展了许多新的过氧化氢发动机研制计划，如美国除了将原先研制的 AR2-3 发动机、LR-40 发动机进行改进设计外，还开展了上面级飞行试验计划（USFE）及可重复使用发动机 ARRE（美国空军的空间机动飞行器 SMV）、可重复使用的上面级推进系统（RUS）等过氧化氢发动机的研制工作，俄罗斯也开展了过氧化氢发动机的研制。为使过氧化氢发动机在与有毒推进剂发动机的竞争中更具吸引力，新研制的过氧化氢发动机普遍采用高浓度过氧化氢，如 98% 的过氧化氢，采用泵压式闭式循环系统方案，发动机的性能达到与有毒推进剂相当的水平，同时密度比冲大的优势更加显著。另外，发动机往往还具有大范围推力调节、多次起动和可重复使用的能力。

目前的研制工作主要集中在高浓度过氧化氢催化分解、推力室点火、耐高温和深度节流的涡轮泵等技术上。在这些技术领域，美国和俄罗斯等国做了大量的研究工作，并取得了突破性进展。

国内也开展了过氧化氢双组元发动机技术的研究工作。完成了过氧化氢推进剂、材料相容性、催化分解、推力室点火、传热及再生冷却、动密封技术等基础研究。并在此基础上，进行了 50 N、200 N、1 000 N 等双组元姿控发动机的研究，验证各种关键技术。重点开展了 40 kN 级挤压式发动机、37 kN 泵压式轨道机动发动机、35 kN 补燃循环发动机及 12 kN 泵压式过氧化氢/煤油变推力发动机等研制工作。

5.4.1　发动机系统方案

过氧化氢双组元发动机的系统方案通常有挤压式和泵压式两种。

挤压式过氧化氢双组元发动机具有系统简单、工作可靠及易实现多次起动等优点，技术较成熟，一般用于推力、总冲较小的场合。当然缺点也比较明显：发动机室压通常都在 2～4 MPa 左右，需较高的入口压力，造成贮箱、气瓶及整个动力系统的结构质量较大；其次，相对较低的室压限制了大面积比喷管的使用，造成发动机比冲较低。比尔火箭一级发动机 BA3200（真空比冲为 2 541 m/s）、二级发动机 BA - 810（真空比冲为 2 766 m/s）、三级发动机 BA - 44（真空比冲为 2 943 m/s）及上面级飞行试验计划的发动机（真空比冲为 2 698 m/s）采用了挤压式方案。

与挤压式过氧化氢双组元发动机相比，泵压式过氧化氢双组元发动机的方案优点如下：推进剂贮箱压力低，有利于减小贮箱及增压系统的结构质量，同时增压气体的消耗量也较少；燃烧室压力可以不受发动机入口压力的限制，燃烧室压力高有利于减小发动机的结构尺寸，或在相同的外廓尺寸下，选择更大面积比的喷管，因而发动机的性能较高。已经飞行和正在研制的过氧化氢发动机多为泵压式供应系统方案，如美国 LR - 40 改进型发动机、ARRE 发动机及 RD - 161D 发动机的真空比冲均在 3 139 m/s 以上。

5.4.2　发动机循环方式

泵压式过氧化氢双组元发动机按照涡轮燃气的排出方式可分为气体发生器循环（开式循环）、全流量补燃循环（闭式循环）和部分流量补燃循环（闭式循环）。

（1）气体发生器循环

气体发生器循环发动机的涡轮燃气直接排入周围环境，或者引入推力室喷管。这类发动机以 AR2 - 3、伽马 MK201 及 TR - 108 等发动机为典型代表，采用的是单组元催化分解气体发生器，与常规推进剂的泵压式双组元发动机相比，其系统较为简单，易于实现变推力和重复使用。

美国 AR2 - 3 发动机的系统组成如图 5 - 5 所示，采用单个涡轮驱动氧化剂泵和燃料泵，从氧化剂泵出来的过氧化氢流经氧化剂主阀、冷却套，进入催化剂床分解为过热水蒸气和氧气。从氧化剂泵分流出的过氧化氢通过调节阀进入气体发生器，分解气体驱动涡轮后直接排出，通过控制进入燃气发生器的过氧化氢流量来实现推力调节。从燃料泵出来的煤油经燃料主阀进入燃料喷注器，喷射进高温富氧蒸气中进行燃烧。

美国可重复使用的上面级推进系统发动机，采用单组元气体发生器循环，与 AR2 - 3 发动机不同的是分解气体驱动涡轮后引入推力室尾喷管，而非直接排出。上面级推进系统发动机的系统组成如图5 - 6所示。

国内研制的泵压式过氧化氢双组元变推力发动机，推力为12～4 kN。其特点为：采用单组元气体发生器循环；过氧化氢再生冷却推力室，采用全流量催化点火方案；涡轮泵采用涡轮与泵同轴的传动

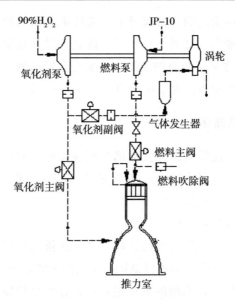

图 5 - 5　美国 AR2 - 3 过氧化氢发动机的系统组成

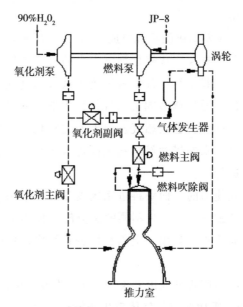

图 5 - 6　美国上面级推进系统过氧化氢发动机的系统组成

布局;采用流量调节器控制副系统流量,实现大范围变推力;采用混合比调节器控制推力室的混合比,使各个工况下推力室混合比保持不变,从而保证最佳的推力室性能;采用可充填的起动箱,向发生器提供起动时的过氧化氢,实现多次起动;为了增加多次起动的可靠性,系统还增加了吹除系统和排放系统,在每次关机后对发动机进行吹除。

12 kN 泵压式过氧化氢双组元变推力发动机由再生冷却推力室、涡轮泵、单组元气体发生器、氧化剂隔离阀、燃料隔离阀、氧化剂主阀、排放阀、燃料主阀、起动阀、流量调节器、混合比调节器、电动气阀、过氧化氢起动箱、吹除组件及管路组件等组成,如图 5 - 7 所示。各控制元件都按照多次起动状态设计,发动机具有多次起动能力。

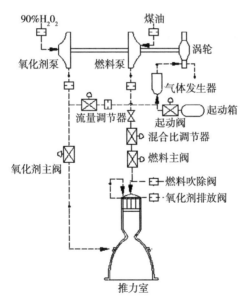

图 5 - 7　12 kN 过氧化氢发动机的系统组成

(2) 全流量补燃循环

全流量补燃循环发动机的所有过氧化氢均通过气体发生器,主要由再生冷却推力室、涡轮泵、预燃室(气体发生器)、氧化剂主

阀、燃料主阀、流量调节器、吹除组件及管路组件等组成。发动机
的系统组成如图 5-8 所示。起动前，在贮箱压力作用下推进剂充填
至氧化剂主阀、燃料主阀前。按照预定时序，氧化剂主阀打开，过
氧化氢泵流出的过氧化氢通过再生冷却通道，进入预燃室（气体发
生器）中，将过氧化氢催化分解为高温氧气和水蒸气。分解气体分
成两路：一路吹动涡轮旋转，带动氧化剂泵、燃料泵，使得进入预
燃室的过氧化氢流量增加，涡轮做功能力增加，泵后压力进一步提
高；另一路经分流管和燃气节流圈引入推力室。对涡轮做功后的高
温气体通过燃气导管进入推力室头部，与分流的气体混合后，经气
喷嘴进入到燃烧室中。当燃烧室内压力达到一定值后，采用燃气压
力信号反馈或按预定时序将燃料主阀打开，煤油进入头腔、经液喷
嘴进入燃烧室，被高温富氧蒸气点燃燃烧。燃气经喷管加速后喷出
以产生推力，发动机进入主级工作状态。

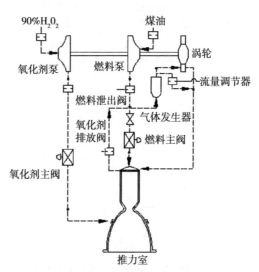

图 5-8　全流量补燃循环发动机的系统组成

　　采用全流量补燃循环方式，当有变推力需求时，可在气体发生
器后的分流管路上设置流量调节阀，控制进入涡轮的过氧化氢分解

气体流量。由于过氧化氢分解气体温度较高，因此流量调节阀的研制难度较大，结构质量也较大。这是全流量补燃循环方式的主要缺点。

（3）部分流量补燃循环

在部分流量补燃循环发动机中，小部分过氧化氢进入发生器催化分解，驱动涡轮后进入推力室，大部分过氧化氢或在推力室头部的主催化剂床中完成催化分解，与驱动涡轮的那部分过氧化氢汇合后喷入燃烧室，或通过三流体喷注器直接以液态形式喷入燃烧室。部分流量补燃循环可分为过氧化氢泵后分流和冷却套后分流两种方案，如图 5-9 所示。

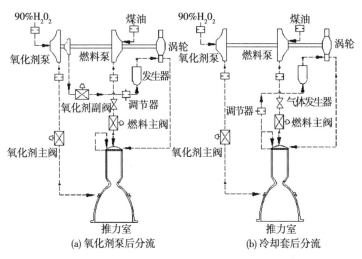

图 5-9　部分流量补燃循环发动机的系统组成

部分流量补燃循环发动机（以氧化剂泵后分流方案为例）工作原理：在贮箱压力作用下，推进剂充填至氧化剂主阀和副阀、燃料主阀前。按照预定时序，副阀和调节器打开，泵出口的过氧化氢进入发生器催化分解为高温燃气吹动涡轮旋转，带动氧化剂泵、燃料泵转动，使得进入发生器的过氧化氢流量增加，涡轮做功能力增加，泵后压力进一步提高，这部分过氧化氢驱动涡轮后引入推力室。当泵出口压力达到一定后，打开氧化剂主阀，氧化剂泵出口的过氧化氢通过主阀进入推力室冷却夹套后，进入主催化剂床分解，或通过三流体喷注器引入燃烧室中燃烧。当燃烧室内压力达到一定后，采用燃气压力信号反馈或按预定时序将燃料主阀打开，煤油经液体喷嘴进入到燃烧室中与上述两股过氧化氢燃烧，燃气经喷管高速喷出以产生推力，发动机进入主级工作状态。

部分流量补燃循环方式的优点是发生器的过氧化氢流量较小，发动机整体结构布局更为合理，且通过调节发生器的液态过氧化氢流量，可以很容易实现发动机变推力，且调节器结构尺寸小、可靠性高。宇航喷气公司正在研制的 ARRE 发动机即采用了部分流量补燃循环，通过三流体喷注器来组织驱动涡轮后的过氧化氢分解气体、从推力室冷却套流出的流态过氧化氢、来自燃料泵后的煤油三者的喷注与燃烧。

5.4.3　推力室点火方式

过氧化氢与烃类（或醇类）推进剂组合属于非自燃推进剂，推力室点火方式主要有全流量催化分解点火、三流体喷注器点火、火炬点火及自燃点火等。

（1）全流量催化分解点火

发动机通常采用锰基或银基催化剂，过氧化氢先经过催化剂床分解成高温富氧燃气，进入燃烧室与燃料混合后点火燃烧，这是过氧化氢双组元发动机最常用的一种点火方式。如美国的上面级飞行试验计划的 44.5 kN 发动机（挤压式）、AR 系列发动机（泵压式）、比尔（Beal）公司的过氧化氢/煤油运载火箭一、二、三级发动机（挤压式）、英国的伽马系列发动机（泵压式）、美国 LR - 40 发动机及诺斯罗普·格鲁曼（Northrop Grumman）公司 150 kN 泵压式 TR108 发动机等，均采用全流量催化分解点火方式。

全流量催化分解点火过程相对简单，起动平稳迅速，工作稳定，其室压曲线如图 5 - 10 所示。缺点是所有过氧化氢都经过分解室，要求催化剂床载荷高，即便在高床载荷下，分解室尺寸依然较大，结构较为笨重。

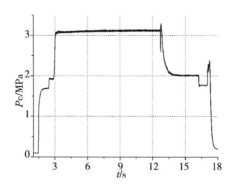

图 5 - 10　全流量催化分解点火的室压曲线

（2）三流体喷注器点火

针对全流量催化分解点火的发动机分解室结构笨重的缺点，开展了部分流量催化分解的研究，部分过氧化氢经气体发生器分解驱动涡轮后引入燃烧室，通过三流体喷注器点燃其余的液态过氧化氢和煤油。这种方案的优点在于：大大降低对催化剂床载荷、床结构及寿命的要求；与全流量催化分解点火相比，克服了推力室催化剂床结构笨重的弊端，发动机的结构质量大幅减轻；从推力室冷却套流出的高温过氧化氢不再进入催化剂床，避开了高温过氧化氢催化分解的技术难题；与燃料中加自燃添加剂的自燃点火方案相比，燃料没有贮存性问题，成本也低得多。

90％的过氧化氢分解产物的温度只有 740 ℃，能量偏低，驱动涡轮做功后能量进一步降低，如何点燃大流量的液态过氧化氢和煤油，需要合理地分配点火能量，并通过三流体喷注器保证三种流体达到理想的雾化、混合与燃烧。

国内于 2004 年开展了该项研究，开发了三流体喷嘴和喷注器，并成功地进行了单喷嘴点火和多喷嘴点火试验。室压曲线如图 5 - 11 所示，试验时采用了 25％的过氧化氢先催化分解，由此可大幅减小催化剂床的尺寸。

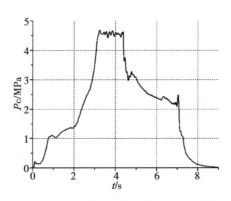

图 5-11　三流体喷注器点火的的室压曲线

（3）火炬点火

在火炬点火方面，美国的洛克达因公司完成了 98％的过氧化氢/煤油（JP-1）火炬点火器试验，共进行了 41 次不同工况的点火试验，并进行了 7 次用火炬点燃主燃烧室的试验，验证了部分催化点火方案的可行性。俄罗斯 RSC-AC 也成功进行了 400 N 推力室的部分流量催化火炬点燃主燃烧室的点火研究。

（4）自燃点火

过氧化氢/煤油（或醇类）自燃点火机理不同于常规自燃推进剂，烃类、醇类燃料是惰性的，其还原性较差，和液态过氧化氢接触时无法着火燃烧。在烃类、醇类燃料中加入催化剂，与过氧化氢接触后，催化剂会使过氧化氢迅速分解，产生氧气并释放热量，加热燃料至着火点温度，形成着火燃烧。采用此项技术，发动机头部无须设置分解室或点火器，发动机的结构更简单，质量和体积更小；发动机的工作时间不受催化剂床寿命的限制，有良好的多次起动和重复使用特性，更适合姿控发动机应用。

美国海军空战中心（NAWC）研制出无毒自燃易溶燃料（NHMF），以甲醇、丁醇作为燃料基体，完成了 111 N 和 1335 N 推力室地面考核热试和真空点火试验。美国斯威夫特（Swift）公司、桑迪亚（Sandia）国家实验室及凯瑟·马跨特（Kaiser Marquardt）公司也开发了不同的烃类、醇类无毒自燃新燃料，点火延迟期可缩短至 11 ms。普渡（Purdue）大学研制了醇类新燃料，确定了过氧化氢/1-丁醇的比冲与密度比冲最高，可溶性应变环状化合物 SSR 与甲醇及锰基催化剂混合时，可提高比冲和减少点火延迟期，完成了 187 N 发动机的自燃点火试验。

俄罗斯于 20 世纪 90 年代也开展了类似的研究工作。莫斯科航空学院进行了 93%～94% 的过氧化氢/煤油的自燃点火试验，点火延迟期为 17～24 ms。俄罗斯科学中心应用化学所研制了新型低毒燃料 Diran-A，采用 4 kN 推力室完成考核试验，点火延迟期为 8 ms。

近年来，国内相关研究所陆续公布了自燃燃料方面的研究成果，对过氧化氢/煤油（醇类）配方进行了理论研究与试验，开发了烃类、醇类新燃料，点火延迟期为 10～30 ms，并通过了 25 N、30 N、50 N、200 N 及 50 kN 多种推力量级发动机的热试考核，实现了可靠点火、平稳起动、多次起动及较高的燃烧效率。目前，还需对点火延迟期较常规自燃推进剂长、燃烧粗糙度大等问题开展进一步的研究，并开展了过氧化氢凝胶化研究。

5.4.4　多次起动技术

采用闭式循环的过氧化氢/煤油双组元发动机，由于推力室点火前后涡轮的背压差别较大，在推力室点火前能够提供较大的涡轮泵功率裕度，便于涡轮泵转速的快速提升，因此可采用自身起动方案，能够实现发动机的多次起动。

对于开式循环过氧化氢双组元发动机，难以采用自身起动方案，需要采用专门的多次起动系统。国内研制的几种泵压式过氧化氢双组元发动机中，采用开式循环的 37 kN 发动机和 12 kN 变推力发动机均要求实现多次起动。为此，对多次起动技术进行了研究。

过氧化氢双组元发动机多次起动的系统组成如图 5-12 所示。在发动机副系统中设置可多次充填的起动箱，发动机起动过程起动箱向发生器提供过氧化氢。在发动机正常工作时，来自泵后的过氧化氢一方面给发生器提供过氧化氢，同时对起动箱进行反充填，以满足下次起动的需要。

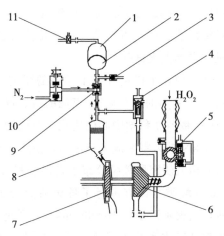

图 5 - 12　过氧化氢发动机多次起动的系统组成

1—起动箱气腔；2—起动箱液腔；3—过氧化氢加注泄出阀；4—氧化剂副阀；
5—过氧化氢隔离阀；6—过氧化氢泵；7—涡轮；8—发生器；9—起动阀；
10—起动阀控制电磁阀；11—电爆阀

过氧化氢双组元发动机多次起动的过程：给起动箱控制气体电爆阀通电，控制气体进入起动箱气腔；随后给隔离阀控制电动气阀通电，发动机氧化剂和燃料隔离阀通气打开，推进剂在贮箱压力的作用下，充填发动机内腔；氧化剂充填至氧化剂主阀、氧化剂副阀前，燃料充填至燃料主阀前；发动机内腔充填结束后，位于起动箱与发生器之间的起动阀通气打开，起动箱液腔中的过氧化氢进入发生器，过氧化氢催化分解后产生高温气体，驱动涡轮并带动氧化剂和燃料泵起旋，涡轮加速，两泵出口压力升高；当氧化剂泵后压力大于发生器上游的氧化剂副阀的打开压力时，氧化剂副阀打开，来自氧化剂泵后的过氧化氢进入发生器，同时对起动箱进行反充填；经过一段时间的充填后，起动阀关闭；随着进入发生器的氧化剂流量不断增加，副系统过渡到额定工作状态。主系统的起动过程与前述一致。

过氧化氢双组元发动机多次起动的核心组件是可充填的起动箱。起动箱可采用氟塑料复合膜片式结构，分气腔和液腔，中间由膜片隔开。起动箱以落压的方式工作，工作时气腔压力不断降低，为了保证在工作末期仍能提供一定流量的过氧化氢，需要相对较大的气腔容积。

5.4.5　推力室

以催化分解点火的推力室为例，推力室采用气—液燃烧方式，主要由分解室、气液喷注器、再生冷却身部及喷管组成。分解室大多设置在喷注器上游，以达到结构简化和发动机整体布局紧凑的目的。

国外很多过氧化氢推力室采用了"汽口＋直流燃料喷孔"的喷注器方案，如英国伽马 MK201 发动机、美国 USFE 发动机、AR2－3 发动机等结构简单。在喷注器盘上留有大的汽口，分解燃气由汽口直接进入燃烧室，每个汽口周围分布一定数量的燃料喷孔，向燃烧室内轴向（或带有倾角）喷射燃料，依靠高速燃气流将煤油射流击碎成为小液滴，雾化、混合后与过氧化氢分解气体自发燃烧。

国内研制的 12 kN 过氧化氢双组元发动机的推力室也采用了这种气—液喷注器方案，如图 5－13 所示。汽口呈 3 圈排布，在其周围分布着燃料喷孔。在靠近燃烧室壁的区域，还布置着一圈燃料液膜冷却小孔。喷注器设计时没有采用专门的燃烧稳定性装置，这主要是由于过氧化氢催化分解时释放了大量的能量，燃烧室的能量释放密度大大减小，燃料在高温富氧燃气中雾化、蒸发和平稳燃烧，不易产生燃烧不稳定性的问题。

通过多次推力室热试考核表明，这种喷注器点火特性好，性能较高，额定工况下特征速度效率达到 0.96，喷注器的调节性能和燃烧稳定性好。由于液态燃料的雾化和混合主要依赖于分解气体，因

图 5-13 12 kN 过氧化氢发动机的喷注器

此喷注器具有较宽的流量调节范围，在流量变比为 3∶1 时，仍能保持工作稳定，并具有较高的性能。

过氧化氢的比热较大，是优良的再生冷却剂。对于 12 kN 过氧化氢双组元发动机，传热计算表明，过氧化氢在冷却套内的温升在高工况时仅为 40 ℃。随着工况的减小，冷却流量减小、流速降低，推进剂温升增加，最小工况为 51.9 ℃，满足变推力条件下的冷却需要。

目前液体火箭发动机的再生冷却身部常用钎焊的方法将内、外壁连接成整体。由于过氧化氢与几种常用钎焊料不相容，推力室的再生冷却通道内、外壁连接工艺成为制约过氧化氢发动机研制的瓶颈。采用高能束熔焊（电子束、激光焊接工艺），将内、外壁连成整体，可以避开钎焊工艺。这种连接方法已经经过了工艺试验，强度及气密试验证明满足使用要求，并成功经过了地面热试车的考核。

5.4.6 涡轮泵

与常规推进剂相比，过氧化氢有热分解和催化分解的特性，分解过程伴随着大量热的释放。涡轮泵设计时要始终关注这一点。在涡轮总体布局、材料选取、密封组件设计、产品生产和装配、试验时起动及关机程序安排等环节，需采用针对性措施。

通常，同轴式过氧化氢涡轮泵大都采用过氧化氢泵与涡轮在两端、燃料泵居中的总体布局，如美国 AR2 - 3 发动机、LR - 40 发动机、ARRE 发动机和上面级推进系统发动机。这种布局使过氧化氢远离涡轮热源，便于进行热管理，容易满足再次起动的要求。12 kN 过氧化氢双组元发动机及先进上面级发动机的涡轮泵均采用了这种布局，如图 5 - 14 所示。

图 5 - 14　过氧化氢泵与涡轮的两端偏置式布局

有一些发动机也采取了其他的布局型式。如英国的伽马 MK201 发动机采用了涡轮居中的总体布局。这种方案的优点是涡轮泵结构紧凑、临界转速高。但对于需要进行再次起动的发动机，由于过氧化氢泵与涡轮相邻，需要解决关机后涡轮热量向过氧化氢泵热返浸的问题，保证在两次工作间歇期内和再次起动过程不会产生过氧化氢热分解现象。国内研制的 37 kN 过氧化氢双组元发动机，因借用了已有型号产品的一些零部件，其涡轮泵也采用了这种总体布局，如图 5 - 15 所示。通过结构优化，减小涡轮向氧化剂泵的传热，以及关机时对氧化剂腔道进行吹除，保证了起动、关机过程的安全性，并于 2006 年成功地进行了涡轮泵联试。

此外，美国新研制的 TR108 发动机采用了涡轮偏置、氧化剂泵居中的布局，这可能是基于提高涡轮泵转速等方面的考虑，同时发动机仅进行一次起动工作，无须考虑热返浸问题。

图 5 - 15　涡轮的置中式结构布局

如何在高速运转条件下，保证过氧化氢的动密封安全、可靠地工作，是泵压式过氧化氢双组元发动机的关键技术。主要采取的措施：对密封处组织充分的冷却，防止摩擦副温度过高；选用与过氧化氢相容的材料，进行仔细的钝化，并保证装配过程产品不受污染；选取合适的密封结构与密封比压，既能保证良好的密封，又要减小摩擦副的负荷，以减小热量的产生；进行周密的密封运转试验，发现设计中存在的问题，及时调整设计方案。

5.5　展望

过氧化氢作为液体推进剂有诸多优点。在双组元推进剂中，过氧化氢直到目前依然是惟一经过飞行考核的常温、无毒、可贮存推进剂，在许多场合可得到广泛应用。

进一步的研究工作包括以下几方面。

（1）98％过氧化氢催化分解技术

目前国内 98％过氧化氢催化分解技术刚刚起步，尚不成熟。需要研制能够耐高温、长寿命的催化剂及其基材。

（2）先进的过氧化氢发动机点火技术

如进一步开展三流体喷注器技术研究，减小推力室尺寸和结构质量。

（3）高浓度过氧化氢涡轮泵技术

98％过氧化氢分解气体的高温环境使得涡轮的设计面临严峻的挑战。最基本的要求是采用能适应高温环境和与过氧化氢分解气体相容的材料，陶瓷基复合材料将成为首选。

参 考 文 献

[1]   CURTIS I M. The Peroxide Pathway [J] . AFRL – VS – PS – TR – 1998 – 1049.

[2]   VENTURA M. A Brief History of Concentrated Hydrogen Peroxide Uses
       [J] . AIAA 1999 – 2739.

[3]   MORLAN P, WU P. Catalyst Development for Hydrogen Peroxide
       Rocket Engines [J] . AIAA 1999 – 2740.

[4]   WERNIMONT E. Recent Developments in Hydrogen Peroxide
       Monopropellant Devices [J] . AIAA 1999 – 2741.

[5]   WU P K. Development of a Pressure – Fed Rocket Engine Using Hydrogen
       Peroxide and JP – 8 [J] . AIAA 1999 – 2877.

[6]   VENTURA M. The Use of Hydrogen Peroxide for Propulsion and Power
       [J] . AIAA 1999 – 2880.

[7]   ROSS R, MORGAN D. Upper Stage Flight Experiment 10K Engine
       Design and Test Results [J] . AIAA 2000 – 3558.

[8]   BRIAN M, MARK C. Investigation of Hypergolic Fuels with Hydrogen
       Peroxide [J] . AIAA 2001 – 3837.

[9]   VENTURA M C. History of the Reaction Motors Super Performance 90%
       H_2O_2/Kerosene LR – 40 Rocket Engine [J] . AIAA 2001 – 3838.

[10]   SADOV V. HP – based Green Rocket Propellant [C] . The 1st
       International Conference on Green Propellants for Space Propulsion, 2001.

[11]   POURPOINT T, RUSEK J. Investigation of Homogeneous and
       Heterogeneous Catalysis for the Propulsive Decomposition of Hydrogen
       Peroxide [C] . The 1st International Conference on Green Propellant for
       Space Propulsion, 2001.

[12]   WERNIMONT E. Catalyst Bed Testing for Development of a 98% Hydrogen
       Peroxide Procurement Speci — fication [J] . AIAA 2002 – 3852.

[13]   SADOV V N. Self – Ignition of Low – Toxicity Fuel Diran – A with

Hydrogen Peroxide in Combustion Chamber [C]. The 5th International Hydrogen Peroxide Propulsion Conference，2002.

[14]　RONALD J U. NASA Hydrogen Peroxide Propulsion Perspective [C]. 5th International Hydrogen Peroxide Propulsion Conference，2002.

[15]　PAUL Y K. Design and Development Testing of the TR - 108 a 30kblf Thrust Class Hydrogen Peroxide/Hydrocarbon Pump - Fed Engine [J]. AIAA 2005 - 3566.

[16]　杜宗罡，刘凯强，符全军. 过氧化氢凝胶化技术研究[J]. 火箭推进，2006，32（2）：52 - 57.

[17]　白云峰，林庆国，金盛宇，等. 过氧化氢单元催化分解火箭发动机研究[J]. 火箭推进，2006，32（4）：15 - 20.

[18]　王菊金. 过氧化氢推进技术综述[J]. 第五届液体火箭推进会议，2010.

第6章 凝胶推进技术

6.1 引言

为了解决液体推进剂大多易燃、易爆、有毒，且密度较低，使用维护性、安全性较差和固体火箭发动机比冲较低、难以实现推力调节和多次起动等问题，国内外一直探索新型推进剂，凝胶推进剂能够兼顾液体和固体推进剂的优点，是化学推进技术的重要发展方向。

凝胶推进剂不仅具有固体推进剂使用性能良好的优点，也具有液体推进剂性能较高，推力可调节以及发动机能长时间工作的特点。作为非牛顿流体，常温常压条件下贮存不易流动，具有良好的安全性，加压后具有较好的流动性，应用在火箭发动机中可以获得良好的性能。经过多年的研究，凝胶推进技术已经获得较大的突破，进入工程应用阶段。

6.2 凝胶推进剂

凝胶推进剂是直径为 $0.001\sim0.1~\mu m$ 的固体填料微粒分散在液体推进剂中所组成的一种触变悬浮体系，静止放置时粘性大，受剪切力作用黏性迅速降低，具备液体的特性。采用凝胶推进剂的动力系统为凝胶动力系统，与传统的液体动力系统相比，工作原理和系统构成接近，解决了液体推进剂贮存和使用维护性等问题，此外，由于凝胶推进剂为悬浮体系，添加铝粉等高能金属颗粒能使其均匀分散，从而显著提高推进剂的比冲性能。

6.2.1　凝胶推进剂的分类

就目前已有的凝胶推进剂体系而言，大致可以分为四类。但是迄今为止，人们研究过的凝胶推进剂主要是物理堆积形成的高分子物理凝胶体系和微纳米颗粒堆积而形成的物理凝胶体系，这两类均为非牛顿流体，即粘度与剪切速率呈函数关系。依据流变学特性，流体可以简单的划分为牛顿流体和非牛顿流体，如图 6-1 所示。

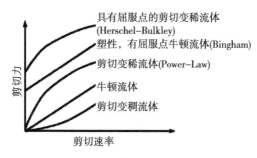

图 6-1　流体的分类示意图

为了表征非牛顿流体的流变特性，引入本构方程，图 6-1 中的几种流体的本构方程

$$\tau = \tau_1 + k\dot{\gamma}^n \qquad (6-1)$$

式中　τ——剪切力；

τ_1——屈服应力；

$\dot{\gamma}$——剪切速率；

k——稠度系数；

n——流动指数。

式（6-1）中各参数选取与流体种类的对应关系如表 6-1 所示。

表 6-1　流体种类与参数的对应关系

流体种类	τ_1	k	n	备注
Bingham 流体	τ_0	η_∞	1	η_∞：$\dot{\gamma} = \infty$时的粘度

续表

流体种类	τ_1	k	n	备注
Herschel – Bulkley 流体	τ_0	k	$0 < n < 1$	—
Power – Law 流体	0	k	$0 < n < 1$	—
牛顿流体	0	η	1	η：黏度
剪切变稠流体	0	k	$n > 1$	—

6.2.2　凝胶推进剂的性能

最理想的凝胶推进剂应是有屈服点的牛顿流体（Bingham 流体），其次是 Herschel – Bulkley 流体。这两类凝胶推进剂在贮存、运输过程中受到冲击、震动等产生的剪切力低于屈服点，推进剂仍保持类固体状态，具有很好的使用安全性。不同之处是，剪切力大于屈服点后，Bingham 流体表现为牛顿流体特性，其流动、雾化及燃烧等特性与牛顿流体相同，而 Herschel – Bulkley 流体表现为剪切变稀的特性，流动特性接近液体。

由凝胶推进剂的特性可知，凝胶推进剂在常温、常压下呈胶体状，便于安全、可靠地长时间贮存和运输；当压力超过屈服压力时，凝胶推进剂呈流动状态，工作原理和液体推进剂相似，现有液体火箭发动机作适应性改进就可使用凝胶推进剂。因而，凝胶推进剂既可以像固体推进剂一样贮存运输，又可以像液体推进剂一样便于控制。这种新型推进剂的应用，将可以提高运载器的安全性、机动性、灵活性和使用维护性，并且可以提高运载能力，实现快速、廉价进入空间，满足未来航天运载器和战略战术导弹武器发展的需要。

液体推进剂凝胶化后添加一定量的高能物质（铝、镁等）能够提高密度比冲，或同时提高理论比冲和密度比冲。影响火箭发动机比冲的关系式

$$I_{sp} \propto \sqrt{\frac{T_c}{M}} \tag{6-2}$$

式中　I_{sp}——发动机的比冲；

T_c——燃烧温度；

M——生成物的分子量。

可见发动机的比冲受燃烧温度和燃烧产物分子量的比值影响，液体推进剂中添加金属粉末，能够提高密度，增加燃烧温度，但是同时会增大生成物分子量。理论比冲能否提高取决于燃烧温度和分子量的比值影响。

位于加州的中国湖实验基地进行一系列动力系统试验，研究了火箭发动机和吸气式发动机推进剂中添加高能物质的性能。对于双组元火箭发动机，氧化剂为三氟化氯，燃料为肼，燃料中分别添加了铝、硼和锆；对于长射程导弹用吸气式发动机，燃料中分别添加铝、硼、碳化硼和碳，研究发现添加高能物质，理论比冲具有提高的潜力。

美国将凝胶推进剂主要应用在战术导弹和运载火箭两个方面。在战术导弹方面主要用于动能杀伤器的轨姿控动力系统、助推及主动力等，推进剂一般采用抑制性红色发烟硝酸和甲基肼；运载火箭方面主要开展胶氢和凝胶煤油的研究，以提高密度和理论比冲，进而大幅度提升运载能力。表 6-2 给出推进剂添加金属后性能前后变化情况，表 6-3 给出氢、甲基肼和煤油添加铝粉后密度前后变化情况。

表 6-2　推进剂添加金属的性能前后对比

运载器和推进剂	比冲/（m/s）		比冲效率
	无金属	添加金属	
轨道转移飞行器 液氧/煤油	3 180	3 639	92.0%
四氧化二氮/甲基肼	3 015	3 125	92.0%
液氧/液氢	4 020	4 106	94.0%
大力神-Ⅳ			
一级：四氧化二氮/混肼-50	2 950	3 040	91.4%
二级：四氧化二氮/混肼-50	3 097	3 234	90.6%

表 6 - 3　　燃料中添加铝粉的密度前后对比

燃料	密度/（kg/m³）		铝粉含量
	无铝粉	添加铝粉	
氢	70	168.6	60%
甲基肼	870	132 4	50%
煤油	773	128 1	55%

6.2.3　凝胶推进剂的制备

针对武器系统常用的可贮存推进剂（肼类燃料和硝基氧化剂），分别根据自身的特点，分析成胶机理和成胶过程，选择合适的胶凝剂成分和制备工艺，实现推进剂的快速稳定成胶。

6.2.3.1　胶凝剂选择

用于液体推进剂的胶凝剂，主要是一些在水或氧化剂水溶液中能溶胀或水合的物质。用于液体推进剂的胶凝剂品种，主要由纤维素、天然胶及其改性物、人工合成高聚物和无机物微粒 4 类组成，依据氧化剂和燃料不同的特点，进行合理的选择。

（1）氧化剂的胶凝剂选择

常规可贮存的硝基氧化剂以四氧化二氮、硝酸为代表，与肼类推进剂接触可自燃，具有强氧化性，在胶凝剂选择时应结合推进剂特性进行分析。

四氧化二氮具有强氧化性和强腐蚀性，在常温下是四氧化二氮和二氧化氮的混合物，决定了四氧化二氮/二氧化氮混合物具有一定的极性。根据相似相溶的原理，这就要求胶凝剂分子也具有一定的极性。同时，要求胶凝剂具有抗强氧化和强腐蚀的性能。

分析四氧化二氮凝胶的成胶机理时，发现四氧化二氮凝胶结构是由胶凝剂超分子聚集体通过范德华力连接而成的空间网络结构。因此适用于氧化剂的胶凝剂结构一般具有三部分：1）能与氧化剂介质相作用形成稳定超分子体系的极性片段；2）能够在介质中发生自身簇集作用的疏水片段；3）具有足够长的分子链。根据以上分析，确定可供选择的具有高稳定性的胶凝剂基团，从而选择制备原料、合成方法和工序，完成提纯等工作，开展性能测试、胶凝能力试验等研究工作。

（2）燃料的胶凝剂选择

常规可贮存的肼类燃料包括无水肼、甲基肼和偏二甲肼等，广泛应用在运载火箭、导弹武器和卫星推进等动力系统中。

在胶凝机理上高分子主链或侧链上的亲水基团或其他基团通过交联作用形成三维网络结构，使溶剂丧失流动性，从而形成凝胶。分析认为，能够使肼基燃料胶凝的高分子化合物，本身必须在肼基燃料中具有一定的溶解度。对肼类燃料的分子结构进行分析后认为，由于肼类燃料中含有-N-H键，能够与-OH、-NH等基团形成氢键。根据相似相溶的原理，在肼类燃料中有一定溶解度的物质需要含有-OH或-NH等与-N-H能够形成氢键的基团，因此选用含有大量-OH基团的高分子物质作为胶凝剂。

6.2.3.2　制备工艺

确定胶凝剂配方后，需要选择合适的制备工艺将胶凝剂均匀地分散在推进剂中，从而形成稳定的凝胶推进剂。选择合适的分散方法对制备凝胶推进剂非常重要。

凝胶推进剂制备时，随着胶凝剂的逐渐加入，体系粘度逐渐升高，从而造成胶凝剂分散困难。为了确保胶凝剂均匀地分散在推进剂中，必须研究合理的胶凝剂分散工艺和特殊的制备装置。一般来讲，微小颗粒材料在液相中的分散调控途径主要有介质调控、分散剂调控、机械搅拌调控和超声调控 4 种。由于氧化剂具有强氧化性和腐蚀性，介质调控和分散剂调控不适合，超声分散仪器也极易被腐蚀，机械搅拌方式具有操作简便、分散效果好等优点，比较适用于凝胶氧化剂的制备，同时也适用于凝胶燃料的制备。

选定机械搅拌作为分散方式后，需要分别根据氧化剂和燃料特性的不同，确定搅拌速度、搅拌时间等参数。在制备四氧化二氮凝胶时，胶凝剂的溶解较慢，高剪切和高分散不能显著地降低胶凝剂的溶解时间，并且如果高分散使用时间较长，会产生较大热量从而使四氧化二氮挥发，因此只采用普通搅拌的方式，控制搅拌速度不能过高。在制备偏二甲肼等凝胶时，胶凝剂吸附、溶胀速度较快，因此其成胶速度较快，并且在成胶过程中胶凝剂会结团，因此需要采用高速搅拌方式，提高成胶速度。

6.2.4　国内外研究现状

凝胶推进剂的雏形出现在 20 世纪 30 年代，1933 年恩格内·森格尔（Engene Saenger）等人提出在内燃机液体燃料中添加铝粉，这种含金属或非金属颗粒的液体燃料称作为浆料。20 世纪 50 年代美国国家航空咨询委员会（NACA）对烃类燃料含硼、镁浆料在冲压发动机中的应用进行研究，从而引起针对浆料的大规模的研究工作，其中包括碳、炭黑、硼、铝及煤等，涉及浆料单滴蒸发、燃烧特性以及二次雾化研究。由于浆料中缺少必要的成分无法使固体颗粒均匀分散在液体中，因此仅在液体中悬浮颗粒的做法尚未成功。

从已经发表的研究文献分析，凝胶推进剂的研究大致可以分为 4 个阶段。

（1）20 世纪 60 年代

这个时期，研究主要集中在金属化凝胶推进剂的成分组成、生产工艺及流动特性等研究方面，以配方研究为主。在此期间，美国空军采用公式推导出火箭发动机采用添加铝、铍的凝胶肼的性能公式。

（2）20 世纪 70 年代

格拉斯曼（Glassman）和索耶（Sawyer）等人指出在可贮存推进剂中添加胶凝剂和金属颗粒，能够使其内部结构发生变化，从而使金属颗粒与推进剂保持相同的性质，这种高能推进剂在未来才有发展前景，同时指出凝胶推进剂能够应用在低温推进剂或混合发动机中，以提高能量密度。同时，美国海军为了研究长射程吸气式导弹，研究了凝胶烃类，添加物为高能物质，例如碳、硼和铝粉；针对自燃推进剂研制了凝胶肼及其衍生物、凝胶抑制性红色发烟硝酸等产品。

（3）20 世纪 80 年代

在这个阶段，针对推进剂系统可靠性、高能量密度和能量管理的需求，推动了凝胶推进剂在战术导弹、空间发动机和吸气式发动机中的应用。研究表明，凝胶推进剂满足贮存期长和钝感弹药（IM）相容的特点，具有低毒性、使用安全、易销毁以及全生命周期成本低等特点，适合用在战术武器及拦截器中。美国国家航空航天局（NASA）刘易斯研究中心（1999 年更名为格伦研究中心）着重研究 RP－1 煤油/铝体系。研究了 12 种 RP－1 煤油凝胶，进行流变学试验，进行高密度合成烃类燃料与氧气的点火和燃烧试验。在此期间，还研究了凝胶推进剂的安全和处理特点，进行凝胶推进系统危险性评价，为进入实用化做准备。

（4）20 世纪 90 年代

20 世纪 90 年代以来，凝胶推进剂的研究进入活跃阶段，纳米技术、光学技术及流变学等学科的发展为凝胶推进剂的研究和参数测量提供了客观条件。火箭发动机的设计趋近完善，为了进一步提高推进系统性能，改进推进剂成为主要研究课题。武器系统对灵巧导弹的需求，民用航天增加有效载荷的需求，使得高密度比冲推进剂得到了进一步重视。这些因素使得兼具固体推进剂和液体推进剂两者优点的凝胶推进剂成为了关注的焦点。凝胶推进剂及相关技术的研究进入到工程应用之前的更深入的研究阶段。NASA 刘易斯研究中心针对凝胶甲基肼/铝/抑制性红色发烟硝酸、甲基肼/铝/四氧化二氮和低温凝胶液氢/铝/液氧组合进行理论计算，指出这些推进剂组合能够减少运载器成本并能拓展飞行任务。

6.2.4.1　国外研究现状

凝胶推进剂的流变特性对火箭发动机的多个工作过程均产生影响，因此国外研究人员针对流变特性所引起的多个问题进行广泛的研究工作。具体的研究领域分为：流变特性、雾化特性以及燃烧特性等。

（1）流变特性

非牛顿流体的重要特性是流变特性，这影响到雾化、燃烧和流动特性。凝胶是一种固体网状结构包覆的连续液体相。现有的凝胶体系通过本构方程描述力和形变的关系，对于常用的幂律型（P-L型）非牛顿流体，采用流变仪测量其流变参数，同时研究了温度对流变特性的影响。对于胶凝剂的制备和配方，公开的文献涉及的内容较少，但是研究发现不同胶凝剂组合使用，能够获得所需的流变参数（k 和 n 值）。此外，研究了凝胶推进剂的稳定性，针对 RP-1 煤油/铝推进剂体系的颗粒分层和凝胶抑制性红色发烟硝酸相容性进行了研究。

汤普森-拉莫-伍尔德里奇（TRW）公司利用先进的工艺方法进行了制备微小尺寸胶凝剂颗粒的研究工作。有学者开始进行凝胶推进剂流变特性（屈服应力、剪切变稀及凝胶恢复时间等）对发动机供应系统各种组件设计的影响。与发动机设计密切相关的推进剂传热特性也得到了深入研究，研究的对象是氧/RP-1 煤油/铝推进剂体系，目的在于改进高温涂层、烧蚀材料或者凝胶液氧冷却方法，以提高金属化凝胶推进剂发动机的效率，并提高其耐热能力。

（2）雾化特性

雾化质量是影响燃烧效率的重要因素。对于牛顿流体而言，推进剂粘性大导致雾化粒径较大。但是，非牛顿流体的雾化模式与牛顿流体不同，对影响雾化模式的因素了解较少。喷注器及其雾化研究工作与发动机设计关联较紧密，雾化研究主要是对不同喷注器用水和凝胶模拟液进行雾化实验，研究喷注器的雾化特性，寻找喷注器的设计方法。

目前研究的喷注器包括双/多股撞击式喷嘴和气动旋流式喷嘴，实验介质包括水凝胶、JetA-1 凝胶燃料和凝胶煤油。曼苏尔（Mansour）和奇吉尔（Chigier）研究了气助雾化方法，喷注器采用同轴式喷嘴，介质为粘性非牛顿流体，研究发现粘弹性流体更难雾化，对于剪切变稀流体，当剪切速率足够大时，雾化质量与表观粘性有关，并且提高气体比例有利于改善雾化。

霍伊纳茨基（Chojnacki）和费克（Feikema）采用理论和实验手段研究了两股凝胶模拟液射流撞击形成的液膜现象。在研究凝胶双组元推进剂雾化特性时，采用无危害的水凝胶模拟真实的凝胶推进剂，以满足流变参数相符合。试验件为两股自击式喷注器，采用激光诱导荧光设备研究撞击后的雾化情况。研究发现当韦伯数在400～500之间时，出现不稳定现象，心形波从撞击点扩散，将液膜破碎成液丝，但是随着液丝中剪切速率下降，表观粘性升高导致无法形成液滴。随后，针对非牛顿流体进行线性稳定分析，以预测从液丝剥离出液滴的波长，将分析结果和实验结果相对比，发现一致性较差，可能是粘弹性流体的特性所致。

已经有研究者注意到前人研究使用的喷雾装置可能不适应非牛顿流体。针对非牛顿流体，喷注器需要重新设计，需要对各种不同几何形状喷嘴中的凝胶推进剂流动进行更详细的分析，以预测表观粘度的作用。纳坦（Natan）和拉希米（Rahimi）研究了渐缩式喷孔的流动情况，发现收敛角度影响推进剂的表观粘性。随后采用三击式喷嘴研究假塑性水凝胶的雾化情况，喷注面上水平出流的为凝胶喷孔，为渐缩式结构，周围对称分布的两路为气路，采用氮气作为介质，两路气体和一路凝胶撞击后实现雾化，喷注器示意图如图 6-2 所示。研究发现：胶凝剂含量增大，粘性增大；降低表观粘性，能够改善雾化效果；渐缩式结构无法影响索太尔平均直径，但是可以改变喷注压降；索太尔平均直径随着气液质量比的增大而减小，随着胶凝剂含量的增加而增大。

在气助雾化的基础上，切尔诺夫（Chernov）和纳坦研究了脉动喷注器的雾化情况，采用氮气模拟氧化剂，三种介质作为燃料，分别为水、水凝胶（0.25%胶凝剂）和水凝胶（0.5%胶凝剂）。在喷注面上设置机械装置，通过对喷孔周期性的遮挡改变喷孔的面积和形状，实现喷射的周期性脉动。试验中采用两种脉动形式：低频、大振幅和高频、小振幅，这两种脉动分别应用到了雾化试验中，测

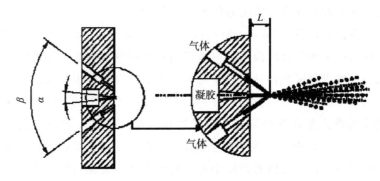

图 6 - 2　气助雾化喷注器的示意图

量了不同脉动作用下的索太尔平均直径。研究发现，低频、大振幅脉动能够有效地减少索太尔平均直径，但是高频、小振幅脉动的影响不明显。

（3）燃烧特性

在液体推进剂中添加胶凝剂和金属颗粒能够有效地提高密度和比冲性能。研究凝胶推进剂在燃烧装置的工作情况之前，首先了解凝胶单滴燃料的燃烧过程，获得蒸发、燃烧特性，才能预测在燃烧室中的工作性能。

20 世纪 80 年代以来，针对含金属的浆料液滴的燃烧过程进行研究。最初的实验研究发现，浆料中的液体蒸发后，剩余的固体颗粒会聚集成多孔结构的块状物。穆勒（Mueller）和特恩兹（Turns）等人研究了铝/液烃浆浆状推进剂的二次雾化和点火特性，研究发现，颗粒状的铝填充在凝胶/浆料中，对于一定的单滴直径，由于液滴内部压力较高并且发生微爆现象，引起刚性外壳发生破碎，从而造成二次雾化，该现象能够显著的减少推进剂的燃烧距离、氧化铝的残留尺寸和辐射热损失；其后工作主要集中在铝/烃凝胶液滴二次雾化及其对发动机性能的影响。

那哈莫尼（Nahamoni）和纳坦采用实验方法研究了凝胶 JP - 5 的点火和燃烧特性，实验装置为单滴燃烧实验系统，主要包括燃烧装置、CCD 相机、录像机及计算机等。燃烧装置是一个密闭的压力舱，内有点火、测温和悬挂液滴的玻璃丝，并且燃烧装置侧面有透光性好的石英玻璃，供观察实验现象，并记录在录像机中。一台计算机进行实时数据测量、采集和贮存，另一台进行图像处理。研究结果发现，凝胶燃烧速率低于相同的液体，燃烧速率随着氧气含量和压力的增加而升高。

帕拉泽维奇 (Palaszewski)、扎卡尼 (Zakany) 和盖尔克奇 (Galecki) 等人实验研究了铝/烃类燃料在火箭发动机中与氧气燃烧的特性，在所有的燃烧试验中，液体烃类和氧气的燃烧效率均高于凝胶烃类燃料，而且随着铝含量的增加，燃烧效率降低。盖尔克奇发现，将凝胶烃类用在现有的发动机组件（推进剂供应系统、燃烧室等）中，只发现很少的胶体沉积，而且供应系统的工作情况与预期相同。与之相反，帕拉泽维奇和扎卡尼发现发动机工作后，出现明显的胶体沉积。

韦泽 (Weiser) 和格拉泽 (Gläser) 等人采用光学测量方法实验研究了单组元和双组元凝胶液滴的燃烧特性。单组元推进剂有两种：硝基甲烷和硝基甲烷/过氧化氢（90％）混合物；双组元推进剂的燃料为硝基甲烷、含铝 JP-1、异辛烷和煤油等，氧化剂为过氧化氢、抑制性红色发烟硝酸和高浓度的硝酸铵或二硝酰胺铵（ADN）水溶液。胶凝剂均为易于购买的产品。采用高速摄像机和红外摄像技术获取火焰形状；使用每秒 1 000 次扫描速度的红外和非红外光谱仪测量移动液滴中的温度分布和燃气成分等参数。实验获得温度剖面和浓度×路径长度剖面图与热力学和化学动力学计算结果符合较好。

所罗门 (Solomon)、纳坦和科恩 (Cohen) 对非金属有机胶凝剂的凝胶燃料进行单滴燃烧实验，采用高速数码摄像机拍摄燃烧过程。选用五种不同种类的燃料，一种为基本型的凝胶燃料，其他四种在此基础上添加不同成分。基本型凝胶燃料为 70％ JP-8 煤油和 30％有机胶凝剂。实验研究发现，凝胶液滴受热蒸发时，由于胶凝剂的存在，液滴外层为弹性物质，当液滴受热时，内部产生气泡，由于胶凝剂的沸点和粘性不同，在液滴周围产生弹性边界，从而限制燃料的蒸发，随着气泡的数量增多，液滴逐渐膨胀，撑破外层物质后释放气体，此时液滴收缩，外层弹性物质重新包覆液滴，于是重复进行上述过程，直至液滴蒸发完毕。这种现象还可能发生在多组分燃料中。在此实验研究的基础上，库宁（Kunin）、格林伯格（Greenberg）和纳坦建立了有机胶凝剂燃料扩散火焰模型，通过求解控制方程的解析解和数值解，获得凝胶燃料和液体燃料扩散火焰的区别。随后巴尔（Bar）和纳坦实验研究了凝胶燃料在亚临界和超临界条件下的燃烧速率，研究获得了影响凝胶液滴燃烧速率的经验关系，认为环境压力和氧气-氮气成分影响燃烧速率。

（4）其他方面

1997 年 2 月，NASA 刘易斯研究中心发布了关于推进剂技术的白皮书，论述了液体推进剂的 5 个发展方向，其中一个方向就是金属化胶体推进剂，另一个发展方向是凝胶液氢。白皮书指出"重点研究凝胶液氢、凝胶煤油和金属化凝胶液氢、金属化凝胶煤油，因为液氢和 RP-1 煤油是 NASA 运载火箭和上面级采用的典型推进剂。采用由液氢和煤油衍生的凝胶推进剂可以最大限度地降低由于引入推进技术新概念带来的风险"。

美国已将凝胶推进剂发动机成功用于武器系统，并完成飞行试验。TRW 公司在未来导弹技术集成（FMTI）计划中，为塔利（Talley）防务系统公司研制了凝胶双组元动力系统，如图 6-3 所示。采用针栓式喷注器发动机，推进剂为凝胶甲基肼和抑制性红色发烟硝酸。1998 年在美国陆军红石兵工厂进行了 6 次点火试验，于 1999 年 3 月 30 日首次进行飞行试验。接着，2000 年 6 月又在艾格林（Eglin）空军基地进行了第 2 次飞行试验，动力系统工作良好。导弹从布雷德利战车上发射，飞行时间 51 s，飞行距离 8 km，飞行期间发动机 5 次起动工作，采用凝胶系统后，射程由 4 km 增加到 8 km，并且使导弹具备发射后重新接受任务的能力，提高作战适用范围。

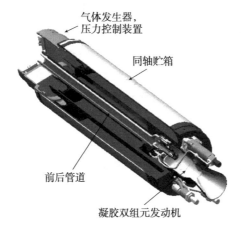

气体发生器，
压力控制装置

同轴贮箱

前后管道

凝胶双组元发动机

图 6 - 3　未来导弹技术集成计划的凝胶动力系统

此外，德国宇航中心（DLR）、以色列及印度等国也在进行凝胶推进剂的研究工作，德国进行了 JetA - 1/Thixatrol 的雾化及燃烧研究，并在进行了可调推力发动机研制。日本开展了双组元凝胶推进剂的基础应用研究，目前正在着重解决物理沉淀性能和燃烧稳定性等关键问题。

6.2.4.2　国内研究现状

早在 1967 年，我国就开展了金属化偏二甲肼凝胶推进剂的研究，采用抑制性红色发烟硝酸为氧化剂，用 200 N 和 500 N 推力室各进行了两次成功的试验。此后，该项研究便处于停滞状态。

1995 年前后，进行了双组元凝胶推进剂挤压式发动机的研究，由于技术上存在一些问题而中断了研究。2002 年以来，开始研究凝胶推进剂，在原可贮存推进剂（四氧化二氮/甲基肼）中加入一种胶凝剂，从而改变原可贮存推进剂的物质状态，使其变成胶状物，从而方便预包装、贮存、运输和使用等。并且，进行了低输送压力（推力室压力 1 MPa）和高输送压力（推力室压力 5 MPa）下的推力室热试车，推力分别为 100 N 和 1 000 N。

随后，研究人员针对影响发动机工作性能的凝胶推进技术开展了研究工作，研究内容包括流变学、凝胶推进剂配方、热力性能计算、雾化和单组元及双组元发动机设计等方面。

1）对凝胶模拟液在直圆管中的流动特性进行了理论分析和试验研究，获得模拟液在直圆管中的速度分布，定义了表观粘性和平均粘性，分析了影响凝胶模拟液流阻的因素，定义了非牛顿流体雷诺数。

2）研究了凝胶推进剂在直圆管中的流动特性，提出依据剪切速率可以将凝胶推进剂在直圆管中的流动划分为三个区域，分析了不同流动区域中管路流阻的计算方法。

3）采用管路实验获得较大范围内凝胶推进剂剪切速率与表观粘性关系，研究发现当剪切速率在 10^4 量级时，表观粘度随剪切速率的增加基本不再变化，并且在低剪切速率段，管路实验结果与流变仪测量结果一致性较好，因此采用管路实验测量表观粘性能够弥补旋转流变仪量程不足的缺点。

4）研究了直圆管凝胶模拟液压降计算方法，建立凝胶推进剂管路流动模型，并将计算结果与实验值进行对比，研究表明，在第二流动区，用幂律流变方程推导的压降公式计算值与试验值有较好的一致性；在第三流动区，可以近似用牛顿流体压降公式计算管路流阻。

5）在凝胶推进剂雾化研究方面，开展了双股互击式喷嘴水凝胶的雾化试验。采用激光全息技术，研究了双股互击式喷嘴的撞击角、射流速度、射流初始状态和在液流中预混入气体对水凝胶雾化性能的影响，并与水的雾化进行对比。研究发现，相同条件下，水凝胶比水较难雾化；增加喷嘴撞击角和射流速度有利于水凝胶的雾化；表面粗糙孔喷嘴和液流中预混入气体有助于水凝胶的雾化。

国内在胶凝剂配方研制和凝胶推进剂制备方面开展了研究工作，针对常规推进剂四氧化二氮/偏二甲肼的凝胶剂进行筛选，在研究了其流变性能的基础上，针对氧化剂凝胶的胶凝剂颗粒堵塞喷孔和管路等问题进行了改进，并通过发动机试车进行考核，现有的试验结果表明，改进后的凝胶四氧化二氮/偏二甲肼体系能够解决喷注孔堵塞的问题。由于四氧化二氮具有特殊的氧化性，进行凝胶化的研究较难，可供选择的胶凝剂有限，因此采用了单一胶凝剂和复合胶凝剂制备了凝胶四氧化二氮，研究了流变性能，结合地面试车、限流圈试验和头部液流试验，发现复合胶凝剂形成的凝胶体系流变性能良好，剪切变稀特性明显，具有粘度高、剪切力低的优异流变性能。

在发动机设计中，推进剂的热力性能参数是设计输入之一，推进剂凝胶化后，热力参数会发生变化。为了获得四氧化二氮/偏二甲肼凝胶体系的热力气动参数计算，研制了非金属凝胶推进剂热力气动参数计算软件，掌握了非金属凝胶推进剂的热力性能计算方法。对某单组元和双组元凝胶推进剂进行了热力气动力计算和分析，研究表明，非金属胶凝剂会降低推进剂的性能，胶凝剂含量增加，推力室真空比冲、燃烧室温度和特征速度均下降。

目前，我国在凝胶推进剂研究方面侧重于推进剂配方、流动及雾化等方面的工作，并开展发动机工程应用方面的研究工作。

6.3　凝胶推进剂发动机

6.3.1　工作原理

凝胶推进剂发动机利用凝胶推进剂在静止时的固态特性实现贮存、运输等使用维护性的优势，利用剪切变稀的流变学特性，通过加压使凝胶推进剂液化，从而实现推进剂输送、雾化和燃烧，最终产生推力。根据凝胶推进剂的组元数，可以划分为凝胶单组元和凝胶双组元发动机，根据推进剂供应方式，可以划分为挤压式和泵压式推进剂供应方式。凝胶推进剂发动机的工作原理如图 6-4 所示。

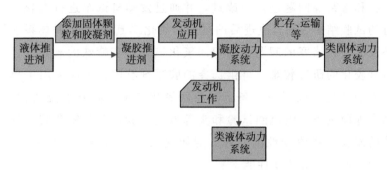

图 6 - 4　凝胶推进剂发动机的工作原理图

6.3.2　优势对比

经过几十年的发展，液体火箭发动机是目前应用最广泛的化学火箭发动机，是液体弹道导弹、液体运载火箭及航天器的主要动力装置。液体火箭发动机采用液体推进剂作为工作介质，通常为一种或几种液体推进剂。

液体火箭发动机的主要优点：比冲较高，对于固定的推进剂质量，可以获得更高的速度增量或更远的射程；能够任意改变推力，随时关机和重新起动，能够脉冲工作（一些小推力发动机能够脉冲工作 25 万次）；推力—时间剖面能够随意控制，因此可以实现多种飞行弹道；通过装置实现关机，满足后效冲量可控（能够更精确地控制飞行器的末速度）；工作前能够大范围的检查，飞行前能够在地面或发射台上进行全推力试车；通过设计，可以实现维护和检查后发动机的重复使用；推力室（或者运载器的其他部件）能够冷却；可贮存液体推进剂能够在运载器中贮存 20 年以上，并且接到指令后发动机能够快速起动；泵压式供应系统和总冲大的条件下，推进系统干质量（包括贮箱）很小（薄贮箱壁和低贮箱压力），可以实现高的推进剂质量比；大部分推进剂的燃烧产物无毒，因此能够满足环境要求；在运载器上，一些推进剂供应系统能够同时向多个推力室供应推进剂；发动机工作期间，能够调整工作状态，从而防止可能导致任务或运载器失败的错误出现；可以进行冗余设计来提高可靠性（例如，双止回阀或额外的推力室）；采用多台发动机方案，可以设计成一台或多台关闭的工作模式；可以根据运载器的空间限制，设计低压贮箱的形状；推进剂贮箱位于运载器内部，能够将飞行过程中的质心晃动减至最小，从而提高了飞行稳定性，并减少了控制力；羽流辐射和烟雾一般很低。

液体火箭发动机的主要缺点：相对而言，设计更复杂，部组件越多，发生故障的可能性越大；低温推进剂无法长期贮存，除非贮箱能够良好隔热的同时蒸气能够重新凝结，推进剂在发射场加注，需要低温推进剂贮存设备；在工作时间短、总冲低的应用中，总质量较重（推进剂质量比低）；非自燃推进剂需要点火系统；由单独的增压子系统对贮箱进行增压，因此要求长时间内自带高压气瓶（13.8～68.9 MPa），增加了惰性质量；控制燃烧稳定性比较困难；少量的推进剂（例如红色发烟硝酸）会产生有毒蒸气或烟雾；由于推进剂的平均密度较低，并且相对而言，发动机组件的无效包装均导致发动机所占体积更大；如果运载器出现损伤，燃料和氧化剂发生混合，可能发生爆炸；一些碳氢燃料燃烧时，会引起出口排气中带有烟雾；在无重力条件下，需要为起动进行特别的设计；对于低温液体推进剂，需要将管路预冷到低温，因此出现起动延迟；有冷却的大推力燃烧室的寿命有限。

固体火箭发动机具有结构简单、使用维护方便及密度高等优点，应用于各种火箭和导弹中，成为重要的动力装置。固体火箭发动机采用固体药柱作为工作介质。

固体火箭发动机的主要优点：设计简单，活动件很少甚至没有；操作简单，飞行前不需要检查；推进剂不会泄漏、倾倒或晃动；在总冲较低的应用中，总质量较少；如果预先设定程序，能够实现节流或关机和重新起动（次数很少）；密度较大，能够尽量压缩总体结构，减小飞行器尺寸；有些固体推进剂和发动机设计中可使用多个喷管结构；推力终止装置能够控制总冲；绝缘材料、喷管和包覆材料的烧蚀和气化有利于提高质量流量，因此能够提高总冲；能够设计成回收、整修和重复使用（航天飞机固体火箭助推器）。

固体火箭发动机的主要缺点：潜在的爆炸和着火的可能性较大，失败将是灾难性的，大部分不能承受子弹撞击或跌落在硬物上；采用公共运输工具运送时，大部分需要环境允许和安全装置；在特定条件下，一些推进剂和固体燃料会发生爆炸；需要点火系统；每次重新起动，需要单独的点火系统和额外的绝缘材料，实际中只实现一次或两次重起动；复合推进剂含有高氯酸铵，因此排气一般有毒；在贮存过程中，一些推进剂或推进剂的成分会发生损失（自发分解）；与液体推进剂相比，大部分固体推进剂羽流更容易引起无线电频率衰减；一旦发动机点火，无法更改预定的推力或工作时间。采用变喉部面积的活动针栓设计能够实现推力任意调节，但是使用经验有限；如果推进剂包含的碳、铝或其他金属颗粒的含量超过一定比例，排气中会有烟，而且羽流辐射将会很强烈；推力和工作时间随着推进剂初始环境温度的不同而变化，并且不容易控制。因此发动机的飞行轨道、速度、高度和射程将随着推进剂温度的不同而变化；需要安全装置防止因疏忽引起的点火。

凝胶推进剂应用在火箭发动机中，能够兼具液体火箭发动机和固体火箭发动机各自的优点，同时解决液体火箭发动机使用维护性较差和固体发动机无法随意起动、关机以及变推力的问题，高能、高密度凝胶推进剂的应用能够提高发动机性能、减少弹体体积，是导弹武器及各类航天器理想的动力系统。

凝胶推进剂发动机与液体、固体火箭发动机的特点对比见表6-4。

表 6 - 4　各种类型火箭发动机的特点对比

		凝胶推进剂发动机	液体火箭发动机	固体火箭发动机
安全性	撞击	不敏感	不敏感	爆炸
	静电放电	不敏感	不敏感	爆炸
	误点燃	由系统设计阻止	由系统设计阻止	起动火箭引发灾难事故
	点燃	推进前系统设计卸载	推进前系统设计卸载	起动火箭引发灾难事故
	密闭空间内燃烧	燃烧产物无毒	燃烧产物无毒	氯化氢达致命量
	密闭空间内溅洒导致的毒性	蒸发率低，有足够时间戴上防毒面具，进行惰性化或清除处理	在短时间内蒸气达致命水平	清除需配戴防毒面具、防护服，通过燃烧推进剂来惰性化
	点火，自燃	填料燃烧直到耗尽	填料燃烧直到耗尽	不可控燃烧，爆炸
	子弹或碎片撞击	撞击面燃烧直到接触停止	满载燃烧直到耗尽	爆炸
性能指标	理论比冲	略低于液体（采用高能材料可获得更高比冲）	高	较低
	密度	高于液体	低	高
	推力调节	易	易	难
	多次起动	易	易	难，一般起动一到两次
	复杂程度	较复杂	较复杂	较简单
使用维护性	机动能力	较好	差	较好
	晃动	无影响	影响较大	无影响
	贮存	加注贮存，期限较长	常规推进剂可加注贮存，期限较长	贮存期较长
	过了贮存期之后的推进剂处理	从贮箱中排出，可回收重复使用，少量残留推进剂可使用水或苏打水稀释后，直接排放	与凝胶推进剂相同	处理难度很大，成本高昂，并伴随着危险；直接燃烧，产生氯化氢污染环境

对比凝胶推进剂发动机与液体、固体火箭发动机，从安全性、性能和使用维护性等方面，凝胶推进剂发动机具有明显的优势，是各种航天器理想的动力系统。

6.3.3　关键技术

凝胶推进剂发动机（单组元、双组元等）能够应用在运载器或导弹的主动力系统、上面级动力系统，导弹或拦截器的轨姿控动力系统等。在这些用途中，凝胶推进剂发动机必须工作可靠，能够按要求提供所需的推力，推进剂供应稳定，推力室易实现变工况等。由于凝胶推进剂具有非牛顿流体特点，为以上功能的实现带来难度。

6.3.3.1　推进剂贮存与供应

凝胶推进剂供应系统一般包括气瓶、贮箱、管路及各种阀门，泵压式系统还有涡轮泵等组件，主要作用是按照要求供应一定压力和流量的推进剂。

火箭发动机一般应用在运载火箭、导弹武器等航天器中，能够在大气层外、无重力条件下工作，贮箱作为推进剂贮存和供应的主要组件，必须满足无重力条件下的推进剂供应。液体火箭发动机的贮箱采用管理装置，以实现贮箱内挤压气体和推进剂的气液隔离、推进剂稳定供应等功能。而凝胶推进剂自身的高粘性决定了一些现有的管理装置无法适用（表面张力管理装置等），可以采用活塞式或隔膜式贮箱。凝胶推进剂的粘性较大，造成推进剂加注或泄出的难度较大，此外，在贮箱表面附着的流体较多，从而引起残留的推进剂量较多，造成性能损失。

推进剂供应系统通常包括泵、流量调节器、过滤器、阀门和管路等组件，凝胶推进剂所具有的剪切变稀、爬杆现象、不稳定流动、壁面滑移和触变性等流变特性直接影响其在上述组件中的流动特性。高粘性将增加供应压力，壁面滑移会使系统流阻突减。在调节发动机系统氧化剂流量和燃料流量的混合比时，如果两者存在不同的流变特性，则必须解决供应系统的流变学匹配问题。管路的几何形状会对凝胶推进剂的流动产生很大的影响，在设计中必须考虑如何消除停滞以防止凝胶积聚。以管路设计为例，需要考虑管路的流阻特性，才能按要求实现推进剂的供应量。对于牛顿流体，管路流阻与流量近似为平方关系。而凝胶推进剂的配方不同，导致本构方程变化较大，在管路中的流阻关系也不同，尤其管路走向的变化、过滤器及阀门等复杂流道的影响，很难准确获得管路的流阻。

综上所述，对于凝胶推进剂供应系统，需要解决贮箱管理装置、推进剂稳定供应、推进剂残留、管路流阻计算以及凝胶推进剂流动特性等问题。

6.3.3.2　凝胶双组元推力室

凝胶双组元推力室以凝胶推进剂为工作介质，将两种推进剂合理地组织燃烧，从而获得推力，以达到高性能、高可靠性的要求。凝胶双组元推力室的高效稳定燃烧取决于推进剂的雾化、混合效果。凝胶推进剂作为非牛顿流体，其特性与传统牛顿流体有很大的差异，这些差异会严重影响到推进剂的雾化、混合和燃烧过程。

推进剂雾化需要经过喷注器的喷射过程，从影响雾化质量的因素看，除了喷嘴形式、尺寸、喷嘴压降、燃烧室压力和温度等因素外，推进剂的物性参数如密度、粘度及表面张力等对雾化均有直接影响。推进剂粘度增加会导致射流破碎的长度增加，雾化形成的液滴尺寸增大，雾化后液滴可能重新聚合。液滴尺寸增大，将导致燃烧效率降低，进而影响推力室的性能。

推力室的性能、稳定性和相容性与推进剂的燃烧过程有着密切的关系。在推力室中，推进剂组元是以一定的质量比进行燃烧的。氧化剂和燃料的混合质量主要取决于雾化尺寸及其分布、推进剂组元蒸发和扩散能力以及混合比的分布。燃烧过程主要取决于雾化、蒸发、扩散和混合过程，在这个燃烧过程中，蒸发、扩散、混合、传热和化学反应是相互作用的。凝胶推进剂的特性对蒸发、扩散及混合均产生影响，从而影响推力室的燃烧效率和稳定性。

此外，为了保证推力室工作的可靠性，需要进行冷却设计。常用的冷却方式有膜冷却和再生冷却两种。由于凝胶推进剂与牛顿型推进剂的物理性质不同，在膜冷却方式中，导致冷却射流、液膜在燃烧室作用的长度、初始厚度及薄膜的热稳定性等均出现差别；在再生冷却方式中，影响推进剂的流速、对流换热系数及推进剂的热稳定性等。因此，凝胶推进剂的特性均影响膜冷却和再生冷却效果。

在轨姿控和战术导弹主动力应用背景下，分别对推力室提出快响应和变推力等技术要求。

（1）快响应技术

发动机的响应时间包括阀门响应时间、推进剂充填时间及燃烧时滞等部分，传统的液体推进剂发动机响应特性在几十毫秒以内，而凝胶推进剂的流动特性与液体存在差别，因此在推进剂充填及燃烧时滞等方面均与液体不同。通过分析试车数据获得发动机的响应特性，并进行针对性的改进研究。对阀门改进研究提高响应特性的同时，通过改善头部的流道结构，缩小集液腔容积及改善燃烧的组织形式等方法研究改进响应特性的措施，而采用针栓式面关机喷注器技术能够有效地提高响应特性。

针栓式面关机喷注器起动前推进剂充填至喷前容腔，当需要推力装置工作时，电磁阀通电打开，通过推进剂或挤压气体的作动方式，使针阀打开，氧化剂和燃料分别通过同轴环缝喷出，推进剂无需对集液腔进行充填，针阀打开，推进剂组元即开始撞击混合。同时，面关机喷注器可对推进剂实现喷注面的断流控制，从而实现推力装置的快速响应特性。文献报道，采用面关机针栓式喷注器的推力装置具有快速响应的特性（t_{90}及t_{10}均不大于 8 ms）及良好的脉冲重复性。

（2）脉宽调制变推力技术

在小型战术导弹动力系统中，为了满足控制飞行速度、实现发射后任务更新等要求，需要动力系统具备变推力能力，而脉宽调制技术是比较可行的途径之一。脉宽调制是指在每一个脉冲周期内，通过改变阀门在开或关的位置上停留的时间，来改变流经阀门的推进剂流量，从而改变总的推力。

配合阀门快响应技术，通过脉宽调制能够获得较大范围的推力变比。与变流量技术相比，减少复杂的控制、调节元件，该技术结构简单，易于实现，技术比较成熟。

6.4 应用前景

凝胶推进剂发动机的主要目的是综合液体火箭发动机和固体火箭发动机的优点，保持液体发动机推力随意可调、多次工作能力及后效冲量可控等优点，同时解决推进剂晃动、泄漏等安全隐患，提高推进剂密度，结合高能物质提高推进剂比冲性能，从而在运载火箭、导弹武器和空间飞行器等领域具有广范的应用前景。

6.4.1 运载火箭

美国研究凝胶推进剂的一个重要应用背景是运载火箭，开展含金属胶体推进剂研制，提高推进剂密度和发动机的性能，从而有效提高运载能力。

（1）氧/RP-1煤油/铝体系

早在20世纪70年代，美国为提高冲压发动机射程，开展金属化凝胶煤油的研究，其中添加高能物质，如铝。80年代，NASA路易斯研究中心着重研究RP-1煤油/铝体系，拉普（Rapp）和祖拉夫斯基（Zurawski）用不同的胶凝剂和配方，配以5 μm和16 μm的铝粉，研制出24种煤油胶体，进行流变学试验。获得的金属化凝胶火箭煤油（RP-1），添加55％含量的铝粉，密度可以从0.773 g/ml增大到1.281 g/ml，确保燃烧效率与液体推进剂相当的同时，能够有效地减少贮箱容积。

为了考核金属化的凝胶推进剂的工作情况和燃烧性能，帕拉泽维奇等人在火箭发动机中进行了一系列燃烧试验，通过试验测量了发动机的比冲、特征速度效率和比冲效率等。在这些试验中，用的是一台 89～178 N 推力量级的小发动机。试验中用的推进剂的燃料组元为 RP‐1 煤油凝胶，铝的添加量分别为 0%、5% 和 55%，氧化剂组元为气氧。试验结果显示凝胶 RP‐1 煤油与气氧组合能够获得较高的燃烧效率，对于气氧/RP‐1 煤油液体推进剂，发动机的特征速度效率达到了 93%～99%，与之相比，对于气氧/凝胶 RP‐1 煤油推进剂，发动机的特征速度效率最高可达到 99%。燃烧实验验证了对于氧/RP‐1 煤油/铝体系能够获得与液体推进剂相当的燃烧效率。

RP‐1 煤油/铝凝胶与气氧组合后能够提高比冲性能，增加推进剂的密度，从而减小运载器的体积或提高运载能力。

（2）胶氢体系

液氢与液氧组合用在火箭发动机中，比冲性能很高、清洁无污染，但是液氢密度低（仅为 0.07 g/ml，远远低于常规液体推进剂的 1.1～1.3 g/ml）、蒸发速率高等缺点，为使用带来困难。在液氢中加入胶凝剂，使液氢凝胶化，制成胶氢，并添加铝粉等高能粉末，能够解决密度低、易蒸发的缺点，同时能够提高安全性，进一步提高比冲性能。

随着胶氢的制备、流动及燃烧等方面的突破，高密度、高性能胶氢推进剂能够应用在运载火箭的芯级、上面级等发动机中，从而有效地提高运载能力。

（3）常规推进剂体系

常规推进剂贮存性能良好，推进剂能够自发燃烧，因此广泛地应用在运载火箭的主发动机、上面级发动机等领域。例如，我国的长征系列运载火箭推进剂为四氧化二氮/偏二甲肼，美国的大力神Ⅳ火箭采用四氧化二氮/混肼‐50 作为推进剂，阿里安 5 运载火箭上面级采用四氧化二氮/甲基肼作为推进剂。由于常规推进剂的比冲性能一般，从提高性能、增大运载能力的角度出发，进行推进剂凝胶化的研制。

在甲基肼中添加铝粉,当含量达到 50% 时,密度能够从 0.87 g/ml 增加到 1.32 g/ml,提高密度比冲的同时,也改善了使用性能。TRW 公司已对大力神Ⅳ运载器中使用添加铝粉的四氧化二氮/肼类凝胶推进剂进行了考察研究。针对抑制性红色发烟硝酸的凝胶化,开展了铝合金相容性的研究工作。

(4) 凝胶单组元推进剂体系

在现有的单组元推进剂中添加高能物质,可以在保持单组元发动机结构简单的同时,有效地提高其性能。例如,美国大西洋研究公司研制出的 Arcogel 单组元推进剂,密度达到 1.8 g/ml,比冲大于 2 500 m/s,与某型固体推进剂相比,性能、密度比冲等均有优势。

6.4.2 战术导弹

经过几十年的持续发展,凝胶推进剂技术已经取得长足的进步,能够用现有的推进技术贮存和点火,和液体推进剂、任何已知的固体推进剂相比,具有较好的安全性。同时凝胶推进剂发烟量少,有利于突防和反突防。此外,凝胶推进技术和大多数固体推进技术相比,有良好的比冲性能,因此凝胶推进技术具有固体推进技术所不能比拟的优势,可以保证在动能杀伤器(KKV)和灵巧战术导弹等武器系统中的任务优势。具体的优点表现如下。

(1) 长期贮存

美国对各种铝合金和其他材料进行了在液体推进剂和蒸气中的常温和高温长期贮存试验。TRW 公司所做的试验证明,在 120°F 的持续温度和环境温度下试验 47 个月,铝的钝化可使腐蚀率小于 1 mil/年,腐蚀率和程度取决于与液体或蒸气的接触情况。

(2) 安全性与操作

与纯净的液体或固体推进系统相比,凝胶推进系统由于其独特的流体触变特性,大大降低了因误操作或意外事件对人员的伤害。大量的演示证明凝胶推进剂的泄漏范围很小,这是由来自低压贮箱和管路的凝胶推进剂的高粘性流动特性决定的。添加固体颗粒的甲基肼泄漏量要小得多。

凝胶推进剂暴露在空气中的泄漏区很小，因此其蒸气释放率大幅低于纯净液体推进剂或者典型的固体发动机燃烧的盐酸产物。TRW 公司评估了在一受限的密闭区域内纯净甲基肼和抑制性红色发烟硝酸推进剂的泄漏伤害，研究结果表明，添加固体颗粒的凝胶推进剂在 60 分钟内不会造成直接伤害，可有足够的时间来中和泄漏。不加固体颗粒的凝胶推进剂在 15 分钟内可达到伤害值，而固体发动机意外点火散发的氯化氢不到 1 分钟就可达到此伤害值。

（3）销毁操作

当超过服役期限，凝胶推进剂可采用普通的和成本工艺单独处理，可以将推进剂从贮箱中泄出，然后重新使用或经中和后排入下水道。而处理损坏或寿命到期的固体推进剂比较麻烦，采用传统的开放式燃烧会带来环境问题，生成的氯化氢会造成严重的污染。

鉴于以上优势，美国计划将凝胶推进技术应用在导弹系统中，在前期研究的基础上，已经开展了型号研制工作。美国陆军航空与导弹司令部（AMCOM）制定了未来导弹技术集成计划，由 TRW 公司和塔利（Talley）防务公司共同研制凝胶推进系统。发动机采用针栓式、面关机技术，推进剂为凝胶甲基肼和抑制性红色发烟硝酸。

参 考 文 献

[1] RAPP D C. ZURAWSKI R L. Characterization of Aluminum/RP – 1 Gel Propellant Properties [R] . AIAA 1988 – 2821.

[2] GALECKI J D. Ignition and Combustion of Metallized propellants [R] . AIAA 1989 – 2883.

[3] PALASZEWSKI B. Launch Vehicle Performance Using Metallized Propellants [R] . AIAA 1991 – 2050.

[4] RAPP, RONCACE. Flow Visualization of a Rocket Injector Spray Using Gelled Propellant Simulants [R] . AIAA 1991 – 2198.

[5] PALASZEWSKI B, RAPP D. Design Issues for Propulsion System Using Metallized Propellants [R] . AIAA 1991 – 3484.

[6] PALASZEWSKI B. Advanced Chemical Propulsion at NASA LEWIS: Metallized and High Energy Density Propellants [R] . NASA – TM – 103771, N91 – 19175.

[7] PALASZEWSKI B. Upper Stages Using Liquid Propellants and Metallized Propellant [R] . NASA TP – 3191.

[8] ROBBINS I, FEIST R W. The China Lake Propulsion Laboratories [R] . AIAA 1992 – 3612.

[9] TURNS S R, NUELLER D C. Ignition and Combustion Characteristics of Metallized Propellants [R], NASA – CR – 192285, N93 – 19412.

[10] STARKOVICH J, PALASZEWSKI B. Technology for Gelled Liquid Cryogenic Propellants: Metallized Hydrogen/Aluminum [R] . AIAA 1993 – 1878.

[11] CHOJNACKI K T, FEIKEMA D A. Atomization Studies of Gelled Liquids [R] . AIAA 1994 – 2773.

[12] WING W, JOHN S, SCOTT A. "Cryogenic Gellant and Fuel Formation for Metallized Gelled Propellants", Hydrocarbons and Hydrogen with Aluminum [R] . AIAA 1994 – 3175.

[13]　PALASZEWSKI B, POWELL R. Launch Vehicle Performance Using Metallized Propellant [J] . Journal of Propulsion and Power, 1994, 10 (6): 828 - 840.

[14]　PALASZEWSKI B, ZAKANY J S. Metallized Gelled Propellants: Oxygen/RP - 1/Aluminum Rocket engine Combustion Experiment [R] . AIAA 1995 - 2435.

[15]　MUELLER D C, TURNS S R. Ignition and Combustion Characteristics of Metallized Propellants - phaseⅡ [R], NASA - CR - 196850, N95 - 11379.

[16]　CHOJNACKI K T, FEIKEMA D A. Atomization Studies of Gelled Bipropellant Simulants Using Planar Laser Induced Fluorescence [R] . AIAA 1995 - 2423.

[17]　PALASZEWSKI B. Metallized Gelled Propellants: Oxygen/RP - 1/ Aluminum Rocket Heat Transfer and Combustion Measurements [R] . AIAA 1996 - 2622.

[18]　DOVE M F A, NORMAN L, MAUGER J P, ALLAN B D, et al. Aluminum Alloy Compatibility with Gelled Inhibited Red Fuming Nitric Acid [J] . Journal of Propulsion and Power, 1996, 12 (3): .

[19]　STARKOVICH J, ADAMS S, PALASZEWSKI B. Nanoparticulate Gellants for Metallized Gelled Liquid Hydrogen with Aluminum [R] . AIAA 1996 - 3234.

[20]　NAHAMONI, NATAN. Combustion Characteristics of Gel Fuels [R] . AIAA 1997 - 2973.

[21]　RAHIMI, NATAN. The Injection Process of Gel Fuels [R] . AIAA 1997 -2972.

[22]　CHOJNACKI K T, FEIKEMA D A. Study of Non - Newtonian Liquid Sheets Formed by Impinging Jets [R] . AIAA 1997 - 3335.

[23]　PALASZEWSKI B. Metallized Gelled propellants: Oxygen/RP - 1/ Aluminum Rocket Engine Calorimeter Heat Transfer Measurements and Analysis [R] . AIAA 1997 - 2974.

[24]　PELLACCIO D G, PALASZEWSKI B, O' Leary R. Preliminary Assessment of Using Gel and Hybrid Propellant Propulsion for VTOL/ SSTO Launch Systems [R] . AIAA 1997 - 3216.

[25] RAHIMI, NATAN. Atomization Characteristics of Gel Fuels [R]. AIAA 1998 - 3830.

[26] RAHIMI S, NATAN B. Atomization Characteristics of Gel Fuels [R]. AIAA 1998 - 3830.

[27] PALASZEWSKI B, et. al. Propellant Technologies: A Persuasive Wave of Future Propulsion Benefits [R]. NASA - TM - 20628, N98 - 16092.

[28] HODGE K, CROFOOT T, NELSON S. Gelled Propellant for Tactical Missile Applications [R]. AIAA 1999 - 2976.

[29] RAHIMI, NATAN. Air - Blast Atomization of Gel Fuels [R]. AIAA 2001 - 3276.

[30] CIEZKI, ROBERS, SCHNEIDER. Investigation of The Spray Behavior of Gelled Jet A - 1 Fuels Using an Air Blast and an Impining Jet Atomizer [J]. AIAA 2002 - 3601.

[31] 刘凯强, 屈育龙, 王明珍等. 小分子有机胶凝剂和胶体推进剂的研究进展 [J].火炸药学报, 2003, 4 (26), 23 - 26.

[31] 高濂, 孙静, 刘阳桥. 纳米粉体的分散及表面改性[M].北京: 化学工业出版社, 2003.

[33] JAYAPRAKASH, CHAKRAVARTHY. Impinging Atomization of Gel Fuels [R]. AIAA 2003 - 316.

[34] 禹天福. 胶体推进剂的研究与应用 [J], 导弹与航天运载技术, 2002, 5 (总第 259 期): 36 - 43.

[35] CHERNOV, NATAN. Experimental Characterization of a Pulsatile Injection Gel Spray [R]. AIAA 2005 - 4479.

[36] WEISER, GLÄSER, KELZENBERG, et al. Investigations on the Droplet Combustion of Gelled Monoand Bipropellants [R]. AIAA 2005 - 4474.

[37] 符全军, 杜宗罡, 兰海平等. UDMH/NTO 双组元凝胶推进剂的制备及性能研究[J]. 火箭推进, 2006, 32 (1): 48 - 53.

[38] 杨伟东, 张蒙正. 凝胶推进剂模拟液直圆管流动特性初步研究[J]. 火箭推进, 2006, 32 (3): 12 - 17.

[39] SOLOMON, NATAN, COHEN. Combustion of Gel Fuels based on Organic Gellants [R]. AIAA 2006 - 4565.

[40] KUNIN, GREENBERG, NATAN. Hot Spots in Organic Gel Spray

Diffusion Flames [R] . AIAA 2006 - 1440.

[41] 左博，张蒙正. 凝胶推进剂直圆管中剪切速率与表观粘性实验研究[J] . 火箭推进，2007，33（4）：12 - 15.

[42] 张蒙正，杨伟东，孙彦堂等. 凝胶推进剂直圆管流动特性探讨[J] . 火箭推进，2007，33（5）：1 - 5.

[43] GREENBERG. A Model of Organic Gel Spray Diffusion Flames with Droplet Drag [R] . AIAA 2007 - 1180.

[44] BAR，NATAN. Experimental Evaluation of Gel Fuel Droplet Burning Rates at Sub and Supercritical Conditions [R] . AIAA 2008 - 4874.

[45] 韩伟，杜宗罡，符全军等. 四氧化二氮凝胶推进剂的配方研究[J] . 火箭推进，2008，34（1）：54 - 58.

[46] 左博，张蒙正，张玫. 凝胶推进剂模拟液直圆管压降计算及误差分析[J] . 火箭推进，2008，34（1）：26 - 29.

[47] 张蒙正，仲伟聪. 非金属凝胶推进剂热力特性计算及分析[J] . 火箭推进，2008，34（2）：55 - 58.

[48] 张蒙正，杨伟东，王玫. 双股互击式喷嘴凝胶水雾化特性试验[J] . 推进技术，2008，29.（1）：22 - 24.

第7章 冲压发动机技术

7.1 引言

随着太空开发和新军事战略发展要求的提出，超声速/高超声速飞行已成为当前倍受各国关注的技术领域和未来飞行器发展的重要方向之一。现有可用于超声速/高超声速飞行器的动力系统主要是两大类：火箭发动机和吸气式发动机。吸气式发动机包括涡轮喷气发动机、冲压发动机等。

（1）火箭发动机

火箭发动机不受外界环境条件和飞行器速度的限制，能在大气层中和大气层以外的空间工作，并使飞行器达到很高的飞行速度。火箭发动机推重比远高于吸气式发动机，推力量级可以按需定制。目前用作空间飞行的主要是化学火箭发动机，包括液体推进剂火箭发动机和固体推进剂火箭发动机。但对化学火箭发动机而言，由于需要自带氧化剂，其比冲低的问题也是相当明显的。一般现役化学火箭发动机的比冲都在 4 905 m/s 以下，其工作时间相对较短。

（2）涡轮喷气发动机

涡轮喷气发动机（简称涡喷发动机）吸入空气作为发动机氧化剂，因而具有比火箭发动机高得多的比冲，因而适宜用作大气层内远程巡航飞行器动力。作为当前航空飞行的主流推进方式，工作马赫数 2 以下涡喷发动机技术已经相当成熟，但对于能在更高速度下工作的涡喷发动机的需求一直都有。但是飞行速度的提高会导致压气机进口总温升高，由于涡轮耐受燃气温度的限制，导致高马赫数来流条件下涡喷发动机性能迅速降低。在目前的材料体系和技术基础下，可预期的涡喷发动机最高飞行马赫数只能不大于 3。受最高飞行马赫数限制的影响，涡轮喷气发动机最高飞行高度不超过 30 km。

(3) 冲压发动机

冲压发动机也是一种吸气式发动机，因而与涡喷发动机类似也具有很高的比冲性能。在飞行速度 Ma 1.5 以上的条件下，冲压发动机可以利用来流动能对捕获空气进行压缩，无需压气机和涡轮，使发动机结构较涡喷发动机大为简化，发动机成本明显降低。发动机推重比较涡喷发动机也有所提高。冲压发动机最大的优势在于，可以在大于 Ma 3 的超声速/高超声速来流条件下工作，填补了吸气式发动机在高速来流条件下工作的空白，因而被称为大气层内高速飞行的理想动力装置。冲压发动机的局限性主要在于不能低速起动，单位迎面推力较小。

冲压发动机以进入燃烧室组织燃烧的气流为亚声速或者超声速，称为亚燃冲压发动机和超燃冲压发动机。在飞行速度小于 Ma 5 的条件下，亚燃冲压发动机具有良好的性能，亚燃冲压发动机技术相对成熟，在中远程超声速巡航导弹、靶弹、无人侦察机等领域都有应用。但是随着飞行马赫数的继续增加，高超声速气流的压缩损失明显增大，来流总温迅速增加，燃烧室加热比大幅降低，采用将高超声速来流滞止到亚声速再组织燃烧的方式已难以获得高的性能。为获得一定的净推力，此时需要采用超燃冲压发动机，发动机从燃烧室到喷管出口主流保持为超声速流态。为了更好地让亚燃和超燃发动机能在不同工作段充分发挥各自的性能，发动机设计师们又提出了双模态冲压发动机概念，即当飞行速度小于 Ma 5～6 时，采用亚燃冲压的热力循环；当飞行速度大于 Ma 5～6 时，采用超声速燃烧的热力循环。超燃冲压发动机关键技术多、难度大，目前在世界各国尚处于研发阶段。

7.2　亚燃冲压发动机

7.2.1　工作原理

　　亚燃冲压发动机由进气道、燃烧室和尾喷管组成的发动机本体和燃油供应与调节等附件系统组成，进气道捕获迎面超声速来流，对其进行压缩，将来流动能有效转化为压力势能后稳定均匀地输送给燃烧室。对于亚燃冲压发动机，进气道气流经内外压缩后在一道近似正激波的结尾激波后变为亚声速，以亚声速状态进入燃烧室。在进气道出口分取少量压缩空气驱动涡轮，带动泵为燃油增压。燃烧室内布置有燃油喷射装置、点火装置和火焰稳定器，增压后的燃油按需求的流量喷入燃烧室，与空气掺混燃烧，燃烧室内气体温度和焓值迅速增加，燃烧室内主流速度保持在亚声速状态。燃烧室壁面热防护可采用气膜冷却方式，以来流空气为冷却介质，也可采用烧蚀冷却方式。燃烧后的高温燃气经收敛—扩张型喷管膨胀加速，高速排入大气，其反作用力产生发动机的推力。典型的轴对称式亚燃冲压发动机的结构简图如图 7-1 所示。

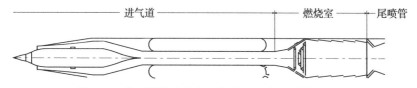

图 7-1　典型的轴对称亚燃冲压发动机的结构简图

　　冲压发动机必须在一定的超声速来流条件下才能工作，不能自行起动，因此必须配备助推器助推加速。一般采用固体助推器，或者从喷管出口潜入燃烧室，或者与主发动机共用燃烧室，在到达需要的高度、速度的接力点后，将助推器抛出，冲压发动机点火工作。

7.2.2　结构组成

7.2.2.1　进气道

进气道是冲压发动机的一个重要部件，它利用来流的速度冲压，有效地将动能转化为位能，提高气流压力，出口与发动机的燃烧室相连接。

进气道有多种分类方法。按工作速度可以分为亚声速进气道和超声速进气道。按气流压缩过程相对于进气道进口截面的位置可分为外压式进气道、内压式进气道和混压式进气道。按进气道在总体上的布局可分为头部进气道、颌下进气道、腹部及旁侧进气道等。按进气道的形状可分为轴对称式进气道、二元进气道和三元进气道。

（1）外压式进气道

外压式进气道有正激波式和斜激波式。其中正激波式进气道当来流马赫数较高时总压损失较大，这种进气道适用的速度较低，一般不高于 Ma 1.5。

斜激波式外压进气道中，气流经一级或多级外压缩斜激波，最后经过一道正激波变为亚声速。由于斜激波的损失较正激波要小，因此，这种进气道适用的速度范围比正激波外压式进气道要宽。但来流速度较高时，为了提高进气道性能，往往需要增大外压缩面的角度，这样就使得进气道的外阻增大，内流的转弯损失也增大。因此，斜激波外压式进气道适用的最大马赫数也不宜过大，一般其上限约为 Ma 2.5。

（2）内压式进气道

与外压式的压缩相反，内压式进气道对气流的压缩都是在内部通道中完成的。内压式进气道通道面积先收缩后扩张，相当于一个倒拉瓦尔喷管。

超声速气流经过收敛通道的初步压缩，在喉部变为低超声速，并在扩张段经一道正激波后变为亚声速。与外压式进气道相比，内压式进气道外阻大为减小。但是，内压式进气道存在起动问题，当出口背压升高到一定程度后，位于扩张段的正激波被推出唇口，此时即使降低背压也无法将激波吸入，使进气道的性能大大降低。

（3）混压式进气道

混压式进气道兼有外压式和内压式进气道的特点。混压式进气道既有斜激波式外压缩，也有唇口内通道的压缩。超声速气流经过外压缩面压缩后变为低超声速气流，再经过内通道反射波系和结尾正激波的进一步压缩变为亚声速气流。混压式进气道具有工作范围宽，外阻较小的特点，虽然也有起动问题，但与内压式进气道相比较易解决。

由于混压式进气道兼有外压式和内压式进气道的特点，具有广泛的应用。因此接下来重点介绍混压式进气道的工作特点、设计要求。

① 工作特点

进气道是联系来流与燃烧室的重要组件，因此，其工作状态也受燃烧室的工作状态和来流状态的影响。当燃烧室压力升高时进气道结尾激波逐渐由喉道下游向喉道处移动，进气道也由超临界状态向临界状态变化，此时波前马赫数降低，进气道的总压恢复系数提高，流量系数不变。当燃烧室压力继续升高，结尾激波越过喉道被推出唇口，进气道的工作状态也由临界变为亚临界，此时有部分流量溢出，进气道的总压恢复系数可能有所提高，但流量系数下降，外阻增加。进一步提高燃烧室压力，进气道就会由亚临界状态进入喘振状态，此时结尾激波在唇口内外做往复运动，进气道的流量系数和总压恢复系数也随之呈周期性波动，并发出间断性的巨大轰鸣。

来流状态对进气道的影响主要有来流马赫数和攻角。对于混压式进气道，在设计马赫数下外压缩波一般交于唇口，该状态称为额定状态，该状态下进气道的流量系数为 1，进气道的工作状态最佳。当马赫数大于设计马赫数时，外压缩波交于唇口内，使唇口内部流动复杂，该状态称为超额定状态，此时进气道的结尾激波强度增大，内压缩损失增大，进气道总压恢复系数下降，但流量系数为 1。当速度低于设计马赫数时，外压缩波交于唇口外，流量系数减小，附加阻力增加，但内压缩波强度减小，进气道的总压恢复系数增大。当来流马赫数低于进气道喉道对应的起动马赫数时，在进气道唇口处形成正激波，总压恢复系数和流量系数明显下降，进气道处于不起动状态。攻角对混压式进气道的影响主要体现在两个方面：一方面是对进气道性能的影响，例如对于中心锥式进气道，当攻角增大时会使进气道的流量系数和总压恢复系数降低，一般当攻角大于 6°后，中心锥式进气道的性能会急剧下降；另一方面，当攻角增大时会使进气道出口的流场畸变程度增大。

②设计要求

一般的导弹用进气道多采用不可调结构，其混压式进气道的设计要考虑以下几个问题：设计马赫数的选择；起动马赫数的选择；超声速段波系组织；与导弹/发动机的一体化设计。

进气道的设计马赫数一般情况下也是发动机的设计马赫数，因此，在设计马赫数选择时要考虑发动机的工作要求，如果发动机的主要任务是加速爬升，则设计马赫数应该选择低一些，以使发动机有较大的进气量从而提供较大的推力；如果发动机主要工作在巡航状态，则在满足接力点推力的同时使设计马赫数尽量靠近巡航马赫数。进气道设计马赫数应该放在整个弹道水平上以导弹射程为目标进行优化，以射程最远的设计马赫数作为进气道的设计马赫数。

不可调混压式进气道同样存在起动问题，因此，在设计马赫数确定后，进气道的喉道面积尤为关键。来流马赫数越小对应的起动喉道面积越大，因此，一般将发动机的最小工作马赫数作为进气道的起动马赫数。

设计马赫数确定后，需要对超声速段的波系进行组织以得到最佳的进气道性能。合理分配压缩角，包括总压缩角和压缩级数。一般设计马赫数一定时，随着总压缩角的增大进气道的总压恢复系数先增大后减小，并且总锥角越大进气道的外阻也越大，因此必须综合考虑后确定。

进气道设计时要考虑进气道类型、布局形式及进气道数目等。

进气道的类型选择取决于进气道的速度特性、攻角及侧滑特性，而布局位置主要取决于导弹总体的布局需求。另外，进气道设计时要满足燃烧室提出的流场畸变条件。

7.2.2.2　燃烧室

燃烧室是冲压发动机的核心部件，其功能是将经进气道减速增压后的空气与通过喷嘴供入燃烧室的燃油进行有效的掺混、燃烧，将燃料的化学能转化为燃气的热能，以提高气流的作功能力。冲压发动机燃烧室主要由火焰稳定器、喷油装置及冷却结构等组成。

（1）火焰稳定器

火焰稳定器是在高速气流中使火焰持续稳定的装置，它一般为不良流线体，气流流经稳定器在其后形成回流区。回流区内某些局部流速低于或等于紊流火焰的传播速度，这样就具备了火焰稳定的条件。冲压发动机燃烧室上应用的火焰稳定器有多种：Ｖ型槽火焰稳定器，蒸发式火焰稳定器及筐型火焰稳定器等。除采用火焰稳定器外，也有采用突扩形式来稳定火焰的，如法国的 ASMP 发动机。采用何种火焰稳定器或火焰稳定方式与燃烧室要求的余气系数工作范围、燃烧室稳定工作范围等有关。Ｖ型槽火焰稳定器是最基本的火焰稳定器，但Ｖ型槽引起的涡流阻力较大，贫油工作范围窄。蒸发式火焰稳定器是通过向蒸发管内供应部分燃油，燃油与从稳定器进气嘴进入的空气进行掺混，然后经稳定器蒸发管上的小孔进入稳定器回流区。蒸发式火焰稳定器的贫油工作范围宽，通过改变蒸发管的供油流量可以使燃烧室满足大范围工作要求。筐型火焰稳定器在英国的奥丁冲压发动机上采用过，这种稳定器在海平面和高空均有良好的稳定性。

（2）喷油装置

冲压发动机上的喷油装置一般采用喷油环。它是在管型圆环上安装喷嘴，根据整个燃烧室燃油浓度分布的需要可以有单环或多环。对于工作空域大、燃油变化范围宽的燃烧室，为满足雾化要求，燃油设置为多路供应。当燃油的喷注压降不能满足雾化要求时，关闭其中一路燃油以提高喷注压降。喷油环原则上以燃烧室燃油浓度均布为佳，有利于提高富油时的燃烧效率，但贫油工作范围窄。在实际应用中要根据具体情况安排。喷嘴有逆喷、顺喷和侧喷等多种形式。采用逆喷可以有利于燃油的雾化，可以增加燃油在燃烧室的停留时间，但容易使喷嘴挂火，极易使后方的稳定器烧蚀。使用顺喷可以避免挂火问题，但增加了雾化掺混距离，燃油散布的宽度也较逆喷窄，这需要增加喷嘴的数目加以补偿。如果使用顺逆喷，则兼有顺逆喷的优点，既可以提高效率，也能够避免挂火。

（3）冷却结构

冲压发动机燃烧室上采用的冷却结构有烧蚀冷却和气膜冷却两种。烧蚀冷却是通过在燃烧室浇注隔热层材料，这种材料受热后会融化、蒸发及发生化学反应，从而达到吸收热量保护燃烧室壁的作用。如法国的 ASMP 导弹用冲压发动机，它的热防护材料为填加耐热纤维的硅橡胶，热防护材料达到 15 mm，能在 1 MPa/1 500～2 000 K 的燃烧室条件下工作 1 000 s。但随着现代冲压发动机对工作时间的要求越来越长，势必会导致烧蚀材料的厚度增大，从而导致发动机质量增加，并且也会减小燃烧室的有效容积，降低燃烧效率。因此，这种冷却方式很难适应长时间工作的发动机。

气膜冷却是一种适合燃烧室长时间工作的冷却方式。通过在进气道出口取气，将气流分为两部分，一部分进入燃烧室参与燃烧，另一部分进入冷却通道，对火焰筒和燃烧室壳体起保护作用。这时常将火焰筒分为多段，在火焰筒上打孔或者在每一段火焰筒的末端，沿筒体母线方向射出冷却气流，将高温燃气与火焰筒壁面隔开，从而起到热防护作用。但当来流气体总温较高时，参与气膜冷却的空气与材料的温限差别不是很大，这会大大影响气膜冷却的效果。因此，对于工作马赫数高的冲压发动机，燃烧室除采用气膜冷却外，还需要进行隔热涂层、火焰筒采用耐高温材料等辅助措施。

冲压发动机燃烧室设计时一般都要求具有尽可能高的燃烧效率，尽可能小的流阻损失，在给定工作范围内能够稳定燃烧，在工作范

围内最不利的条件下能够可靠起动，有良好的冷却条件避免燃烧室
烧蚀。冲压发动机燃烧室的设计是一个折衷优化的过程，要考虑各
种相互矛盾的因素后才能获得满足需求的燃烧室。一般来讲，主要
考虑如下因素。

（1）稳定器阻塞比与流阻损失

阻塞比是稳定器的重要设计参数，适当增大阻塞比可以提高稳
定器后回流区的大小，提高稳定工作范围。但阻塞比过大会使流阻
损失增加，进而影响发动机性能。

（2）气膜冷却与燃烧效率

随着导弹对冲压发动机的工作马赫数要求越来越高，工作时间
越来越长。为了解决燃烧室热防护问题，需要增加气膜冷却气量，
但这也就意味着参与燃烧的空气量减少，导致燃烧效率的降低。但
燃烧效率降低会导致发动机的比冲性能降低，与发动机的高比冲要
求相悖。

（3）燃烧效率与稳定器烧蚀

为了提高燃烧效率，需要燃烧室燃油分布较为均匀，燃油的雾
化掺混较好。基本的措施就是改变喷油环和喷嘴的布局，选用不同
的喷注方式和喷嘴形式。如选用离心喷嘴，逆喷形式。但这种方式
在提高雾化效果的同时也会造成喷嘴挂火，进而引起稳定器烧蚀。

7.2.2.3　尾喷管

尾喷管的作用是将高温燃气的内能转化为动能，使发动机出口
和进口气体的冲量差尽可能大，以产生导弹所需的推力。尾喷管可
以是简单的收敛型喷管，也可以是型面较为复杂的收敛—扩张型喷
管，为获得高的性能一般采用收扩喷管。

喷管的作用是维持燃烧室的压力处于一定水平以满足燃烧室和
进气道可靠工作的要求，另外就是将燃气加速排出以产生推力。

如果冲压发动机的工作空域很大，为满足低空飞行时的推力要
求就需要喷管的喉部很大；但按低空点确定的喷管喉部在高空巡航
飞行时就显得太大，使燃烧室的压力降低，进而导致进气道工作在

超临界状态，总压恢复系数很低，从而影响了发动机性能。有时甚至会直接导致燃烧室无法正常工作。因此，为了改善发动机大空域工作时的性能，往往采用喉部面积可调喷管。

喉部面积调节有连续调节和多工位调节两种方式。其中连续调节是根据当前的来流状态和发动机工作状态来调节喷管喉部以保证进气道工作在最佳状态，从而使发动机的性能得以最大发挥。喷管的连续调节能够最大限度地发挥发动机性能，但调节控制复杂，俄罗斯的宝石导弹上采用的就是这种调节方式。多工位调节是连续调节的一种简化形式，即将喷管喉部面积分为几个工位，当导弹爬升到指定高度或速度时进行喷管调节。这种调节方式也能够满足发动机的大空域工作要求，且控制系统简单，但发动机性能得不到最大发挥。

可调喷管一般由作动筒、调节片、密封片及作动系统组成。由于冲压发动机喷管环腔的结构空间小，环腔温度高。因此，喷管设计时要开展喷管流路优化，耐高温作动筒设计，无余量薄壁耐高温的调节片及密封片的设计和安装固定，以及新材料与新工艺的研制。

7.2.2.4　燃油供应与调节

在冲压发动机中，燃油供应与调节系统主要负责发动机燃料注入和调节，包括燃油增压、调节和控制等部分。燃油从油箱到燃烧室，要经过管道、阀门、油滤和喷嘴等部件，供应系统要提供足够高的压力以克服各种阻力，并保证喷嘴雾化良好。调节系统通过不断的调节燃油流量来保证冲压发动机产生需要的推力。

冲压发动机的供油系统按加压方式可分为挤压式和泵压式两种。在挤压式供油系统中，用高压气体把燃料从贮箱中挤出并送到发动机燃烧室。这种系统的最大优点是结构简单、工作可靠，适用于推力较小、工作时间较短的系统。在泵压式系统中，燃料增压主要靠泵来完成。可供选择的增压泵有多种，最常用的是离心泵。驱动泵的动力也有多种，最常用的是空气涡轮。这里主要介绍冲压发动机普遍采用的冲压空气涡轮泵供油系统。

泵压式燃油供应与调节系统的工作原理：从进气道出口取一部分经过进气道增压后的气体，来驱动涡轮作功，涡轮带动泵对燃料进行增压。泵后的高压燃料通过燃油调节器，按发动机要求的供油规律向燃烧室供应燃油，保证发动机的稳定工作并产生需要的推力。

（1）燃油供应

① 贮箱增压方式

液体冲压发动机的贮箱增压方式一般有气瓶增压和冲压空气增压两种。采用冲压空气增压可使系统和结构相对比较简单，但飞行马赫数较高时，冲压空气滞止温度较高，会增加燃油温升。此外，来流的总压变化使贮箱增压压力也随之变化，特别是巡航高度较高时，来流总压太低而不能保证燃油泵的正常工作。

不同的增压方式，对涡轮泵的设计要求也不同。为了便于解决燃油泵的气蚀问题，大多数冲压发动机采用气瓶增压方式。

② 涡轮的驱动方式

涡轮一般使用冲压空气驱动。涡轮的取气方法主要分为两类：一类是从冲压发动机进气道内部取气；另一类是通过单独的进气道，把冲压空气从外面引入涡轮。外部取气便于供应系统的研制，但是会增大导弹的气动阻力，内部取气对总体的影响较小，但是必须考虑空气涡轮与冲压发动机工作的相互干扰。随着发动机/弹体的一体化设计及冲压发动机技术的发展，内部取气将显示出更大的优越性。

③ 涡轮的排气方式

作完功的涡轮废气需要通过弹体舱段开口或设置排气装置排出。采用弹体舱段开口方案，结构简单。当发动机涡轮排气总温较高时，应考虑设置排气装置将其排出弹体外。

④ 涡轮泵转速的确定

转速对燃油供应系统设计的影响，比任何其他单个参数的影响都大。转速影响涡轮泵，甚至影响整个供应系统的所有设计要求，包括性能、结构、体积、质量和可靠性等，同时也直接影响涡轮和泵本身的选择和设计。在确定涡轮泵的转速时需要综合考虑以下因素：转子采用刚性轴，转速低于第一临界转速；要考虑当前轴承的 DN 值及密封线速度的限制；考虑泵的气蚀性能的限制，确保泵在工作中不发生气蚀；在满足以上因素的基础上，选取尽可能高的转速，以便获得较小的涡轮泵结构尺寸，减轻质量。提高转速，还有利于提高泵的比转数，扩大泵稳定运行的工作范围。

在设计涡轮泵时，限制转速提高的因素往往不是理论上的原因（如效率、泵进口压力等），而是取决于实际的条件，如轴承与密封的可靠性及系统其他部分的质量等。

⑤ 空气涡轮泵的设计特点

发动机大空域、高马赫的飞行条件，决定了空气涡轮泵大范围变工况的工作特点，不仅驱动涡轮的来流总温、总压大范围变化，而且泵工作的燃油最大、最小流量之比也达到 20～25 倍。因此涡轮泵的设计不能只考虑某一种工况下的性能，而要在工作范围内综合考虑，进行优化设计。

对于高速涡轮泵，保证轴承和端面密封的可靠工作是尤为重要的。因此，应对冷却流量、轴向力及临界转速等进行详细的计算，以确保涡轮泵能够稳定可靠的工作。

随着数值仿真技术的发展，利用专业的商用软件对涡轮及泵进行大范围、变工况的数值模拟，能够较为准确地获得涡轮及泵的性能。为了进一步提高涡轮泵的性能，需要在集成优化平台上进行涡轮泵的优化设计。优化设计后的产品要在发动机工作的多种工况下进行大量的地面性能试验，如泵的性能及气蚀试验、轴承运转试验、密封运转试验、涡轮泵联试及燃油供应系统联试等。优化设计结果也必须以试验结果为基础进行修正。

涡轮按工质流动方向可分为轴流式涡轮和径流式涡轮，按级数可分为单级涡轮和多级涡轮，而轴流式涡轮又有冲击式和反力式之分。轴流式涡轮较径流式涡轮具有结构尺寸较小的优点，对于冲压发动机上小功率的涡轮，从结构复杂性、工艺性及尺寸、质量等方面考虑，应优先选择单级轴流冲击式涡轮。单级轴流冲压式涡轮静子与转子分别如图 7 - 2 和图 7 - 3 所示。

图 7 - 2　单级轴流冲击式涡轮静子

图 7 - 3　单级轴流冲击式涡轮转子

　　燃油泵将涡轮提供的机械能转化为燃油的压力能，对燃油进行增压。为了减小体积和质量，泵的转速很高，所以泵的比转速多在 50 以上，几乎都用离心泵，且只有离心泵能满足大流量范围内变工况的工作要求。为了提高小流量下的工作稳定性，应通过对泵进行优化设计、增加离心轮叶片数、控制叶片出口角、在泵前设置诱导轮等措施，提高泵的工作稳定性。离心泵存在气蚀问题，应对贮箱进行预增压。由于泵的流量变化范围很大，且运行工况比较恶劣，一般在离心泵前设置诱导轮，以提高泵的抗气蚀性能。诱导轮及离心轮分别如图 7-4 和图 7-5 所示。

图 7-4　燃油泵的诱导轮

图 7-5　燃油泵的离心轮

（2）燃油调节

①系统方案

传统的气动液压和模拟电子—机械液压调节器结构质量大，调节精度及适应性都较差，不能满足冲压发动机大空域、大调节比和发动机推力快速调节的工作需要，因此冲压发动机的燃油调节控制通常采用数字电子—机械液压控制。

模拟式与数字式控制方案的性能比较见表7-1。

表7-1　模拟式与数字式控制方案的性能比较

系统类型	模拟式控制	数字式控制
控制元件	电液伺服阀	高速电磁阀
抗污染能力	差（介质精度2～5 μm）	强（介质精度20～25 μm）
抗干扰能力	差	强
系统可靠性	较差	很高
死区影响	较大	小
结构	复杂	简单
维护管理	要求高	较简单
价格因子	3	0.5

②驱动方式

在确定燃油调节系统方案后，需要进一步明确燃油调节器的驱动机构。目前，用于燃油调节器的驱动机构主要有：步进电机、电液伺服阀和脉冲宽度调制（PWM）快速电磁阀等。

随着微电子技术的飞速发展，以机、电、液三位一体为特征的高速数字液压技术也得到了迅速发展，以PWM快速电磁阀为核心的执行器具有快速响应、低成本及抗污染的特点，其应用范围和领域正在不断地扩展。从发展趋势来看，采用PWM快速电磁阀驱动将逐渐占主导地位。在机、电、液一体化应用中，PWM电磁阀是电子与液压机构间理想的接口元件。其特点是结构紧凑、体积小、质量轻、响应快速、动作准确、重复性好、抗污染能力强、内泄漏小及可靠性高。它直接接受数字信号，对流体系统的压力或流量进行控制，这为实现流体动力系统的数字控制提供了有效手段。

③燃油调节器选择

一般地，燃油调节器有直接作用式和间接作用式两类。直接作用式燃油调节器敏感元件与执行机构是一体的；间接作用式燃油调节器敏感元件与执行机构的功能是分开的，中间通过一个液压放大机构进行间接调节节流口的面积，其结构较为复杂。

直接作用式与间接作用式调节器除了执行机构不同外，调节的方法都是保证等压差通过改变流通面积来调节流量。两者的本质区别是：直接作用式调节器的流量稳定装置（压差和节流机构）是刚性反馈，而间接作用式调节器的压差活门和节流阀属于柔性反馈。

对于间接作用式流量调节器，由于敏感元件摆脱了对第二道节流口调节机构施以作动力的职能，因此就有可能将其活动部分的质量减到最小，于是提高了调节器的灵敏度和准确度。所以不管从精度上还是稳定性上来讲，间接作用式比直接作用式调节器有优势。

燃油调节器采用大调节比快速电磁阀驱动的间接作用式流量调节器，通过改变脉宽调制电磁阀占空比系数、控制计量活门开度实现燃油流量的调节。燃油调节器出口分多路供应燃烧室。燃油调节系统主要由燃油计量活门、等压差活门、压差执行活门、燃油分配活门、加速电磁铁、切换电磁铁、快速电磁阀和角位移传感器等组成。

燃油调节器使用集成化设计，燃油计量活门等都集成在同一个壳体内。角位移传感器、电磁铁、电磁阀的数据总线集中用一个接插件连接。为保证燃油调节器的工作稳定性，在系统中设计了多处节流器，在节流器前设计过滤结构。由于燃油调节器的使用环境温度范围较大，在调节器内设置了燃油温度补偿器。

燃油由涡轮泵提供，由电子控制器给出电信号到脉宽调制数字快速电磁阀来控制计量活门的位置（即调节占空比大小），控制供油量的大小，同时计量活门的位置由角位移传感器给出反馈信号到电子控制器，实现供油量的闭环控制。

大空域、高马赫的飞行条件，决定了燃油调节器流量大范围变化的工作特点。因此，设计时应采取如下措施来突破大调节比调节技术：增加结构紧凑性，并根据总体布局特点采用特型设计，满足安装空间要求；采用先进的数字电子控制方式，利用控制软件灵活设置约束条件，满足不同条件下的控制要求；通过地面试验获得调节器、控制器软硬件的实际性能并验证燃油供应控制系统组件之间工作的匹配性。

7.2.3　发展阶段

以亚燃冲压发动机为动力的超声速巡航导弹 20 世纪 60 年代就开始投入使用，美国、俄罗斯、英国、法国、印度和我国均有冲压巡航弹装备部队，美国还有过以亚燃冲压发动机为动力的远程无人侦察机服役。亚燃冲压发动机涉及的技术领域相对成熟。世界各国研发或装备的主要液体亚燃冲压发动机及其导弹（飞行器）情况见表 7 - 2。

亚燃冲压发动机技术的发展大致经历了三个阶段，每个阶段的代表性导弹型号如图 7 - 6 所示。

1）第一代的液体冲压发动机及助推与导弹为非一体化设计。如美国的波马克、英国的警犬及我国的 C101 等导弹使用的发动机，其结构特点是两台并联工作的液体冲压发动机位于弹体后部，并使用独立外挂式的火箭助推器，冲压发动机均为头锥进气的轴对称结构。这类导弹都比较笨重，大多数限于陆射型导弹。

2）第二代为机/弹体一体化布局的冲压发动机。冲压发动机与弹体互成一体，但固体助推为非一体化设计，或者独立外挂，如苏联的加涅夫，或者与冲压发动机串联，如美国的黄铜骑士、英国的海标枪。这样的布局导弹结构更紧凑，气动性能较第一代好，因此开始应用于舰射。冲压发动机依然以轴对称结构为主。

表 7 - 2　液体亚燃冲压发动机的研发装备情况

国家	使用型号	发动机名称	飞行马赫数	飞行高度/km	射程/km	结构布局	发动机直径/mm	工作时间/s	型号类型	使用时间	备注
美国	波马克A(Bomarc)	RJ43-MA-3	2.5~2.8	18	~320	头锥进气	211	340~410	远程地空导弹	1956—1964	发动机/弹体非一体化设计，液体助推
	波马克B(Bomarc)	RJ43-MA-11	3.5~4.0	18~30	~640	头锥进气	711	~600	远程地空导弹	1961—1972	发动机/弹体非一体化设计，固体助推
	黄铜骑士(Talos)	—	2.5~3.0	26.5	—	头锥进气	457	~150	中程、远程中高空空舰空导弹	1959—1980	发动机/弹体一体设计
	火把	MR215XAC	2.2	中低空	—	皮托进气	571	—	靶机(弹)	1977年研制，1981年停止	发动机/弹体一体化设计
	超声速战术导弹(STM)	ALVRJ	2.3~2.6	—	~150	X型矩形旁侧进气	381	~200	空射战术弹	1968年研制，20世纪80年代初停	整体式火箭冲压发动机
	先进空对空导弹(AAAM)	AAAM	3.2	—	~320	二元腹部进气	380	>360	先进空对空导弹	1988年研制，1997年装备	整体式火箭冲压发动机
	先进战略空射导弹(ASALM)	LIRRE	2.5~4.0	24	~467	颌下进气	508	90~350	先进战略空射导弹	1976年研制，1979-1980年7次飞行，取消	整体式火箭冲压发动机

续表

国家	使用型号	发动机名称	飞行马赫数	飞行高度/km	射程/km	结构布局	发动机直径/mm	工作时间/s	型号类型	使用时间	备注
美国	D-21	—	3~3.5	27	航程 5 500	头锥进气	—	>5 000	空射远程无人侦察机	1963—1971	发动机体一体化设计
	SLAT	SLAT	2.5~3.2	100~200	—	颌下进气	540	120~200	地空靶弹	1983年研制,1987年首飞,90年代批产	整体式火箭冲压发动机
苏联/俄罗斯	花岗岩(SS-N-19)	—	2	海平面	630	头锥进气	838	—	陆射/潜射	1972年研制/已装备	—
	日炙(SS-N-22)	—	2.5	海平面	500	4个旁侧进气	711	—	陆射	1977年研制,已装备	—
	宝石(SS-N-26)	宝石	2.0~3.5	巡航15~20	250	头锥进气	800	—	中远程反舰	1985年研制,1995年服役	整体式液体冲压一体化设计
	空对空 X-31 空对舰 X-31A 空对地 X-21п	AS-17	巡航3.0	—	80~166	4个轴对称侧面进气	360	—	近程反舰	20世纪70年代末研制,1988年服役	整体式冲压、助推/冲压一体化设计

续表

国家	使用型号	发动机名称	飞行马赫数	飞行高度/km	射程/km	结构布局	发动机直径/mm	工作时间/s	型号类型	使用时间	备注
苏联/俄罗斯	加涅夫(Ganef)(SA-4,3M8)	RD-085	2.3~2.5	—	—	中段环形进气	850	—	地对空导弹	1958年研制,1964年参加阅兵	固体助推非一体化设计;发展为四种导弹型号
	白蛉(马斯基特)X-41	X-41	3.0	—	—	4个轴对称侧面进气	760	—	远程空对舰	20世纪80年代初研制,20世纪90年代中服役	整体式、液体式,助推/冲压一体化设计
英国	警犬II(Bloodhound)	ThorBT-2	1.5~2.6	18	—	头部进气	406	>120	地空导弹	1958年在BT1基础上研制,1964年装备	非一体化设计,两台发动机并联
	海标枪(SeaDart)	Odin MK801	2.2~3.5	—	—	头锥进气	302~396	—	舰空、舰舰导弹	1963年研制,1968年定型,1973年服役	机弹一体化、串联式推进也用于英国后续多个防空导弹

续表

国家	使用型号	发动机名称	飞行马赫数	飞行高度/km	射程/km	结构布局	发动机直径/mm	工作时间/s	型号类型	使用时间	备注
法国	中程空对地（ASMP）	ASMP冲压发动机	3.0~3.5	200.06	—	二元双侧进气	燃烧室350	600~900	中程空地导弹	1974研制，1983年首飞，1986年服役	弹体/冲压/助推一体化设计，高、低空、海上三种弹道
	ASMP-N ASMP-R	ASMP-C	3.0~3.5	200.06	—	二元双侧进气	燃烧室350	600~1 000	N 舰射潜射，R 空射	1992年研制成功	增加了末制导，射程更远
印度	布拉莫斯（Blamos）	Blamos	2.8	0~15	280	头锥进气	640	>300	海基陆基空基	海基已装备，陆基空基飞行试验	整体式液体冲压、助推/冲压一体化设计
中国	C101	C101主发动机	1.8~2.0	0.5	—	头锥进气	400	120	低空反舰	1978年研制	非一体化设计，两台发动机并联
	C301	C101主发动机	1.8~2.0	0.3~0.5	—	头锥进气	540	300	低空反舰	1986年飞行成功，1991年服役	非一体化设计，两台发动机并联

(a)波马克(美国)　　(b)加涅夫(SA-4，苏联)　　　(c)ASMP（法国）

图 7-6　亚燃冲压发动机发展阶段中代表性导弹型号

3）第三代提出了整体式液体冲压发动机的概念。冲压发动机与弹体一体化设计，同时冲压发动机与固体助推也采用一体化设计。及先进战略空射导弹冲压或者与助推共用燃烧室，如法国的中程空对地导弹（ASMP）、美国的超声速战术导弹（STM）及先进战略空射导弹（ASALM）等；或者固体助推潜入冲压发动机燃烧室内，如俄罗斯的宝石、印度的布拉莫斯等。采用整体式液体冲压发动机的导弹体积大大减小，使空基发射成为可能，并且经常一个型号出现多个改型，使之可以适用于舰射、潜射及空射等不同发射平台。冲压发动机的结构布局也开始多样化，有头部、下颌、腹部、侧面及双下侧等多种进气布局，有轴对称、矩形及三元等多种进气结构。

世界各国研制的亚燃冲压发动机绝大多数都用于巡航导弹或靶机，射程一般为一百到数百千米，只有美国于 20 世纪 60 年代研制的以亚燃冲压发动机为动力的高空高速远程无人侦察机（D-21），航程超过 5 500 km。该飞行器巡航速度大于 Ma 3.0，巡航高度约 27 km。从 1966 年进行飞行试验到 1971 年退役共进行飞行试验 17 次，执行侦察任务 4 次。D-21 使用的亚燃冲压发动机与飞行器采用一体化设计，轴对称进气道安装于飞行器头部。

7.2.4　一体化设计

随着计算机技术的应用，优化设计思想被引入到各个设计领域，使得设计和研制工作更趋科学，更趋合理。但是，在以往的很多设计过程中，设计人员通常将各分系统解耦成孤立的模块并进行设计。由于冲压发动机的各分系统强烈耦合，这要求设计人员必须采用新的设计思路，统一地从系统工程和总体性能指标最优出发，采用一体化设计思想。

一体化设计的权衡过程在理论上可认为是一种多学科优化问题（MDO），多学科优化是充分探索和利用系统中相互作用的协同机制来设计复杂的工程系统和子系统的方法论。对多学科优化概念的理解，关键之处在于：1）多学科优化问题要求在设计中考虑学科之间的耦合效应；2）多学科优化问题关注的是系统整体（全局）性能最优；3）多学科优化问题是一种设计思想，而不是具体的设计优化方法。

冲压发动机的一体化设计主要体现在飞行器总体、冲压发动机与固体助推发动机的一体化设计和液体亚燃冲压发动机本身的一体化设计。冲压发动机一体化设计的优劣，对整个发动机甚至整个飞行器的性能指标有着重要影响。

（1）飞行器总体、冲压发动机和固体助推的一体化设计

在设计过程中，导弹总体设计部门根据导弹的作战任务、导弹的战术技术指标和总体设计方案对发动机提出具体的设计要求，在一体化设计的论证阶段，由于导弹总体/冲压发动机（含进气道）/固体助推发动机具有相互匹配依赖的关系，导弹总体对发动机的设计要求往往带有一定的不确定性，也就是说部分指标需要共同论证、多次协调才能确定。

进气道的布局位置和结构形式会影响整个飞行器的气动特性、控制特性和结构约束条件，进气道同时也是发动机本体的三大组成部分之一，进气道在此布局形式下的内流特性必须满足发动机的工作要求。性能要求越高，进气道对于飞行器总体和冲压发动机的耦

合程度要求就越高。

攻角状态下弹体流场的复杂性会对各类型布局进气道的性能产生影响，进而影响攻角机动状态下发动机的总体性能，因此，需要考虑导弹的飞行姿态和控制因素对进气道的影响。旁侧布局进气道通过拐弯和掺混共同进入发动机燃烧室，不同的转弯和突扩会引起进气道的能量损失，因此，要合理选择转弯的角度。掺混后的气流在燃烧室前的流场分布也是进气道和发动机内流设计中要综合考虑到的影响因素。

一体化设计中进气道和弹体布局需要慎重考虑，在不同的考虑方向上各种布局都有一定的优点和劣势。比如弹体头部轴对称进气道带来的阻力比旁侧布局的进气道要小很多，进气道的内性能较好，导弹的发射约束体积也小，但同样弹体体积下进气道内通道则会占用较多的弹体容积，降低战斗部质量和燃料质量，该布局也不适于大攻角机动，故常用于反舰导弹。又比如采用弹体2个旁侧布局进气道的导弹设计，常采用二元进气道，因为在一定攻角下二元进气道的压缩特性较好，但侧滑特性较差，因此对导弹的飞行控制有较高的要求，需要采用倾斜转弯（BTT）控制技术，使得进气道始终处于有利的攻角状态，保证发动机的性能。旁侧布局进气道包括四进气道旁侧布局，进气道的气动阻力较大，还要考虑进气道作为升力部件对导弹各气动参数的影响。

（2）液体亚燃冲压发动机的一体化设计

为了达到导弹总体要求的性能，液体亚燃冲压发动机也必须做好一体化设计。其主要工作在于如何有效地协调好冲压发动机进气道、燃烧室、尾喷管以及燃油供应调节系统的各组件的工作，使冲压发动机的整体工作性能最优。其主要难点在于如何保证冲压发动机各组件在偏离设计点工作时，分系统以及整个发动机系统不出现工作不稳定甚至是组件结构破坏的恶劣后果。在突破整体式液体亚燃冲压发动机总体技术的过程中，必须对发动机各组件之间的匹配性进行充分的研究，以确定合理的组合件设计指标。

为了使液体亚燃冲压发动机的整体性能达到最优，需要研发液体亚燃冲压发动机多学科一体化设计平台，计算总体参数以及各组合件参数对发动机性能的影响，通过与导弹总体反复协调，为发动机各组合件确定合理的设计指标。利用地面试验，逐步改进各组件设计，使组件间的工作匹配性得到考核，最后通过直连试验、自由射流试验和飞行试验对亚燃冲压发动机方案进行验证。

7.3　超燃冲压发动机

7.3.1　工作原理

在高超声速条件下，来流总温急剧升高，进气道激波压缩的总压损失急剧增加。如果继续采用亚燃冲压发动机的工作方式，进气道将高超声速来流滞止到亚声速后燃料的喷注、掺混、雾化及燃烧过程均在超声速气流中完成再输送给燃烧室，带来的总压损失太大，会造成发动机丧失做功能力，不能得到所需的推力。而且亚声速气流的静温与总温相近，气流温度过高会给进气道、燃烧室的热防护带来极大的困难。因此，尽管超燃冲压发动机的基本组成与亚燃冲压发动机类似，但各部件的工作状况已发生了极大变化。

在高超声速来流条件下，进气道内不再存在正激波，进气道出口气流为超声速，整个进气道的流动均为超声速流动。燃烧室内的核心流动也为超声速状态，燃料的喷注、掺混、雾化及燃烧过程均在超声速气流中完成。喷管不再是收敛-扩张型的拉瓦尔喷管，由于燃烧室出口、喷管入口气流为超声速，因此喷管仅需要一个扩张段。

7.3.2　发展阶段

近年来，随着航空航天技术的不断进步和军事民用领域对航空航天飞行更快更经济的不断期待，世界上形成了高超声速技术和超燃冲压发动机研究的热潮。但是超燃冲压发动机技术在世界范围内还处于探索阶段，目前还没有像亚燃冲压发动机那样有实际装备的型号。

超燃冲压发动机技术的发展大致经历了三个阶段：20 世纪 80 年代之前为概念研究和基础研究阶段；20 世纪 80 年代到 90 年代为第二阶段，以美国国家空天飞机（NASP）计划为代表，掀起了超燃冲压发动机研究的高潮；20 世纪 90 年代后期到现在，超燃冲压发动机技术在俄罗斯、美国、中国等国家相继取得了重大突破，已从概念和原理探索阶段进入了飞行演示验证试验阶段。

近年来国外超燃冲压发动机的研制进展见表 7 - 3。

7.3.3　关键技术

7.3.3.1　一体化设计技术

关于冲压发动机一体化设计的内涵和重要性在 7.2.4 节已有详细的论述，超燃冲压发动机除发动机自身内流道的一体化要求外，在与飞行器的一体化设计方面提出了更高的要求。

高超声速飞行器的前体提供进气道的外部压缩。在超燃冲压发动机的进气道设计中，希望最大程度地增加前体的外压缩能力，减少内压缩部分进气道的面积和热负荷。除此之外，前体还应提供尽量均匀的进气道入口流场，希望尽量控制进气道入口边界层厚度，避免边界层分离带来的性能损失和捕获流量损失。而高超声速飞行器前体的形状又与整个飞行器的气动阻力、升力等密切相关。

高超声速飞行器后体与超燃冲压发动机的尾喷管同样存在强烈的耦合关系。飞行器后体是发动机排气系统的一部分，同时国外的风洞吹风试验也证实，发动机喷管出口在机体上的相对位置、喷管扩张角及喷管几何构型等对于飞行器底阻、升力及其相关的俯仰力矩等都有直接的影响。

因此，超燃冲压发动机的一体化设计就是如何在一个较宽的速度范围内、不同的推力水平下获得推力、升力及俯仰力矩等各个方面的平衡。

表 7 - 3　国外超燃冲压发动机的研制进展

国家	项目名称	技术指标	动力装置方案特点	发展状况	发展前景	研制单位	研制时间
美国	国家空天飞机计划	单级入轨空天飞机	超燃冲压发动机	超燃发动机技术难度大,没有突破	已终止	NASA	1986—1995
	Hyper-X 计划(X-43)	$Ma7\sim10$,飞行器机体—推进一体化	氢燃料超燃冲压发动机,发动机采用水冷热防护方式	提出了 X-43A,B,C,D 四种方案,进行了 $Ma4.5\sim10$ 的地面试验;X-43A 进行三次飞行试验;2001 年飞行试验,失败;2004 年 3 月 $Ma7$ 飞行试验,成功;2004 年 11 月,$Ma9.8$ 飞行试验,成功	由于经费问题 2004 年后全面停止	NASA	1995—2004
	HyFly 计划	高超声速巡航导弹,$Ma3.5\sim6.5$,巡航高度 $26\sim29\ km$,射程 $100\ km$	超燃冲压发动机,轴对称结构,燃料为 JP-10,亚燃预燃室和超燃室补燃室的双燃室	2002 年全尺寸、完全一体化的发动机地面实验,获净推力;2005 年无动力飞行器—载机分离试验;2005 年助推段性能演示试验,失败;2008 年 1 月飞行试验,失败	—	美国海军 DARPA	1997 年—
	HyTech 计划	初期目标 $Ma4\sim8$ 高超声速飞行器,1999 年改为 $Ma4.5\sim6.5$,2005 年命名为 X-51SED(超燃—51SED(超燃冲压发动机演示器—乘波体)	超燃冲压发动机部件试验,吸热型碳氢燃料 JP-7	继承国家空天飞机计划的研究成果,进行碳氢燃料超燃发动机部件试验 PTE	转入发动机系统研究	空军 DARPA	1995—2001
			超燃冲压发动机,吸热型碳氢燃料 JP-7,主冷却,燃料供应系统闭环	2001 年性能试验发动机 PTE 进行了自由射流试验;2003—2006 年超燃地面演示发动机 GDE-1,GDE-2 相继进行了 $Ma4.5\sim6.5$ 自由射流试验	转入飞行演示发动机	空军	2001—2006
			X-51A 超燃冲压发动机,X-51A 全飞行结构,飞行用燃料系统	2007 年飞行状态下发动机 X-1 进行试验 40 余次,了 $Ma4.6\sim6.5$ 自由射流试验;2008 年进行了 X-2 发动机自由射流试验,满足飞行性能要求	—	空军 DARPA	2007—

续表

国家	项目名称	技术指标	动力装置方案特点	发展状况	发展前景	研制单位	研制时间
美国	FALCON 计划	SLV、CAV、HCV2004 年后演化武器背景 SLV、HTV	HTV-3X 又称为黑雨燕，使用涡轮冲压组合发动机(TBCC)、涡喷发动机；$Ma0\sim3$，冲压发动机；$Ma3\sim6$	主要集中解决高超声速飞行器的气动、热防护和材料等问题，推出了一系列高超声速飞行器模型，2006 年进行了飞机推进一体化模型风洞试验	开展无动力飞行试验	空军 DARPA 洛一马公司	2000—
俄罗斯	Kholod 计划	超燃冲压发动机演示验证，$Ma5\sim6.5$	轴对称式超燃冲压发动机、液氢燃料、燃烧室双模态、液氢主动冷却演示器与助推导弹不分开，非自主动力飞行	共五次飞行试验：1991 年首次飞行试验成功，$Ma3.5\sim5.6$，实现了模态转换；第二、三次与法国合作，$Ma5.35$，第三次失败；第四、五次与美国合作，最大飞行马赫数分别为 $Ma6.2$ 和 $Ma6.5$	已终止	CIAM TsAGI	1991—1998
	OREL-3 计划	$Ma5\sim6$	二维双模态超燃冲压发动机，燃料为氢和煤油，燃烧室内 $Ma=1.1\sim1.2$	发动机地面试验	—	联盟设计局 火炬设计局	—
	IGLA 计划	有翼高超声速试飞器，升力体布局，机体下方配置有 3 台超燃冲压发动机	氢燃料超燃冲压发动机，MGP-1，MGP-2，固定几何进气道，主动冷却	2001 年成功进行了飞行试验，2004 年在俄罗斯斯安全-2004 战略演习中进行了飞行试验	弹道导弹＋末段高超巡航模式导弹	CIAM TsAGI	—
	彩虹-D2 计划	$Ma5\sim7$	超燃冲压发动机，三模面形状进气道	进行了直连试验和自由射流试验，彩虹-D2 试飞器参加了 1997 年航展	—	彩虹设计局	1998 年开始

续表

国家	项目名称	技术指标	动力装置方案特点	发展状况	发展前景	研制单位	研制时间
法国	JAPHAR计划	$Ma2\sim10$	发动机采用分级燃烧室以获得不同燃烧模态;带热力喉道的亚燃模态、跨声速燃烧模态和超燃模态	缩尺发动机地面试验,模拟$Ma4\sim8$	已终止	法国ONERA和德国DLR	1997年开始
	Promethee计划	空对地导弹应用,$Ma2\sim8$	双模态超燃冲压发动机,吸热型碳氢燃料,变几何进气道	2003年3月第一次燃烧实验;2004年开始全尺寸模型地面实验,试验进气道和燃烧室性能;已开始吸热型碳氢燃料的试验	已终止	法国国防部ONERA MBDA	1999—2003
	LEA计划	一体化的超燃冲压发动机试飞器	超燃冲压发动机,甲烷	复合材料试验,吸热型碳氢燃料,燃料主动冷却热防护结构试验,自由射流试验	计划从2009~2012年进行6次飞行试验	ONERA MBDA	2003年开始
澳大利亚	HyShot计划	$Ma6\sim7$超燃冲压发动机飞行试验计划,发动机与助推导弹不分开,非自主飞行	多种方案超燃冲压发动机,轴对称式,二维结构,氢燃料	2001年,2002年及2006年成功进行了多次飞行试验,最高飞行$Ma7.6$	后续进行研究性飞行试验	澳、美、日、英、韩	1999年开始
日本	ATREX发动机	$Ma0\sim6$,高度$0\sim30$ km,涡轮冲压组合推进加速器	涡轮冲压组合循环发动机,氢燃料,C—C复合材料涡轮,可调进气道和尾喷管	进行了一系列发动机地面试验	—	—	1990年开始
印度	高超研究计划	$Ma7$	超燃冲压发动机,氢燃料	进行了一些地面试验	—	—	—

7.3.3.2　超声速燃烧技术

对于超燃冲压发动机，从发动机性能和飞行器及发动机冷却需求方面考虑，低温燃料—液氢是最具吸引力的燃料，但因为氢燃料密度太低，以及后勤维护、安全保障及成本等方面的原因，从而限制了其应用范围。碳氢燃料密度高，单位体积热值高，且使用维护方便，因此在以军事应用为背景时，碳氢燃料是超燃冲压发动机更适宜的燃料。

在超声速气流中组织燃烧的主要挑战是燃烧室主气流流速高，燃烧室内气流停留时间极短，仅为毫秒级。典型的液体燃料燃烧要经历喷注、雾化、蒸发、混合及化学反应等过程，点火延迟时间较长，要实现点火和稳定燃烧，混合气的停留时间必须大于点火延迟时间。如果能实现点火和稳定燃烧，保证燃烧效率的前提是有较好的燃料来流掺混效率。燃烧室内高速流动带来的另一问题是显著的摩擦阻力，而超燃冲压燃烧室中能加入的能量有限，如果燃烧室结构设计不当，很有可能出现负推力。超声速燃烧室的流场十分复杂，存在高焓气流、湍流、两相流、化学反应、激波和附面层的多场耦合，这也显著增加了超燃发动机燃烧组织和燃烧室设计的难度。因此超声速流动点火技术、燃料喷注/雾化/掺混技术和低阻高效燃烧组织技术是碳氢燃料超燃冲压发动机燃烧室设计中的核心关键技术。

冲压发动机必须在一定的飞行速度下才能开始工作，如果冲压发动机起动马赫数越低，工作马赫数范围越宽，在宽速域范围内可以利用冲压发动机的高比冲性能，对提高推进系统效率越有利。但飞行马赫数小于 5 时，冲压燃烧室应在亚声速燃烧模式下工作，而飞行马赫数大于 5 时应在超声速燃烧模式下工作。如何在发动机固定几何或有限变几何的条件下实现不同燃烧模式的转换和控制，也是宽马赫数范围工作的冲压发动机的关键技术。

7.3.3.3　结构热防护技术

超燃冲压发动机的热防护，包括整个飞行器的热防护是高超声速飞行器和发动机面临的重大技术问题之一。超燃冲压发动机中，由于来流总温非常高（如速度为 $Ma\ 7$、高度为 25 km 时，来流总温可高达 2 100 K），因此不能像亚燃冲压发动机那样使用来流空气进行气膜冷却。采用耐高温材料、烧蚀冷却或者燃料再生冷却是超燃冲压发动机可能的热防护方式。燃料再生冷却不会造成性能损失，非常适于长时间工作的发动机，但是在高超声速飞行条件下，外界空气总温高达 1 600 K 以上，燃烧室内温度也在 2 000 K 以上，壁面热流达到了 MW/m^2 量级，但可用于冷却的燃料流量却只有几百克/秒。如何最高效率地利用小流量的燃料解决发动机的冷却问题，是一个超燃冲压发动机方案成败与否的关键之一。

液氢的冷却性能很好，但氢的密度太低，不宜导弹使用。由于煤油结焦温度的限制，采用常规煤油的再生冷却难以满足超燃冲压发动机的冷却要求。国外多年来研究论证发现采用吸热型碳氢燃料是一个重要的解决途径。吸热型碳氢燃料在冷却通道中从液体状态吸热分解为气体喷入燃烧室，在冷却过程中不仅利用燃料的物理热沉，也利用了燃料裂解的化学热沉，从而实现带走足够热量以保证发动机结构安全的目的。因此吸热型碳氢燃料再生冷却的超燃冲压发动机成为最重要的研究方向。

7.3.3.4 进排气技术

高超声速飞行时阻力对飞行器结构十分敏感，要求发动机进气道与尾喷管与飞行器机体一体化设计。因此如何在满足发动机进排气功能要求的条件下与飞行器一体化设计是进排气装置设计面临的首要问题。

高超声速进气道与超声速进气道最显著的不同点是进气道全流场为超声速流动，不存在超声速进气道的喉道段和亚声速扩张段。一体化设计要求下的进气道一般为矩形截面或三维型面，弹体预压缩、三维激波流场、激波/附面层干扰及捕获面积与气动阻力的平衡等是进气道气动设计中主要研究的焦点。

由于一体化设计的要求，发动机尾喷管与飞行器机身后体共同组成了超燃冲压发动机的排气系统，一般都会采用非轴对称大膨胀比结构。超燃冲压发动机燃烧室出口为超声速流动，因此其尾喷管不再是亚燃时的收敛—扩张的拉瓦尔喷管构型，而是只有超声速流膨胀加速的扩张喷管。超燃尾喷管的三维效应明显，三维喷管射流的作用力分布、燃气喷流与飞行器后体流动的相互作用、喷管出口流场对飞行器升阻力的影响及喷管的热防护等都是超燃冲压发动机喷管设计中的突出问题。

7.3.3.5　燃油供应与调节技术

由于高超声速飞行来流总温显著提高，$Ma\ 6$ 以上已不可能像亚燃冲压发动机那样采用空气涡轮驱动燃油泵的燃油供应系统。采用气瓶增压的挤压式方案显然不适用于长时间工作的超燃冲压发动机。低温燃气发生器驱动涡轮泵是可能的方案之一。但使用燃气发生器会带来发动机性能的损失，涡轮排气对飞行器气动力也有影响，如何控制性能损失以及如何有效地利用涡轮排气是超燃冲压发动机设计中面临的困难抉择。

由于气动加热的原因，发动机燃料贮箱的热防护也变得困难起来，在长程工作的条件下尤其如此。特别是经过再生冷却通道之后，预计燃料会处于高温气液混合或者高温气态的状态，这给发动机燃料分配与控制的阀门和密封结构都带来极大的困难。

高超声速飞行对发动机控制系统的响应时间也提出了极高的要求。在目前重点关注的高超声速飞行区间，马赫数为 4～7，高度为 20～30 km，来流状态和发动机工作参数存在显著的变化，如何迅速准确判断飞行状态，并相应确定发动机的工作状态，迅速精确地大范围控制调整发动机工作参数，保证系统响应时间，也是高超声速飞行的挑战之一。

总之，超燃冲压发动机技术是一个战略性、前沿性及带动性的高技术领域，是航空航天领域多门学科、多项前沿技术的高度集成，预计其研究应用将带来航空航天领域的重大挑战和技术革命。

参 考 文 献

[1] 刘兴洲．飞航导弹动力装置[M]．北京：宇航出版社，1992.

[2] 王明鉴．整体式固冲发动机与导弹一体化优化设计[J]．固体火箭技术，1997，20（2）：.

[3] MICHAEL J. HEMSCH. 战术导弹空气动力学（上）基本论题[M]．洪金森，等译．北京：宇航出版社，1999 年.

[4] 刑继发，刘国球，黄坚定等．世界导弹与航天发动机大全[M]．北京：军事科学出版社，1999.

[5] RONALD S. FRY. A Century of Ramjet Propulsion Technology Evolution [J]，Journal of Propulsion and Power，2004，20（1）：.

[6] 罗世彬．高超声速飞行器机体/发动机一体化及总体多学科设计优化方法研究［D]．长沙：国防科技大学，2004.

[7] 鲍福廷，黄熙君，张振鹏，等．固体火箭冲压组合发动机[M]．北京：中国宇航出版社，2006.

[8] MCCLINTON C R. X‐43‐Scramjet Power Breaks the Hypersonic Barrier[J]．AIAA 2006‐0001.

[9] JOSEPH M H，JAMES S M，Richard C M. The X‐51A Scramjet Engine Flight Demon—stration Program［J]．AIAA 2008‐2540.

[10] 孟宇鹏，郑日恒．超声速进气道与飞航导弹一体化发展概述［J]．飞航导弹，2008，（1）：47‐52.

[11] 范玉珠，张为华．超声速弹用液体冲压发动机一体化性能建模与仿真[J]．弹箭与制导学报，2009，29（1）：177‐179.

[12] FAURE J M. Numerical Parametric Analysis of a Generic Supersonic Combustor with a Modified Single Cavity[J]．AIAA 2011‐2268.

[13] 李建平，宋文艳，肖隐利．超燃冲压发动机/机体一体化优化设计[J]．航空动力学报，2011，26（4）：874‐879.

[14] 李宁，李旭昌，肖红雨．超燃冲压发动机新技术综述[J]．飞航导弹，

2013，(7)：86-93.

[15] 卢彬，牟春晖. 超燃冲压发动机控制技术研究进展[J]. 飞航导弹，第 8 期，2014，(8)：68-74.

[16] 沙建科，施雨阳，万自明，等. 冲压发动机导弹轨迹/总体参数一体化优化设计[J]. 现代防御技术，2014，42 (3)：37-42.

第 8 章　组合推进技术

8.1　引言

高超声速飞行当前倍受世界各国关注，已经成为未来飞行器发展的关键技术。而单一的推进方式将无法满足高超声速飞行器飞行高度变化范围大、巡航时间长的要求。因此，很自然就会想到，如果将这些最高比冲段集成于一种发动机，使其在整个速度范围内均有最佳表现，那样岂不是达到了最优的推进效果？而且每种推进方式在现有情况下都已臻于成熟，那样的组合岂不是具备了最高的可靠性和经济性？在这种想法的指引下，一系列组合推进方式诞生了。

常用的组合推进技术可分为火箭基组合循环（RBCC，Rocket Based Combined Cycle）推进技术、涡轮基组合循环（TBCC，Turbo Based Combined Cycle）推进技术和空气涡轮火箭（ATR，Air Turbo Rocket）组合推进技术。

火箭基组合循环推进系统是美国于 20 世纪 60 年代提出的一种先进推进系统，它将高推重比、低比冲的火箭发动机和低推重比、高比冲的吸气式冲压发动机有机地组合在一起，充分发挥两种推进方式的优势和特色，具有可在宽来流范围内工作、实现多模态一体化结构设计的特点，使得航天推进高效性与经济性的最佳组合成为可能，目前已被世界各国航天推进界所重视。迄今为止，美国、欧共体、法国、俄罗斯、德国、日本及中国等均开展了火箭基组合循环的研究工作，并取得了一定的成果。

涡轮基组合循环推进系统是航空涡轮发动机技术和冲压发动机技术的有机融合，可以充分发挥航空涡轮发动机良好的低速性能和冲压发动机卓越的高速性能，能在高度 0～30 km，速度 Ma 0～6 的环境范围内工作。它以空气和机载燃料为推进剂，不需要携带氧化剂，因此减轻了飞行器的质量。以涡轮基组合循环发动机为推进动力的航天器，具有可常规水平起降、可使用普通机场、重复使用、用途广泛、耐久性高、安全性好、可使用普通燃料、经济性好、环境污染小等优点。除了可为重复使用运载器起飞和返程低速段提供动力，也可为各类高超声速飞行器尤其是远程高超声速侦察机、轰炸机、靶机和飞行试验平台提供动力，具有很好的工程应用前景。

空气涡轮火箭组合推进系统是一种特殊类型的组合动力系统，是航空发动机和火箭发动机成熟技术的有机融合，比冲性能高于火箭发动机，推重比高于航空发动机，速度、高度适应范围广，技术难度适中，是适用于各种临近空间飞行器以及战术武器的新型动力系统，经过性能改进可作为两级入轨飞行器的一级动力系统。其突出特点是通过组合的形式扩大了吸气式发动机的工作空域、速域，使飞行器具备进出临近空间以及在临近空间内长时间巡航工作的能力。

8.2　火箭基组合循环推进系统

8.2.1　工作原理

RBCC 发动机是高推重比火箭发动机与高比冲冲压发动机的有机结合，具有工作空域大、速域宽、综合性能优、结构紧凑等特点，依据不同任务要求采用不同的工作模态，是高超声速导弹武器、临近空间高动态飞行器、全球快速投送平台和可重复使用天地往返运输系统动力的主要选择。

RBCC 发动机在大气层内、冲出大气层和大气层外等不同的阶段，随着飞行速度的提高，相继采用四种模态工作：火箭引射模态（$Ma=0$～3）；亚燃冲压模态（$Ma=3$～6）；超燃冲压模态（$Ma=$

6～8或者更高）；大气层外纯火箭模态（飞行高度超出冲压发动机工作范围后）。

火箭引射模态——火箭引射模态，对应的飞行器主要工作速度范围为 $Ma0～2$。嵌于流道中的一次火箭工作，通过其高速气流的引射抽吸作用，引入二次空气流，并在冲压燃烧室内组织二次燃烧，提高混合燃气的能量，在纯火箭的基础上获得推力增益，提高发动机比冲。

亚燃冲压模态——对应的飞行器主要工作速度范围为 $Ma2/3～5/6$。亚燃冲压模态下，火箭推力室关闭，利用来流空气的速度冲压，在冲压燃烧室内组织亚声速燃烧，实现对飞行器的推动。

亚燃冲压/火箭模态——对应的飞行器主要工作速度范围为 $Ma2/3～5/6$，主要在飞行器大攻角机动时应用。与亚燃冲压模态相比，亚燃冲压/火箭模态是火箭推力室与冲压燃烧室一起工作，利用来流空气的速度冲压，在冲压燃烧室内组织亚声速燃烧。火箭推力室低工况工作时，火箭热燃气可作为冲压燃烧室"长明火"式的火焰稳定装置，改善大机动工作时发动机工作的可靠性和稳定性；火箭推力室全工况工作，可改善发动机的推力性能。

超燃冲压模态——超燃冲压模态，对应的飞行器主要工作速度范围为 $Ma5/6～7/8$。超燃冲压模态下，火箭推力室关闭，利用进气道对高超声速来流进行适当压缩，使其在燃烧室内仍然保持为超声速，在超声速气流中直接组织燃烧。

超燃冲压/火箭模态——对应的飞行器主要工作速度范围为 $Ma5/6～7/8$，主要在飞行器大攻角机动时应用。与超燃冲压模态相比，超燃冲压/火箭模态是火箭推力室与冲压燃烧室一起工作，利用进气道对高超声速来流进行适当压缩，使其在燃烧室内仍然保持为超声速，在超声速气流中直接组织燃烧。火箭推力室低工况工作时，火箭热燃气可作为冲压燃烧室"长明火"式的火焰稳定装置，改善大机动工作时发动机工作的可靠性和稳定性；火箭推力室全工况工作，可改善发动机的推力性能。

纯火箭模态——随着飞行器逐渐飞出大气层，来流空气量逐渐降低并趋于零，此时关闭进气道，结束超燃冲压模态，并再次点燃火箭发动机，利用火箭发动机将飞行器推入预定轨道，完成航天任务。

RBCC 发动机并非都必须经历上述工作模态，可以根据工作的速度、高度范围进行不同的模态组合。

8.2.2 发动机分类

按照几何构型，可以将 RBCC 发动机分为二元式和轴对称式。二元式构型流道横截面以方形为主，而轴对称式构型流道横截面以圆形、半圆或者扇形为主。从气动布局的角度来看，二元结构更适合大攻角飞行，更能满足水平起飞和水平着陆的要求。另外，就飞行器总体布局来说，二元构型更有助于搭建紧凑结构。所以，目前对二元式 RBCC 发动机的研究较多。

根据冲压发动机几何构型以及火箭发动机在 RBCC 发动机中的位置，RBCC 发动机在结构上还可以细分如下几种类型。

1) 引射火箭安装在发动机中心的轴对称构型。这种构型的发动机一般用于导弹的动力装置。美国在 20 世纪 50—60 年代时研究的 RBCC 发动机主要是这种构型。但其使得可用于安装燃料箱等其他部件的空间太小。

2) 引射火箭安装在发动机侧壁的轴对称构型。这种构型最有代表性的就是格伦研究中心的 GTX 单级入轨飞行器，它将三个发动机模块贴附在飞行器主体的周围，充分利用了飞行器前体的预压缩功能。这种构型结构紧凑，在相同容积的条件下，所用的材料最少，从而可以减轻一些结构质量。

3) 引射火箭安装在发动机中心的二元式构型。这种构型的超燃冲压发动机不仅利用了飞行器前体的预压缩功能，而且前体还可以为飞行器带来必要的升力，使飞行器可以水平起飞。这种构型的发动机一般需要在流道中央安装支板，一次火箭安装在支板内。宇航喷气公司首先研究了这种发动机，其后用于 X - 43B 的吸气式火箭综合系统试验（ISTAR，Integrated System Test of an Air - breathing Rocket）也继承了这种构型。这种构型的优点是支板可以用来充当多种功能，如火焰稳定器、燃料喷嘴等，缺点是支板可能在超燃模态时带来较大的阻力，增加热防护设计的难度。

4）引射火箭安装在发动机侧壁的二元式构型。这种构型首先应用于波音公司的 A5 发动机上，而后日本设想的 RBCC 发动机也采用了这种构型。这种构型的优点是流道通畅，引射主火箭出口可以与火焰稳定器很好地结合，流动阻力小。缺点是引射火箭性能损失较大，发动机侧壁热环境较恶劣。

按照结构可变性，可以将 RBCC 发动机分为变结构 RBCC 发动机和定结构 RBCC 发动机。变结构 RBCC 发动机的流道可以根据不同模态、不同工作环境进行适当的变化，以保证发动机在所有工作条件下性能最优，而且有助于不同模态间的平稳过渡。但使用可变机构需要提供辅助的控制和执行部件，这样会增加推进装置的附加质量，同时还会降低系统可靠性。定结构 RBCC 发动机的流道结构在整个飞行过程中将基本保持不变，而是根据不同模态的需要和运载任务的要求，寻找能够满足不同模态基本要求的统一流道，这时难以保证在所有的模态下推进性能均达到最佳。

按照引射模态二次燃烧的组织方式，可以将 RBCC 发动机分为两大类：一类是无二次燃烧的 RBCC 发动机，一类是有二次燃烧的 RBCC 发动机，这里所说的二次燃烧是针对引射模态而言的。在无二次燃烧的情况下，单纯依靠一次火箭流与二次空气流的混合来相互传递能量和动量，从而实现推力增益。这种情况下推力的增益幅度较小甚至没有。在有二次燃烧的情况下，按照燃烧组织模式又大体可以分为三类：即时混合燃烧方式（SMC，Simultaneous Mixing and Combustion）、扩散后燃烧方式（DAB，Diffusion and Afterburning）以及分层燃烧方式（IRS，Independent Ramjet Stream）。在混合燃烧方式中，使用富燃一次火箭，一次流和二次流边混合边燃烧；在扩散后燃烧方式中，使用当量平衡一次火箭，待一次流与二次流混合后，在流道下游喷注二次燃料，进行二次燃烧。一般来说，扩散后燃烧方式的燃烧效率更高，但需要更长的混合段和相应的燃料喷注部件，从而增加了系统质量和复杂程度。

8.2.3　结构组成

RBCC 推进系统主要由流动通道和嵌于流道内的火箭发动机构成。流动通道则根据各段在推进过程中所发挥的功用分为进气道、火箭推力室、冲压、燃烧室和尾喷管。

一般来说，RBCC 推进系统的最前端是进气道，其主要功能是捕获来流空气，在超声速情况下对来流进行有效压缩，提高流动静压，为燃烧室内的燃烧提供充分的氧化剂和足够高的燃烧压强。对于高超声速飞行器的一体化设计准则而言，进气道经常利用飞行器前体作为预压缩型面，以提高整体工作效率。在进气道中还设置有中心体或者中心支板，它们的作用不仅是对高速来流进行侧壁压缩，而且可以将火箭发动机和燃料喷注装置嵌于其中，从而实现高效结构集成。

随后的燃烧室和尾喷管横截面积逐渐增加，增加的幅度将根据燃烧和推力的具体要求而定。一般情况下，尾喷管横截面积增加幅度要大于燃烧室。这两段在发动机所有工作模式中均发挥重要作用。在推进系统设计中，经常利用飞行器的后体作为尾喷管的一部分，这一点和进气道利用前体预压缩是一样的，其目的就是实现机身与推进系统的一体化，提高飞行器性能，以更好地满足高超声速飞行的要求。

嵌于流道内的火箭发动机，根据不同的任务要求，可以是液体火箭发动机，也可以是固体火箭发动机。一般来说，在航天运输过程中，使用液体火箭发动机，方便控制。在先进高速导弹中，固体火箭发动机应用的比较普遍，这也是固体火箭发动机结构简单、便于维护等特点所决定的。

8.2.4　性能优势

与火箭发动机和冲压发动机相比，RBCC 发动机可以在大气层中利用空气中的氧气，提高了发动机的比冲和经济性，而且由于自身携带了推进剂，还可以在大气层外飞行。对于单/双级入轨的动力系统而言，RBCC 发动机无疑是最吸引人的，其优势如下。

（1）火箭与冲压优势互补

按照设想的飞行剖面，对 RBCC 发动机进行分析发现，在起飞及加速阶段，可充分利用火箭发动机加速性好的优点，同时，引射进来的空气可以产生一定的推力，提高发动机比冲。国外对引射火箭模态进行了广泛研究，结果表明火箭引射至少能产生 10% 以上的推力增益。NASA 研究表明，随着飞行马赫数的增加，组合发动机与纯火箭发动机相比有明显的推力增益，仿真结果如图 8-1 所示。宇航喷气公司对支板喷射 RBCC 发动机进行试验，结果表明，在起飞助推状态（$Ma = 0$）时火箭推力能够增加 13%，在速度为 Ma 2.85时，推力可以提高 109%。

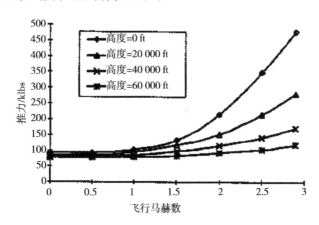

图 8-1　美国组合发动机分析软件 SCCREAM 的计算结果

冲压发动机工作阶段，火箭发动机如能保持某种"低工况"，则可以在冲压发动机燃烧室保持一股"火炬"，进而起到稳定火焰的作用，增加冲压发动机工作的稳定性和机动性。同时，利用了冲压发动机的高比冲优势。

（2）可以大范围变轨工作

由于自身携带了火箭发动机需要的推进剂，RBCC 发动机有更广泛的飞行空域，在大气层空间可以以冲压发动机模式巡航工作，高于 30 km 高度时可用纯火箭模式工作，实现大范围的机动变轨。

（3）结构尺寸方面的潜在优点

火箭发动机推重比大，尺寸较小，这就有可能缩小整个动力系统的尺寸。同时，RBCC 发动机在 4 个工作模态中共用一个流动通道，也有助于减小结构质量。

（4）可靠性高，维护简单，便于进行重复操作

RBCC 发动机没有或只有很少的活动部件，可靠性大大提高，在飞行器和推进系统设计中使用可重复使用设计准则，从而可以实现推进系统的可重复操作。

8.2.5　主要用途

发展组合推进技术的目的就在于扩展飞行器的使用范围，提高其经济性。对于目前已提出的组合推进系统而言，按照飞行器划分，其主要用途有以下几类。

（1）单级入轨飞行器的动力装置

目前在用的各种航天运输器大多采用的是火箭助推、入轨的方式。纯火箭发动机因为自身要携带氧化剂，使得飞行器起飞总质量非常大。与纯火箭相比，吸气式组合发动机可以在不同的飞行高度和飞行马赫数条件下启用最优的工作模态，达到最佳的加速和巡航要求，能够充分利用大气层中的氧减轻飞行器自身的起飞质量。

在各种组合推进系统中，只有 RBCC 发动机能用于单级入轨飞行器。实际上，无论是先期的水平起飞、水平着陆还是后来的垂直起飞、水平着陆的单级入轨飞行器，RBCC 发动机均是最适合的推进系统，以其总质量小、平均比冲高、任务灵活性高（包括超声速

巡航)、操控性好（能够像飞机那样操控）等优点被大力提倡，美国航空署就是 RBCC 发动机单级入轨的积极支持者。

　　Freeman 对几种先进的运载器设计方案进行了比较，在这些方案中，有五种单级入轨方案：以航天飞机主发动机（SSME）为动力的火箭；以变混合比（VMR）/双膨胀喷管发动机为动力的火箭；以吸气-涡轮火箭（ATR）和火箭推进的复式循环单级入轨飞行器；基于涡轮的低速循环，集亚燃冲压、超燃冲压和火箭等多种推进模式于一体的先进圆锥形吸气式飞行器；以 RBCC 发动机为动力的单级入轨飞行器。

　　五种不同单级入轨方案的机体形状如图 8-2 所示，其质量和机体长度比较见表 8-1。尽管 RBCC 发动机单级入轨的干质量不是最轻的（最轻的是 VMR 火箭），总质量也不是最轻的（最轻的是圆锥形吸气式），但是 RBCC 发动机单级入轨的干质量和总质量在五种方案中都排列在第二位。

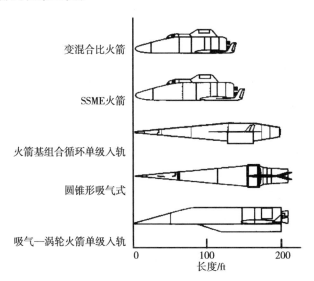

图 8-2　五种不同的单级入轨方案的机体形状

表 8 - 1　五种不同的单级入轨飞行器的质量和机体长度比较

方案	干质量/klb	总质量/klb	机体长度/ft
变混合比火箭	90	1 108	125
SSME 火箭	99	1 107	134
火箭基组合循环单级入轨	92	507	198
圆锥形吸气式	157	451	220
吸气—涡轮火箭单级入轨	214	1 087	210

通过与其他先进运载器方案比较，证明 RBCC 发动机的单级入轨方案是极富竞争力的，它具有将火箭推进和吸气式推进的各种最好的特点组合在一起的潜力，具有能够和火箭相比的干质量，同时与吸气式飞行器相比总质量亦具有优势。

（2）轨道飞行器的第一级和高速飞行试验平台的动力系统

目前，两级入轨飞行器似乎更具有发展前景。对此设想而言，其对第一级动力装置的需求应是：尽可能利用大气中的氧化剂，以减少飞行器推进剂的携带量；具有好的加速性，在大气层的边缘能达到尽可能高的飞行马赫数；多次重复使用、可靠性和经济性能好。对两级入轨飞行器的工作原理而言，RBCC 发动机也可以作为两级入轨飞行器的一级推进系统，并能水平或者垂直起飞，且加速性好。

目前，高速飞行器试验时，飞行器的起飞一般是用火箭助推或飞机携带到一定高度和速度后，再用火箭助推。以 RBCC 发动机为推进系统的飞行器完全可以达到 $Ma\ 6$ 的飞行速度，能够完成新型高速飞行器的飞行试验，且能重复使用。

（3）高超声速飞机的动力系统

与现有的作战飞机相比，高超声速飞机能在 2 h 内快速抵达全球任何地区执行各项军事任务，尤其在实时侦察、远程快速部署和精确打击等方面具有明显的军事价值。高超声速侦察机实施实时侦察具有独特的优势。目前，各国主要依靠卫星和有（无）人侦察机执行侦察任务，这两种侦察手段具有局限性，特别是在一些重大突发事件的实时侦察方面存在明显不足。高超声速飞机具有突防能力强、被拦截概率小、能深入敌纵深进行侦察的特点，可按任务专门派出，在很短的时间内到达全球任何热点地区实时侦察，迅速提供信息保障。高超声速运输在军事方面可实现全球快速部署军事力量。高超声速攻击机挂配精确制导武器，以高空、高速进入或退出目标区，不仅可以有效地实施快速精确打击，还能提高攻击机自身的生存能力。此外，高超声速飞机在攻击、侦察和运输等领域的应用，必将导致以空战为主要任务的高超声速战斗机的出现，高空大气层的空战将不可避免。

高超声速飞机的动力装置应尽可能利用大气中的氧，以减少飞行器推进剂的携带量，增加飞行器的航程；具有好的加速性和尽可能高的飞行马赫数；经济性好。

对于目前的推进系统而言，如果希望飞行器突破 30 km，达到更高的飞行区域，且能高速和较长时间工作，比较好的方案是采用 RBCC 发动机，在 20～30 km 的高度使用冲压发动机巡航，而在 30 km 以上的高度采用火箭发动机工作。研究已经表明，采用乘波体构型气动布局的巡航飞行器，能够以 Ma 10 的飞行速度实现滑跃式飞行。

（4）高速巡航导弹的动力系统

在军事应用领域，战略导弹成为战略威慑的重要组成部分，其中战略弹道导弹因为其射程远、速度高成为远距离投掷的主要战略武器。但是，由于其发射时产生的红外特征使其成为暴露在敌方监视下的武器，并且其飞行的轨迹在初始阶段和中间阶段是固定不可变的，这些都使得战略弹道导弹的威慑能力下降。美国已经明确提出并建立了反导系统，俄罗斯也具备一定的反弹道导弹能力，这就促使其他国家也在寻找新的威慑手段——高超声速巡航导弹。

与亚声速导弹相比，高超声速导弹在快速反应能力、突防能力及打击加固目标能力等方面具有明显的优势。高超声速导弹可以在 2 min 内飞行 200 km，在 10 min 内飞行 1 000～1 200 km，具有近实时的攻击能力，可以选择最佳的攻击时间出其不意地打击敌人纵深目标，提高了攻击的突然性和有效性。这种快速反应与打击能力在打击导弹发射架、航空母舰等高价值目标时，将具有不可替代的重要作用。高超声速导弹还可有效地突破防空系统。此外，在满足命中精度要求的条件下，高超声速导弹的巨大动能可有效地提高对加固目标（包括深藏地下目标）的毁伤概率。高超声速导弹依靠极高的飞行速度，再加上隐身措施，将使得现有的防空系统无能为力，使导弹被拦截的概率大为降低。远距离发射的超声速/高超声速巡航导弹以其快速、机动灵活及突防能力强的特点，已经成为各国极力研发的一种导弹武器。

RBCC 发动机具有冲压发动机的工作能力，可以在大气层中利用空气做氧化剂，进行高速巡航；又具有火箭发动机的功能，在大气层外，利用自带的氧化剂和燃料飞行。而且，可以通过火箭和冲压发动机的交替工作形成特殊的跳跃式弹道，一方面增加了射程，具备了攻击移动目标的能力，另一方面，跳跃式弹道使敌方很难根据飞行轨迹预先计算出导弹的落点，在增加导弹拦截难度的同时提高了攻击的隐蔽性和突然性。因此，RBCC 发动机也是高速巡航导弹动力系统的理想选择之一。

8.2.6　研究现状

尽管当前 RBCC 发动机的技术瓶颈很多，还处于研究探索阶段，但各航天大国都充分认识到，以 RBCC 发动机为动力的入轨是未来可重复使用天地往返运输系统的理想动力，具有巨大的政治和军事价值。没有快速、可靠及廉价进入空间的手段，在未来以制天权为决定因素的高技术战争中将会十分被动。因此，尽管在研究中有很多困难，世界各国都没有放弃对其的研发。迄今为止，美国、日本、俄罗斯和欧洲等国家和地区均已开展了 RBCC 推进系统的研究，取得了一定的研究成果。

8.2.6.1　美国

自 20 世纪 60 年代以来，RBCC 发动机一直是美国国家计划中推进系统的重要发展方向，即使在诸多大计划下马后，动力技术研究项目仍然得到了持续的发展，研究工作从未间断，从一个侧面表明了 RBCC 发动机在临近空间高超声速飞行器和天地往返运输系统动力装置选择中的重要性。

美国 RBCC 的发展大致可分为三个阶段。

第一阶段：20 世纪 80 年代之前，概念研究和基础研究阶段。

20 世纪五六十年代在 NASA 可重复使用太空运输系统研究计划（RLV）的支持下开展了 RBCC 发动机研究，应用方向包括高速战术和战略飞机、高速巡航导弹、可重复使用航天运载器等应用研究。美国以 ERJ、ESJ 等发动机为研究平台，对 RBCC 相关基础技术开展了广泛的研究，初步验证了 RBCC 发动机的方案可行性。

第二阶段：20 世纪 80 年代—21 世纪初，关键技术攻关和地面集成阶段。

20 世纪 90 年代美国提出了"先进可重复使用航天运输技术计划"（ARSTTP, Advanced Reusable Space Transportation Technology Program）。在这一计划的带动下，掀起了 RBCC 发动机研究的第二次热潮，其目的在于提高第三代可重复使用航天飞行器的性能、降低发射和维护费用以及努力实现航天运输班机化。1996 年 8 月，NASA 的马歇尔航天飞行中心（MSFC）指定 5 个小组负责 RBCC 发动机的研制工作：宇航喷气公司，马夸特公司（Kaiser Marquardt, Van Nuys, Calif.），宾夕法尼亚州立大学（Pennsylvania），洛克韦尔空天/洛克达因公司（Rockwell Aerospace/Rocketdyne, Canoga Park, Calif.）和联合技术/普惠公司（United Technologies/Pratt and Whitney, West Palm Beach, Fla.）。其他如 Rockvill 的 ASTROX 公司、New Market 的 Pyrodyne 公司、阿拉巴马州大学、乔治亚理工学院和通用科学实验室（GASL）也参与了其中的研究工作。

1999 年，在前期研究的基础上，NASA 提出综合航天运输计划

(ISTP，Integrated Space Transportation Plan)，对未来40～50年内美国航天运输进行总体规划，计划在未来25年内发展第三代可重复使用发射技术，目的在于提高第三代可重复使用航天飞行器的性能、降低发射和维护费用、努力实现航天运输班机化。

这两个计划的研究工作主要集中在火箭引射增益、多模态燃烧、模态转换等RBCC发动机关键技术上，典型发动机包括Strutjet（宇航喷气公司的支板引射）、A5（洛克达因公司）发动机、格伦研究中心的GTX RBCC发动机等。

(1) Strutjet RBCC发动机

宇航喷气公司（Aerojet）在1996年9月提出了Strutjet RBCC发动机方案，该发动机属于二元式引射冲压/超燃冲压组合动力，可分为进气道、燃烧室和喷管三部分。其突出的特点是采用发动机进气道/二次燃烧室/喷管一体化结构设计和模块化设计技术，三种动力循环通过支板结构在同一流道中接替工作，平稳转换。

导弹用的Strutjet RBCC发动机在火箭模式工作阶段采用凝胶MMH/IRFNA为推进剂，吸气式模式采用JP-10。飞行器用的Strutjet RBCC发动机主要采用气氢。针对军事和航天两种用途，宇航喷气公司制定了完整的试验计划，对整个飞行轨迹的吸气式模态开展了上千次试验研究，获得了大量的试验数据和研究成果，验证了支板喷射的可行性。试验内容主要包括：导弹用途的可存储碳氢燃料的发动机试验，包括进气道组件试验、管道式火箭试验、冲压/超燃冲压直连试验、整机自由射流试验等；航天用途的气态氢燃料发动机试验，包括进气道试验、支板火箭试验、冲压/超燃冲压直连试验等，进一步的试验正在进行之中。

试验研究验证了Strutjet RBCC发动机的可行性，获得了如下结论：支板进气道提供了优异的空气捕获能力，较高的压力恢复系数和不启动裕度；在支板上安装结构紧凑并具有高室压的火箭发动机在结构上是可行的，而且热结构问题也可以解决；固定几何结构的发动机可以适应各种工作模态，并提供满足导弹任务需求的推力和较高的比冲；富燃的支板火箭燃气引射空气可使静态海平面推力增加 13%；引射火箭模态的推力随着飞行马赫数的增加而增加；冲压/超燃燃烧室可以和热力壅塞喷管在双模态下协调工作；在高空，Strutjet RBCC 发动机的短燃烧室仍然可以达到较高的燃烧效率。

另外，配合 Strutjet RBCC 发动机的试验研究，也开展了相应的流动数值模拟仿真研究，目前这部分研究主要集中在高超声速二元进气道方面。数值仿真结果不断得到试验的验证，并开展了 CFD 协作优化研究，即通过一定的优化策略控制 CFD 计算，获得最优的计算参数匹配，用于进气道设计。

（2）A5 发动机

洛克达因公司设计的 A5 发动机采用了固定几何结构，采用 3D 内侧壁收缩进气道、等截面隔离段、侧壁安装的氢氧火箭发动机。通用科学实验室（GASL）、NASA 的马歇尔航天飞行中心和洛克达因公司为此发展了一个变马赫数风洞试验设备，通过调节空气、氢和氧的流量来改变模拟飞行来流的焓值，以模拟飞行过程中的加速弹道。通过试验验证了推力增强、高压密封、进气道抽吸、进气道起动和喷管分离等关键技术。截止到 2000 年，A5 的模型发动机已进行了 82 次试验，累计工作时间超过 3 600 s，并于 2000 年在通用科学实验室（GASL）第一次成功实现了从引射模态到亚燃冲压模态的平稳转换，而且整个发动机工作过程中不需要持续的点火源。

每台发动机包含 3 个支板和两个侧壁，四台发动机并联用于驱动 X - 43B 飞行器。

（3）GTX 发动机

NASA 格伦研究中心（GRC）独立进行一项轴对称火箭冲压组合动力飞行器研究开发计划（GTX）。GTX 项目是一个以 LOX/LH$_2$ 为推进剂、垂直起飞、水平着陆的单级入轨运载器。运载器以 RBCC 发动机为动力，可以在宽马赫数范围内工作，有效工作范围从起飞到轨道，已经进行了进气道、前体及吸气模态推进模型的风洞试验。发动机收敛段采用固定尺寸流道，内置火箭与冲压流道设

计为一体化结构，主火箭安装在发动机侧壁，发动机的半圆形机舱
贴附在飞行器主体的周围，充分利用了飞行器前体的预压缩功能。
这种构形结构紧凑，在相同容积下，所用的材料最少，从而可以减
轻结构质量。实际装置为一个抛物线形轴对称体，三个半轴对称的
推力舱以120°间隔安装在前体周围，每一个发动机流道即是一个独
立的发动机模块，试验模型如图8-3所示。

图8-3　GTX项目的RBCC发动机的试验模型

　　NASA格伦研究中心（GRC）对ISTAR项目的RBCC发动机
专门建设了全尺寸直连研究试验台，对低速下的RBCC发动机工作
特性进行研究。研究中主要关注了两种不同的二次燃烧方式对掺混、
燃烧过程的影响：即时混合燃烧方式（SMC）和独立喷气流燃烧方
式（IRS）。NASA格伦研究中心认为：SMC要求火箭燃气和二次空
气充分掺混，增加了火箭单元或者延长了掺混长度；IRS简化了
RBCC发动机的设计。试验主要研究单推力室引射下引射亚燃模态
的性能，试验中采用富燃火箭发动机，二次燃烧为即时混合燃烧方
式，用于评估从海平面静止到 Ma 2.5 的状态下混合器—燃烧室对混
合性能的影响。NASA格伦研究中心的RBCC发动机试验件的三维
图如图8-4所示。

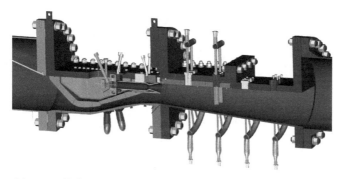

图 8 - 4　格伦研究中心的火箭基组合循环发动机试验件三维图

　　通过 GTX 项目研究，研究者认为吸气式模态的性能是实现单级入轨的关键因素。因此，其飞行试验的第一阶段目标是考核发动机/机身一体化设计和亚燃/超燃冲压模态的性能。在这个阶段，起飞助推将用固体助推器实现。固体助推器将运载器加速到 Ma 2.5，起动 RBCC 发动机并加速到 Ma 7.5，验证亚燃和超燃模态的性能。

　　第三阶段：21 世纪初至今，地面集成和飞行演示阶段。

　　(1) 新版 ISTP 计划下的 ISTAR 发动机研究

　　2002 年，新版 ISTP 将原计划的二代和三代 RLV 计划合为"航天发射倡议"中，旨在研制使用两级可返回式助推火箭的飞行器。在其第三阶段计划 [下一代发射技术（NGLT）] 计划中，进行火箭冲压组合循环和涡轮组合循环研究。NGLT 发射系统技术领域主要分为飞行器系统研究和飞行演示器两个方面。

　　在飞行演示计划中，采用 X - 43B 飞行器，目的是演示从组合循环动力火箭引射、亚燃到完全超燃冲压的所有推进模式，用以探索工作包线、验证系统的耐用性。如图 8 - 5 所示。

　　2003 年，由于哥伦比亚号航天飞机失事，NASA 急需尽快研制航天飞机的替代入轨飞行器，将重心转向"战神"火箭，ISTAR 等吸气式组合推进项目暂停，但 ISTAR 地面试验继续开展。

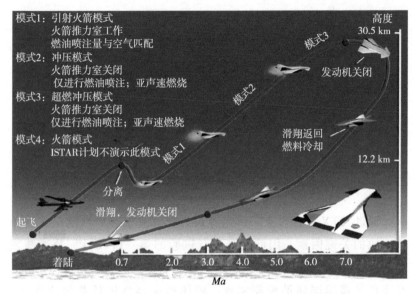

图 8-5　X-43B 和 ISTAR 发动机飞行演示弹道示意图

ISTAR 是 X-43B 的动力系统,它以 Strutjet 发动机为基础,用 JP-7/H_2O_2 作为推进剂,在 Ma 0.7～Ma 7.0 范围内演示引射增益火箭、冲压发动机和超燃冲压发动机工作模式,冲压发动机接力点为 Ma 2.5,Ma 5 时转为超燃。完成了 X-43B 演示飞行器设计和发动机燃油系统、进气道、燃烧室等关键组件设计,目前完成了超过 260 次的发动机地面试验,获得了不同模态下的发动机性能,验证了 RBCC 的适用性。

(2) CCEC 计划下的 RBCC 发动机研究

2002 年,美国空军在开展 WR-SED 和 Robust Scramjet 计划的同时,还开展了组合循环发动机组件 (CCEC,Combined Cycle Engine Components) 计划,对 RBCC 和 TBCC 在两级入轨飞行器中的效果进行评估,其中哨兵为以 RBCC 发动机为一级动力的、垂直起飞的、水平降落的 TSTO 飞行器。如图 8-6 所示。

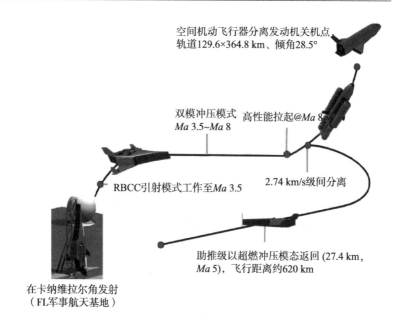

空间机动飞行器分离发动机关机点
轨道129.6×364.8 km、倾角28.5°

双模冲压模式　高性能拉起@Ma 8
Ma 3.5~Ma 8

RBCC引射模式工作至Ma 3.5

2.74 km/s级间分离

助推级以超燃冲压模态返回 (27.4 km,
Ma 5)，飞行距离约620 km

在卡纳维拉尔角发射
（FL军事航天基地）

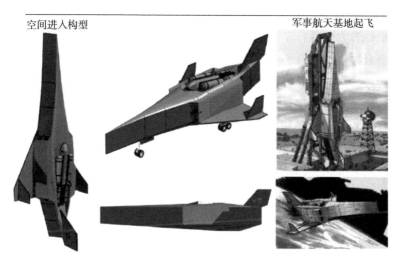

空间进入构型

军事航天基地起飞

图 8-6　CCEC 计划中以 RBCC 为动力的哨兵飞行器

哨兵飞行器采用 4 个 RBCC 发动机作为其动力系统。可以执行 3 种任务：1）运送 6 t 的空间机动飞行器（SMV）入轨；2）携带 4 个分别重 900 kg 的高技术飞行器（HTV）进行高超声速远距离打击；3）运送乘客进入低地球轨道，实现太空旅行，可携带的载荷总重 4.5 t。

哨兵飞行器机身总长 43.7 m，翼展 23.1 m，尾部高度 8.1 m。运载器干重 71.7 t，不装载荷总重 307.4 t，起飞总重 343.2 t，RBCC 发动机重 18.3 t。运载器起飞推重比为 1.25。

针对哨兵飞行器总体的研究结果表明：垂直起飞需要大推力的动力装置，但在 Ma 2 以前 RBCC 动力系统并不能提供足够的推力，比冲性能也没能达到要求；返场距离大，需要携带的返场燃料多，经济性较差。

（3）军方主导的 RBCC 应用方案研究

2007 年 3 月，空军航天司令部支持，美国开展了航天快响应运载器研究，在完全可重复使用进入太空技术（FAST, Fully reusable access to space technologies）计划分别对以 Turbo、Rocket、TBCC、RBCC 为动力装置的两级入轨（TSTO）飞行器在体积和空载质量等方面进行了分析，结果表明：对常规的运载类任务和轨道交会对接任务，以火箭＋RBCC 为动力的垂直起飞 TSTO 飞行器为最优方案。在水平起飞飞行器方面，涡轮＋RBCC 或 TBCC＋RBCC 无疑为最好的方案。

2008 年，美国国防部发布高超声速飞行器发展路线图，明确提出了以可重复使用涡喷发动机或 TBCC 发动机为第一级动力、可重复使用 RBCC 发动机为第二级动力的 TSTO 飞行器发展计划，使美国空间进入能力由一次性垂直"按计划发射"转换到像飞机一样的"按要求发射"。

2010 年 5 月，在美国空军发布的《技术地平线——2010 至空军科技发展愿景》中，将这种一级采用可重复使用火箭，二级采用 RBCC 发动机的高超声速航天飞行器既作为 ISR/打击构型飞行器，也作为进入太空飞行器来规划。如图 8-7 所示。

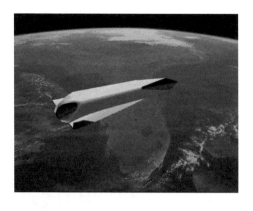

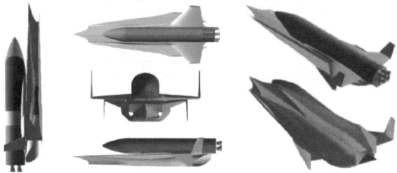

图 8-7　美国空军《技术地平线》中设想的新型飞行器

2010 年 9 月，美国召开"太空 2010"会议，在 8 种 TSTO 飞行器方案中最终选择了波音公司的 FAST 概念飞行器，同时准备实施下一代可重复使用助推系统（RBS）计划，一级为可重复使用 LOX/煤油火箭发动机，二级为一次性使用的 RBCC 发动机。这种一级采用可重复使用火箭，二级采用 RBCC 发动机的高超声速空间飞行器既作为 ISR/打击构型飞行器，也作为进入空间飞行器来规划。

2012 年，NASA 技术路线图指导委员会、航空航天工程局及美国科学院完成的《NASA 航天技术路线图和优先级：恢复 NASA 技术优势并为航天新纪元铺平道路》报告建议：TBCC 和 RBCC 应作为美国优先发展的动力系统。如图 8-8 所示。

综合因子	收益	与NASA需求的一致性	非NASA的航空航天技术需求的一致性	国家非航空航天目标一致性	技术风险与合理性	优先度与时效性	时间和努力	加权分数	优先级
	27	8	2	2	10	4	4		
	0/1/3/9	0/1/3/9	0/1/3/9	0/1/3/9	1/3/9	-9/-3/-1/-1	-9/-3/-1/0		
技术项目									
1.1.1 固体火箭推进剂	1	3	3	0	3	-1	-1	70	L
1.1.2 固体火箭壳体材料	1	3	3	1	3	-1	-1	72	L
1.1.3 固体火箭喷管系统	1	3	3	0	3	-3	-1	62	L
1.1.4 混合火箭系统	1	3	3	0	3	-3	-3	54	L
1.1.5 固体推进基础技术	1	3	3	0	3	-3	-1	92	M
1.2.1 液氧/液氢发动机	1	3	9	0	3	-1	-3	112	M
1.2.2 液氧/煤油发动机	1	3	9	0	3	-1	-3	112	M
1.2.3 液氧/甲烷发动机	1	3	3	0	3	-3	-3	54	L
1.2.4 闭式循环脉冲爆震发动机	1	3	3	0	3	-3	-3	54	L
1.2.5 液体火箭推进剂	1	9	3	0	3	-3	-1	94	M
1.2.6 液体火箭推进剂基础技术	1	9	3	0	3	-3	-1	94	M
1.2.7 涡轮基组合循环发动机	3	9	9	0	3	-3	-3	150	H
1.2.8 火箭基组合循环发动机	3	9	9	0	3	-3	-3	150	H

图 8-8　美国组合动力发展方向

8.2.6.2　日本

日本从 1992 年开始进行 RBCC 发动机的研究工作，计划采用 RBCC 发动机满足未来可重复使用单级入轨飞行器的动力需求，其规划的 RBCC 发动机工作模态包括：引射火箭模态，马赫数 Ma 0～3，火箭发动机最佳混合比工作；亚燃冲压模态，马赫数 Ma 3～7，火箭发动机调节到富燃状态，满足火焰稳定要求；超燃冲压模态，马赫数 Ma 7～12，火箭发动机调节到极度富燃状态，为超燃推力室供应燃料；纯火箭模态，马赫数 $Ma > 12$，飞出大气层后，火箭发动机工作直至入轨。其四种工作模态如图8-9所示。

发动机地面样机采用 GOX/GH_2 作为推进剂，发动机流道内设置两台推力为 2 kN 的变工况火箭发动机，火箭发动机基本结构尺寸和试验性能参数如图 8-10 所示。

日本宇宙航空研究开发机构（JAXA）Kakuda 研究中心在 1994 年开始了超燃冲压发动机的缩比试验，在 2003 年正式启动了火箭冲

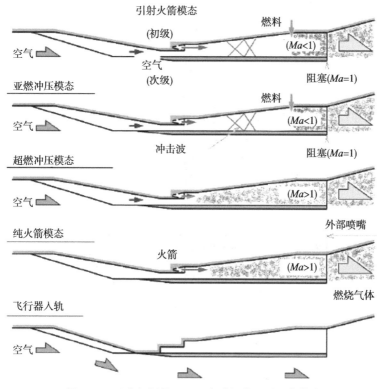

图 8 - 9　日本规划的 RBCC 发动机的四种工作模式

压组合循环发动机的研究；2004 年进行了缩比发动机的试验研究；
2005 年对发动机模型进行了改进；2006 年开展大规模试验研究，完
成了引射模态下的直连风洞；2007 年开展了马赫数 Ma 4 的亚燃模
态直连试验研究，分别考察了在燃烧室上游和下游组织燃烧对发动
机性能的影响；2008 年，开展了马赫数 Ma 6 的飞行条件下亚燃冲
压模态试验；2009 年，开展了亚声速到超声速状态下引射模态的试
验研究，如图 8 - 11 所示。以 2013 年为起始的 5 年（2013—2018
年）中，重点研究发动机轻质化设计、热防护结构、燃油系统设计
等关键技术，计划 2018 年开展第二次飞行演示。

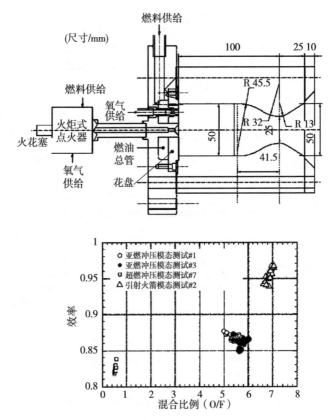

图 8-10　日本 RBCC 发动机地面样机的基本结构尺寸和试验性能参数

图 8-11　日本 2009 年开展的引射模态试验验证

8.2.6.3　俄罗斯

俄罗斯航天局正在实施的"针"高超声速技术研究计划是可重复使用的天地往返运输系统（RSTS）的各项备选方案以及相关的关键技术。其中针-1 计划主要进行该运输系统总体方面的研究，针-2-1 计划致力于吸气式推进系统的研究，针-2-2 计划主要进行液化空气循环发动机的研究。

20 世纪 90 年代，俄罗斯的 CIAM 和科尔德什研究中心（KRC）联合开展了液化空气循环与火箭/冲压组合发动机（LACRRE）的特性研究，证明了这类组合发动机可以满足单级入轨飞行器的要求，对其在两级入轨飞行器上的应用进行了分析。在此基础上，成功开展了 LACRRE 模型的热试，论证了这种组合发动机的适用性。

8.2.6.4　欧洲

欧洲空间局推出的"未来航天运输研究计划"（FESTIP）的主要内容也是研究可重复使用发射系统，其中的推进部分包含有 RBCC 发动机的研究，其着眼点主要是低速火箭引射模态的研究。在荷兰 TNO Prins Maurits 实验室进行了火箭基组合循环引射模态研究，验证了海平面低速状态下引射火箭可以获得 10%～15% 的推力增益。

从国外的研究发展历程看，RBCC 发动机技术始终是国家航空航天动力系统发展的重要方向，经过数十年的研究，RBCC 发动机可行性得到了验证，系统方案得到了深入论证，关键技术获得突破，已经进入关键技术集成及飞行演示阶段。具体见表 8-2。近年来，国内许多工业部门、科研机构和高校开展了 RBCC 发动机一体化设计、宽范围进气道、多模态高效稳定燃烧、模态转换等关键技术研究，并在关键技术研究上取得了一定突破。

表 8-2　国外主要 RBCC 动力技术研究情况

发动机	研究单位	时间	计划	方案/指标	研究成果	产品
ERJ	马夸特	1964	RLV	轴对称构型； 推进剂组合：LOX/RP-1，GOX/GH₂，90% H_2O_2/JP-4； 发动机直径：0.406 m； 工作模态：引射/亚燃	完成了 3 种类型发动机（3 种不同推进剂及发动机尺寸）的地面试验，初步验证了 RBCC 发动机的方案可行性	
SERJ	马夸特，宇航喷气，Allison	1967	RLV	轴对称构型； 推进剂组合：90% H_2O_2/JP-4； 飞行速度：0~4.5 Ma； 地面推力：145 kN； 地面推重比：12~15； 工作模态：引射/亚燃	发动机采用风扇增压器，提高起飞段来流压力，获得了较 ERJ 更好的引射推力增益	
Strutjet	宇航喷气	1999	ISTP	二元构型； 推进剂组合：红发烟硝酸/甲基肼（军事用途）；LOX/LH2（天地往返）； 飞行速度：0~12 Ma； 工作模态：引射/亚燃/超燃	开展了上千次试验研究，获得了大量的试验数据和研究成果，验证了支板喷射的可行性	

续表

发动机	研究单位	时间	计划	方案/指标	研究成果	产品
ISTAR	宇航喷气、洛克达因、普惠	2002	NGLT	二元构型； 推进剂组合：LOX/JP-7； 飞行速度：Ma 0.7~7； 工作模态：引射/亚燃/超燃	开展了吸气式火箭一体化系统试验计划；通过超过260次的地面试验，完成了RBCC系统地面试验样机，为飞行演示试验做好了准备	
GTX	NASA格伦研究中心	20世纪末	GTX	半轴对称构型； 推进剂组合：LOX/LH$_2$； 飞行速度：Ma 0~7； 低速度段 Isp：3 924 m/s； 飞行器起飞总重：1 081 t； 工作模态：引射/亚燃/超燃/纯火箭	开展了飞行器论证及发动机动力方案论证及试验规划，论证结果验证了半轴对称结构的可行性，开展了从海平面静态态到 Ma2.5 的状态的试验	
A5	洛克达因	1999	ISTP	二元构型； 飞行速度：Ma 0~12； 推进剂组合：H$_2$/O$_2$； 火箭推力室室压：8 MPa； 发动机海平面推力：111.16 kN； 工作模态：引射/亚燃/超燃/纯火箭	进行了82次缩尺发动机试验，累计工作时间超过3 600 s，通过自由射流试验验证了空气增强模态（Ma 3~3.4）、亚燃模态（Ma 3.4~4.2）、模态转换（空气增强模态到纯火箭模态）,纯火箭模态	

续表

发动机	研究单位	时间	计划	方案/指标	研究成果	产品
Sentinel	空军研究实验室	2003	CCEC	二元构型；推进剂：LOX/JP-7；海平面推力：107 t/每台；发动机长度：11.6 m；飞行器起飞总重：343 t；发动机由4个模块组成；工作模态：引射/亚燃/超燃/纯火箭	对两级入轨（RBCC＋rocket）飞行器及其发动机方案进行了分析，得出结论：RBCC作为一级其在低速段（Ma 0~2）不能提供足够的推力	
日本	Kakuda	20世纪90年代	—	二元构型；Ma 范围：0~12；长度：约3 m；推进剂组合：LH2/LO2；火箭布置形式：外置；单模块火箭台数：2；工作模态：引射/亚燃/超燃/纯火箭	开展了进气道、引射火箭、火箭引射超燃冲压和超燃冲压模态的地面直连试验，探索使用火箭小工况对亚燃/超燃模态的火焰稳定性作用	
欧洲	欧空局	20世纪90年代	FESTIP	二元构型；工作模态：引射/亚燃/超燃	针对洲际飞行目标，开展RBCC推进系统及飞行器方案的研究，对引射火箭及支板喷射等关键技术开展了研究	

8.3　涡轮基组合循环推进系统

8.3.1　工作原理

　　涡轮基组合循环（TBCC）推进系统由涡轮喷气（涡喷或涡扇）发动机与冲压发动机有机结合而成。起飞和加速期间，TBCC 发动机以涡轮模态工作，冲压通道的阀门将冲压通道堵塞，以防止涡轮发动机的排气经冲压通道回流到涡轮发动机进口。当飞行器加速达到冲压发动机工作状态时，涡轮发动机减速至慢车状态或停止工作，冲压通道打开，由进气道来的空气经环形通道进入冲压燃烧室，组合发动机以冲压模态工作。涡轮发动机可以根据飞行速度的不同选择发动机处于慢车状态、风车状态或关闭状态。TBCC 发动机的工作原理如图8-12所示。

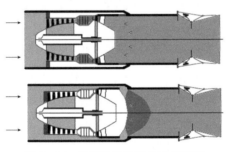

图 8-12　TBCC 发动机的工作原理

　　涡轮发动机与冲压发动机的结构布局有两种组合形式，一是双通道布局方式，二是单通道布局方式。

　　TBCC 发动机的双通道布局示意图如图 8-13 所示，涡轮发动机和冲压发动机有着相互独立的气流通道，两者各自都有燃烧室和尾喷管收敛段，但是喷管扩张段和进气道外压缩部分是两者共用的。在前体预压缩和进气道外压缩部分下游，发动机分为涡轮通道和冲压通道。通过进气道调节斜板的打开或闭合，可以实现涡轮模态、冲压模态和共同工作模式的控制。涡轮模态时，通过进气道调节斜板，打开涡轮通道，气流通过涡轮发动机燃烧做功，产生推力，此时，冲压通道可以打开或关闭。冲压通道处于打开状态时，可作为多余的空气放气通道，减小阻力，必要时还可以在冲压燃烧室内喷入少量燃料燃烧产生一定推力。在冲压模态时，进气道调节斜板关闭，以避免高温空气进入涡轮通道烧蚀压缩部件，同时，该调节斜板起到压缩斜板的作用，气流经过下通道的冲压燃烧室和喉部可调的尾喷管。

图 8 - 13　TBCC 发动机的双通道布局示意图

TBCC 发动机的单通道布局示意图如图 8 - 14 所示。针对单通道布局方式，涡轮发动机和冲压发动机又有并联、串联两种排列方式。

图 8 - 14　TBCC 发动机的单通道布局示意图

并联排列方式如图 8 - 15 所示，涡轮发动机和冲压发动机分为两个独立的流道，其中受涡轮发动机结构的限制，涡轮发动机流道为轴对称形式，冲压发动机一般为二元流道，TBCC 的工作模态分为三个部分，涡轮发动机加速模态，亚燃冲压模态，超燃冲压模态，在冲压巡航模态，涡轮发动机的流道完全关闭，涡轮发动机停止工作，涡轮发动机的最高工作速度要接近 Ma 4，TBCC 发动机最大巡航速度可以达到 Ma 7。

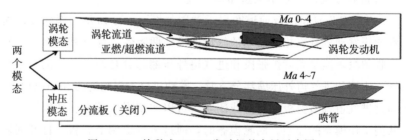

图 8 - 15　并联式 TBCC 发动机的布局示意图

串联排列方式如图 8 - 16 所示，涡轮发动机和冲压发动机在热力循环上有机组合，涡轮发动机和冲压发动机共用一个流道，实际是涡轮/亚燃冲压一体化组合，发动机的工作模态分为两个部分，涡轮发动机的加速模态和冲压巡航模态，冲压巡航模态过程中，涡轮发动机在低工况状态工作或关闭，接力速度小于 $Ma\ 3$，最大工作速度在 $Ma\ 5$ 左右。在进气道下游，设置空气调节阀门。在低速飞行时，涡轮发动机通道和冲压发动机通道的压差很大，要通过空气调节阀门将冲压发动机通道关闭，发动机完全以涡轮模态工作，此时发动机具有加力涡轮发动机的特性。同样，在高马赫数条件下，因为在冲压条件下气动加热对结构有着重大影响，为了避免涡轮发动机受到气动加热破坏，空气调节阀门将涡轮发动机通道关闭，使涡轮发动机通道与冲压发动机通道隔离，此时，发动机以冲压模态工作，具有亚燃冲压发动机的性能。由于涡轮、冲压两种模态转换过程无法在瞬间完成，另外为避免发动机推力在转换中剧烈波动，对发动机两个模态之间的转换采用逐渐过渡的方式。

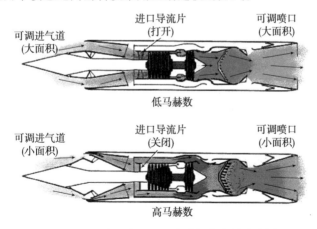

图 8 - 16　串联式 TBCC 发动机的布局示意图

8.3.2　发动机分类

按照 TBCC 发动机的特点，可以分为涡轮/亚燃冲压组合发动机、涡轮/超燃冲压组合发动机两种类型。

（1）涡轮/亚燃冲压组合发动机

涡轮/亚燃冲压组合发动机由燃气涡轮发动机和亚燃冲压发动机组合而成，在 Ma 3 以下采用涡轮模态工作，实现地面起飞、亚声速/超声速爬升，在 Ma 3 以上涡轮发动机停止工作，转换为亚燃冲压工作模式、工作范围 Ma 3～5，实现超声速爬升和超声速巡航飞行，全速域内具有最佳的燃油经济性。

（2）涡轮/超燃冲压组合发动机

涡轮/超燃冲压组合发动机由燃气涡轮发动机和超燃冲压发动机组合而成，在 Ma 4 以下采用涡轮模态工作，实现地面起飞、亚声速/超声速爬升，在 Ma 4 以上涡轮发动机停止工作，转换为超燃冲压工作模式、工作范围 Ma 4～7，实现超声速、高超声速爬升和高超声速巡航飞行。

8.3.3　结构组成

TBCC 发动机主要由进气道、燃气涡轮发动机、冲压发动机、尾喷管、燃油系统等构成，进气道和喷管可设计成独立的流道，也可设计成共用流道。

TBCC 发动机的最前端是进气道，其主要功能是捕获来流空气，在超声速情况下对来流进行有效压缩，提高气流静压，为燃烧室内的燃烧提供充分的氧化剂和足够高的燃烧压力。如采用二元进气道结构，则进气道经常利用飞行器前体作为预压缩型面，以提高整体工作效率。在进气道中还设置有中心体或者中心支板，它们的作用不仅是对高速来流进行侧壁压缩，而且可以进行调节，以确保进气道的出口气流参数与后面的压气机部件匹配。

进气道之后，流道分为两个通道，一个通道与燃气涡轮发动机连接，一般要求进气道出口气流速度小于 $Ma\ 0.5$，以保证压气机组件可以高效工作，压气机对进气道出口气流进行压缩后，进入燃烧室燃烧，驱动带动压气机的涡轮做功，做功后的燃气二次燃烧后或直接经喷管膨胀产生推力。一个通道与冲压流道连接，空气与燃料在冲压燃烧室燃烧，经喷管产生推力。

一般情况下，冲压流道的尾喷管和燃气涡轮发动机的尾喷管尽量设计为一体，结构上更紧凑。在发动机系统设计中，经常利用飞行器的后体作为尾喷管的一部分，这一点和进气道利用前体预压缩是一样的，其目的就是实现机身与推进系统的一体化，提高飞行器性能，以更好地满足高超声速飞行的要求。

8.3.4　性能计算

（1）计算方法

作为一种吸气式动力，TBCC 发动机稳态热力性能计算内容与其他吸气式动力性能计算类似，包含设计点和非设计点计算。涡喷/涡扇发动机和冲压发动机性能计算是进行 TBCC 发动机性能计算的基础，进排气/发动机一体化计算是 TBCC 发动机性能计算的难点。整个计算方法大体上可划分为 4 个子模块：进气道性能计算、涡轮发动机性能计算、冲压发动机性能计算、进排气系统/发动机一体化安装性能计算。

在设计点的性能计算中，选定设计点参数，如飞行高度、马赫数、空气质量流量、各部件工作效率、发动机几何尺寸等，建立整个发动机的物理模型，并选择一组发动机热力循环参数进行发动机由前至后的各部件热力过程计算。

在非设计点的性能计算中，基于模态转换起始、终了马赫数，依照发动机的工作范围，又细分为三种工作模态：涡轮工作模态，涡轮—冲压共同工作模态，冲压工作模态。在这三种工作模态的性能计算中，进气道计算模块和喷管计算模块以及安装性能计算模块是通用模块。

（2）参数确定

对于 TBCC 发动机来说，发动机设计应当满足飞行器在整个飞行包线内的推力、耗油率等性能需求。为确保能够在关键点上完成飞行任务，通常将设计点选取在该关键点附近。首先，起飞初始段，由于飞行器质量大，在初始加速段需要大推力，若不考虑噪声等对环境的影响约束，涡喷发动机应该以加力的方式工作，因此飞行器起飞状态的推力需求是首先需要考虑的因素之一。另外，在低超声速区飞行器阻力和推进系统安装阻力均较大，但发动机推力较小，这样飞行器净推力更小，这也是涡喷发动机参数确定所必须考虑的因素。

对于涡喷发动机，其主要设计参数包括：压气机增压比和涡轮入口温度。另外，加力温度也是一项主要设计参数。涡轮入口温度对加力涡喷发动机单位推力的影响是单调函数关系，随着涡轮入口温度的提高，单位推力增加地非常显著。但是因为受到涡轮材料的限制，燃烧室出口温度又不能过分的提高。在一定涡轮前温度条件下，单位推力与压气机增压比有一最佳关系。过高的增压比会给发动机造成部件上的增加。并且当飞行马赫数比较高的时候，高增压比的涡喷发动机推力特性反倒比低增压比的发动机要差。

加力燃烧室与冲压燃烧室共用，所以必须结合冲压发动机燃烧室的设计才能确定涡喷发动机加力燃烧室的设计点工作参数，如燃烧室面积、加力温度等。

考虑到在模态转换过程，涡轮发动机和冲压发动机同时工作，为防止外涵道回流现象的发生，涡轮发动机出口和冲压涵道出口静压需保持平衡。在任何工作状态，冲压发动机涵道出口马赫数不应大于 1.0。在涡轮发动机外型尺寸确定的前提下，这一限制条件决定了冲压发动机涵道的面积。

（3）模态转换

对于 TBCC 发动机来说，最重要的设计是如何使发动机在涡喷、冲压两种工作模态之间平稳的转换，同时又能保持适当的性能以维持整个高超声速飞行器的飞行状态，这也是 TBCC 发动机研究中最困难之处。

在 TBCC 发动机的整体设计中，确定工作模态转换阶段的起始点和结束点至关重要，在这两个特定点的确定中，有如下几个设计原则。

1) 保证涡喷发动机通道与冲压发动机通道混合室静压平衡。如果起始点马赫数过低，冲压发动机通道静压较低，此时将涡喷发动机-冲压发动机两气流通道静压配平，其气流马赫数相差较大，这样气流掺混损失较高，甚至在极端情况下无法将两气流通道配平。能否实现涡喷-冲压两通道的静压平衡，是确定发动机工作模态转换起始点的重要限制条件。

2) 随着飞行马赫数的逐步提高，涡轮通道的进口气流总温不断增加。如果模态转换马赫数太高，将会给发动机部件的热防护造成相当大的困难，所以发动机工作模态的转换过程不能够过迟。

3) 对于 TBCC 发动机来说，在工作模态转换结束时，由于涡喷发动机通道将会关闭，加力-冲压燃烧室进口气流总压将会有一个明显的下降，造成喷管阻塞，致使流经发动机的空气流量减少，发动机推力降低。为保证飞行器在飞行过程中不经历剧烈的推力变化，发动机工作模态转换结束点势必不能过于提前。

TBCC 发动机工作模态的转换，主要是通过控制涡轮发动机转速（通过控制涡轮发动机主燃烧室供油量实现）和加力-冲压燃烧室供油量实现的。图 8-17 表示了模态转换过程涡轮、冲压通道打开、关闭控制和气流流动方式。在模态转换起始点，通过空气调节阀门将冲压发动机通道打开，冲压通道进气。冲压通道气流经混合室与涡轮发动机通道气流混合后，流入加力-冲压燃烧室，喷油燃烧后经喷管排出。在模态转换结束点，通过空气调节阀门将涡轮发动机通道关闭，涡轮发动机中止供油、停止工作，TBCC 发动机的气流全部流经冲压通道，发动机以典型的冲压发动机方式工作。

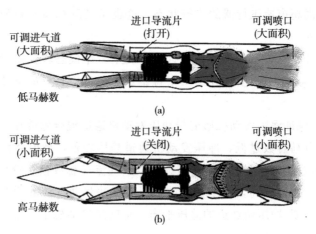

图 8 - 17　TBCC 发动机的模态转换过程

8.3.5　性能优势

（1）比冲性能高

TBCC 发动机在全包线工作区域内都以大气中的氧气为氧化剂，不需要携带额外的氧化剂，比冲性能高；爬升加速和下降段以航空发动机模式工作，比冲性能可以达到 2 000 s 以上；高速巡航段以冲压发动机模式工作，比冲性能与冲压发动机相当，是综合比冲性能最优的组合循环动力方案。

（2）安全性好

安全性可以从终止发射、有动力着陆、重复使用、燃料流量等诸多方面考虑。以吸气式发动机为动力的飞行器在起飞（发射）后出现应急情况，可灵活返回，选择合适的备用机场着陆，这就大大提高了安全性。火箭发动机垂直发射所需推力大致是吸气发动机的 6 倍，推进剂流量是吸气发动机燃油流量的 60 倍而且供应压力高。高压、大流量的供应系统相对易出现故障，一旦发生泄漏就可能引起灾难性事故。

（3）可靠性高

TBCC 工作在较低的温度和压力下，热负荷比火箭发动机低，燃料泵供应压力低，流量小，这些因素都对提高可靠性有利。从有效载荷方面看，TBCC 可以达到 4～8%，可利用这一优势提高飞行器结构所占的质量比例，提高结构强度，增加必要的安全备份，从而提高可靠性。

（4）重复使用，水平起降，成本低

据分析，吸气发动机的发展费用较高，生产费与火箭发动机相差不多，运行费则明显低。比如 TBCC 可以像飞机一样水平起飞，就可利用现有机场而不需要专门的发射架，如果起飞质量限制在 550 t，和大型民用客机 A380、AN225 相当，则可利用现有机场及机场设备起飞/着陆，减少了再次飞行所需的准备时间，降低运行成本。另外，TBCC 的燃料煤油价格低廉，TBCC 可多次重复使用。这些都可降低使用成本。只有降低成本才有望提高利用率，更好的满足高频率的发射需求。

8.3.6　主要用途

TBCC 发动机由涡轮发动机和冲压发动机组成，涡轮发动机在中低马赫数的比冲高、耗油率低，适用于中低速、长航程飞行，而冲压发动机适用于高速、短航程飞行。将涡轮发动机与冲压发动机有机结合起来，使其同时具有涡轮发动机和冲压发动机的优点，在满足远程、高速、快速到达或攻击方面具有明显的优势，可作高空高速的侦察机、运输机、轰炸机和攻击机以及远程高速巡航导弹等多种飞行器动力。同时利用其性能高，便于重复使用等特性，成为下一代可重复使用运载器一级动力系统的最佳选择对象。

（1）长航程高速巡航导弹动力系统

海湾战争和南斯拉夫战争期间，美国使用了大量巡航导弹，造成了极大的伤亡和破坏，引起各国对未来战争模式思考和巡航导弹远程精确打击的重视，客观上推动了巡航导弹的更新换代。动力革新是巡航导弹发展的主要方面，早期巡航导弹使用液体火箭发动机作为动力，当前巡航导弹主要以涡喷/涡扇发动机、固体火箭发动机或整体式冲压发动机为动力,这些动力系统难以兼顾长航程和高速突防的要求。而采用 TBCC 发动机的超声速巡航导弹,可以在战区外用涡轮发动机以超声速巡航速度高空出击或以高亚声速低空出击,进入战区后接通涡轮发动机加力,飞行速度提高到 $Ma\ 1.5\sim2.5$,冲压发动机工作,涡轮发动机停止工作,使导弹以 $Ma\ 3.5\sim4$ 飞行突防,攻击目标,从而满足超声速巡航导弹航程远、速度快及杀伤力强的要求。

从作战平台角度分析,轰炸机采用像二战中那样飞到目标上空投弹的作战方式已难以适应现代战争的要求。各国已经开始将远程空地导弹装到轰炸机上,在远离目标的安全空域发射导弹攻击目标,从而有效地保证了其自身的安全性和发起攻击的突然性,轰炸机已由原来只能飞到目标上空投炸弹的"炸弹载机"变成了可发射远程导弹攻击目标的"导弹载机"。长航程高速巡航导弹可实现载机的防区外发射,这样大大提高了载机的生存能力和导弹的突防能力。

(2) 高速侦察机/轰炸机动力系统

科学技术迅猛发展使未来战争的纵深领域突破了传统方式。随着防区外发射精确制导武器、隐身技术及现代综合电子技术等进攻能力的加强,攻防双方必将进入新的领域。对于现代战争,飞行器以高超声速进入和退出作战目标区将逐步成为一种最具潜在价值的手段。

高超声速飞行器使安全作战的空域显著扩大,由于能够在高空完成作战任务,高超声速无人和有人驾驶飞机,是最理想的火力圈外发射武器的运载平台,同时,这类飞行器在执行侦察任务方面也具有明显的优势。凭借其高空高速的性能,几乎不受对方威胁,能覆盖更广阔的地域,快速地完成作战任务。

采用 TBCC 发动机的高速飞行器,在起飞阶段使用涡轮发动机,爬升到一定高度后加速到冲压发动机开始工作状态,冲压发动机投入工作后逐渐关掉涡轮发动机,利用冲压发动机爬升、加速至高马赫数;返回时关掉冲压发动机,重新启动涡轮发动机,使飞行器安全返航。因而高空高速飞行器具有水平起降的功能,同时具有航程远、反复使用的特点。

高速侦察机也能在很短的时间内飞遍全球,对许多突发性很强的热点地区做出快速反应,具有很高的侦察和信息战效能。高超声速飞行器在纵深攻击中能够进行高速冲刺突防后投放精确打击武器,然后以高马赫数返航。

据美国《防务新闻》透露,美国空军正在秘密研制一种新型无人侦察机。发动机可能由加拿大普惠公司研制,该公司为黑鸟 SR-71 侦察机研制了动力强劲的 J-58 发动机,而这次它为该机提供的可能是一种 TBCC 发动机,在高空高速飞行时使用冲压发动机,而需要低速长时间盘旋时则使用涡轮发动机。

美军研制该新型无人侦察机的主要原因对现有航空航天侦察手段仍不满意。无论是有人驾驶的 U-2,还是无人驾驶的捕食者、全球鹰都是亚声速飞行的,无法快速抵达预定地点。加上美军未来成像卫星计划(FIA)进展迟缓,航天侦察手段固有缺陷难以克服。目前美国拥有为数众多的光学成像和雷达成像卫星,尽管其分辨率很高,工作安全可靠,但其对某一地点持续侦察时间过短(仅 10 min 左右),重返周期又太长,为 1~3 天,无法持续监视,加上侦察时间路线规律性强,容易被规避。因此发展高速、长滞空时间的无人机,可作为航天侦察手段的补充。

(3)空间运载器地面级推进系统

空间对国家安全和经济利益至关重要,要想达到控制空间的目的,就必须不断地增强空间优势核心能力,包括全球机动、信息控制和精确打击等。确保进入空间是控制空间的首要目标,而这项任务当然非航天运载器莫属。因此,航天运载器是空间优势核心能力的关键支柱。

适用于天地往返运输系统和高超声速飞行器动力装置的 TBCC 发动机,能在宽广的飞行包线内(高度为 0~30 km,飞行速度从亚声、跨声、超声扩展到高超声速)长航程、重复使用,为飞行器提供所需动力,并具有高的单位推力和比冲。其使用不仅能够降低飞行器的发射费用,而且可重复使用。TBCC 发动机对空间运载起到革命性的影响,将会彻底解决传统空间运载器成本高、安全可靠性低、维修性差、地面准备时间和周转周期长等弊端。

首先,TBCC 发动机利用了大气层中的空气,不必携带大量的氧化剂,从而大大增加推进系统的燃料比冲。化学火箭发动机的比冲为 2 943~3 924 m/s,基本上不随飞行速度变化。而 TBCC 发动机在其工作范围内,其比冲可达 9 810~29 430 m/s,相同起飞质量条件下,可以提高运载器的有效载荷,在技术成熟后可作为新的水平起飞两级入轨飞行器的基础级(一级或助推级)。

其次,TBCC 发动机采用类似飞机的水平起飞发射方式,由于利用了升力进行起飞,因此推重比可小于 1(一般为0.5~0.7),而传统动力系统的火箭推重比一般大于 1.2,加上 TBCC 发动机的推进剂携带量比较少,所以起飞总质量相对较小。

使用 TBCC 发动机的运载器不仅可以利用航空发动机的低速飞行能力进行转场,避免了传统火箭发射所需的大型复杂设施,发射操作性大大提高;而且由于使用了类似飞机起飞的发射模式,充分继承飞机成熟技术,其工作可靠性、安全性将远大于现有火箭。

8.3.7　研究现状

TBCC 发动机通过航空涡轮发动机和冲压发动机技术的有机融合,既可继承两种发动机的优点,又可弥补两种发动机的不足。涡轮发动机低速性能高,一般在 Ma 3 以下工作,冲压发动机高速性能高,但是必须解决初速度问题。TBCC 发动机继承了涡轮发动机的低速性能和冲压发动机的高速性能,同时也就弥补了涡轮发动机与冲压发动机的不足,可以使飞行器像目前的飞机那样利用普通机场水平起降,可靠性、可维护性、经济性均可与当前的飞机相抗衡。

8.3.7.1 法国

自 1951 年起，法国的北方航空公司就开始研究 TBCC 发动机，从研发、设计、生产、演示验证一直到飞行试验。在 1953 年，该公司设计出一种飞行速度 $Ma\ 2.2$ 的试验飞机，并执行了 330 次飞行试验，并在 1959 年取得了当时的世界飞行纪录 1 640 km/h。推进系统为航空发动机和冲压发动机的组合，涡扇发动机被冲压发动机包裹起来，两者共用一个进气道和喷管。最初航空发动机采用的是单轴涡喷发动机，但随后出于低速时耗油率方面的考虑，决定更换为双轴涡喷或者涡扇发动机，最终采用的是涡扇发动机。当发动机以冲压模态工作时，绕过涡扇发动机的气流与风扇分出的气流进行混合，进入位于发动机后方的燃烧室燃烧。其涡扇和冲压模态转换主要通过位于风扇后的活动分流板实现。

由于北方航空公司在涡轮基组合循环发动机方面取得的成就，美国空军随后又同其签订了一系列的合同，开展涡轮冲压组合推进系统的研制，包括：

1）X-61 涡轮冲压组合推进系统（1961 年），设计最高飞行速度 $Ma\ 3$，该发动机的研究目的是探索超声速飞机采用涡轮冲压组合推进系统的大部分关键技术。

2）X-71 涡扇冲压发动机（1962 年），该发动机是基于普惠 JTF-10 发动机研制的，最高飞行速度 $Ma\ 3$，其研究目的是验证在现有发动机基础上研制的涡轮冲压组合推进系统在亚声速飞行中的性能，结果非常理想。

3）在现有的三种涡扇发动机基础上分别设计涡轮冲压组合推进系统，并对其进行比较（1964 年），这三种涡扇发动机是斯奈克玛的 TF-106、布里斯托尔·西德里的 Pegasus 5 和普惠的 TF-33-P7。在研究中为涡扇发动机设计了亚声速进气道、冲压-风扇气流混合系统和尾喷管。通过试验，这些组合推进系统的性能是令人满意的。

4）从对比研究中选出基于斯奈克玛 TF106 的涡轮冲压组合推进系统，测试其在飞行速度 $Ma\ 0\sim4$，飞行高度为 $0\sim30\ 480$ m 的性能特性，重点是设计满足全飞行范围的燃烧室，并对其进行实验研究（1964 年）。

8.3.7.2　美国

从 1956 年开始，美国普惠公司应美国海军的要求，为能够以 $Ma\,3$ 冲刺的海军攻击机研制 J-58 发动机，其结构如图 8-18 所示。但是由于相关工程下马，发动机失去了应用对象。后来增加了变循环旁路，改进了原设计的压气机、涡轮气动参数之后，成为黑鸟 SR-71 飞机的推进系统。

图 8-18　J-58 发动机的结构

J-58 发动机的单机推力 100 kN 左右，加力推力约 147 kN，虽然该发动机设计于 20 世纪 60 年代，但很多设计思路目前依然十分先进。J-58 发动机在压气机第 4 级后设置了内部旁路。当加速中压气机进口温度达到 85～115℃时（对应飞行速度为 $Ma\,1.9$）内部旁路放气开启，进入压气机的空气大部分从放气活门引出，通过管道绕过后面几级压气机、主燃烧室和涡轮直接进入加力燃烧室，此时发动机的工作方式实际上是涡轮冲压组合循环，加力燃烧室以冲压发动机的方式工作，同时主燃烧室也没有停止工作，仍然有部分空气通过压气机压缩进入主燃烧室维持涡喷发动机的工作方式。J58 发动机的涡轮冲压组合循环方式通过放出大部分空气绕过压气机后级、主燃烧室和涡轮，大大降低了核心机的流量，以很少的主燃烧室喷油即可维持正常的转速和涡轮出口燃气温度，而旁路空气则由于绕过工作条件不匹配的核心机部分，减少压力损失，使加力燃烧室获得很高的进口压力和流量，不但单位耗油率低，而且可以喷入更多燃油提高推力。虽然比正常的加力状态喷入更多的燃油，但是增加的空气流量保证了正常的燃烧和足够的冷却流量，加力燃烧室加入很多热量而不会出现超温损坏，在这种状态下加力燃烧室的工作就相当于冲压发动机燃烧室。

为了在高马赫飞行时确保发动机获得亚声速气流，黑鸟 SR‑71 飞机在进气道前端设置了圆锥形、可移动的进气锥，在地面上或亚声速飞行时锁定在最前方。从 Ma 1.6 开始，进气锥会逐渐向后移动。控制系统根据皮托管静压、俯仰、滚转、偏航及攻角等的参数，类比计算进气锥前后移动距离，不同飞行速度、姿态下都将进气锥尖端产生的激波维持合适位置，保证发动机可靠工作。由于早期电脑计算速度并不是总能跟上飞行速度变化，常常使进气锥处在不恰当的位置，导致发动机工作异常。进气锥和放气活门的控制技术在当时显得过于复杂，但是随着技术的进步，目前已不是问题。

J‑58 作为到目前为止唯一得到实际应用过的 TBCC 发动机，研制经验值得学习借鉴。J‑58 的主要问题有如下几个方面：结构过于复杂，致使发动机的控制调节系统不堪重负；发动机推重比较低，最高只达到 5；耗油率高，以至于飞机执行任务时不得不在起飞后立即空中加油。

20 世纪末，NASA 制定了一份先进空间运输计划（ASTP），在其两级入轨的空天飞机计划中，TBCC 发动机是其第一级推进系统的备选方案之一。作为先进空间运输计划的一部分，NASA 还专门成立了 TBCC/RTA（涡轮加速器）计划，以研制 TBCC 发动机。该计划由格伦研究中心牵头，兰利研究中心、马歇尔航天飞行中心、空军和海军航空兵武器系统部（NAVAIR）参与其中，任务是开发、验证一系列先进涡轮技术并将其转化到未来的商用或军用 TBCC 发动机中，应用范围包括空间飞行和高超声速巡航。其近期目标就是能在快速响应联合远距投射武器上面获得突破。

目前，该计划已经由 GE 公司制造了 TBCC 发动机的地面验证机，并做了大量实验。该验证机被命名为 RTA‐1，其结构如图 8‐19 所示。RTA‐1 是涡扇冲压组合循环发动机，其任务是把飞行器加速到 Ma 4 以上。GE 公司利用现有的 YF120 发动机的核心机，再辅以其他新的部件来完成这一低成本、通用性的发动机。GE 公司主要对 YF120 发动机作了如下改进：更换了新的风扇和压气机的核心驱动风扇级，并且改变了第二、三级压气机的材料以适应因飞行马赫数变大带来的温度升高。另外，还为冲压工作模态设计了新的加力‐冲压燃烧室和轴对称喷管。

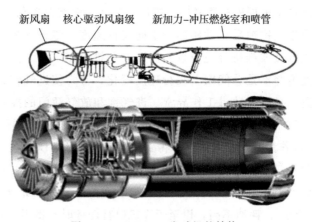

新风扇　核心驱动风扇级　新加力‐冲压燃烧室和喷管

图 8‐19　RTA‐1 发动机的结构

　　RTA‐1 发动机采用组合循环设计思想，从海平面静止状态到飞行 Ma 2，风扇处于高增压比模态，从 Ma 2～3，风扇转换为低增压比模态。在发动机的外涵通道中存在一个转换阀门，起飞时，此阀门关闭，发动机是单外涵，在飞行器刚刚跨过声速时，阀门开启，发动机变为双外涵形式，在 Ma 2.5～3，阀门开至最大，此时涡轮发动机降低转速直至风车状态，在 Ma 3 以后，发动机以冲压模态工作，此时全部气流来自外涵道。

　　TBCC/RTA 推进系统还计划应用于高超声速试验计划（Hyper‐X）中的黑雨燕试验平台（HTV‐3X）飞行器上（如图 8‐20 所示），采用上下放置的并联方案，美国国防高级研究计划局（DARPA）

和空军继续进行这个高风险和高技术回报的 FacET 发动机计划
项目。

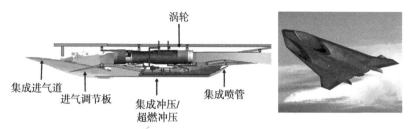

图 8 - 20　TBCC 发动机方案及对应的 HTV - 3 平台

目前在 RTA 计划的支持下，NASA 已经开展了进气道、燃烧
室、尾喷管和高马赫数涡轮发动机的相关试验研究，2010 年 4 月完
成了涡轮发动机的性能验证，该发动机的最大工作速度可达 $Ma\,3$，
2011 年 4 月开展了喷管和控制系统验证，进气道和发动机如图 8 - 21
所示。

图 8 - 21　RTA 计划中的进气道及高马赫数涡轮发动机

2013 年 11 月 1 日，美国首次披露了美国洛克希德·马丁公司正
在秘密进行的 SR - 72 高超声速无人侦察机研制工程。SR - 72 是美
军下一代高速侦察机，由洛克希德·马丁公司下属的臭鼬工厂负责
研发，SR - 72 计划于 2018 年左右进行原型机试飞，于 2030 年左右
服役。SR - 72 高超声速无人侦察机动力系统采用 TBCC 发动机（如
图 8 - 22 所示），由涡喷发动机与超燃冲压发动机的组合，涡喷发动

机将飞行器加速到 Ma 3 后，超燃冲压发动机接力工作，将飞行器加速至 Ma 5～6。

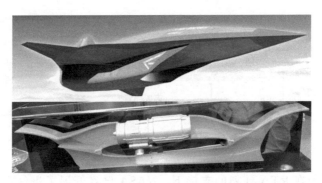

图 8-22　SR-72 及 TBCC 动力系统模型

分析认为，SR-72 高超声速无人侦察机或许已经取得了重要突破，臭鼬工厂的发动机技术进展预示着这个项目将获得成功，这也意味着下一代 TBCC 发动机技术从实验阶段走入实用阶段，美国再次引领人类进入一个新的时代。

TBCC 发动机的研究也受到美国海军研究生院的重视，该院开发了一种可能应用到导弹或无人机上的涡轮冲压发动机，通过对 Sophia J450 涡轮喷气发动机加装外罩，将其改装成涡轮冲压组合发动机，并通过测试比较不同结构的发动机静止推力和耗油率。该发动机试验马赫数较低，仅是 Ma 2 左右，但不排除进一步改进的可能。

8.3.7.3　德国

1985 年，德国麦塞施密特·比尔考夫·布鲁姆有限公司 (MBB) 重新开始桑格尔（Sanger）空天飞机（图 8-23）的研究。1987 年，德国政府决定开始全面资助桑格尔-Ⅱ的详细设计研究工作。在 1988—1993 年之间，对该研究的资助主要由德国高超声速技术计划（Germany's Hypersonic Technology Program）承担。直到 1991 年，在各方面的支持之下，欧洲第一台空天飞机用的 TBCC 发动机在 MBB 公司成功进行了地面试车。由于后来该项目经过详细测算后，比阿里安 5 火箭的运行费用仅能降低 10％～30％，所以被迫下马。桑格尔飞行器的第一级采用 5 台涡轮冲压组合推进系统作动力，由德国发动机和涡轮联合有限公司（MTU）研制，以 Ma 4.4 的速度巡航至目标区域，然后加速到 Ma 6.8 并与上一级飞行器分离。第一级飞行器经过适当改装也可以用作欧洲高超声速运输机，载客 36 人，航程为 11 000 km。

图 8 - 23　桑格尔空天飞机

8.3.7.4　俄罗斯

俄罗斯中央航空发动机研究院（CIAM）从 20 世纪 60 年代开始了有关组合式吸气发动机的基础和试验研究，这些发动机基本上都是在高超声速飞行状态工作的双涵道喷气发动机改进方案的基础上开展的。

CIAM 在对组合式吸气发动机的研究中，对可行的各种组合方案和涡轮冲压发动机工作过程参数进行了理论研究，研制了涡轮冲压组合发动机的地面试验样机 CIAM TRJ。涡轮为 R - 11 - 300 涡喷发动机，冲压涵道由前后支管和 4 个侧管组成。研究了涡轮与冲压之间各种方式模态转换的性能，热部件的冷却。试验设备装有引射排气系统，空气冷却和滑油系统可独立控制。从发动机流通通道部分引气进入燃烧室冷却通道，加力冲压燃烧室采用带有打孔隔板的空气冷却系统。为获取发动机特性，20 世纪 70—80 年代开始了全尺寸样机 Ma3.5～4.5 飞行状态长时间地面模拟试验。

通过系统的试验和理论研究确定了从涡轮发动机模式转换到冲

压发动机模式的合理方式；涡轮冲压组合发动机中涡轮发动机的压气机在风车状态下的特性和压力损失特性；从涡轮发动机向冲压发动机的工作模式转换中，涡轮冲压组合发动机稳定工作的条件；在冲压发动机工作模式下，涡轮发动机处于风车状态所带来的益处；在加力冲压燃烧室进口总压流场畸变情况下加力燃烧室的性能；加力冲压燃烧室与空气冷却系统共同工作的条件和被冷却的加力冲压燃烧室的特性；加力冲压燃烧室空气冷却对涡轮冲压发动机推力性能的影响。

中央航空发动机研究院开展了涡轮/超燃冲压发动机的理论和试验研究工作。位于俄罗斯叶卡特琳堡的导弹设计所为俄罗斯海军研制的 Biryuza 超声速反舰导弹，论证了涡轮喷气发动机和冲压发动机组合方案。

8.3.7.5　日本

日本也建立了高超声速运输机推进系统研究计划（HYPR），计划从 1989 年开始，到 1999 年结束，为未来 Ma 5 的民用运输机提供动力。HYPR 是日本通产省（MITI）发起的国际协作研究项目。参与者包括石川岛重工、川崎重工、三菱重工和通用、普惠、罗罗、斯奈克马以及国家航空航天实验室、机械技术研究所、计量研究所及大阪国家研究所。

在计划初始阶段，研究人员进行了涡轮基组合循环发动机的结构研究，并最终在 12 种不同方案中选取了轴向串联布局。在 HYPR 中，设计并制造了涡轮冲压组合循环发动机的 1/10 缩尺验证机 HYPR90 - C，该发动机为双涵道结构，6 处可变几何结构，其主要任务是验证发动机在 Ma 2.5～3.0 时进行工作模态转换的可行性。HYPR90 - C 发动机于 1997 年制造，在 1998 年 2 月进行了第一次海平面试验并获成功，试验检验了发动机的系统功能、机械状态以及冲压燃烧室的点火。通过调节 6 个可变几何结构和涡轮模态、冲压工作模态的供油量来对发动机工作状况进行控制，在其后的研究中，研究人员对发动机还做了大量的性能研究，比如高马赫数下组合循环发动机的重新起动问题。

8.3.7.6　印度

1998 年，印度国防部启动了命名为艾瓦塔（AVATAR）的小型可重复使用空天飞机计划，艾瓦塔空天飞机采用涡轮冲压/超燃冲压/火箭组合循环发动机，相当于一个 TBCC 和 RBCC 的组合。当它不携带火箭发动机时，可作为一种高超声速飞机，用于对地攻击或侦察，然后返回基地。印度有多个实验室参与发展超燃冲压发动机技术，目前已取得了很大进展。

由于艾瓦塔空天飞机具有的军事潜力，因而印度的相关研究工作一直在严格保密的情况下进行，2001 年 7 月初，一位退休的空军军官在美国公开宣布了该项目。AVATAR 实际上是一种小型吸气式完全可重复使用的运载器，也是一种高超声速飞机。它采用涡轮冲压/超燃冲压/火箭组合循环发动机，是高超声速飞机技术和重复使用航天器技术相结合的空天飞行器。

艾瓦塔空天飞机像普通飞机一样起飞，利用涡轮风扇、冲压发动机和超燃冲压发动机达到 Ma 7、30 km 的巡航状态后，低温火箭发动机接替工作，最终将飞行器推入轨道。任务完成以后，艾瓦塔空天飞机离轨进入大气层，像飞机一样依靠自己的动力着陆。一架艾瓦塔空天飞机在其寿命内可执行 100 次这样的任务。

8.4　预冷吸气式组合推进系统

8.4.1　工作原理

预冷吸气式组合发动机是指利用发动机携带的低温推进剂，对进入发动机的来流空气进行冷却降温，提高发动机高速飞行适应能力，同时获得更高的推力和比冲性能。根据空气冷却的程度包括液化空气循环和深冷空气循环两类，目前各国研究的重点是深冷空气循环方案，典型的预冷吸气式组合发动机方案是英国的 SABRE 发动机。SABRE 发动机的工作原理如图 8 - 24 所示。

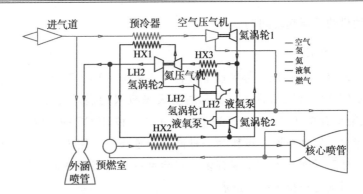

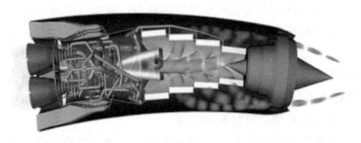

图 8-24　预冷吸气式组合发动机（SABRE）工作原理图

SABRE 发动机具有两种工作模式，吸气模式和火箭模式，吸气模式下工作原理如下。

1）空气路：空气经进气道减速增压后，分为两路，一路空气进入预冷器，被低温氦气预冷降温，经压气机增压后进入推力室冷却通道进行再生冷却，之后一部分空气进入预燃室与氢燃烧产生高温燃气对氦气进行加热，然后进入核心推力室与另一部分空气进行补燃后经喷管排出产生推力；另一路空气直接进入外涵推力室，与氢燃烧产生高温燃气，经喷管排出产生推力。

2）氢路：液氢由氢泵增压后，进入氢氦换热器，与氦气进行换热后，成为具有做功能力的高温高压氢气，依次驱动氢泵氢涡轮和氦压气机氢涡轮做功，之后分为两路，一路进入预燃室与空气进行燃烧，产生高温燃气，与氦气换热后在进入核心推力室补燃，经喷管排出产生推力；另一路进入外涵推力室，与空气燃烧产生高温燃气，经喷管排出产生推力。

3）氦气路：低温高压的氦气在预冷器中与空气换热后，进入氦加热器，进一步获得热量，提高温度，然后驱动氦涡轮做功，为空气压气机提供能量，之后进入氢氦换热器与低温氢换热，经氦压气机增压后，成为低温高压氦气，继续进入预冷器中预冷空气，形成闭式循环。

8.4.2　发动机分类

根据预冷程度的不同，预冷吸气式组合发动机可以分为两类，即液化空气循环组合发动机和深冷空气循环组合发动机。

液化空气循环组合发动机的主要特点是利用液氢的超低温特性，直接将空气中的氧气和氮气液化，并分离出液氧作为发动机的氧化剂。这类发动机的关键是研制出高效紧凑的空气冷却与凝结系统，但由于空气的液化、分离和换热器等技术太过复杂，技术难度很大，目前已放弃研究。

深冷空气循环组合发动机的特点是利用低温介质对来流空气进行深度预冷，而不需要液化，这就避免了空气的液化、分离等技术难点，大大降低了系统的复杂性和技术难度，工程实现上更加可行，深冷空气循环方案也成为近些年来世界各国研究的重点方向。

根据冷却介质的不同，预冷吸气式组合发动机可以分为推进剂冷却组合发动机和第三介质冷却组合发动机。

推进剂冷却组合发动机即采用自身携带的低温推进剂直接对来流空气进行预冷，同时利用被加热后的推进剂作为涡轮的工作介质，通常采用的推进剂为液氢，这是由于液氢具有较大的比热和做功能力，但是氢与空气直接换热存在一定的安全性问题，日本的 ATREX 是这类发动机的典型代表方案。

第三介质冷却组合发动机主要是为了解决氢的安全性问题，利用第三介质作为低温氢和空气之间的能量传递介质，第三介质通常为惰性气体，一般采用氦气，这是由于氦气与氢气分子量最接近，也同样具有较高的比热和做功能力，英国的SABRE发动机是这类发动机的典型代表方案。

8.4.3　结构组成

预冷吸气式组合发动机一般由进气系统、预冷器、涡轮机、推进剂供应系统、第三介质循环系统、预燃室、推力室和外涵冲压燃烧室等几部分组成，图8-25给出了佩刀发动机的结构组成。

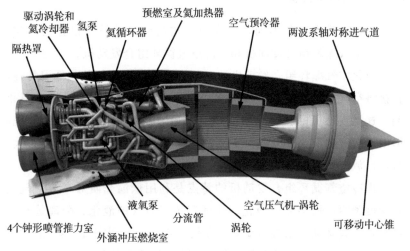

图8-25　预冷吸气式组合发动机（SABRE）结构组成

1）进气系统：为适应宽速域的工作包线，进气系统包含可调节进气道以及流量控制系统，通过调节进气道中心锥，保证进气道在整个飞行包线内均具有较高的流量系数，同时维持进气道出口空气压力的稳定；通过流量控制系统，调节内外涵空气流量的分配比例，以满足核心机对空气流量的需求。

2）预冷器：预冷器为预冷吸气式组合发动机最关键的部件，也是预冷吸气式发动机方案由来的根本，预冷器的作用是利用低温介质将来流空气进行冷却，一方面空气温度降低可以实现系统循环压比的提高，进而提高发动机性能；另一方面可以实现发动机在高马赫数下工作，进而拓宽了发动机的工作包线。

3）涡轮机：涡轮机包括空气压气机和涡轮，经过预冷器预冷的空气进入空气压气机，经过压气机的增压后再进入燃烧室，压气机的作用在于一方面抽吸空气，起到供应氧化剂的作用；另一方面提高空气压力，使空气与燃料在较高的燃烧室室压下燃烧，提高发动机性能。涡轮的作用是为压气机提供机械功，做功介质通常为与空气换热后的高温介质，推进剂冷却循环方案一般为高温氢气，第三介质冷却循环方案一般为高温氦气。

4）推进剂供应系统：推进剂供应系统包含贮箱、涡轮泵等组件，贮箱用于存贮推进剂，泵用于为推进剂增压以满足系统压力需要，涡轮用于为泵提供机械功，通常液氢泵采用氢气涡轮来驱动，可以降低对系统密封的要求。

5）第三介质循环系统：在第三介质冷却循环方案中，需要采用第三介质作为空气和低温推进剂换热的中间介质，需要采用一套系统来实现第三介质的闭式循环，通常由预冷器、冷却器、加热器、涡轮、压气机等组成。预冷器即第三介质与空气的换热器，冷却器为第三介质与低温推进剂的换热器，加热器用来为第三介质补充能量，使其具备做功能力，驱动涡轮为空气压气机提供机械功，压气机的作用是弥补循环压力损失，使循环可持续工作。第三介质循环系统通常只起到传递能量的作用，而本身的能量并不发生变化。

6）预燃室：为了使第三介质具有足够的做工能力，需要利用加热器对其补充能量，而加热器的加热工质通常为高温燃气，通过预燃室产生高温燃气对第三介质进行加热，一方面可以通过调节混合比来控制燃气温度，一方面还可以通过调节流量来控制加热量，可以实现大范围变化的加热需求。

7）燃烧室：包括核心推力室和外涵冲压燃烧室，由燃烧室和尾喷管系统组成。经过压气机增压的空气和系统供应的燃料在燃烧室中进行燃烧，将化学能转化为热能，产生高温高压燃气，再经过尾喷管排出，将热能转化为动能，进而产生推力。由于工作包线较宽，尾喷管需要具有调节能力，以保证不同环境压力下都能使发动机具有较高的性能。

8.4.4　性能优势

预冷吸气式组合发动机本质上是空气为氧化剂的火箭发动机与冲压发动机的有机组合，主要有以下性能优势：

1）利用空气作为氧化剂，降低了自身携带的推进剂量，大大提高了发动机的比冲性能，有效提高了飞行器的航程及有效载荷；

2）采用来流预冷方式，拓宽了发动机的飞行速域、空域，理论研究表明，预冷吸气式组合发动机飞行速度 Ma 0~6、飞行高度 0~30 km；

3）发动机系统集成度高，没有复杂的模态转换过程，全工作区域内基本不背"死重"，有利于提高飞行器的有效载荷；

4）采用高室压燃烧室方案，单位捕获流量发动机产生的推力大，达到近 2 000 N/(kg/s)，甚至更高 [航空发动机一般在 600~1000 N/(kg/s)]，加速性能优；

5）预冷吸气式组合发动机外涵采用了冲压流道，最大飞行速度和高度高，采用氢作为燃料，比冲性能高；

6）采用了主动吸气增压方式，可以在地面产生推力，使飞行器从地面加速起飞，具备水平起降能力。

8.4.5　主要用途

预冷吸气式组合发动机具有工作范围宽、综合性能高的优点，具备从地面静止状态加速满足飞行器水平起飞着陆要求，可以用作重复使用两级入轨运载器一级动力系统、水平起降临近空间飞行器动力系统，通过系统完善增加火箭模式可以用于水平起降单级入轨运载器。

（1）重复使用两级入轨运载器一级动力

目前基于火箭的航天发射系统是一次性的，单位有效载荷的发射费用很高（低地轨道有效载荷的发射价格是 22 000 美元/kg 左右），而且发射准备周期很长，制约着航天事业的大规模发展。为便捷和低廉的进入空间，首先要求大幅度降低发射费用。

研究表明，目前航天运输成本过高主要有两个方面原因：一是运载器硬件成本高。法国的阿里安火箭产品的制造成本占每次发射总成本的 81.4%，而发射操作成本只占 15%，其他成本占 3.6%。二是有效载荷低。当前每发射 1 kg 有效载荷到地球轨道平均需要 22 000 美元，有效载荷占起飞质量的 1~2%，这主要是由于火箭发动机的氧化剂和燃料必须自身携带，推进剂携带量占整个运载火箭起飞总重的 90% 以上。以目前的技术水平，要大幅度降低一次性火箭的硬件成本困难非常大，要大幅降低发射成本，必须采用可重复使用运载器。

预冷吸气式组合发动机将进气道捕获的空气进行预冷，再进行大幅度压缩后作为火箭推力室的氧化剂，与氢进行燃烧产生推力；进气道捕获的更多空气进入冲压燃烧室与燃料燃烧产生推力；由于采用了空气预冷技术，在高马赫数条件下，也可以实现空气的大幅度压缩，保证宽范围内空气压力与氢压力始终维持火箭燃烧室的量级，在低空、高空环境下均可持续产生更大推力，并且工作范围宽，比冲性能高，适合作为运载器的加速或助推动力装置，以上特点使得预冷吸气式组合发动机可以完全满足两级入轨运载器一级动力需求。

（2）水平起降临近空间飞行器动力

随着临近空间领域研究的深入，其蕴含的巨大军事用途得到公认，各国纷纷开展适用于临近空间的各种武器装备，寻求率先取得临近空间的军事优势。

美国正在加紧构建快速全球打击系统（PGS），高速推进高超声速技术的武器化。主要包括以 X－51A、HSSW 为代表的高超声速巡航打击武器，以 HTV‐2、AHW 为代表的高超声速滑翔打击武器，以 Manta、SR‐72 为代表的远程快速打击平台。这些高超声速武器，可以在临近空间高速机动飞行，使现有防空、反导体系失去拦截能力。未来，美国将形成从轨道至临近空间的全方位压制，使内陆纵深重要的军事、基础设施完全暴露在强敌的侦查、打击范围之内。

开发能够水平起降、快速进出临近空间的飞行器及有效的动力装置，是对抗临近空间的各种威胁的有效手段。预冷吸气式组合动力技术，包含了航空、火箭、冲压动力技术，可和超燃冲压发动机技术有机衔接，相比现有组合动力，是热力循环和结构上的集大成者，飞行速域宽、飞行空域大、比冲性能高，具有良好的综合性能，可以满足临近空间飞行器动力需求。

（3）水平起降重复使用单级入轨飞行器动力

如前所述，可重复使用是未来航天发展的方向，通过对预冷吸气式组合发动机系统方案进行完善优化，集成火箭模式，可以作为水平起降重复使用单级入轨飞行器动力系统。预冷吸气式组合发动机将采用两种工作模式，在大气层内，以吸气模式工作，即充分利用空气作为氧化剂，提高发动机的比冲性能，在达到一定的高度和速度之后，转换为火箭模式，将飞行器继续加速送入预定轨道。通过吸气模式和火箭模式共用大部分组件来降低发动机的结构质量，进一步提高飞行器的有效载荷。基于以上特点，预冷吸气式组合发动机可以用于水平起降重复使用单级入轨飞行器动力。

此外，预冷吸气式组合动力在高超声速民航客机方面也有很大的应用前景，通过系统方案的改进与优化，提高发动机的经济性和可靠性，可以满足高超声速民航客机的动力需求。

8.4.6　研究现状

8.4.6.1　美国

美国 20 世纪 50 年代就已经开展了液化空气循环发动机（ACES）的相关研究工作，原理如图 8-26 所示。

液化空气循环发动机的主要特征是利用液氢的超低温特性，直接将空气中的氧气和氮气液化，并分离出液氧作为发动机的氧化剂。但由于空气的液化、分离和换热器等技术太过复杂，仅开展了方案研究。

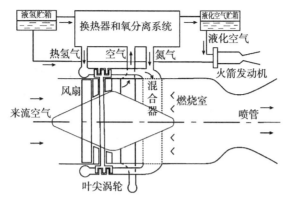

图 8 - 26 ACES TSTO 系统图

8.4.6.2 俄罗斯

1993 年，俄罗斯航天局（Russian Space Angency）针对未来可重复使用航天运输系统（Reusable Space Transportation Systems）提出了 ORYOL 计划，对推进系统提出了可重复使用、经济可靠、技术难度适当的要求。当年，俄罗斯对适用于 SSTO - RLV 和 TSTO - RLV 的各种组合动力循环进行了可行性分析，以科尔得什研究中心为主的研究机构对 LACE 发动机进行了研究（如图 8 - 27 所示），并制造了一个小尺寸的发动机进行试验验证。

俄罗斯认为可重复使用水平起降的空天飞机方案最适合采用 LACE 发动机。关键是研制出高效紧凑的空气冷却与凝结系统，科尔得什研究中心进行了大量的换热机理研究，设计了空气预冷模拟试验系统，专门研究液化过程，试验中实现了空气 100％ 液化。

在进行液化空气发动机研制的同时，俄罗斯还提出了一种跨度适中、易于实现、总体性能折中、基于火箭发动机的 KLIN 循环方案（如图 8 - 28 所示），但资料公开较少。

由于这些方案均采用液化空气，带来大量复杂的系统性问题，最终均被放弃。

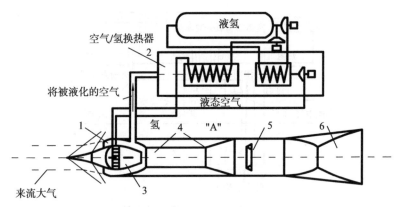

图 8 - 27　LACE 方案

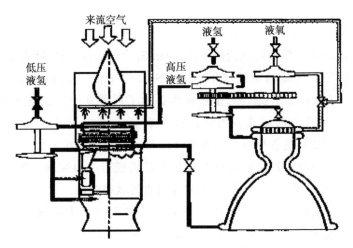

图 8 - 28　俄罗斯 KLIN 循环构型

8.4.6.3　英国

英国的预冷组合循环发动机方案主要是 SABRE（Synergetic Air-Breathing Rocket Engine）和 Scimitar。由反作用发动机公司（REL，Reaction Engine Limited）提出并负责研究，其方案源于 HOTOL 空天飞机的 RB545 发动机，如图 8 - 29 所示。

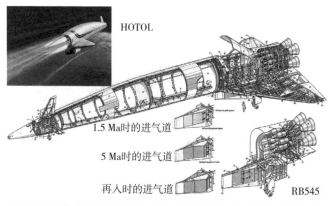

图 8 - 29　HOTOL 及其 RB545 发动机、SKYLON 飞行器

（1）SABRE 发动机

SABRE 发动机最初瞄准单级入轨运载器 SKYLON 的应用（如图 8 - 30 所示），SKYLON 的研究已经进行了 20 多年，目前飞行器已经从 C1 - C4 发展到 D1 共 5 个版本。D1 的起飞质量 325 t，比 C1 的 275 t 增加了 18%，但是仍然比大型的商业飞机要轻，如波音 747 为 400 t，空中客车 A380 为 570 t。

最近两年，反作用发动机公司对 SKYLON 飞行器用 SABRE 发动机循环进行了更加重要的改进。这个新循环提高了吸气模式的当量比，显著降低了氢的消耗率。SABRE 发动机结构及系统原理示意如图 8 - 31 所示。

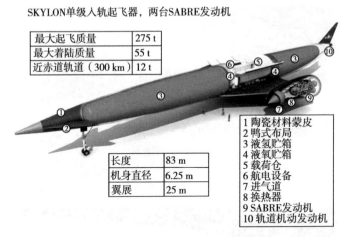

SKYLON单级入轨起飞器，两台SABRE发动机

最大起飞质量	275 t
最大着陆质量	55 t
近赤道轨道（300 km）	12 t

长度	83 m
机身直径	6.25 m
翼展	25 m

1 陶瓷材料蒙皮
2 鸭式布局
3 液氢贮箱
4 液氧贮箱
5 载荷仓
6 航电设备
7 进气道
8 换热器
9 SABRE发动机
10 轨道机动发动机

图 8-30　SKYLON飞行器 C1 方案

SABRE 发动机采用了分级燃烧循环，整体性能较高。和一般的氢冷却空气循环不同，该发动机的最大特点是使用了氦气作为氢和空气换热的中间介质，进行布雷顿循环，避免了氢直接冷却带来的材料在低温下出现的氢脆问题，同时也防止了氢泄露时带来的安全隐患问题。经深冷后的空气压缩比可达 140 以上，远大于目前航空发动机中压气机的增压比（GE90 发动机的增压比为 42）。其涡轮采用的是对转涡轮，结构更紧凑，效率达到 0.9 以上。

反作用发动机公司开展了 SABRE 发动机预冷器技术、双模燃烧室技术、膨胀偏转喷管技术、对转涡轮技术等关键技术研究，并已突破最关键的预冷器技术，实现了在 1/100 s 内将 1 000 ℃的高温空气冷却至−150 ℃，且没有出现结冰现象。

2011 年 5 月 24 日，ESA 正式发布了《SKYLON 评估报告》，对 SKYLON 和 SABRE 进行了介绍，并给出了 SKYLON 飞行器和 SABRE 发动机的经济性和技术方面的评估结论，确定了若干运载器和发动机开发必须解决的问题。该报告明确了 SKYLON 飞行器和 SABRE 发动机方案是基本可行的。

2015 年，美国空军实验室与反作用发动机公司签署协议，对

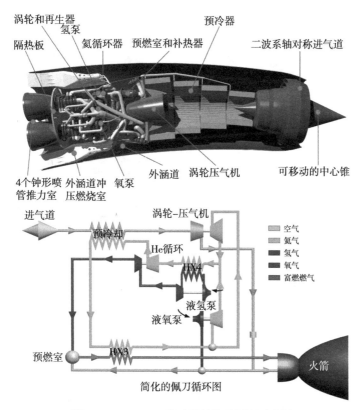

图 8-31 SABRE 发动机结构及原理示意图

SABRE 发动机方案和应用进行评估，得出的结论是 SABRE 发动机方案可行，评估认为用于 TSTO 一级风险较小。2016 年 9 月，空军实验室公布了基于 SABRE 发动机的 TSTO 飞行器方案，包含两个方案，分别为一级部分重复使用（如图 8-33 所示）和两级完全重复使用（如图 8-34 所示），方案及参数如图所示。

2015 年 11 月，英国 BAE 系统公司投资 3 100 万美元参与 SABRE 发动机研究；2016 年 7 月，发布了基于 SABRE 发动机的高超声速快响应作战飞行器概念，飞行器从机场起飞，最大 Ma 5、高度 20 km，利用速度和高度优势实现突防，执行信息支援和战场补

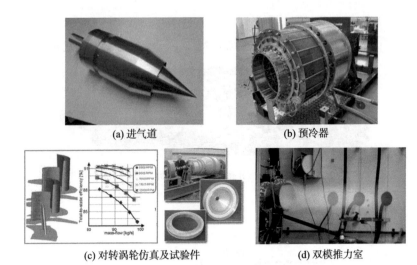

(a) 进气道　　　　　　　　　　　(b) 预冷器

(c) 对转涡轮仿真及试验件　　　　　　(d) 双模推力室

图 8 - 32　SABRE 发动机关键技术研究

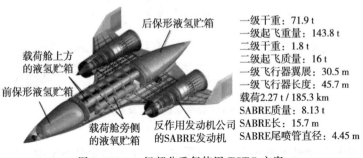

一级干重：71.9 t
一级起飞重量：143.8 t
二级干重：1.8 t
二级起飞质量：16 t
一级飞行器翼展：30.5 m
一级飞行器长度：45.7 m
载荷2.27 t / 185.3 km
SABRE质量：8.13 t
SABRE长：15.7 m
SABRE尾喷管直径：4.45 m

后保形液氢贮箱

载荷舱上方
的液氢贮箱

前保形液氢贮箱

载荷舱旁侧
的液氧贮箱

反作用发动机公司
的SABRE发动机

图 8 - 33　一级部分重复使用 TSTO 方案

给。该飞行器抵近友军上空时，通过翼尖两个先进的投送装置，分别向友军投送了补给物资和无人机，装载无人机的投送装置在空中将所携带的数个无人机释放，为指挥部和友军提供精确侦察和信息支援。整个支援和补给过程相比传统飞行器花费时间更短，可为瞬息万变的战场赢得更多宝贵时间。

2016 年，基于 SABRE 发动机的技术进展，英国启动了"英国未来小型载荷运载器"（FSPL - UK）项目。项目目标是 2020 年实

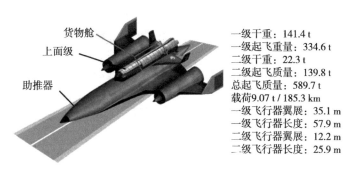

货物舱
上面级
助推器

一级干重：141.4 t
一级起飞重量：334.6 t
二级干重：22.3 t
二级起飞质量：139.8 t
总起飞质量：589.7 t
载荷9.07 t / 185.3 km
一级飞行器翼展：35.1 m
一级飞行器长度：57.9 m
二级飞行器翼展：12.2 m
二级飞行器长度：25.9 m

图 8 - 34　两级完全重复使用 TSTO 方案

现部分可重复使用的两级入轨商业发射系统，2030 年实现完全可重复使用的两级入轨发射系统，并为远期单级入轨的 SKYLON 空天飞行器研制奠定基础。同年 9 月，反作用发动机公司披露正与英国思克莱德大学联合开展具备小规模运载能力的单级入轨空天飞行器的研究，目标是将 1 t 有效载荷运送到 200 km 的轨道上。目前已对其飞行弹道开展了初步分析。

截至 2016 年 9 月份，REL 公司累计募集了 2.1 亿美元，包括公司创建初期私人投资的 7 500 万美元，英国政府投资 9 000 万美元，BAE 入股投资 3 100 万美元和欧洲航天局投资 1 100 万美元。REL 公司计划在 2020 年前完成 1/4 缩尺样机地面试验，2025 年完成飞行验证。缩比验证机试验方案如图 8 - 35 所示。

缩比验证机大小与 F - 35 战斗机用 F135 发动机相当，地面推力 200 kN 级，吸气式工作范围 Ma 0～5。研制 1/4 缩比验证机主要考虑如下，一是很多零部件可以选用货架产品，有利于进一步降低成本，缩短周期；此外，此规模的缩比验证机能够更快、更容易找到潜在应用方向，比如多级运载器、X 验证机或者高超声速飞行器验证机。

（2）SCIMITAR 发动机

2005 年初，为提高民航运输效率，欧空局提出了"远景先进推进概念与技术（LAPCAT，Long - Term Advanced Propulsion Concepts and Technologies）"研究计划，为期 3 年。目标是鉴定和

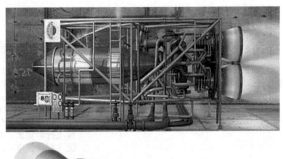

图 8-35　缩比验证机地面验证方案

评估减少远距离飞行时间所需要的关键推进技术，重点是评估各种推进方案（不考虑飞行弹道和飞行器布局所限定的条件）。在此背景下，开展了详细的试验策划并研发了物理模型，尤其对燃烧和气动进行了全面分析，开展了大量的燃烧试验研究。

LAPCAT-Ⅱ计划于2008年启动，选取了 M5 和 M8 两种巡航飞行器方案（如图 8-36 所示）。M5 飞行器采用 SCIMITAR 发动机作为动力装置，开展的工作主要集中于进气道、燃烧室和喷管的设计与性能考察，以及结构分析等。LAPCAT 计划虽然是民用飞行器计划，但其在研究过程中获得的技术也可用于军事应用，相关技术进行改进就能用于高超声速作战武器和平台。

反作用发动机提出的基于氢冷却循环技术的高超声速民航机 A2 方案（图 8-36 右），是 LAPCAT 计划的主要方案。A2 飞机能够以 $Ma5$ 的速度进行巡航飞行，起飞质量 400 t，装备了 4 台由 SABRE 发动机衍生的 SCIMITAR 发动机，具有优越的飞行航程（亚声速和超声速都可飞行 20 000 km）。据资料显示，2008 年底，A2 的研制已顺利进入第二阶段。

图 8-36　M8 飞行器方案 LAPCAT－MR1，M5 民航飞机 A2 效果图

SCIMITAR 和 SABRE 一样采用了氢冷却技术的氦气布雷顿循环，但系统方案更为复杂。相对于 SABRE 而言，A2 对经济性和可靠性提出了更高的要求，因此 SCIMITAR 发动机采用了更大的涵道比，在亚声速和超声速下均有良好的比冲性能。

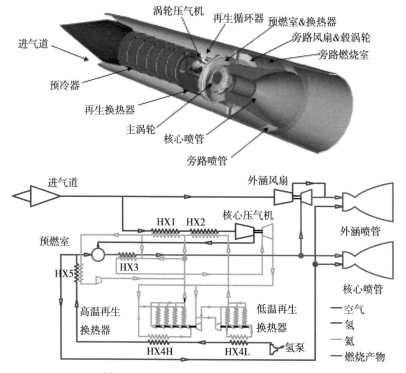

图 8-37　Scimitar 发动机及其系统原理

8.4.6.4　日本

日本在 20 世纪 90 年代针对 LACE 发动机进行了大量的研究，其实质性的工作主要集中在预冷器组件方面，针对 LACE 发动机开展了部分试验。冷却介质采用液氢，设计了多种换热器方案，对不同微通道结构下的换热特性进行了研究，发动机原理及预冷器原理试验如图 8-38。

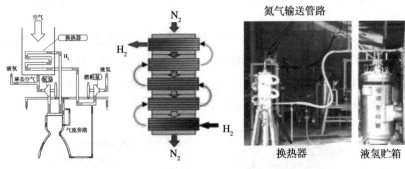

图 8-38　日本的 LACE 发动机方案及换热器试验

从 1986 年开始，基本是在研究 LACE 的同时，日本研究了另外一种氢冷却循环发动机——ATREX（Air Turbo - Ram Engine of Expander Cycle）。和 LACE 相比，ATREX 只对空气进行深冷而不液化，并试图将其用于 TSTO -可重复使用运载器的推进系统，其最初的方案采用叶尖涡轮方案（如图 8-39 所示）。2001 年以后，日本将叶尖涡轮方案改为常规的后置涡轮结构，驱动涡轮的介质为经过换热膨胀的气氢，其原理图如图 8-40 所示。

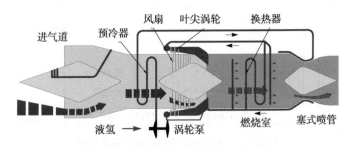

图 8-39　具有叶尖涡轮结构的 ATREX

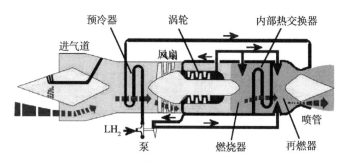

图 8-40　常规涡轮结构的 ATREX

1990—2003 年，日本研制了 ATREX-500 缩尺样机，共进行了 63 次、约 3 300 s 的地面热试车，最大推力 4 800 N，最大比冲约 15 000 m/s。针对 ATREX-500 样机设计了多种预冷器方案，其中一种方案见图 8-41 所示。

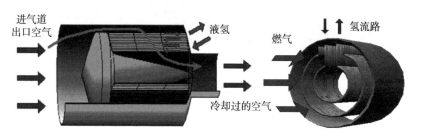

图 8-41　ATREX 的预冷器

此外，日本还进行了预冷涡轮喷气发动机（PCTJ，Pre-Cooled Turbo Jet）的相关研究，如图 8-42 所示。比较了 ATREX 和 PCTJ 的优缺点，分析了各个部件的性能对两种发动机的影响。研究结果表明，在 Ma 3 以下 PCTJ 的性能优于 ATREX。

从 2004 年开始，日本将研究重点从 ATREX 转向了 PCTJ，研制了小型验证机 S-发动机，于 2007 年 3 月和 10 月进行了热试车，并进行了气球高空投放试验，对超声速条件下的发动机工作性能进行了验证。S-发动机的许多部件技术都已经在 ATREX-500 中进行了试验验证。图 8-43 为 ATREX 和 S-发动机地面热试车的情况。

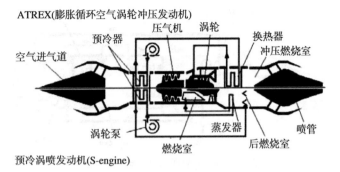

图 8 - 42　PCTJ 发动机原理

图 8 - 43　ATREX（左）和 S-发动机（右）地面热试车

8.4.6.5　其他

20 世纪 90 年代，比利时也是积极进行 LACE 发动机研究的国家之一，主要是基于航空发动机性能的提高需要，在进行了大量的空气预冷方面的理论研究之后，完成了多种空气预冷器方案设计，开展了部分空气预冷的理论验证研究工作，发动机原理及预冷试验如图 8 - 44 所示。

综合国外研究情况，可以看到预冷吸气式动力发展呈现出以下特点和趋势。

1）预冷吸气式动力的提出是以重复使用航天运输系统应用为初衷，主要针对两级入轨一级需求，也考虑了民航机等高超飞行器动力的需求。

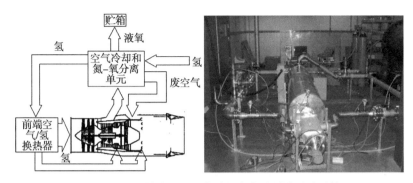

图 8-44　比利时 LACE 发动机方案及预冷试验系统

2) 世界各国都认识到，采用来流预冷是拓宽发动机飞行速度、飞行高度范围的一个有效途径，研究工作一直持续进行，早期的预冷发动机方案主要是空气液化循环，目前已经转为空气深冷循环。

3) 多国提出了不同的预冷发动机方案，但都在不断优化，目前认为比较好的方案是英国提出的 SABRE 发动机方案，其具体方案也在不断演化，加强了两级入轨一级应用的研究。

参 考 文 献

[1]   GORDON S, ZELEZNIK F J. A General Method for Automatic Computation of Equilibrium Compositions and Theoretical Rocket Performance of Propellants [J] . NASA TND – 132, 1959.

[2]   CHARLES R K. Computation of Thermodynamic Properties Transport Properties, and Theoretical Rocket Performance of Gaseous Hydrogen [J] . NASA TND – 275, 1960.

[3]   GORDON S, ZELEZNIK F J. A General IBM 704 or 7090 Computer Program for Computation of Chemical Equilibrium Compositions, Rocket Performance and Chapman – Jouguet Detonations [J] . NASA TND – 1454, 1962.

[4]   JAMESON A, SCHMIDT W, TURKEL E. Numerical Solution of the Euler Equations by Finite Volume Methods Using Runge – Kutta Time Stepping Schemes [J] . AIAA 1981 – 1259.

[5]   ZUWEI H. Fully Resuable Launch Vehicle with Air – Breathing Booster [C] . IAF 1983 – 376.

[6]   GORDON S, MCBRIDE B J. Computer Program for Calculation of Complex Chemical Equilibrium Compositions and Applications. Supplement 1: Transport Properties [J] . NASA TM – 100785, 1984.

[7]   DUSA D J, WOOTEN W H. Single Expansion Ramp Nozzle Development Status [J] . AIAA 1984 – 2455.

[8]   LEE C C, CHRIS B. Subsonic Diffuser Design and Performance for Advanced Flightier Aircraft [J] . AIAA 1985 – 3073.

[9]   ERICKON W D, PRABHU R K. Rapid Computation of Chemical Equilibrium Composition: An Application to Hydrocarbon Combustion [J] . AICHE Journal, 1986, 32 (7): 1079 – 1087.

[10]   CALVO W C, CHRISTENSE K L, FEDUN M H. Solid Fuel Generator

ATR [C]．AIAA 1986 – 1682.

[11]　BOSSARD J A, CHRISTENSE K L, FEDUN M H. Return of Solid
　　　Fuel Generator ATR [C]．AIAA 1987 – 1997.

[12]　BERGMAN B K, TREIBER D A. The Application of Euler and Navier –
　　　Stokes Methodology to 2 – D and 3 – D Nozzle – After body Flowfields
　　　[J]．AIAA 1988 – 0274.

[13]　FISHBACH L H. NNEPQ – Chemical Equilibrium Version of the Navy/
　　　NASA Engine Program [J]．NASA TM – 100851, 1988.

[14]　IKAWA H. Rapid Methodology for Design and Performance Prediction
　　　of Intergrated SCRAMJET/Hyper – – sonic Vehicle [J]．AIAA
　　　1989 – 2682.

[15]　陈大光, 张津．飞机—发动机性能匹配与优化[M]．北京：北京航空航
　　　天大学出社, 1990.

[16]　ZELLNER B. Integration of Turbo – Expander and Turbo – Ramjet
　　　Engines in Hypersonic Vehicles [J]．ASME 1990 – 116.

[17]　CHRISTOPER A S. The Design and Performance Estimates for the
　　　Propulsion Module for the Booster of a TSTO Vehicle [J]．AIAA
　　　1991 – 3136.

[18]　FRANCIS M C, GARY L. Bennett. An Overview of the NASA
　　　Advanced Propulsion Concepts Program [J]．AIAA 1992 – 3216.

[19]　FRANCIS J C, RICHARD J R, ANN B E. Parametric Investigation of
　　　Single – Expansion – Ramp Nozzle at Mach Numbers From 0. 60 to 1. 20
　　　[J]．NASA TP – 3240, 1992.

[20]　ESCHER W J D, SCHNURSTEIN R E. A Retrospective on Early
　　　Cryogenic Primary Rocket Subsystem Designs as Integrated Into Rocket –
　　　Based Combined – Cycle (RBCC) Engines [J]．AIAA 1993 – 1944.

[21]　WEINGARTNER S. SAENGER – The Reference Concept of the German
　　　Hypersonic Technology Program [J]．AIAA 1993 – 5161.

[22]　DUFOUR A. Some Single Expansion Ramp Nozzle Studies [J]．AIAA
　　　1993 – 5061.

[23]　CARLSON J. Prediction of Static Performance for Single Expansion
　　　Ramp Nozzles [J]．AIAA 1993 – 2571.

[24]　ITAHARA H，KOHARA S. Research and Development of Turbo - Accelerator for Super/Hypersonic Transport [J] . ISABE 1993 - 7066.

[25]　ITAHARA H，KOHARA S. Turbo Engine Research in Japanese HYPR Project for HST Combined Cycle Engines [J] . AIAA 1994 - 3358.

[26]　MATTHEW E T，KIRK C. Air - Turbo - Ramjet Propulsion for Tactical Missile [C] . AIAA 1994 - 2719.

[27]　SIPPEL M. Evaluation High Speed Turbojet/Turbofan Engine Concepts on the Performance of the DSL STS - Booster - Stage [J] . AIAA 1995 - 2750.

[28]　THOMAS M E，LEONARD A D. Air - Turbo - Rocket Combustion [C] . AIAA 1995 - 0813.

[29]　OSTRANDER M J，THOMAS M E，CLEGERN J B. Inlet Analysis for ATR - Powered Supersonic Missile [C] . AIAA 1995 - 2805.

[30]　杜声同. 航空燃气轮机燃烧与燃烧室[M] . 西安：西北工业大学出版社，1995.

[31]　KISHI K，KUNO N. Exhaust Nozzle Research in Japanese HYPR Program [J] . AIAA 1995 - 2606.

[32]　TANATSUGU N. Development Study on ATREX Engine [J] . AIAA 1996 - 4553.

[33]　DEERE K A，ASBURY S C. An Experimental and Computational Investigation of a Translating Throat Single Expansion - Ramp Nozzle [J] . AIAA 1996 - 2540.

[34]　AZURITE M. Conceptual Feasibility of Reusable Launch Vehicles Based on the ATREX Engine [J] . AIAA 1999 - 4829.

[35]　YAMAYAKI S，OHKITA Y，KODAMA H，and et al. CFD Contribution to Development of HYPR Engine [J] . AIAA 1999 - 0886.

[36]　MAKOTO O，KAZUO M，LAZUHIKO I. Engineering Research for Super/ Hypersonic Transport Propulsion System [J] . ISABE 1999 - 7004.

[37]　ISOMURA K，OMI J. A Comparative Study of an ATREX Engine And a Turbo Jet Engine [J] . AIAA 2001 - 3239.

[38]　KOUSUKE I，JUNSUKE O，TAKESHI M. A Feasibility Study of an ATREX Engine at Approved Technology Levels [J] . AIAA 2001

- 1836.

[39]　MCCLINTON C R，ANDREWS E H，HUNT J L. Engine Development for Space Access：Past，Present and Future [J]．ISABE 2001 - 1074.

[40]　HATAKEYAMA S J. Operability Sensitivities of Air - breathing and Rocket Propulsion for a Two - Stage - To - Orbit Space Operations Vehicle (SOV) [J]．AIAA 2002 - 3903.

[41]　MARTY K B. Evolutionary Turbine Accelerator (RTA) Two - Stage - To - Orbit (TSTO) Vehicle Study [J]．AIAA 2002 - 3902.

[42]　ESCHER D，CHRISTENSEN E. Propulsion Technology/Rocket Powered TSTO Concepts [J]，AIAA 2002 - 4328.

[43]　PAUL A B，NANCY B M. Development of a Turbine Accelerator (RTA) for Space Access [J]．AIAA 2003 - 6943.

[44]　KEIICHIRO F. CFD Prediction of the Aerodynamic Characteristics of Capsule - Like for the Future SSTO Development [J]．AIAA 2003 - 0912.

[45]　SHIMADA Y，MIYATA K. Technology Demonstration of ATR with a Ramjet Test Facility [C]．AIAA 2004 - 3310.

[46]　BULMAN M J and SIEBENHAAR A. Combined Cycle Propulsion：Aerojet Innovations for Practical Hypersonic Vehicles [J]．AIAA 2011 - 2397.

[47]　HEMPSELL M. Progress on SKYLON and SABRE [C]．IAC - 13，D2. 4，6x19609.

[48]　LONGSTAFF R，BOND A. The SKLON Project [C]．AIAA 2011 - 2244.

[49]　KLAUS H，JAN M S，SEBASTIAN K. Combustion Experiments Performed Within the LAPCAT I Project - an Overview [C]．AIAA 2009 - 7206.

[50]　VERDTRAETE D，HENDRICK P. Hydrogen Fueled Precooled Air Breathing Engines for Hypersonic Aircraft and Spaceplanes [C]．ISABE 2011，20th.

[51]　GUBERTOV A M，BORISOV N N，PRITUMANOV S N，SMOLYAROV V A. A compressor LACE as an engine for a reusable single - stage - to - orbit space transportation system [C]．AIAA - 96 - 4520 - CP.

[52]　廉筱纯，吴虎．航空发动机原理[M]．西安：西北工业大学出版社，2005.

[53]　FAURE J M - M. Numerical Investigation of a 3 - D Chemically Reacting Scram jet Engine at High Altitudes Using JP8 - Air Mixtures [C]．

AIAA 2005 - 1435.

[54] DIETRICH H. LOX - Kerosene Oxidizer - Rich Gas - Generator and Main Combustion Chambers Subscale Testing [C] . AIAA 2006 - 5197.

[55] 黄伟，陈逊，罗世彬，等 . 临近空间飞行器研究现状分析[J] . 飞航导弹，2007，(10)：28 - 31.

[56] SEYFRIED H. Optical Investigations of the Combustion Characteristics of a Gas Turbine Pilot Burner [C] . AIAA 2007 - 469.

[57] 骆广琦，桑增产，王如根，等 . 航空燃气涡轮发动机数值仿真[M] . 北京：国防工业出版社，2007.

[58] CHRISTOPHER J M. Optimized Reduced Chemical Kinetic Mechanisms for Ethylene and JP - 8 Combustion [C] . AIAA 2007 - 771.

[59] 韩吉昂，严红明，钟兢军，等 . 旋转冲压压缩转子二维进气流道数值研究[J] . 航空动力学报，2008，23 (6)：1054 - 1060.

[60] PAN H. Performance Analysis of Liquid Air Turbo rocket [C] . AIAA 2008 - 0070.

[61] 李平，李斌 . 战术导弹空气涡轮火箭的应用前景和技术挑战[C] . 中国航天第三专业信息网第 30 届技术交流会论文集，2009.

[62] 张蒙正，李平，陈祖奎 . 组合循环动力系统面临的挑战及前景[J] . 火箭推进，2009，35 (1)：1 - 8.

第9章 电推进技术

9.1 引言

电推进技术的基本原理是利用电能加热、离解和加速工质形成高速射流而产生推力,按其工质加速的方式,电推进技术可分为电热式、电磁式和静电式三种类型。

典型的电推进系统由三部分组成:电源处理单元、推进剂工质贮存与供应单元、推力器。电源处理单元的作用是调整来自航天器太阳能电池阵的不稳定直流电,并按电推进系统的电源要求将其输送至用电系统,它是电推进系统中最复杂和最关键的部分;推进剂工质贮存与供应单元与一般冷气和化学推进系统相似,包括推进剂贮箱、减压器、过滤器、自锁阀、电磁阀和管路等,由于电推进系统的流量很小,一般为毫克每秒,因此该部分的关键技术是推进剂流量的调节和控制;推力器是电推进系统的核心,不同类型的电推进系统的特点不同。国际上当前研究和应用的电推进系统种类见表 9-1,典型电推进系统的性能参数见表 9-2。

表 9-1 国际上当前研究和应用的电推进系统

类型		推进剂工质	应用情况 (首飞/次数)	现状	研制单位
电热式	电阻加热推力器	N_2H_4、H_2、NH_3、N_2、H_2O、N_2O	1964 年/>300	商业化	Primex、TRW、GRC、MOOG、EPL
	电弧加热推力器	N_2H_4、H_2、NH_3	1993 年/几十	商业化	Primex、IRS、Centrospazio、OAC

续表

类型		推进剂工质	应用情况 （首飞/次数）	现状	研制单位
电热式	微波等离子体推力器	He、Ar、NH₃、N₂、H₂、Air、H₂O	未应用	实验室	Penn State Univ.、Michigan State Univ.、JPL、GRC
	太阳热能推力器	N₂、H₂	未应用	原理样机	USAF Philips Lab.、日本国家宇航实验室
电磁式	脉冲等离子体推力器	Teflon、Xe	1964 年/几十	商业化	EPPDyL、Primex、LeRC、SRL、Russian
	稳态等离子体推力器	Xe	1972 年/几十	商业化	Centrospazio、Fankel、AFRL
	阳极层推力器	Xe	1972 年/几十	商业化	TsNIIMASH、NIITP、IST、RIAME
	可变比冲磁等离子体推力器	H₂	未应用	工程样机	JSC、MIT
	自洽磁场等离子推力器	Xe	未应用	实验室	U. Wisconsin
	磁等离子动力学推力器	Noble Gas、H₂、CH₄、N₂、N₂H₄、NH₃、Li、K、Na	1985 年/几次	飞行试验	Centrospazio、IRS、EPPDyL、MAI、ISAS
	脉冲感应推力器	N₂H₄、CO₂、NH₃、Ar	未应用	工程研制	TRW
静电式	氙离子推力器	Xe、Ar、Ke、Ne、Ce、Hg	1970 年/＞100	商业化	Huges、GRC、JPL、RAE、MMS、Japan、LeRC
	场效应静电推力器	液态金属、Ce、In	1991 年/＞10	空间应用	Centrospazio、SRI、ESA、ARC
	微波离子推力器	Ar、Kr、Xe	2003 年/几次	深空探测	日本电气、三菱重工、GE、JPL、GRC、U. Tokyo、RIAME
	胶质离子推力器	甘油（Glycerin）	未应用	试验样机	U. S.、U. K.

表 9 - 2　典型电推进系统的性能参数

类型		比冲/（m/s）	功率/推力/（kW/N）	效率/%	推力/mN	总冲/s
电热式	电阻加热推力器	1 500～7 000	1～3	30～90	5～5 000	3.0×10^5
	电弧加热推力器	2 800～23 000	9	30～50	50～5 000	8.6×10^5
	微波等离子体推力器	3 000～14 000	～3	40～70	10～10 000	—
	太阳热能推力器	3 000～10 000	4	80～98	10～1 000	85 000
电磁式	脉冲等离子体推力器	10 000～15 000	50～90	5～15	0.005～20	$>2.0 \times 10^5$
	稳态等离子体推力器	15 000～25 000	17～25	40～60	1～700	2.3×10^6
	阳极层推力器	15 000～42 500	17～25	40～60	1～700	2.3×10^6
	可变比冲磁等离子体推力器	30 000～300 000	～30	<60	—	—
	磁等离子动力学推力器	10 000～110 000	0.5～50	10～40	20～200 000	—
	脉冲感应推力器	10 000～70 000	20～100	20～60	2 000～200 000	—
静电式	氙离子推力器	12 000～100 000	25～100	55～90	0.05～600	5×10^6
	场效应静电推力器	40 000～60 000	60	80～98	0.001～1 000	—
	微波离子推力器	20 000～40 000	40～80	50～80	1～100	—

电推进系统的主要特点为：比冲高，可通过节约推进剂的使用量而降低发射成本或增加有效载荷的比重；推进系统引起的振动小，点火期间对航天器振动干扰小；控制精度高；寿命长；可完成多种空间任务，如轨道转移、阻力补偿、姿态控制、位置保持和航天器离轨等。

由于电推进系统显著的优点，自 20 世纪 60 年代起，世界各国纷纷展开了对电推进系统的研究。1962 年苏联进行了世界上首次脉冲等离子体推进空间飞行试验。1964 年 7 月，美国进行了世界上第一次离子电推进系统的空间飞行。1972 年以来，苏联在其卫星和行星探测器上多次使用了稳态等离子体推力器。中国和日本自 20 世纪 60 年代以来，也都开展了各自的电推进系统的研究工作，并取得了一定的成果。20 世纪 90 年代，随着航天技术的进步和电子工业技术的成熟，以及长寿命大容量地球同步轨道（GEO）卫星、小卫星、微卫星、空间站和星际探测器的要求，比冲高、结构紧凑、消耗工质少的电推进系统引起世界各国的重视和青睐。美国、俄罗斯分别成功实现了高性能电推进系统在航天器上的飞行应用，大大提高了航天器的有效载荷、延长了使用寿命、降低了发射成本，获得了显著的经济效益和技术效益。进入 21 世纪后，美国、俄罗斯、日本和欧洲空间局等国家电推进技术的发展更为快速和广泛，空间应用快速上升。截止 2007 年 12 月，有 400 多个航天器成功使用了电推进系统，其中包括美国洛克希德·马丁公司的 A2100 卫星平台电弧加热〔（Arcjet）推力器〕，休斯公司的 HS - 601HP（XIPS - 13）、HS - 702（XIPS - 25）及 LS - 1300 平台（SPT - 100）等。应用的推力器形式包括肼电阻加热推力器、电弧加热推力器、稳态等离子体推力器（SPT）和离子推力器（Ion）；应用领域包括航天器的姿态控制、位置保持、轨道提升、深空探测和星际航行等任务。

目前，电推进系统在大功率、长寿命地球同步轨道卫星的应用已经成熟，显示出巨大的经济效益，并且成为一个衡量卫星先进性的重要指标。如采用电推进系统作为地球同步轨道卫星轨道转移的主推进系统在美国的银河（Galaxy）XI Western、俄罗斯的亚马尔（Yamal）- 100 和欧洲空间局的阿蒂米斯（Artemis）卫星上得到了验证，同时电推进技术还将广泛应用于深空探测，见表 9 - 3。为满足未来航天任务的要求，新型高性能、长寿命电推进技术的研究也将日益受到世界各国的重视。

表 9 - 3　电推进系统在空间探测领域的应用

序号	航天器	推进系统类型	电推进系统参数	任务	国家/组织	飞行时间	备注
1	深空 1 号	1×NSTAR 氙离子推进系统	功率:2 290 W 推力:92 mN 比冲:3 120 s	小行星及彗星交会飞行与关键技术验证,主推进系统	美国	1998.10.24	累积工作 16 265 h
2	隼鸟	4×ECRT 微波离子推进系统	功率:390 W 推力:8.1 mN 比冲:2 910 s	丝川(1998SF36)小行星探测与取样返回,主推进系统	日本	2003.05.09	累积工作 25 600 h
3	智慧 1 号	1×PPS-1350 稳态等离子体推进系统	功率:1 500 W 推力:90.6 mN 比冲:1 720 s	月球表面形态、地形、结构和形貌成探测,主推进系统	欧洲空间局	2003.09.28	累积工作 5 000 h
4	阿蒂米斯	2×RIT-10/2×T5 离子推进系统	功率:460/580 W 推力:15/16 mN 比冲:3 400/3 700 s	星间链路通信和技术验证,主推进系统和位置保持	欧洲空间局	2001.07.12	累积工作 6 430 h
5	黎明	3×NSTAR 氙离子推进系统	功率:2 290 W 推力:92 mN 比冲:3 120 s	Ceres 和 Vesta 行星地质概况和矿物质探测,主推进系统	美国	2007.09.27	截止目前工作正常

9.2　电热式推力器

电热式推力器是利用电能加热工质，使其气化、分解，再经喷管膨胀，加速排出。电热式推力器按其工质的加热方式不同，可分为电阻加热推力器、电弧加热推力器、微波等离子体推力器（MPT，Microwave Plasma Thruster）和太阳热能推力器（STP，Solar Thermal Thrusters）等。

9.2.1　电阻加热推力器

9.2.1.1　推力器的工作原理

电阻加热推进是最简单的电推进，其原理是利用电阻加热器加热推力室中的气体，推进剂的热能通过常规拉瓦尔喷管转变成动能，气体喷出产生推力，原理如图9-1所示。

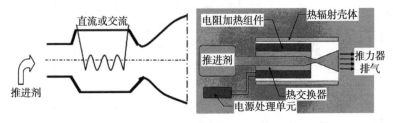

图 9-1　电阻加热推力器的工作原理图

电阻加热推力器是利用电能（电流流过电阻丝产生的焦耳热）把推进剂加热到高温，与化学火箭发动机的差别在于推进剂获得能量的方式不同（化学火箭发动机是靠化学反应），但两者产生推力的过程都属于气动热力学过程。电阻加热推力器的出口喷气速度如下

$$V_e = \sqrt{\frac{2k}{k-1}\frac{R_0}{\mu}T_c\left[1-\left(\frac{p_e}{p_c}\right)^{\frac{k-1}{k}}\right]} \tag{9-1}$$

式中　k——比热比；

p_c——燃烧室的燃气总压；

p_e——喷管出口截面的燃气压强；

T_c——燃气产物的温度，单位为 K；

μ——燃烧产物的平均摩尔质量，单位为 kg/mol；

R_0——理想气体常数，大小为 8.314 J/（K·mol）。

9.2.1.2　推力器的技术特点

电阻加热推力器可以实现脉冲和稳态工作，稳态工作时效率达 80%。电阻加热推力器主要采用辐射冷却，少数采用再生冷却。气态（H_2，CO_2，N_2，He 及 Ar 等）以及液态（CH_4，N_2H_4，NH_3 及 H_2O）都可以作为推进剂，但应用最多的推进剂是肼。由于受到推力室材料的限制，电阻加热推力器的工作温度只能低于 2 700 K，所以比冲一般较低，约为 3 000～3 200 m/s。氢作推进剂时，电阻加热推力器的比冲可达到最大，但氢的密度低导致推进剂贮存体积很大。典型的电阻加热推力器如图 9-2 所示。

（a）MBB-ERNO的多元推进剂
电阻加热推力器

（b）PAC的MR-502A
电阻加热推力器

图 9-2　典型的电阻加热推力器

电阻加热推力器的主要优点为原理简单，技术成熟，系统简单可靠，电源系统简单，推力范围大，效率高，推进剂来源丰富，以及羽流污染小；主要缺点为比冲较低，N_2H_4 作为推进剂加热时在喷注器入口和催化剂床之间产生非挥发性残渣，寿命有限。因此电阻加热推力器比较适用于小型、低成本卫星的轨道调整、高度控制和位置保持。

电阻加热推力器包括直接电阻加热、间接电阻加热和电阻加热肼等几种形式。几种典型的电阻加热推力器技术指标见表 9-4。

表 9-4　典型的电阻加热推力器技术指标

序号	指标	典型的电阻加热推力器			
		PACT	EHT-15	MR-501	MR-502A
1	推进剂	液态肼	液态氨	液态肼	液态肼
2	入口压强/MPa	0.55~2.2	—	0.689~2.41	0.62~2.65
3	催化剂出口温度/K			1 144	
4	喷管出口温度/K	—	—	1 922	
5	推力/N	0.4	0.05~0.03	0.18~0.33	0.6~0.8
6	流量/（kg/s）	—	—	5.9×10^{-5}~1.3×10^{4}	—
7	真空比冲/（m/s）	3 060	2 960	2 800~3 040	2 990
8	加热器功率/W	500	100~450	350~510	610~885
9	阀门功率/W	5	—	9	8.25
10	推力室质量/kg	0.36	0.49	0.816	0.871
11	总冲/（N·s）	—	500 000	311 000	524 900
12	脉冲数	—		500 000	
13	最小冲量/（N·s）	0.02		0.002	0.09
14	状态	研制	飞行	飞行	飞行
15	研制单位	戴姆勒-奔驰宇航公司	俄罗斯机电科学研究所	普里美航空航天公司	普里美航空航天公司

9.2.1.3　推力器的典型结构

电阻加热肼推力器是电阻加热推力器的典型代表，其由推进剂贮箱、功率处理单元和推力器组成。其中推力器包括阀门、肼催化分解室、热交换器和喷管等主要部分。

图 9-3 中给出了电阻加热肼推力器的结构图，液态肼在催化剂作用下蒸发、分解，形成氮、氢和氨等高温燃气，供给加热器。这

也是目前最具有代表性的电阻热交换器，它采用外热式结构（即电
加热器与气态推进剂不直接接触），优点是拆卸方便，缺点是若热屏
蔽不好，则热损失大，加热效率降低。热交换器呈环状，内部包含
一个电加热丝，热交换器与加热丝是同轴的。来自分解室的肼分解
气体流经绕圆周分布的排管内的凹槽到混流室，然后经喷管喷出。
为减少热损失，采取了多项措施，如加热丝从多个盘状辐射屏后引
出；热交换器用钼箔卷绕，再套上外表面镀铼的盘状辐射屏蔽套；
固定支架也装有热屏蔽以减少传到阀门和分解室的热量。

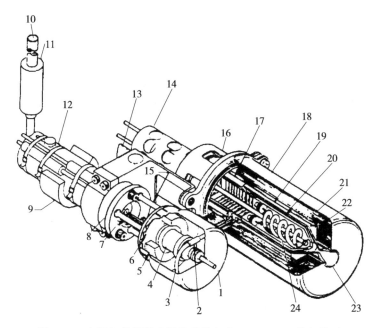

图 9-3　电阻加热肼推力器的结构组成（PRIMEX 航空公司）

1—分解室热屏蔽；2—铜焊套管；3—供气管；4—分解室；5—催化床加热器；

6—喷注盘；7—隔热框；8—阀门座；9—阀门加热器；10—推进剂入口；

11—节流圈；12—阀门；13—支承结构热屏蔽；14—增强加热器；15—隔热板；

16—支承结构；17—隔热套管；18—屏蔽套；19—热交换器外壳体；

20—热交换器内壳体；21—螺旋辐射屏蔽套；22—辐射屏蔽盘；23—喷管；24—加热丝

对于电阻加热肼推力器，它在分解室与喷管之间增加了热交换器，利用电阻加热的方式提供附加的热量，使高温燃气的温度进一步提高，然后经喷管出，从而提高了发动机的性能。

电阻加热推力器的关键技术包括：

1）和几乎所有电推进系统一样，电阻加热推力器的推进剂输送系统也是在零重力条件下将气体或液体从高压贮箱输送给推力器，液体需要用正排贮箱机构，对于纯肼还需要用加热器来阻止其结冰。

2）电阻加热推力器发展过程中工程化方面的考虑有加热元件与推进剂之间间歇性的传热、腔室的导热和辐射损失、材料的耐高温能力以及推进剂的热容。

3）由于材料的限制，电阻加热推力器的气体最高温度是有限的。用于电阻元件的高温材料有铼，难熔金属及其合金有钨、钼、钽以及金属陶瓷。对于高温电绝缘（但非绝热），氮化硼是非常有效的材料。

9.2.1.4　推力器的研究现状

1965 年电阻加热推力器首次应用于维拉（Vela）卫星的相位控制，1980 年首台以 N_2H_4 为推进剂的电阻加热推力器应用于 Intersat 的 NSSK。最大规模的应用是摩托罗拉的低轨道铱星系统，它采用电阻加热推力器完成卫星的轨道射入、姿态控制和离轨处理。电阻加热推力器是目前应用数量最多的电推进系统，部分统计见表 9-5。

以水为工质的电阻加热推力器还较适合于长期运行的载人航天器，如空间站。空间站在运行期间需要进行机动和变轨，推进剂消耗量很大，若充分利用空间站上生命保障系统产生的大量废水，则可以减少地面向空间站的推进剂补给。

目前，以 N_2H_4 为工质的电阻加热推力器在电功率 $0.3\sim0.5$ kW 的情况下，比冲达到 2.95 km/s，推力达到 $0.18\sim0.49$ N，寿命超过 250 h；以水为工质的电阻加热推力器在电功率 $0.1\sim0.2$ kW 的情况下，比冲达到 1.8 km/s，推力达到 0.05 N，寿命超过 300 h。

表 9 - 5　电阻加热推力器的应用统计

发射日期	卫星名称	功率/kW	推进剂	功能	飞行次数	制造商
1965	Vela	0.09	N_2	轨道调整	2	TRW/USA
1965	Navy satellite	0.03	NH_3	姿态控制，轨道调整	5	GE/USA
1966	ATS - A，C	<0.01	NH_3	试验	2	AVCO/USA
1967	Advanced Vela	0.03	N_2	轨道调整，姿态控制	4	TRW/USA
1968	ATS - D，E	<0.03	NH_3	姿态控制	2	AVCO/USA
1970	Meteor，Resurs	—	NH_3	姿态控制	—	USSR
1971	Navy satellite	0.01	NH_3	轨道调整	4	AVCO/USA
1971	Navy satellite	—	N_2H_4	试验	1	AVCO/USA
1971	Sol Rad - 10	<0.01	N_2H_4	—	—	AVCO/USA
1980	Intersat - V	0.35	N_2H_4	南北位置保持	13	TRW/USA
1981	Meteor3 - 1	0.45	N_2H_4	轨道调整	—	NIIEM/Russia
1983	SATCOM - IR	0.6	N_2H_4	南北位置保持	25	RRC/USA
1988	Gstar	0.6	N_2H_4	南北位置保持	—	RRC/USA
1994	GOMS	0.45	NH_3	姿态控制，东西位置保持	—	NIIEM/Russia
1997	Irdium	0.5	N_2H_4	轨道调整	—	OAC/USA
1997	INMARSAT III	0.885	N_2H_4	轨道调整	—	PRIMEX /USA
1997	LMMS/INMARSAT	0.885	N_2H_4	轨道调整	—	PRIMEX /USA
1997	UoSat	0.2	H_2O	试验	1	SSTL/GB

9.2.2　电弧加热推力器

9.2.2.1　推力器的工作原理

电弧加热推力器兼有电热式推力器和等离子体推力器的工作特性，它是利用直流、交流或射频等放电形式形成的高温电弧加热气态推进剂，推进剂经加热后变为高温等离子气体，然后经拉瓦尔喷管加速形成高速等离子体射流，高速射流喷出产生反作用推力。图 9-4 所示为电弧加热推力器的点火工作图。

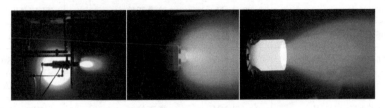

图 9-4　电弧加热推力器的点火工作图

图 9-5 所示为电弧加热推力器的工作原理。

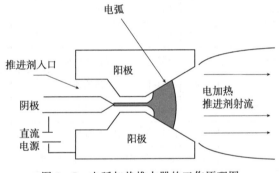

图 9-5　电弧加热推力器的工作原理图

电弧加热推力器主要由推进剂贮供单元、电源处理单元、单组元催化分解室、电离室（阴极、阳极）、加热器以及电缆等组成，推力器和电源系统的结构非常简单，且启动容易、控制灵活。根据能量供应方式的不同，电弧加热推力器可分为：直流式（DC）、交流式（AC）、脉冲式（PA）、射频式（RF）、微波式（MW）、激光式（LA）和太阳式（SA）等。推进剂工质包括氮（N_2）、氩（Ar）、氦（He）、氢（H_2）、氨（NH_3）和肼（N_2H_4）等。其中技术最成熟、应用最广泛的是直流式肼电弧推力器。以 N_2H_4 为推进剂时，与复合式动力系统共用推进剂贮供单元，使得系统结构简化、质量减轻，可获得较高的性能。

9.2.2.2 推力器的技术特点

电弧加热推力器的主要特点是：

1）用极高的电弧温度（$10^3 \sim 10^4$ ℃）加热推进剂，可获得比单组元、双组元以及电阻加热肼推力器更高的比冲（约 4 415～7 848 m/s）；

2）推力/功率比高（约 150 mN/kW），结构简单，运行电压低（60～200 V），所以造价较低，安全可靠性高；

3）推进剂选择范围宽，可用氢、氨、氮、氩及肼等作为推进剂；

4）运行功率范围宽（0.5～100 kW），有较强任务适应能力；

5）系统简单，可靠性高；

6）技术成熟，很多国家已研制成功电弧推力器，并在空间平台上得到广泛应用。

下面从工作模式、流动特性及性能参数三方面介绍电弧加热推力器的工作特点。

（1）工作模式

典型的电弧加热推力器工作模式可分为高电压工作模式 ［图 9 - 6 的 (a) 和 (b)］ 和低电压工作模式 ［图 9 - 6 的 (c) 和 (d)］。高、低电压模式主要取决于推进剂流量、喉部结构和喉部尺寸，即电弧喉道压强的高低。电弧喉道压强低于临界压强值或推进剂流量低于临界流量值时，电弧在低电压模式下工作，此时电弧附着点位于喉部上游；当推进剂质量流量适中并且高于临界流量值，电弧电流减小，喷管膨胀段弧柱直径变大，电弧附着点后移；如果继续增加推进剂流量，电弧可能突然熄灭。高电压工作模式有较长的电弧弧柱和较高的压强，这样对推进剂的加热作用增强，使得推力器可以获得较高的能量转换效率，但不足之处在于高温导致的电极烧蚀，影响工作寿命。

电弧加热推力器内部工作过程具有如下特点：能量转换过程复杂多样，并且各种过程强烈耦合；结构尺寸小，使得各种物质和能量输运过程极其剧烈，如 1 kW 量级的电弧加热推力器，典型的喉道

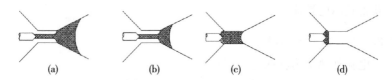

图 9-6　电弧加热推力器的工作模式

(a), (b) 高电压工作电弧；(c), (d) 低电压工作电弧

直径、长度仅为 0.6 mm 和 0.25 mm，在膨胀比为 200 的情况下喷管出口直径也仅为 8~9 mm，平均能流密度约 1.4×10^{10} kW/m³，足见其剧烈程度；内部流动过程（尤其是喷管内流动）明显偏离化学与热力学平衡，这与气体短暂的滞留时间有关。

（2）流动特性

喷管喉部形状、尺寸和工质流动对电弧附着形态的影响显著，并由此影响电弧与工质之间的能量交换。如在超声速喷管喉部，阴极尖端附近弧柱很小，在其沿轴线向下游延伸的过程中，不断有工质在其边缘离解和电离并进入弧柱，使其截面积增大，同时消耗能量；在喷管扩张段，由于膨胀导致推进剂气体温度迅速降低，于是不再有推进剂气体介质离解和电离进入弧柱，反而是弧柱中的粒子复合并释放能量。同时，由于结构的限制，使得强迫对流占主导地位，它能有效地输运物质和能量，强化能量转换过程。

由于流动、电离、电磁场与高温等离子体的相互作用，喷管内能量转换过程非常复杂。推进剂气体通常以漩流方式进入电弧室，通过由阴极和阳极构成的喉部区域，被电弧喉道轴线周围的高温电弧加热，形成高温等离子体，然后在阳极喷管中膨胀加速后高速喷出产生推力，其中一部分工质在高温下电离出带电粒子以维持电弧。电弧中心区的温度可高达 20 000 K 以上，远高于化学火箭发动机内部的工作温度，因此推进剂可以获得很高的比焓。电弧喉道的主要作用是压缩电弧以增加弧柱电阻，进一步增加弧柱电压和输入功率，并增加工质与电弧的相互作用时间，以便充分加热推进剂气体。

电弧加热推力器内部等离子体流动通道可分为 5 个区域，如图 9 - 7 所示。

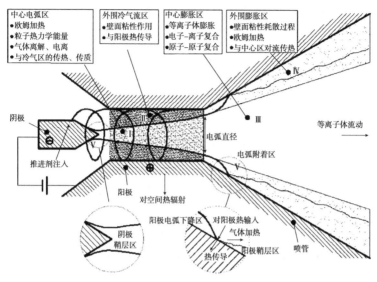

图 9 - 7　电弧加热推力器的物理工作过程

1）中心电弧区，即喉道轴线附近的高温区域。其中的等离子体具有很高的温度与电离度，发生于该区域内的主要过程是欧姆加热。欧姆加热的本质是：等离子体中的电子在电场作用下被加速而获得能量，但由于电子与其他粒子之间以及电子之间存在着极其频繁的碰撞，这些获取的能量不能成为电子的定向动能，而耗散成了电子本身以及其他粒子无规律运动的热能。这些以欧姆加热方式获取的能量一部分存贮于等离子体内各种粒子的各种热力学能量模式中（平动、转动、振动及电子激发等）；另一部分以辐射、热传导或分子扩散的方式传递给其周围气体，致使在弧柱区边缘附近发生强烈的离解与电离作用，同时提高这一区域内气体的热能；还有一部分能量直接以辐射方式被壁面所吸收。

2）包裹中心弧柱区的外围冷气流区。该区域基本上由中性分子组成，电离度较小。其中的气体大部分以对流方式流向下游并进入喷管扩张段膨胀，一小部分在中心弧柱区边缘处被离解和电离后进入弧柱区，以维持那里的高温、高电离度等离子体。由于电离和离解作用相当耗能，由中心区通过热传导等方式传递过来的能量基本上在其边缘处被离解和电离作用消耗，能传入外围冷气流区的很少。那些少量的传入外围冷气流区的能量在该区域中沿径向传递，最后通过电弧喉道传入阳极，提高其温度。

3）中心膨胀区。这是中心等离子体在喷管扩张段内的膨胀区域，与等离子体在此区域的膨胀同时进行的是离子-电子复合成原子以及原子-原子复合成中性分子的过程。这些过程释放出来的能量先转换成热能，再进一步转换成喷气动能。

4）外围膨胀区。这是外围冷气流区中的冷气流在喷管中的膨胀区域。除了气体的膨胀区域外，在该区域内还存在着其他几个重要过程：黏性耗散过程；电流在由阳极流入中心弧柱区途中对气体的欧姆加热过程；由中心膨胀区通过热传导和黏性作用向该区域输运能量和动量过程。上述诸过程中，黏性耗散过程降低了热能转换成定向喷气动能的能力；欧姆加热过程提高了膨胀中气体的热能，但这些新注入的能量相当一部分通过热传导导入阳极而构成热损失。由于该区域气体由电弧喉道出口出来时本身就具有很低的电离度，电导率很小，为维持足够的电流密度需要有很大的电场强度，因此该区域内消耗的电功率在总电功率中占有一定的比例。

5）阳极鞘层区与阴极鞘层区。由于热传导作用强制了电极鞘层区温度必然与壁面温度相适应，而这个温度不会很高，因而该区域不可能维持很高的电离度，电导率很低，要通过所要求的电流密度需要有很强的电场强度，因此有不少电功率消耗在该区域，这些消耗掉的电功率基本上以热的形式被电极所吸收，构成热损失。同时，伴以电极材料的熔化、蒸发及热电子的发射等，其内部过程机制更为复杂。总的来说，这是一个强烈偏离化学与热力学平衡的区域。

实际上，在每一个区域中同时存在以上多种物理过程，仅是物理过程的强弱程度不同。推进剂气体形成的电弧等离子体是连续过程，非常复杂，没有明显的电弧和非电弧流动的边界。

从电能—化学能—内能—动能的能量转换过程考虑，电弧加热推力器内部流动工作区域也可分为四个区域，它们分别表明了占主导地位的物理过程，同样如图 9-8 所示。

1) 区域 I 为阴极尖和靠近电弧喉道入口的部分，它主要是将电能转换成为化学能。这里所说的化学能主要是指电离能与解离能，并不是通常所说的化学反应能。

2) 区域 II 为电弧喉道的圆柱部分。欧姆加热是该区域的主要过程，可以视为热维持区。

3) 区域 III 为喷管扩张段靠近电弧喉道出口部分。电场强度降低，喷管的扩张使等离子体的动能增加，电子与离子的复合反应占主导过程，为化学能转换为内能的区域。

4) 区域 IV 同普通的拉瓦尔喷管扩张段一样，主要是热等离子体超声速膨胀，内能转换为气体的动能。

(3) 性能参数

比冲

$$I_{sp} = \frac{F}{q_m} \tag{9-2}$$

式中　I_{sp}——推力器的比冲，单位为 m/s；

　　　F——推力，单位为 N；

　　　q_m——推进剂的流量，单位为 kg/s。

推力系数

$$C_F = \frac{F}{A_t p_c} \tag{9-3}$$

式中　A_t——喉部面积，单位为 m^2；

　　　p_c——电弧室的压强，单位为 Pa。

特征速度

$$C^* = \frac{p_c A_t g}{q_m} \tag{9-4}$$

输入功率

$$p_{in} = UI \tag{9-5}$$

式中　U——输入电压，单位为 V；

　　　I——输入电流，单位为 A。

比功率

$$R_{sp} = \frac{p_{in}}{q_m} \tag{9-6}$$

电弧效率

$$\eta_{arc} = \frac{q_m H}{q_m H_0 + p_{in}} = \frac{q_m H}{q_m H_0 + UI} \tag{9-7}$$

式中　H——推进剂的焓值；

　　　H_0——无电弧放电时的焓值。

推进剂的焓值表示为

$$H = \left(\frac{p_c A_t}{q_m}\right)^2 \left(\frac{2}{k+1}\right)^{\frac{k+1}{k-1}} \frac{k^2}{k-1} \tag{9-8}$$

式中　k——比热比。

9.2.2.3　推力器的典型结构

电弧加热推力器的系统组成如图 9-8 所示，其电源处理单元，包括 EMI 滤波器、熔断保护器、辅助电源（辅助与控制电路）、控制电路、DCDC 变换器（55 kHz，推挽电路，电流控制，电压反馈）和启动电路等；电磁阀，包括阀体组件、阀座、阀芯、弹簧、过滤网组件、接管嘴和插座等；催化分解室，包括喷注器、催化剂床、壳体、接管嘴和测压嘴等；电弧室，包括阴极、阳极（喷管）、进气嘴、绝缘材料、弹簧、电插座和壳体等；电缆，包括高压三芯电缆和电插头等；推力器结构，包括节流器、加热器、管路、支撑板、螺栓、垫片和紧固带等。

电弧加热推力器在工作过程中因产生大量的热量，推力器结构处于高温、氧化环境，同时还有电绝缘和隔热要求。

电弧加热推力器对阴极材料的要求主要是小的电子发射的逸出功和强的电子发射能力，可以采用钍、钨、钍钨铼合金及钍铼等材

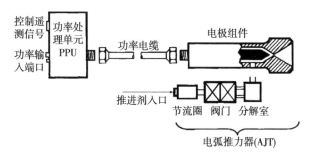

图 9-8 电弧加热推力器的系统组成

料。在钨中添加稀有元素的氧化物主要是为了增加电子发射的电流密度和降低电极表面温度，降低电子发射的逸出功，提高电极材料性能。目前作为电弧加热推力器的阴极，钍钨材料（2％氧化钍）使用得最为广泛。钍钨的电子发射能力最强，电子发射的逸出功小，作为阴极材料性能最好，但钍具有放射性。我国研究者开发的铈钨材料，起弧、维弧及耐烧蚀性能优良，获得较广泛的应用，在相关研究领域取代有放射性污染的钍钨材料。

电弧加热推力器对阳极材料的要求主要是耐高温、耐电弧烧蚀性能、引弧和稳弧性能好。阳极材料可以选用纯钨、钍钨、钨铼、纯铼、钼铼和钼等。钨和钨合金耐高温和烧蚀性能好，但加工性能差；钼和钼合金相对易加工，但烧蚀性能差。为了保证阳极喷管的尺寸和型面，通常采用电火花方法对阳极型面和喉道进行加工。电极材料主要性能见表 9-6。

表 9-6 电极材料性能

电极材料名称	掺杂质	掺杂量/%	其他杂质量/%	电子逸出功	密度/（g/cm³）
纯钨电极	—	—	＜0.20	4.5	＞17.0
铈钨电极	CeO₂	1.8～2.0	＜0.20	2.7～2.8	＞17.0
钍钨电极	ThO₂	1.7～2.2	＜0.20	2.0～3.0	＞17.0
钼阳极	—	—	—	—	＞9.4

　　电弧加热推力器对绝缘材料的要求是耐高温、绝缘性能好及可加工。推力器绝缘材料可以采用氧化铝陶瓷、可加工云母陶瓷和可加工氮化硼陶瓷等材料。可加工云母陶瓷（熔铸合成云母）是由合成的氟金云母碎料直接熔融、浇铸制成的一种微晶陶瓷材料，既保持了云母的离解性，使之可进行各项机械加工，同时又具有氟金云母良好的电绝缘、耐高温及耐热冲击性能。熔铸合成云母还具有良好的化学稳定性，能在 H_2、N_2、NH_3 和 Cl 等环境中长期使用而不腐蚀。氮化硼陶瓷是将硼粉放在高温下烧结而成，许多性能指标更高于云母陶瓷，但硬度稍低。目前的电弧加热推力器的研究和应用普遍采用氮化硼陶瓷作为绝缘材料。氮化硼陶瓷材料性能见表 9-7。

表 9-7　氮化硼陶瓷材料性能

性　能	单　位	标准值	
体积密度	g/cm³	2.1	
抗弯强度	MPa	室温	(⊥) 43
			(//) 100
		1 000 ℃	(⊥) 9.0
			(//) 10.0
抗压强度	MPa	室温	(⊥) 230
			(//) 300
线膨胀系数	1/℃	25 ℃～350 ℃	(⊥) $0.6×10^{-8}$
		25 ℃～1 000 ℃	(//) $10.1×10^{-8}$
			(⊥) $0.77×10^{-8}$
			(//) $7.5×10^{-8}$
电阻率	Ω·M	25 ℃	$1.0×10^{14}$
		1 000 ℃	$3.4×10^{5}$
		2 000 ℃	$1.0×10^{3}$
莫氏硬度		2 级	
工作周期	h	≥36	
总加热功率	kW	≤100	

续表

性　能	单　位	标准值
最高使用温度	℃	2 000
最高使用压强	MPa	10
工作温度	℃	$O_2 \leqslant 1\,000$
		$N_2 \leqslant 1\,800$
		$Ar \leqslant 1\,800$

电弧加热推力器的密封材料可以选用柔性石墨垫片。柔性石墨材料在无氧情况下可耐 3 500 ℃以上的高温，可以满足推力器的热密封性能。对于推力器的支撑架和旋流注射盘可以选用耐高温的钼合金或不锈钢材料。

9.2.2.4　推力器的研究现状

20 世纪 50 年代国外开始电弧加热推力器的研究，但因缺乏空间电源及任务支持，加之比冲不如离子推力器而于 60 年代中期停了下来。20 世纪 80 年代，由于空间站和卫星等空间推进技术的要求越来越高，加之离子推力器的发展不如预期的那么好，同时光电技术的进步，大大提高了卫星太阳能电池的可用功率，新材料及电子技术的发展为研制更长寿命的推力器和轻型高效电源系统提供了保障，人们又重新对电弧加热推力器产生兴趣。首先是美国 NASA 于 80 年代初开始发展电弧加热推力器，随后日本于 1984 年、欧洲空间局（意大利、德国）于 1988 年也开始这一领域的发展。相关的电弧加热推进系统如图 9 - 9 所示。

图 9 - 9　电弧加热推进系统

目前，美国的肼（N_2H_4）电弧加热推力器（电功率 1 800 W，比冲 5 km/s）已在国际通信卫星-8 等地球同步卫星上执行位置保持任务。功率为 30 kW 的 NH_3 电弧加热推力器（比冲 7.84 km/s，推力 2 N）已于 1994 年通过空间飞行试验，1999 年 2 月应用于先进研究和全球观测卫星（ARGOS）的轨道提升。同时，低功率的 NH_3 电弧加热推力器已应用到业余无线电爱好者卫星（AMSAT）的轨道提升和倾角控制。洛克希德·马丁公司研制的肼电弧加热推力器应用于地球同步卫星平台 A2100，用于卫星的位置保持。截至 2008 年 12 月，已有 160 台电弧加热推力器随 40 个航天器发射升空。

美国 TRW 公司正在研制脉冲电弧加热推力器（Pulsed Arcjet），它的主要优点是可在低功率（0.25～0.5 kW）和高频率（1 000～3 000 Hz）条件下工作，可采用多种无毒气态工质，其比冲范围为 2～5 km/s。利用 He 作为工质，在功率为 32 W 时总效率达 57%。通用动力公司研制的 2 kW 氢（H_2）电弧加热推力器已通过寿命试验，平均比冲达 6.25 km/s。

苏联/俄罗斯研制的 DEN-15，为 NH_3 电弧加热推力器（功率 100～400 W，推力 50～300 mN，比冲 4.5～5.2 km/s），自 1981 年起，已用于电子静止气象卫星和资源等太阳同步轨道卫星等多个航天器的姿态控制。为增加比冲，俄罗斯机电科学研究所和坎得斯研究中心正在以 DEN-15 为基础，研制 DEND-15，同时千瓦级的肼电弧加热推力器设计工作正在进行。

在德国航天局（DARA）的支持下，斯图加特大学航天系统研究所（IRS）与戴姆勒-奔驰宇航公司和美国空军合作，先后研制了一系列电弧加热推力器，功率涉及 1～10 kW，10～100 kW。意大利比萨大学和 BPD 先后开展了电弧加热推力器的研究工作。航空菲亚特艾维欧公司公司研制的 AJS-1Q 电弧推进系统输入功率为 1.2 kW，比冲为 4 905 m/s，推力为 134 mN，寿命大于 1 200 h，推力器质量为 1.47 kg，计划用于不同高度航天器的轨道提升、阻力补偿、离轨处理和南北位置保持等任务。

当前应用及在研的电弧加热推力器性能指标分别见表 9 - 8 和表 9 - 9。

表 9 - 8　当前应用的电弧加热推力器性能指标

名称	制造商	推力/mN	比冲/(m/s)	寿命/h	质量/kg	功率/W	电压/V
HAJ1	DCA	100	5 205	—	—	250	—
MR507	Olin/RR	220	4 560	840	1.50	1 400	32～25
MR508	Olin/RR	230	4 922	870	1.00	1 800	96～65
MR509	Primex/Aerojet	250	4 924	1 050	5.61	1 800	96～65
MR510	Primex/Aerojet	250	5 866	1 730	1.58	1 800	65～35
MR512	Primex/Aerojet	250	4 925	1 050	7.23	1 780	65～35
ATOS	IRS/University of Stuttgart	115	4 709	1 010	0.48	750	97
AJS - 1Q	FIAT Avio	134～120	4 856	1 200	1.5	1 000	28

表 9 - 9　在研的电弧加热推力器性能指标

推力器	N_2H_4、NH_3 Arcjet	H_2 Arcjet	AF - MPD	MPD
功率/kW	0.3～30	5～1 000	10～500	200～4 000
比冲/(m/s)	4 905～7 848	9 810	19 620～49 050	19 620～58 860
效率/%	27～36	35	50	30
电压/V	100	200	200	100
电流/A	3～300	25～500	10～5 000	2 000～40 000
寿命/h	1 000～1 500	—	—	—
应用	NSSK、轨道提升	轨道转移 (中 ΔV)	轨道转移 (中 ΔV)	轨道转移 (大 ΔV)
现状	飞行	实验室	实验室	实验室
温度/K	10 000～20 000（弧中心）/ 2 000（平均）		10 000～30 000（电子温度）	
磁场/mT	—	—	50～500	10～100

9.3　电磁式推力器

电磁式推力器是利用电能使工质形成等离子体，在外加电磁场（洛伦兹力）的作用下加速从喷管排出，产生推力。电磁式推力器又可称为等离子体推力器，按其工作状态不同，可分为脉冲等离子体推力器（PPT，Pulsed Plasma Thrustesr）、稳态等离子体推力器（SPT，Stationary Plasma Thruster）、阳极层推力器（TAL，Thruster of Anode Layer）、可变比冲磁等离子体推力器（VASIMR，Variable Specific Impulse Magnetoplasma Rocket）、自洽磁场等离子推力器（LFA，Lorentz Force Accelerators）和磁等离子动力学推力器（MPDT，Magnetoplasma Dynamic Thrusters）、脉冲感应推力器（PIT，Pulse Induction Thrustesr）等。

9.3.1 脉冲等离子体推力器

9.3.1.1 推力器的工作原理

脉冲等离子体推力器根据所采用的推进剂可分为固体脉冲等离子体推力器（一般采用聚四氟乙烯）、液体脉冲等离子体推力器（LP-PPT）和气体脉冲等离子体推力器（GF-PPT）；根据电极形状可分为平行板电极式、同轴电极式、外展电极式；根据推进剂供给位置，又可分为尾部馈送式和侧面馈送式。较为常见的有固体推进剂平行板电极尾部馈送脉冲等离子体推力器和同轴电极侧面馈送脉冲等离子体推力器。

脉冲等离子体推力器工作时，首先将储能电容器充电至额定的高压，此时正负极板间虽然存在一个强电场，但在真空情况下不会自行击穿。当点火回路发出一个触发脉冲时，火花塞点燃，产生少量粒子（包括电子、质子、中性粒子和粒子团），这些粒子和推进剂表面碰撞，又从推进剂表面上烧蚀出一定量的粒子。带电粒子在强电场作用下分别向两极加速，同时与推进剂表面及在粒子之间频繁碰撞，使推进剂表面烧蚀，然后分解并离子化。随着带电粒子的增加，两极间逐渐成为等离子体区。此时电容器、极板和等离子体区构成闭合回路，并产生感应磁场。于是等离子体受到洛伦兹力加速向外喷出，产生一个推力脉冲，如图 9-10 所示。

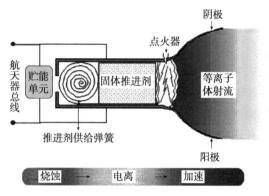

图 9-10　脉冲等离子体推力器的工作原理图

9.3.1.2　推力器的技术特点

　　脉冲等离子体推力器，与其他电推力器一样，通常用推力 F、比冲 I_{sp}、效率 η 和比推力 R_{FP}（推力与功率之比）表征其性能。对于脉冲等离子体推力器来说，脉冲工作时，虽然瞬时值很大，但持续时间很短，所以，有实际意义的往往不是瞬时值而是平均值或等效稳态值，故引入了等效稳态推力 $F = fI_{b}$（f 为脉冲频率，I_{b} 为单位冲量），等效稳态电功率 $P = fE$（E 为储能电容器储存的能量），等效稳态质量流量 $q_{m} = fq_{m0}$（q_{m0} 为每次脉冲烧蚀的工质质量）等参数。根据定义，可得到以下关系式。

　　比冲

$$I_{sp} = \frac{F}{q_{m}} = \frac{F/f}{q_{m}} = \frac{I_{b}}{q_{m}} \qquad (9-9)$$

　　输入功率

$$P_{B} = \frac{P}{\eta_{pc}} = \frac{fE}{\eta_{pc}} \qquad (9-10)$$

式中　η_{pc}——电源效率。

　　推进效率

$$\eta_{t} = \frac{I_{b}^{2}}{2q_{m0}E} \qquad (9-11)$$

能量转换效率

$$\eta = \eta_{pc} \eta_t = \frac{\eta_{pc} I_b^2}{2 q_{m0} E} \qquad (9-12)$$

从上述关系式可以看出：稳态推力与脉冲频率成正比，改变放电的脉冲频率，就能很容易地改变推力，而且具有线性调节的特性；比冲和效率与脉冲频率无关，也就是说可以在恒定的比冲和效率情况下，调节推力，这是其他电火箭发动机难以做到的。

为了确定脉冲等离子体推力器的性能，必须测出脉冲频率 f、稳态推力 F 或单位冲量 I_b、每次脉冲烧蚀的工质质量 q_{m0}、储能电容器的电容量 C 和工作电压 U。其中，f，C，U 可通过试验测得，q_{m0} 可通过推力器放电 n 次后，工质的消耗量求得，即 $q_{m0} = (m_0 - m_1)/n = \Delta m/n$。

推力的测量要困难得多，这是因为：1) 平均推力很小 (10~1 000 μN)，测量装置必须很灵敏；2) 推力不是稳态的而是脉冲的，而且脉冲时间很短，必须用反应速度很高的测量设备；3) 处于高真空环境及强烈的交变电磁场中，测量装置能在真空环境下工作，且有良好的抗干扰能力。在多年研究中，人们用过的方法有：微量天平、弹导摆、吊摆、扭摆及地震摆等，测量多次放电产生的平均推力，而不是单次脉冲推力。

脉冲等离子体推力器的最大优势是将无毒推进剂的供应与推力器本体组合成一个模块，省却了复杂的推进剂储存和供应系统。其优点主要有：

1) 小功率下的高比冲能力。运行功率低到 5 W，比冲仍达 2.94 km/s；功率在 20 W 时，比冲达 7.84~11.76 km/s，其他电推力器则难以达到。通过提高推进剂的利用率、采用磁场加速等离子体等措施，其比冲还可以进一步提高。

2) 结构简单。输入功率的大小可通过贮能电容器（MLC - Multi Layer Ceramic Capacitor）的充电时间来调节，不需要复杂的电源处理器，因而结构简单、体积小及质量轻。使用固体推进剂时，无需高压，唯一的活动部件是弹簧。整个系统安全可靠，非常适合于小型航天器使用。

3）脉冲工作（微秒到数十微秒量级），无需预热，控制（数字和自主控制）方便灵活。脉冲等离子体推力器的平均功率很小（1～150 W），可通过贮能电容器的充电时间调节输入功率，降低了对电源和结构的要求。

4）推力很小（微牛级）。能提供单个推力脉冲，也可提供等效稳态推力，能在恒定的比冲和效率下，通过调节脉冲重复频率实现大范围推力调节，无需以降低性能为代价或采用复杂的节流方法。

5）能产生离散的、小而精确的脉冲，其冲量很小（50～200 μN·s），比普通化学推力器的脉冲宽度小两个量级，非常适于航天器精确姿轨控，尤其适合卫星星座的保持（精度可达 0.1 mm）。

尽管脉冲等离子体推力器经过了几十年的研究与开发，并且已成功应用于空间飞行器，但对于这种装置目前仍存在一系列的理论和应用问题有待研究解决。

脉冲等离子体推力器存在的最明显的问题之一就是其效率低。现有的推进效率均小于 10%，而低的推进效率又与多方面的因素有关，例如放电能量越低，其效率越低；此外，推进效率还与电极构型、推进剂表面温度等有关。

脉冲等离子体推力器存在的另一个重要问题是推力器羽流污染。推力器所排出的羽流中含有由聚四氟乙烯中分解出的电子、中性粒子和离子所组成的混合物以及从电极、火花塞和喷管上飞溅出的材料。羽流与航天器的相互作用包括：带电离子沉积在卫星表面从而导致的航天器充电；高能羽流粒子撞击航天器表面从而产生的表面腐蚀；电磁干涉对于电子元件和通信信号的影响等。这些都会影响航天器的性能和寿命。

9.3.1.3　推力器的典型结构

脉冲等离子体推力器主要由推力器本体、电源处理单元、控制监测单元、点火电路模块和遥测电路模块五个部分组成，如图 9 - 11 所示。

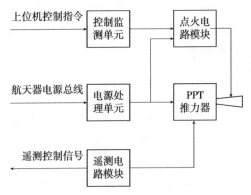

图 9 - 11　脉冲等离子体推力器的基本组成

（1）推力器本体

推力器本体是脉冲等离子体推力器的核心部件，由放电室（电极与喷口）、工质及其供给弹簧、储能电容器、电缆、壳体以及固定支架等组成。

放电室由平行电极板和两块带有"防爬电"结构的绝缘侧壁组成。负极板上装有点火器，正极板上有一固定工质的肩部。电极材料常用铜或不锈钢，防爬电材料为云母陶瓷、石英玻璃或氮化硼等，保证电极间具有良好的绝缘，防止喷射流的沉积污染对放电的影响。

按照工质供给方式的不同，放电室有尾部供给和侧边供给两种结构，如图 9 - 12 所示。图 9 - 12（a）为尾部供给形式，结构简单，多用于单位冲量要求不太大的场合；图 9 - 12（b）为侧边供给形式，放电电弧扫过的工质面积大，工质烧蚀量大，可以提供大的推力和总冲。

固体聚四氟乙烯（俗称泰氟隆）是最常用的工质。它具有以下特性：

1）蒸气压很低，化学稳定性好，可长期空间贮存；

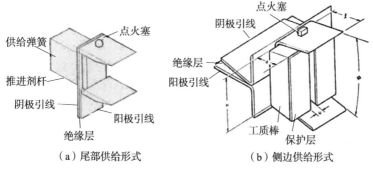

（a）尾部供给形式　　　　　　　　（b）侧边供给形式

图 9 - 12　放电室的结构形式

2）常温、常压下无毒、无味；

3）足够的机械强度和良好的加工性能；

4）能在 300～500 ℃的温度下，直接从固体升华成气体，不熔化、不碳化；

5）价廉、容易获得。

工质的供给，如果是在实验室试验，可以简单地用螺旋弹簧、橡皮筋的办法，但在真正的推力器样机中，目前大都采用一种恒力弹簧（Negator）的形式。它的特点是，在一定的变形范围内，其弹力与变形量无关（不符合虎克定律），从而保证了供给力的稳定性和均匀性。

工质的形状和供给方式与对推力器的总冲要求密切相关。小总冲推力器，用直杆形工质棒就足够了，但对于大总冲任务（不小于50 000 N·s），为提高可靠性，减小尺寸，通常采用弧形或螺旋形工质及供给结构。此外，工质的端面形状也有矩形平面式、V 形、槽形和斜面形等。V 形工质面的推力/功率比较大，斜面式端面可用来获得某种特定的推力矢量。

储能电容器是推力器的核心部件之一，担负着能量的储存和传递的作用。因此，其性能的优劣直接影响推力器的性能。对电容器性能的主要要求如下：

1）为降低损耗，保证能量传输效率，电容器及其引线的电阻和电感要尽可能小；

2）为保证系统的体积小、质量轻，电容器要有尽可能高的能量密度；

3）脉冲寿命长（大于 10^7 次），真空环境下长期可靠工作。

在已应用的样机中（如 LES‐8/9、MDT‐2A），大多采用同轴、圆形单绕卷伸出箔纸膜复合介质浸油电容器。实践证明，这种电容器的优点是工作电压高、通流能力强和寿命长，缺点是能量密度较低，比能量（J/kg）还不够高，以及质量大（约占系统质量 25%～40%）。金属化膜电容器（MF）具有高功率，多层陶瓷膜电容器（MLC）具有低电感和高能量密度的特点，具有较高的工作效率和广阔的应用前景。

（2）电源处理单元

电源处理单元的功能是将卫星平台提供的低压直流供电转换为高压直流，输送到储能电容器和点火电路。

（3）控制监测单元

控制监测单元的作用是使推力器根据任务的要求，按一定的时间间隔（频率）产生推力脉冲。

（4）点火单元

由于推力器放电室处于高真空环境下，真空是极好的绝缘介质，正负电极间所加的工作电压（1～3 kV），如果没有外来的激发，是不会击穿放电的。为实现电极间放电，必须引入激发电子，这就是点火单元的任务。点火单元包括点火器和点火电路模块两部分。点火器就是一个由正负电极组成的火花间隙，它通过沿面放电击穿工作。由于沿面击穿的电压比间隙击穿电压低，而沿半导体材料表面的击穿电压又比沿绝缘材料表面的低，所以大多数样机采用同轴型的半导体点火塞。点火电路的作用是给点火塞一个足够的点火能量，使之产生的带电粒子能可靠地引发电极间的放电。

（5）遥测电路模块

遥测电路模块是把能表征推力器正常运行和性能指标的参数

（如储能电容器和点火电容器的工作电压、放电电流及工作频率等）变换成标准的遥测电压值（一般为 5 V），传送至上位机，随时监测推力器的运行状况，并得到其性能数据。

9.3.1.4　推力器的研究现状

脉冲等离子体推力器的概念在 20 世纪 30 年代就提出了。50 年代之后，为了适应超声速电动力学和非平衡等离子体性质的研究以及作为空间飞行器控制系统动力源的等离子体加速器的研究，发展了结构不同、形式各异的脉冲等离子体源或加速器。例如，1956 年，W·H·博斯蒂克（W. H. Bostick）首先提出了用金属作推进剂的脉冲等离子体推力器。1957 年，阿蒂西莫范晖（L. A. Artsimovitch）及其同事研究了用金属丝作推进剂和平行轨道电极结构的脉冲等离子体推力器。后来，又出现了用气体和爆炸丝的 Kolb 或 T 形管方案。而 S·W·卡什（S. W. Kash）和 W·L·斯塔尔（W. L. Starr）系统地研究了用爆炸丝或电极烧蚀的同轴电极推力器。B·A·奥萨丁（B. A. Osadin）对一级和二级端面烧蚀型推力器进行了试验。A·S·吉尔摩（A. S. Gilmour）和 D·L·洛克伍德（D. L. Lockwood）则研究了用金属镁、铅及锡作阴极的平面型脉冲真空电弧推进装置等。

1962 年，苏联首次将脉冲等离子体推力器用于宇宙－14 卫星，执行阻力补偿任务，此后在发射的探测火箭（Zond－2）上使用了 6 台脉冲等离子体推力器。1974 年 1 月至 4 月，苏联在其 HAZA 探测器上对脉冲等离子体推力器进行了飞行试验。飞行试验的目的是验证空间运行产生的推力与地面的是否一致，以及解决电磁干扰问题。近年来莫斯科航空学院的应用力学与电动力学研究所（RIAME）正在研制用于同步卫星南北位置保持用的脉冲等离子体推力器。表 9－10 列出了苏联/俄罗斯脉冲等离子体推力器样机的性能参数。

表9-10　俄罗斯脉冲等离子体推力器样机的性能参数

参数＼样机	PPT-40	PPT-100	PPT-120	PPT-150
放电能量/J	40	100	120	150
单位冲量/（mN·s）	0.95	2.7	3.0	4.0
工质烧蚀量/（mg/脉冲）	0.065	0.15	0.155	0.19
推进效率	0.17	0.24	0.25	0.28
比冲/（m/s）	14 715	17 658	19 620	20 601

　　1968年，美国麻省理工大学（MIT）林肯实验室在LES-6地球同步通信卫星上成功应用了脉冲等离子体推力器，1974年，推力器应用于同步气象卫星（SMS）。20世纪80年代初，又研制了比冲达5.32 km/s的海军子午仪导航卫星用推力器。1995年，为满足NASA对推进剂效率和小冲量脉冲推进的要求，格伦研究中心启动了脉冲等离子体推力器项目，其初期目标是技术改进，并重新建立推力器的工业基础；然后是寻求显著降低成本、减小尺寸和提高推力器效率的方法，提升脉冲等离子体推力器的潜力。近年来，美国展开了新型脉冲等离子体推力器的研究，2000年7月在美国空军非凡卫星Ⅱ-1（Mighty Sat Ⅱ-1）小卫星上进行了空间飞行鉴定试验。此后，该推力器将在NASA新盛世计划的第3个航天器DS-3上正式使用。

　　1981年8月，日本在其技术试验卫星4（ETS-4）上试验了脉冲等离子体推力器。近年来，日本多家高校和研究机构开展了多种形式推力器的研制，并将应用于微小卫星的姿态控制、离轨机动及编队飞行等任务。此外，澳大利亚、法国、阿根廷和印度等国也都开展了脉冲等离子体推力器研究。脉冲等离子体推力器的样机应用和飞行试验情况见表9-11。

　　目前脉冲等离子体推力器的研究重点是提高电容器的寿命和推进剂的利用率，从而提高推力器的效率，减少系统质量。为此需要研究的关键技术主要有：

表9-11 脉冲等离子体推力器的样机应用和飞行试验情况

飞行器名称	探测器-2 30Hд-2	林肯实验卫星-6 LES-6	同步气象卫星 SMS	林肯实验卫星-8/9 LES-8/9	子午仪改进计划-2/3 TIP-2/3	新星-1/2/3 NOVA-1/2/3	南北位保持	高空探测器	实验技术卫星-4 ETS-4	COMPASS	USAF/Primex Mighty-II.1	对地观测 EO-1	火箭
国家	苏联	美国	美国	美国	美国	美国	美国	苏联	日本	俄美合作	美国	美国	中国
用途	金星探测	卫星通讯	气象	卫星通讯	导航	导航	—	—	—	科学实验	—	科学观测	—
卫星质量/kg	—	—	—	—	—	—	—	—	—	70	125	150	—
卫星功率/W	—	—	—	—	—	—	—	—	—	40	325	300	—
轨道	—	同步轨道	同步轨道	同步轨道	极轨道	极轨道	同步轨道	轨道飞行转移轨道	转移轨道	400 km	—	太阳同步	太阳同步
发射日期	1964.12	1968.9.26	—	—	1975.10/1979.9	1981/84/88	—	1974	1981.2	1999.10.28	2000	2002.11.20	1981.12
推进任务	太阳帆板定向	东西位置保持	东西位保精确定向	东西位置保持	阻力补偿	阻力补偿	南北位置保持	—	轨道飞行试验	在轨控制	轨道转移	俯仰姿控	高弹道飞行试验
元冲量/μN·s	2×10^3	29.7	111	307	90~100	340	30.5×10^3	—	30	285	—	0.85×10^3	60
平均推力/μN	—	17.8	89~200	307~1840	400	400	4.45×10^3	—	—	—	—	—	60

续表

飞行器名称	探测器-2 30Hz-2	林肯实验卫星-6 LES-6	同步气象卫星 SMS	林肯实验卫星-8/9 LES-8/9	子午仪改进计划-2/3 TIP-2/3	新星-1/2/3 NOVA-1/2/3	南北位保持	高空探测器	实验技术卫星-4 ETS-4	COMPASS	USAF/Primex Mighty-II.1	对地观测 EO-1	火箭
平均比冲/(m/s)	—	3 061	4 905	10 791	5 396		14 715~21 582	—	2 943	8 201	—	6 377~13 734	2 747~3 139
系统质量/kg	28.5	1.4	4.1	9.9	9.35	—	~25	—	21(4 台)	—	5.83	31	2.75
系统效率/%	6	0.7	3.1	9.6	3.7	—	25	—	3	—	—	20	2~3
设计总冲/(N·s)	7 200	320/(285)	1 780	11 800	2 450	—	165 000	—	—	—	—	460	—
设计寿命/年次	— 5.0×10^5	3~5 1.2×10^7	5 1.6×10^7	5 1.87×10^7	2~4 1.2×10^6	— 7.0×10^6	—	—	—	—	—	—	—
放电能量/J	56	1.85	8.4	20	20	20	750	21	2.25	28	—	60~100	4
重复率/Hz	1	0.16	0.83~1.83	1~6	1	—	0.16	—	—	0.89	—	1.0	1
结果	运行成功	成功	未上天	未上天	成功	成功	待飞	飞试成功	飞试成功	成功	成功	成功	飞试成功

1）采用先进的电源系统、电容器，以及高集成度和一体化的电源处理系统。其中，高能量密度和长寿命贮能电容器技术可减少电容的热损失，提高电路效率；功率转化装置可提高集成度，减小质量，并提高系统寿命。

2）研究电源功率小、比冲高等优点的先进气体或液体推进剂的推力器；对烧蚀型固体推力器进行改进，减少未受电磁加速的慢速成分生成量，或加速慢速成分，以提高排气速度。

3）研制先进的试验设备和测试仪器系统。需要发展高精度微小推力（μN 量级）和极小冲量（$10 \sim 1\,000\ \mu N$）的测量技术，尽量避免机械和电路连接对推力测量的影响。开发再现性好、可控、精密及动态范围宽的微推力标定系统。为在地面模拟脉冲等离子体推力器工作的低温真空环境，需在真空舱中对推力器进行推力测量、冲量测量、羽流特征测试、热真空试验和电磁干扰试验等测试。

4）脉冲等离子体推力器工作过程的建模与仿真，其中包括推力器非稳态、高密度、相互碰撞和部分电离的等离子体羽流的试验研究、理论建模与分析。为增进对推力器羽流的了解，提高推力器羽流和航天器相互作用的预测能力，需要进一步研究羽流场中组分和能量的分配、回流污染的测量和评估，羽流的三维特征，离子化和再复合的机理，其他化学反应以及羽流中电流的耦合作用。

9.3.2　稳态等离子体推力器

9.3.2.1　推力器的工作原理

稳态等离子体推力器和阳极层推力器（TAL，Thruster of Anode Layer）统称为霍尔推力器，二者采用相同的电离与加速机制，所不同的是稳态等离子体推力器的放电室壁采用绝缘材料（如 BN 陶瓷），加速通道较长；而阳极层推力器的放电室壁通常采用金属材料，加速通道短。目前稳态等离子体推力器的研究和应用较为广泛。

稳态等离子体推力器的工作原理如图 9-13 所示。

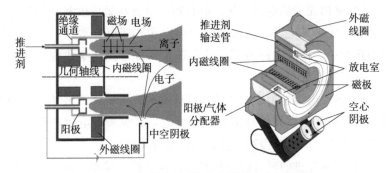

图 9-13 　稳态等离子体推力器的工作原理图

图 9-14、图 9-15 所示为稳态等离子体推力器和阳极层推力器的点火工作图。

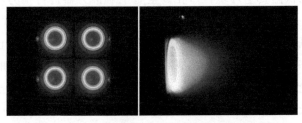

图 9-14 　稳态等离子体推力器的点火工作图

图 9-15 　阳极层推力器（NASA-173M）的点火工作图

9.3.2.2　推力器的技术特点

实践经验表明稳态等离子体推进是一种先进的空间推进技术，

它可以完成航天器的多种在轨任务，其比冲远远高于传统化学推进。稳态等离子体推进能大幅降低航天器携带的推进剂质量，增加航天器的有效载荷，或延长航天器的在轨寿命，从而节约大量成本，产生可观的经济效益。相对其他类型的电推进而言，稳态等离子体推进具有结构和配电系统简单、推力密度高、功率推力比小、技术成熟度高、飞行应用经验丰富及空间适应性好等特点。

稳态等离子体推力器的关键技术如下所示：

1) 磁场设计技术。稳态等离子体推力器是以电磁联合工作为基础的，因而合适的磁场是推力器正常工作的关键，从 20 世纪 60 年代至今，已经历了两代的发展历程。第一代稳态等离子体推力器由 A·I·莫罗佐夫 (A. I. Morozov) 发明，其标志是磁场方向沿环形通道径向以及磁场强度沿通道轴向的分布满足正梯度要求。到了 20 世纪 90 年代，A·I·莫罗佐夫和 A·I·巴格罗弗 (A. I. Bugrova) 研制成功第二代稳态等离子体推力器，称为 SPT - ATON，其特点是将推力器中心磁铁分为两部分设计，降低了放电通道前部的磁场强度（形成靠近阳极的零磁场区），使得磁场向通道后部聚集（形成出口处的大梯度磁场区）。羽流束发散角由 ±35° 降低到小于 ±10°，同时 ATON 推力器在比冲等主要性能指标上也有所提升。

2) 阴极技术。稳态等离子体推力器的工作是以阴极工作为前提的，阴极负责推力器的点火、工作过程中放电通道内部电子的补充及羽流区的中和。高效、可靠工作的阴极是推力器稳定放电的基础。阴极的工作寿命和循环次数也是推力器寿命和点火次数的一大制约因素。目前稳态等离子体推力器中使用得较多的是金属陶瓷阴极中的钡钨阴极、六硼化镧阴极和氧化物阴极等，阴极材料性能的比较如表 9-12。三种阴极中，美国使用的主要是钡钨阴极，目前它们的钡钨空心阴极技术已趋成熟，工作寿命一般均超过一万小时。如 NASA 研制的空间站等离子体接触器用钡钨空心阴极，发射电流为 12 A 时寿命达到 27 000 h，循环次数超过 32 000 次。欧洲（如德国）也有使用氧化物阴极的。俄罗斯开发了一系列大小和功率不同

的六硼化镧空心阴极，其性能在稳态等离子体推力器的长期实验和
应用过程中久经考验，满足各种功率推力器的需要。国外已获得了
空心阴极的长寿命技术的突破，目前的难点是阴极寿命的快速试验
与预估。影响阴极寿命的因素众多，情况复杂，尤其是发射体的制
备工艺与环境因素对阴极的性能和寿命影响巨大。

表 9 - 12　阴极材料性能比较

阴极类型	工作温度/℃	加热功率/W	最大发射电流/（A/cm²）	抗中毒能力	耐轰击能力
氧化物	～950	小	～2	差	差
钡钨	～1 100	小	～10	中	中
六硼化镧（LaB6）	～1 700	大	60～100	强	强

　　3）放电稳定技术。稳态等离子体推力器工作时存在较强烈的电
流和电压振荡，该振荡主要是由于推力器内部电离振荡与等离子体
参数紊乱造成的。关于稳态等离子体推力器的放电不稳定现象，国
内外开展了大量的研究工作，包括理论、实验和数值模拟。如巴格
罗弗（Bugrova）对推力器中各种频率范围的振荡进行了系统论述，
指出频率从低到高主要有电离振荡、轴向等离子体输运振荡、电子
周向漂移振荡、电子回旋振荡和 Langmuire 振荡等；乔艾里
（Choueiri）针对推力器中 1 kHz～60 MHz 范围内的振荡进行了理论
研究，分析了该范围内各型振荡的特征、产生根源及传播方式；基
米亚（Kimiya）和达诺恩（Darnon F）等人分别用光学诊断方法和
高速摄像机对推力器中的低频放电振荡进行了实验研究；数值研究
方面使用得最多的是混合模拟方法，如伯法（Boeuf）、伦茨
（Lentz）和法伊夫（Fife）等人用混合模拟方法对推力器低频放电振
荡现象均进行了较好的复现；此外混合 - PIC 方法也是推力器放电振
荡常用的数值研究手段。

　　4）寿命及预估。稳态等离子体推力器的寿命决定了推力器所能
获得的最大总冲及能否完成给定的空间推进任务。决定推力器寿命

的主要是加速器寿命和空心阴极寿命。加速器寿命主要取决于离子对放电室壁的溅射及放电室壁材料的抗离子溅射能力。合理的磁场结构可以提高离子的聚焦性能，减小离子束的发散角和对壁的溅射；采取溅射率低的推力器工况和放电室结构有助于提高加速器寿命；适当地将电离区和加速区外移也可以减少离子对放电室壁的溅射。关于耐溅射放电室壁材料国外开展了大量研究，包括 Al_2O_3、BN、SiO_2、MgO 等及它们的混合物。研究表明综合性能最佳的是 BN 陶瓷材料。

5) 羽流效应。稳态等离子体推力器存在推力器羽流与航天器相互作用的问题。推力器的羽流束发散角较大，且大部分为等离子体，与航天器发生作用时将产生多种不利影响，包括力矩干扰、溅射与沉积污染、表面电位及电磁通信影响等。航天器羽流效应研究是一项复杂的工程，涉及多个课题和领域，包括羽流场形成分布规律研究、羽流场与航天器的相互作用研究及前述作用对航天器产生的影响效应研究，三方面缺一不可。

评价稳态等离子体推力器的主要性能参数有推力 F、比冲 I_{sp}、效率 η、输入功率 p_{in}、和比推力 R_{FP}（推力与功率之比）等。

羽流的排气速度

$$V_e = \sqrt{\frac{2qeU_i}{m_i}} = \sqrt{\frac{2qe}{m_i}} \cdot \sqrt{U_i} \qquad (9-13)$$

式中　q、e——分别为离子和电子的电荷量，单位为 C；

　　　U_i——离子获得的加速电压，单位为 V；

　　　m_i——离子质量，单位为 kg。

比冲

$$I_{sp} = \frac{F}{q_m} = V_e \qquad (9-14)$$

式中　q_m——推进剂的质量流率，单位为 kg/s。

比冲 I_{sp} 在数值上等于排气速度。

提高稳态等离子体推力器的比冲，有效的办法是提高离子获得

的加速电压 U_i。加速电压 U_i 正比于施加的工作电压 U_D，因此式（9-14）可写为

$$V_e = \sqrt{\frac{2qe}{m_i}} \cdot \sqrt{U_i} \propto \sqrt{U_D} \qquad (9-15)$$

根据式（9-15），要提高稳态等离子体推力器比冲，就需要增加推力器的工作电压 U_D。当工作电压 U_D 固定后，提高比冲的方法唯有改善推力器的工作性能和状态，使得各粒子获得的平均加速电压 U_i 尽量接近施加的工作电压 U_D。实际上由于自身工作特性，稳态等离子体推力器的工作电压不可能无限制增加，一般在 200～1 000 V 内。考虑到推力器的寿命和综合性能，通常 300 V 使用得最多。

要改善稳态等离子体推力器的工作性能，一方面需要尽量提高并保持推进剂在整个加速通道内的电离率；另一方面应尽量提高离子所获得的加速电压，同时减小离子的放电室壁面能量损失及非轴向动能损失。而电离率取决于通道内的电场、磁场的分布与强度；同时为降低加速通道内的复合率，尽量缩短电离加速区的长度，提高电离加速区的电势梯度；通过合理的电磁场设计，可以使等离子体向轴线有效聚集，减小出口离子的羽流束发散角。

稳态等离子体推力器工作效率 η 指推力器输入功率 p_{in} 中转换成推进剂轴向喷气动能的比率，即

$$\eta = \frac{\frac{1}{2}q_m V_e^2}{p_{in}} \qquad (9-16)$$

若忽略阴极加热及磁铁耗功，则总功率 p_{in} 等于放电功率 p_D，则式（9-16）可写为

$$\eta = \frac{q_m V_e^2}{2U_D I_D} = \frac{q_m}{2U_D I_D} \frac{2qeU_i}{m_i} = \frac{q_m}{I_D} \frac{U_i}{U_D} \frac{qe}{m_i} \qquad (9-17)$$

式中　I_D——放电电流，单位为 A；

　　　U_D——放电电压，单位为 V。

对于稳态等离子体推力器，一般放电电流 I_D 与推进剂的质量流

率 q_m 成正比，而加速电压 U_i 也与放电电压 U_D 成正比。随着功率的增加，阴极与磁铁消耗功率占总功率的比例下降，且整体放电条件也得到改善。因此，工作效率随功率增加而升高。

稳态等离子体推力器的推力 F 为

$$F = q_m V_e = q_m \sqrt{\frac{2qe}{m_i}} \cdot \sqrt{U_i} = q_m I_{sp} \qquad (9-18)$$

显然，推力 F 与推进剂的质量流率 q_m 和比冲 I_{sp} 成正比，与离子的平均加速电压 U_i 或推力器的工作电压 U_D 的平方根成正比。

若忽略阴极加热及磁铁耗功，稳态等离子体推力器的功率为

$$P = I_D U_D \propto q_m U_D \qquad (9-19)$$

由于放电电流 I_D 与推进剂的质量流率 q_m 成正比，因此稳态等离子体推力器的功率 P 正比于工作电压 U_D 和推进剂质量流率 q_m。根据式（9-18）和式（9-19），可得稳态等离子体推力器的推功比为

$$R_{FP} = \frac{F}{P} = \frac{q_m \sqrt{\frac{2qe}{m_i}} \cdot \sqrt{U_i}}{I_D U_D} = \sqrt{\frac{2qe}{m_i}} \cdot \frac{q_m}{I_D} \cdot \frac{\sqrt{U_i}}{U_D} \qquad (9-20)$$

式中 $\sqrt{\dfrac{2qe}{m_i}}$ ——常数。

放电电流 I_D 正比于推进剂的质量流率 q_m，加速电压 U_i 正比于工作电压 U_D，因此式（9-20）可写为

$$R_{FP} \propto \frac{1}{\sqrt{U_D}} \qquad (9-21)$$

显然推功比 R_{FP} 与工作电压 U_D 成反比，而比冲与工作电压 U_D 成正比。因此，提高稳态等离子体推力器的推功比与提高比冲是一对矛盾。针对不同的任务要求，可以采用不同的工作模式，如对于轨道提升、机动变轨和深空探测等主推进任务，可以采用降低比冲，提高推功比，以获得较高推力，从而缩短任务时间；而对于精确定位、位置保持和姿态控制等任务，可以采用高比冲、低推力模式，

以降低推进剂耗量，从而增加有效载荷质量。

9.3.2.3　推力器的典型结构

稳态等离子体推力器主要由推进剂分配单元、放电室（阳极、陶瓷放电通道）、空心阴极、磁极（前后磁极板、内外磁芯及内外磁屏等）和内外磁线圈等组成，如图 9-16 所示。

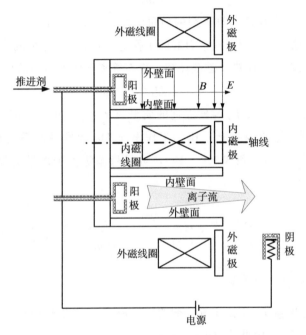

图 9-16　稳态等离子体推力器的结构组成

推进剂分配单元的功能是将推进剂分别供给阳极和空心阴极；空心阴极作为电子发射源，一部分进入放电室用于起弧并维持放电，另一部分电子进入等离子体羽流区维持整体电中性；放电室的作用是完成推进剂工质的电离和加速；磁极的作用是形成磁场强度沿通道轴向以正梯度变化的位形；内外磁线圈的作用是在放电通道内产生大致沿径向的磁场，并与轴向电场配合来产生电子沿周向的闭环霍尔漂移，用于约束和加速等离子体，以提高电离率，增大等离子体密度。

　　稳态等离子体电推进系统一般由一台或多台稳态等离子体推力器组成（视任务需求而定），每台推力器包括加速器和阴极中和器，由氙气气瓶、高低压自锁阀、高低压传感器、加/排阀、过滤器、减压器、微流量控制器及管路等组成的推进剂输送与微流量控制单元，由一台或多台电源处理模块（PPU）组成的电源处理单元，如图 9-17 所示。电源处理模块除了给稳态等离子体推力器供电，同时还负责给系统中的高低压自锁阀、高低压传感器、流量控制与分配模块等提供电力驱动。此外电源处理模块一般还具有系统时序控制、系统状态监控与参数采集、故障判断与自动处理等功能。

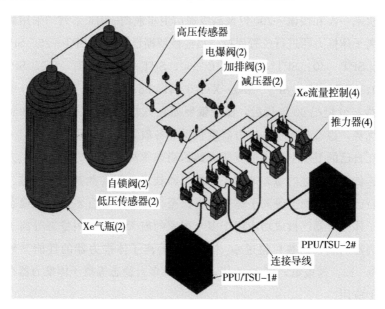

图 9-17　稳态等离子体电推进系统示意图

9.3.2.4　推力器的研究现状

　　20 世纪 60 年代初，美国和苏联同时开始了稳态等离子体技术的研究，由于种种原因，美国中途放弃并转向比冲更高的离子推力器，苏联却坚持下来并取得了成功。1972 年，稳态等离子体推力器首次在苏联"流星"卫星上应用，这也是世界上较早得到实际应用的电推进系统。目前俄罗斯已有二百多台稳态等离子体推力器被成功应用于各种航天器上，数目超过五十个，涉及的卫星包括：西伯利亚—欧洲卫星（Sesat）、航向（Gals）、快讯—A（Express - A）、快讯—AM（Express - AM）、Sadko、快讯—1000（Express - 1000）、快讯—2000（Express - 2000）、亚马尔（Yamal - 200）、Rouslam - MM、Dialogue、Yacht - DZZ、Yacht - GSO、宇宙号（Kosmos）、射线（Luch）、Kupon及流星—18（Meteor - 18）等。执行的任务包括低轨道卫星的轨道机动与保持、地球静止轨道卫星的南北与东西位置保持、地球静止轨道卫星寿命末期的离轨操作以及深空探测等。其新一代静止轨道通信卫星快讯—A和快讯—200以及高级通信卫星航向- R16系列均采用稳态等离子体推力器进行位置保持。目前俄罗斯已发展了SPT - 25、SPT - 35、SPT - 40、SPT - 50、SPT - 60、SPT - 70、SPT - 100、SPT - 140、SPT - 160、SPT - 180、X - 40、D - 38、T - 160及D - 100等推力器。20世纪90年代后，鉴于俄罗斯在该技术方面获得的成功和技术优势，稳态等离子体推力器重获世界各航天大国的重视。他们一方面在自己的卫星上使用俄罗斯成熟的稳态等离子体推力器，另一方面引进俄罗斯先进的稳态等离子体推力器技术，并在此基础上改进、研制自己的新型稳态等离子体推力器。至今，累计三百多台各型稳态等离子体推力器已被成功应用于多个国家的航天器，应用稳态等离子体推力器的航天器数目超过60个，部分等离子体推力器的性能参数见表9-13。据报道，仅2004年，就有30多台稳态等离子体推力器在卫星上应用。

表9-13　部分稳态等离子体推力的性能参数

型号	功率/W	推力/mN	比冲/(km/s)	效率/%	制造商
SPT - 25	100~200	5~10	11.0~19.5	25~35	Fakel/RIAME MAI
SPT - 35	200	10	12.0	30	Fakel（Russia）
KM - 37	100~300	5~18	9.0~25.0	24~50	KeRC

续表

型号	功率/W	推力/mN	比冲/(km/s)	效率/%	制造商
K – 45	200~450	20~28	10.0~18.0	30~45	KeRC
X – 85M	750~2000	85	31.0	64	KeRC
X – 40	100~500	8~30	10.0~19.0	30~55	KeRC
SPT – 50	350	20	12.5	35	Fakel (Russia)
SPT – 60	600	30	10.0	45	Fakel (Russia)
SPT – 70	650	40	15.1	46	Fakel (Russia)
SPT – 100	1 350	83	19.0	46	ISTI
D – 27	100~400	—	10.0	45	TsNIIMASH
D – 38 (TAL)	400~1 000	25~80	13.0~25.0	40~60	TsNIIMASH
D – 80	700~6 500	50~270	13.0~34.0	55	TsNIIMASH
TM – 50	50 000	—	10.0~70.0	70	TsNIIMASH
D – 100 – 1	1 300~7 500	80~340	14.5~28	50~60	TsNIIMASH
D – 100 – 2	3 500~15 000	80~650	18.0~42.5	60~70	TsNIIMASH
D – 150	5 000~15 000	300~700	10.0~31.0	65~70	TsNIIMASH
SPT – 140	1 200~6 000	80~280	15.0~29.0	50~60	ISTI
SPT – 160	1 350~7 500	90~350	15.0~29.0	50~60	Fakel (Russia)
T – 160	4 670	266	18.2	55	Fakel (Russia)
SPT – 180	1 800~12 000	120~565	15.0~29.0	50~60	Fakel (Russia)
SPT – 200	2 000~13 000	185~488	17.5~29.5	50~60	Fakel (Russia)
SPT – 290	5 000~30 000	500	30.0	52~63	Fakel (Russia)
PPS – 1350	1 500	90.6	17.2	55	SNECMA (F)、Fakel
ROS – 2000	1 350~2 000	77~115	15.6~17.0	60	ASTRIUM (UK)、KeRC
PPS – 5000	5 000~6 000	220~335	17.7~28.0	62	SNECMA (F)、Fakel
BHT – HD – 1000	940~2 000	55~82	18.7~30.0	54~61	Busek

续表

型号	功率/W	推力/mN	比冲/ (km/s)	效率/%	制造商
BHT-200	50～300	10	11.0	26	Busek
BPT-4000	3 500～4 000	168～294	18.0～20.0	65	Aerojet
T-220	7 000～20 000	500～1 000	15.0～25.0	50～65	GRC/TRW
T-220HT	2 000～22 000	1 180	25.0	65～70	Pratt&Whitney
NASA-457M	72 000	2 950	29.3	58	GRC/Aerojet

美国于 20 世纪 90 年代重新开始了稳态等离子体电推进技术的全面大规模研究。研究方遍布美国政府研究机构、各大高等院校、军方及工业界。美国军方对稳态等离子体电推进技术相当重视，将其视为空间力量（空间战争支持）竞争、空间控制和空间武器应用的标志性因素和未来军用航天器的关键技术之一。美国军方还在积极安排稳态等离子体推力器轨道转移的概念研究，并同时支持几种不同推力水平的大功率稳态等离子体推力器的研究计划，其目标就是针对在轨航天器在战争时期的重新定位。1992 年，美国劳拉空间系统公司与俄罗斯法克尔设计局合作成立了国际空间技术公司（ISTI），旨在向欧洲和美国推广这种推力器。ISTI 公司按照西方国家的航天标准，重点对 SPT-100 推力器进行再开发和测试评价。到 2000 年，这种推力器完成了多项测评和 6 000 h 以上的寿命验证。2001—2002 年美国共生产了 67 台稳态等离子体推进的飞行样机，其中至少 42 台已应用于 2003—2004 年发射的卫星上，如 2004 年发射的移动广播卫星—1（MBSAT-1）和因特网（IPSTAR）卫星（各装有 4 台稳态等离子体推力器），以及 2005 年 8 月 11 日劳拉公司为泰国研制的 Taicom 4 宽带卫星等。洛马公司为美国空军研制的新一代高安全性甚高频军用通信卫星也采用了稳态等离子体电推进系统，此外还有 LS1300S、电星 8（Telstar 8）和 21 世纪技术（Techsat 21）卫星，战术通信卫星—2（TacSat-2），以及先进极高频（AEHF）通

信卫星等，也采用稳态等离子电推进系统。美国的月球勘探者号环月探冰飞行器也计划采用 SPT - 100 稳态等离子体推力器进行探测器的轨道转移和机动。

　　法国在俄罗斯 SPT - 100 的基础上研制了 PPS - 1350，现已完成了地面鉴定并投入使用。欧洲的多颗卫星已开始使用稳态等离子体电推进系统，如法国国家航天研究中心（CNES）装有俄罗斯 SPT - 100 和其改进型 SEP PPS - 1350 推力器的宏声（Stentor）通信卫星，进行了南北位置保持和偏心率控制任务。2003 年 9 月 2 日，欧洲空间局发射了其第一颗月球探测器智慧 1 号（SMART - 1）。探测器采用法国斯夸克玛（Snecma）公司的 PPS - 1350 型稳态等离子体推力器（推力为 70 mN）作主推进。探测器从地球赤道上空 3.6×10^4 km 高度开始缓慢提升，约花了 14 个月时间，于 2004 年 11 月 15 日进入近月点为 3 000 km、远月点为 10 000 km 的绕月轨道，消耗约 58 kg 氙推进剂（共携带推进剂 82 kg）。智慧 1 号开创了以稳态等离子体电推进进行深空探测主推进的先例，扩展了稳态等离子体电推进技术的应用领域。为了满足欧洲下一代高功率通信卫星位置保持的要求，现在已发展了比 PPS - 1350 的总冲能力更高的 ROS - 2000 和 PPS - 5000，其输入功率分别为 $1.5 \sim 2.5$ kW 和 5.0 kW。

　　总之，国际上越来越多的航天器已经选用定型的稳态等离子体推进系统，有些稳态等离子体推进系统已经成为某些航天器空间推进的一个标准系统，如 SPT - 100 和 SPT - 70 稳态等离子体推进系统已经成为俄罗斯卫星空间推进的标准配置；PPS - 1350 稳态等离子体推进系统已经成为欧洲部分地球静止轨道卫星的标准系统；1 500 W 的稳态等离子体推进系统成为美国部分地球静止轨道卫星的标准系统。一些大型卫星甚至把是否采用电推进作为其技术是否先进的一个重要标志，按照目前的发展趋势，在未来几年内西方国家的地球静止轨道卫星的相关空间推进任务将完全由稳态等离子体推进等电推进系统来承担。

9.3.3　可变比冲磁等离子体推力器

9.3.3.1　推力器的工作原理

为了缩短飞行时间，更好地完成深空探测、星际航行和载人探测等任务要求，一些先进的大功率电推进系统得到了广泛研究。大功率电推进系统与空间核电源技术相结合可以提供高比冲和大推力，满足未来空间主推进的需求。典型的大功率电推进系统包括：可变比冲磁等离子体推力器（VASIMR，Variable Specific Impulse Magnetoplasma Rocket）、磁等离子动力学推力器（MPDT，Magnetoplasma Dynamic Thrusters）和脉冲感应推力器（PIT，Pulse Induction Thrustesr）等多种形式。

可变比冲磁等离子体推力器的概念来源于可控核聚变技术，但不包括核聚变反应。它利用了射频（RF）和微波加热，以及磁场约束技术，实现推力器高比冲、可变比冲等特点。它采用了无电极设计，通过电加热和电磁过程将电能转化为动能，提供推力。

可变比冲磁等离子体推力器的基本原理：推力器通过螺旋波等离子体源加热推进剂工质，使其电离形成等离子体，等离子体通过磁等离子体动力学方式继续放电电离，等离子体喷入离子回旋共振加热器（ICRH）。在回旋共振加热器内，电子和离子在电磁场的约束下沿螺旋线方向运动，同时，在电磁场回旋加速频率作用下，等离子体中的电子和离子通过共振机理吸收电磁场的能量。采用磁透镜（或超导材料）产生强磁场，约束高温等离子体（推进剂工质电离），使其与材料壁面分离，加热过程主要在等离子体中心区进行。高度电离的等离子体进入磁喷管，在磁场和气动的共同作用下，将等离子体的内能转化为动能，形成高速射流，产生推力。同时，通过磁场的变化可以调节推力器的推力和比冲。在磁场的约束下，高温等离子体处于喷管中心轴线上，并将高速中性气体沿喷管周向小孔喷入，形成冷却气膜，将高温等离子体与喷管壁面隔离，起到冷却壁面材料的作用。

可变比冲磁等离子体推力器的工作原理如图 9 - 18 所示。

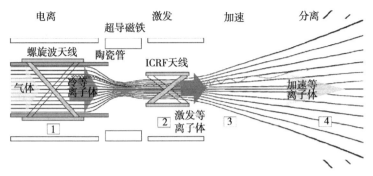

图 9 - 18　可变比冲磁等离子体推力器的工作原理图

1—螺旋波等离子体源，电离推进剂工质，形成低温等离子体；

2—电子回旋共振（ICRF）天线，增强离子垂直方向能量；

3—磁喷管，将垂直于轴线的离子能量转化为平行流；4—等离子体射流喷出

可变比冲磁等离子体推力器的系统组成如图 9 - 19 所示。

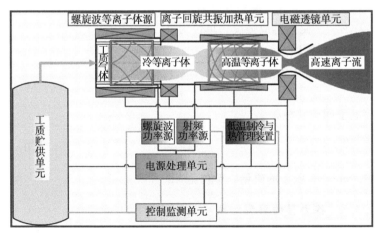

图 9 - 19　可变比冲磁等离子体推力器的系统组成

9.3.3.2　推力器的技术特点

可变比冲磁等离子体推力器的独特之处是可以改变比冲。对于

给定的飞行任务，通过调节比冲，可以改变推力。在低比冲/高推力模式下可以提高航天器飞行加速度，使其飞行时间缩短；而在高比冲/低推力模式下，可减少推进剂的消耗量。因此，通过比冲和推力的优化，可以实现飞行器飞行轨迹的优化。实现性能优化的方式：将电源功率分成两部分，一部分进入螺旋波等离子体源，另一部分进入离子回旋共振加热器。如果需要获得大的推力，大部分功率将输送给螺旋波等离子体源，产生更多的低速离子；如果需要获得高比冲值，需要将更多的功率送往离子回旋共振加热器，同时推力降低。

在电磁场中运动时，离子受到洛伦兹力的作用，离子的拉莫半径为

$$r_L = \frac{m_i V_\perp}{q_i B} \qquad (9-22)$$

式中　m_i、q_i——分别为离子的质量和电荷，单位分别为 kg 和 C；

$V_\perp$——垂直于磁场方向的速度分量，单位为 m/s；

B——磁场感应强度，单位为 T。

离子回旋共振频率

$$f_{ci} = \frac{q_i B}{m_i} \qquad (9-23)$$

电子回旋共振频率

$$f_{ei} = \frac{q_i B}{m_e} \qquad (9-24)$$

式中　m_e——电子的质量，单位为 kg。

9.3.3.3　推力器的典型结构

可变比冲磁等离子体推力器主要由三部分组成：螺旋波等离子体源，其功能是电离推进剂工质中性气体；离子回旋共振加热单元（ICRH），使等离子体进一步加热；磁喷管，将高温高压等离子体的内能转化为高速射流的动能，产生推力。

可变比冲磁等离子体推力器的结构组成如图 9-20 所示。

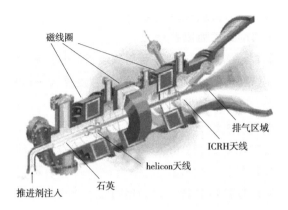

图 9 - 20　可变比冲磁等离子体推力器的结构组成

（1）螺旋波等离子体源

螺旋波等离子体源包括：发射天线、放电管、磁场线圈、射频源（频率为 2.0~70 MHz）及传输设备等。放电管采用耐热的石英或派热克斯（Pyrex）玻璃；由导线绕制成的 Boswell 型或其他类型的天线紧绕在放电管上，天线与磁化等离子体中的右旋极化螺旋波共振，有效地通过朗道吸收加热电子，从而产生高密度等离子体，其结构和工作图像如图 9 - 21 所示。

图 9 - 21　螺旋波等离子体源

螺旋波等离子体源是迄今为止在低气压下所能获得的最大等离子体密度的人工方法，等离子体密度在 0.1 Pa 的压强下可达 1 019 m³ 量级，电离率可达 100％；而且装置无需电极，从而消除电极烧蚀的问题。低功率、高密度的螺旋波等离子体源提供了在给定功率水平下减少推力器尺寸的可能性。

（2）离子回旋共振加热单元

离子回旋共振加热单元也是一种射频装置，由射频天线（图 9-22 所示）、低温超导磁铁（图 9-23 所示）、射频源（～500 kHz）及传输系统等组成。离子回旋共振加热单元的基本过程：由于等离子体射流同时存在轴向和径向速度，等离子体在外部磁场的作用下，将沿着磁力线呈螺旋形运动。由天线发出的高频电磁波的电场与离子回旋共振波都垂直于外部磁场，当离子回旋频率（即离子环绕磁力线运动的频率）与高频电磁波频率相同时，将产生共振耦合，从而使离子的周向运动受到激励，将电磁波能量转化为离子的转动能，以提高其周向速度。离子回旋共振加热单元的特点是主要将射频能量通过耦合方式提供给等离子体。

螺旋天线(Twist antenna)　　螺旋天线(Helical antenna)

图 9-22　射频天线

图 9-23　低温超导磁铁

离子回旋共振加热单元的每个离子仅经历一次谐振，而且离子运动过程中不发生碰撞。这意味着离子的最终能量只与入射流速有关，它可分为两种情况：

1）离子以足够快的速度通过谐振点，其速度未发生显著变化。这属于线性问题，要求在谐振点处离子数密度保持恒定，R 能量将100％被离子吸收。

2）离子以非常慢的速度通过谐振点，离子速度在磁场中大幅增加。这是由于磁场梯度的存在，离子在磁场力的作用下不断加速。这属于非线性问题，它要求谐振点处等离子体密度急剧降低。

（3）磁喷管

磁喷管是一种发散的磁场，它将离子的周向速度转变为排气速度从而使推力器获得有用动量。在磁喷管处，发散的磁场把能量从周向运动传递给平行运动，从而使离子沿着排气的方向加速。离子比电子重得多，拖着电子一起前进，这样等离子体就以中性流体的形式离开喷管，形成高速射流，产生推力。

9.3.3.4　推力器的研究现状

20 世纪 70 年代后期，在约翰逊空间中心/美国国家航空航天局（JSC/NASA）的先进空间推进实验室牵头和倡导下，开展了可变比冲磁等离子体推力器的研究，使用的推进剂为 H_2、氘（D_2）、He、氩气及甲烷等气体，其目的是为近地轨道提供高功率（10 kW 级）的电推进器，为深空探测核电推进（50 kW 以上）提供高能电推进系统。美国先后研制了 VX-1 至 VX-10 推力器，VX-10 推力器拟在国际空间站（ISS）上进行空间验证飞行试验，VX-10 的输入功率为 25 kW，最大比冲 150 000 m/s，推进剂为氢气时，推力为 0.2 N（比冲 100 000 m/s），推力为 0.5 N（比冲 54 000 m/s），推力为 2 N（比冲 20 000 m/s）。

2000 年美国出台了为期 10 年的可变比冲磁等离子体推进计划，先后研制了 VX-50、VX-100（图 9-24 所示）和 VX-200（图 9-25 和图 9-26 所示）系统样机，研制目标是完成高功率系统样机研制。NASA 格伦研究中心正在开展脉冲电磁等离子推力器、磁流体等离子推力器、螺旋波等离子源以及大功率电磁推进装置系统的研究。美国目前研制工作已进入第二阶段，为 NASA 探路者（Pathfinder）任务研制空间飞行验证用推进系统 VF - 200。

　　日本、俄罗斯、法国及澳大利亚等国家在可变比冲磁等离子体推力器领域也开展了多年的研究。其中澳大利亚开发的双级型螺旋波磁等离子体推力器，更具有实用价值，已经引起 NASA 的高度重视，并纳入 NASA 的合作开发计划中。

图 9 - 24　可变比冲磁等离子体推力器（VX - 100）系统样机

图 9 - 25　可变比冲磁等离子体推力器（VX - 200）原理样机

图 9 - 26　可变比冲磁等离子体推力器（VX - 200）的工作图像

9.4　静电式推力器

静电式推力器是利用电能将易于离解的工质离解，形成电子和离子，然后使带正电的离子在静电场作用下加速排出。由于被加速的主要粒子是离子，故静电式推力器又称为离子推力器，主要可分为氙离子推力器（XIT，Xenon Ion Thruster）、场效应静电推力器（FEEP，Field Emission Electric Propulsion）、微波离子推力器（ECRT，Electron - Cyclotron Resonance Thruster）和胶质离子推力器（Colloid Ion Thruster）等。

9.4.1　氙离子推力器

9.4.1.1　推力器的工作原理

对于推进剂气体放电电离的推力器，按照电离方式的不同，分为电子轰击式离子推力器（EBIT）、射频离子推力器（RIT）和电子回旋谐振离子推力器（ECR）。其中，电子轰击式离子推力器一般被称为 Kaufman 离子推力器。上述三种离子推力器均在航天器推进中得到了应用或验证飞行，相比较而言，Kaufman 离子推力器由于其在相同的推力器口径、相同的推进剂利用率下，离子产生成本要较其他两种电推力器低很多（一般要低 100 eV/ion 以上），而受到了更为广泛的关注。Kaufman 离子推力器已经成为国外商业卫星公司的一些静止轨道卫星平台南北位置保持的标准配置。

静电式推力器一般使用原子量大，一次电离电位低，二次电离电位高的元素作为发动机的推进剂。图 9-14 给出了离子推力器常用推进剂的气体原子质量和电离电位。Kaufman 离子推力器的研究初期一般选用金属铯或汞作为推进剂。

图 9-14　离子推力器常用原子质量和电离电位

元　素	原子量	q/m 荷质比/（10^5 C/kg）	一次电离电位/eV	二次电离电位/eV
Cs	132.9	7.25	3.89	25.1
Hg	200.6	4.80	10.44	18.75
Xe	131.3	7.34	12.13	21.21
Kr	83.80	11.50	14.0	24.36
Ar	39.95	24.13	15.80	22.63

但是，采用金属作为推进剂，电推力器在航天器上使用时，推力器引出离子束中的金属离子在航天器上沉积，对航天器造成显著的影响，而且在地面实验研究过程中，重金属被人体吸收后不易代谢，对人体器官有很大的毒害作用。如汞在室温下就有显著的蒸发量，大约相当于每立方米空气中有 1 mg 的汞，当环境温度略有升高时，汞蒸气压更是呈指数关系急剧增大，当空气中的汞蒸气浓度达到每立方米中有 15 mg 的汞时，就能使人在所处的环境条件下中毒。因此，自 20 世纪 90 年代后，Kaufman 离子推力器一般选用氙气等惰性气体作为推进剂，被称为氙离子推力器（XIT，Xenon Ion Thruster）。

氙离子推力器的工作原理：由贮供单元将推进剂气体（氙气）送入离子推力器的电离室，在电离室中，通过热阴极发射并被电场加速的高能电子电离推进剂原子形成等离子体，等离子体中的离子经由栅极系统（离子光学系统）引出、聚焦并加速，产生推力。与此同时，中和器发射的电子与引出的离子束中和，形成准中性束流排出，以保持束流相对于航天器呈电中性。

氙离子推力器的工作原理如图 9-27 所示。

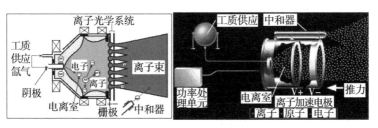

图 9 - 27　氙离子推力器的工作原理图

图 9 - 28 所示为氙离子推力器的点火工作图。

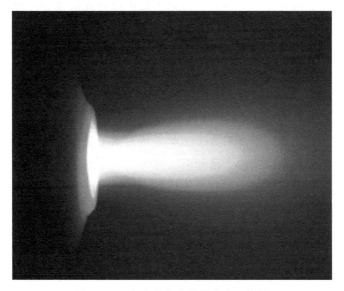

图 9 - 28　氙离子推力器的点火工作图

9.4.1.2　推力器的技术特点

早期的离子推力器用汞（Hg）或铯（Cs）作为工质，现大多用氙（Xe）、氪（Kr）和氩（Ar）等惰性气体。氙气的主要特点有：化学性质稳定、无毒、不易爆炸及不腐蚀贮箱和管路；在标准贮存压强下，其密度比水高 60%，所以可以缩小贮箱体积，从而减轻卫星干质量；比冲极高，可达 30～35 km/s，是液体双组元推力器的

8～10 倍；只要有充足的电源，其比冲还可达到 50～100 km/s，因此在航天器上使用时，可以明显增加有效载荷，或延长使用寿命，或降低发射成本。据估算，将离子推力器用于 HS - 601 标准型卫星平台可节约肼（N_2H_4）推进剂 400 kg，或使卫星在轨工作寿命延长至 25 年以上；若用于高功率型 HS - 601HP 卫星平台，再辅以其他改进措施，就可将有效载荷提高 1 倍。

在带有离子光学系统的离子推力器中，离子均是由带有磁约束的放电室中产生的，而离子光学系统将放电室中的等离子体中的电子和离子分离开来。不同的推进剂工质电离方式的核心问题是减少带电离子对离子源中部件的溅射、提高放电室的效率，延长寿命。目前，推进剂工质电离方式推力器的放电室中的部件一般工作时间均可达到 20 000 小时以上，良好设计的放电室的效率可以达到 65%以上。离子推力器的优点是寿命长，目前验证的寿命可达 48 000 多小时。

离子推力器一般使用离子光学系统对离子进行加速，离子光学系统一般采用双栅结构，栅间距大约 0.5～1 mm，在栅极间加有离子加速电压。离子扩散到屏栅上游的离子鞘层时，会被加速电压抽取并加速。对离子光学系统的几何尺寸进行设计是一项难度较大的工作，其涉及到上游的等离子体密度、加速电位等，其核心问题是避免离子直接撞击到加速栅，减小加速栅的截获电流。

采用离子光学系统的离子推力器可以获得较小的束流发散角，有利于提高推力器的效率，便于推力器的安装。从理论上来说，栅极间的电压直接决定着推力器的比冲，通过改变栅极间的电压，可以对推力器的推力和比冲进行调节，并能够达到非常高的比冲。

离子光学系统的设计应该对离子有高的透明度，又能防止未被电离的氙原子逃出。磁场的强度和形状很重要，根据电子在磁场和电场中的运动过程，电子在电场作用下通过磁场时，其回旋半径

$$R_e = \frac{m_e V_e}{eB} \qquad (9 - 25)$$

式中　m_e——电子的质量，单位为 kg；

　　　V_e——电子的运动速度，单位为 m/s；

　　　e——电子的电荷，单位为 C；

　　　B——电子所处位置的磁场感应强度，单位为 T。

电子的运动速度

$$V_e = \sqrt{\frac{2e}{m_e} U_B} \qquad (9-26)$$

式中　U_B——电子所处位置的电位，单位为 V。

回旋半径的选取不能大于阳极半径，对于直径 9 cm 的离子推力器，R_e 一般应小于 1 cm。为了使中性原子通过放电室而不被电离的可能性减至最小，放电室的长度也很重要。阴极靴所限制的区域，形成阴极前室等离子体。阴极靴与挡板之间的开孔面积，直接影响等离子体阻抗，从而决定初始电子的能量。其次，阳极、屏栅极以及阴极位置等，对放电室性能都有一定的影响。

9.4.1.3　推力器的典型结构

氙离子推力器包括：1）推力器由主阴极（空心阴极）、阳极、磁铁、放电室、离子光学系统（即屏栅极和加速栅极组成的静电场离子加速系统）和中和器等组成。推力器的质量决定着整个系统性能的优劣，因此，电推力器启动、正常工作和关机对供配电子系统的各路供电电源的负载端输出特性均提出了特定的要求，对推进剂供给子系统各路的工质气体流率也有特性的要求。2）功率处理单元（PPU）为推力器提供特定要求的电源输出。3）推进剂贮供单元（PFS），由推进剂贮存气瓶、工质气体减压组件和工质气体流量分配和控制组件组成，用来为推力器提供一定流率的工质气体。4）数字接口与控制单元（DICU）主要用来控制协调各单元的工作，并提供与卫星控制分系统的接口。氙离子推力器的系统组成及整体结构分别如图 9-29、图 9-30 所示。

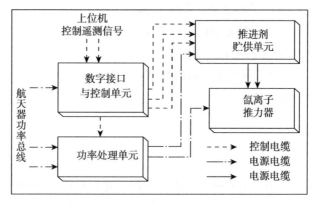

图 9 - 29　氙离子推力器的系统组成

图 9 - 30　氙离子推力器的整体结构

（1）推力器

推力器是氙离子推力器的核心部分，主要由主阴极（空心阴极）、阳极、磁铁、放电室、离子光学系统（即屏栅极和加速栅极组成的静电场离子加速系统）和中和器等组成，如图 9 - 31 所示。

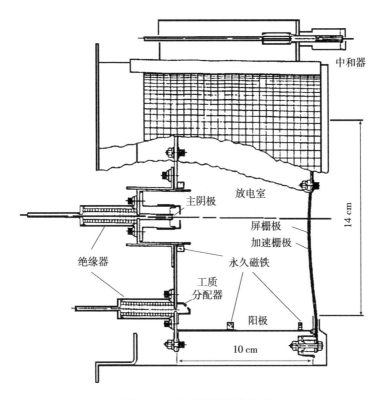

图 9-31　推力器的结构组成

　　来自氙推进剂贮存管理装置的氙气，通过绝缘器进入空心阴极。氙气受到阴极内部发射的电子轰击而电离。当通过空心阴极的氙气流率和阴极发射的电子达到一定值时，就会在阴极和触持极之间点火放电。此时如果接通阳极电源，放电就通过阴极靴和档板之间的环形区域扩展到整个放电室。在放电室内，阴极发射的初始电子和电离产生的二次电子，在磁场和电场的作用下，以磁力线为导轴，作螺旋式振荡运动。磁场的存在，增加了电子的运动路程，提高了氙原子的电离几率，在放电室内形成放电等离子体。放电室下游的离子光学系统所加电压使屏栅极孔中的电位低于屏栅极电位。而屏栅极电位较等离子电位稍低一些（约3～5 V），因此，放电室等离子体中的电子不能打到屏栅极上，也不能通过屏栅极孔和加速栅极孔逃出，电子基本上由阳极收集。而等离子体中的离子，在屏栅极和加速栅极组成的离子光学系统的作用下，被聚焦、加速并引出，产生推力，离子的引出速度一般可达 30 000 km/s。引出的离子束流与中和器发射的电子中和，形成准中性粒子束流排出，以保证束流相对于航天器呈电中性。

（2）功率处理单元

功率处理单元的作用是把航天器总线提供的电源形式变换成推力器所要求的供电形式，并采用相应的过载、连锁、放电、故障和误动作保护。功率处理单元的组成如图 9 - 32 所示。

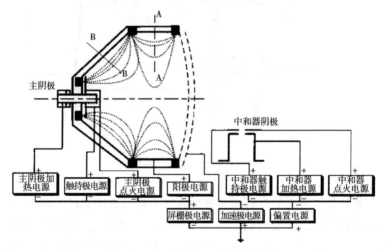

图 9 - 32　离子推力器的功率处理单元

离子推力器的点火和放电过程发生在异常辉光放电到弧光放电阶段。此时主要表现为负阻特性，当放电达到自持的弧光放电时，放电电流急剧上升，工作电压急剧下降。当主阴极加热到足够高的温度（1 100 ℃）时，逐渐升高点火电源电压，触持极电流逐渐增高，当电压上升到某一点时，触持极电流突然升到几百毫安。此时，触持极电压降到很低，甚至降到氙的电离电位以下，也能维持较大的放电电流。因此，点火电源和触持极电源要分别选用有限流电阻的直流高压电源和直流稳流电源。当阴极点火后，点火电源自动关闭，由低压触持极电源维持放电。

放电阳极电源和触持极电源一样，一旦放电引到阳极，阳极电压迅速降低。由于阴极工作温度与放电电流关系密切，放电电流增加，阴极温度升高，最后烧坏阴极。因此，必须采用稳流、恒流电源，保持阳极电流恒定和稳定，使阴极温度也基本不变，不会烧坏阴极，同时保证离子推力器工作点稳定。

中和器触持极电源和中和器点火电源与主阴极部分的相应电源一样。屏栅极电源和加速栅极电源一样，主要决定离子光学系统引出电压，一般来说离子推力器的工作对这两个电源的影响不大，因此，可选用可靠性高且简单的直流高压整流电源。由于两栅极距离很小（仅 0.6 mm），容易打火或短路，因此，必须有快速保护电路。

（3）推进剂贮供单元

推进剂贮供单元是用来贮存推进剂，并定量向推力器输送，包括推进剂贮存、节流、稳定及调节与分配等模块，如图 9 - 33 所示。其功能分别为：在指定条件下，从充填时刻到推力器结束期间的推进剂贮存；降低从气瓶获得的推进剂压强；按要求维持工质的流量或者改变流量；输送工质到推力器模块的各个单元。

离子推力器通常采用氙气、氪气等惰性气体为推进剂，其推进剂贮供单元主要由气瓶、减压器、节流器、稳压罐及电磁阀等组成。气瓶是推进剂贮供单元中尺寸最大、质量最重的组成部分，要求气瓶具有质量轻、强度高及密封性好的特点，并有较强的耐腐蚀性及与工质的兼容性；减压器用来降低和稳定来自气瓶中气体的压强，它是通过气体从高压室经阀与鞍座间微小的流通截面向低压室运动时气体的节流来实现减压。节流器是带有标准孔的片状流量孔板，其作用是进一步降低推进剂的压力；稳压罐是位于气瓶与推力器之间的容器，它将推进剂气体的温度和压强维持在一定的范围内，为

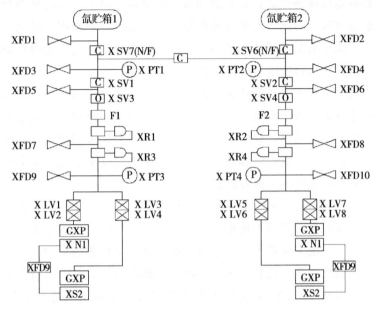

图 9 - 33　离子推力器的推进剂贮供单元

XFD—加注阀；XSV—电磁阀；XPT—压力/温度传感器；

XR—压力调节器；F—过滤器；XLV—自锁阀；GXP—流量调节器

推进剂的流量调节创造有利条件；电磁阀的主要功能是打开和关闭，控制工质的供应，配合节流器进行流量控制。

（4）数字接口与控制单元

数字接口与控制单元按一定的程序使离子推力器完成起动、点火、放电、加高压、引出束流、稳定运行及关机等工作，包括CPU、信号处理、数据采集与阀门驱动等模块。

9.4.1.4　推力器的研究现状

1959 年，美国科学家哈罗德·考夫曼（Harold Kaufman）研制成功了电子轰击式离子推力器，因此又被称为 Kaufman 离子推力器。此后，各国纷纷着手于此项研究，而在这一技术中处于领先地位的当属美国及欧洲的一些国家。

美国的离子推力器从开始研制到其空间应用大约经历了 40 多年的发展历程，期间进行了各种尺寸的离子推力器的研制、地面试验和空间飞行试验。其研制过程大致经历了以下阶段：1）离子推力器研制成功。1960 年路易斯研究中心研制成功了第一个 10 cm 的汞离子推力器。由此，NASA 制定了离子推力器的空间试验计划。2）离子推力器性能改进阶段。在此期间对推力器放电室、电源组件、栅极结构、阴极寿命、推力器性能以及推进剂等都做了改进和优化。3）氙离子推力器的空间应用。20 世纪 80 年代美国先后研制出 13 cm、25 cm 和 30 cm 氙离子推力器。XIPS - 13 离子推力器用于波音卫星系统公司的 HS - 601HP 卫星平台，XIPS - 25 离子推力器用于 HS - 702 卫星平台。1997 年 8 月，美国泛美卫星（PanAmSat）公司和休斯空间通信公司联合研制开发的氙离子推力器在美国的泛美卫星（PAS - 5）上首次使用成功，开创了卫星推进技术的新纪元。作为深空 1 号（DS - 1）主推进的 30 cm 氙离子推力器（简称 NSTAR 型 XIPS）于 1998 年 10 月 24 日成功地发射升空，1999 年 7 月 29 日与 1992KD 小行星交汇，在 2001 年与威尔逊 - 哈林顿（Wilson - Harrington）和保瑞利（Borrelly）彗星交汇并圆满地完成了飞行任务。该 30 cm 氙离子推力器的功率大约为 $0.5 \sim 2.32$ kW，推力范围在 $20.6 \sim 92.6$ mN，比冲为 $21\,582 \sim 32\,373$ m/s，可靠工作时间达 16 265 h。

美国深空 1 号的离子推力器成功飞行后，世界各国都加大了离子推力器的研制力度，研究重点包括：

1）寿命扩展试验。从 1998 年 10 月开始，在喷气推进实验室（JPL）一直进行着深空 1 号飞行备份推力器的地面寿命扩展试验，2004 年 NSTAR 型地面寿命扩展试验结束，并完成了完整的数据评估和硬件物理分析工作。累计工作时间达到 30 352 h，消耗推进剂 235 kg，相对原设计寿命大大延长。2002 年德国 10 cm 射频离子推力器 RIT - 10 的地面寿命试验达到 15 000 h，2003 年达到 19 000 h，最终验证的寿命大于 20 000 h。日本从 2000 年开始进行 10 cm 微波离子推力器地面试验寿命，到 2003 年已经达到 18 000 h。

2）改进型氙离子推力器（NEXT）。为适应太阳系的外行星（如太阳神、海王星等）探测任务，需要更高功率和更大冲量能力的推力器。2003 年格伦研究中心牵头研制可调功率为 7 kW、消耗推进剂达 400 kg、比冲为 22 000～41 200 m/s、推力为 50～210 mN 的改进型氙离子推力器，宇航喷气公司负责研制推进剂贮供系统和控制单元，波音电子动力分部（BEDD）负责研制电源系统。该推力器采用碳基栅极，2003 年 8 月成功进行了系统联合试验，单个推力器在 7 kW 下工作了 200 h。2004 年进行了工程模型和寿命验证试验，推力调节比达到 10∶1，在 9.9 kW 功率下的性能为：比冲为 41 100 m/s、效率为 69%、推力为 237 mN、寿命验证达 8 000 h。2013 年 7 月 2 日，NEXT 完成了连续 48 000 小时寿命考核测试，消耗了 860 kg 的氙气，是目前测试时间最长的空间推进系统。

3）核电氙离子（NEXIS）系统。在 NASA 普罗米修斯核电推进计划支持下，2002 年由喷气推进实验室牵头研发高比冲、高功率及长寿命的核电氙离子系统。其性能目标为：功率为 16～25 kW、比冲为 65 000～750 000 m/s、效率为 78%、栅电压大于 5 000 V 及 7～10 年消耗推进剂大于 1 600 kg。关键技术包括碳碳栅极、石墨触持极、65 cm 放电室及带工质腔的空心阴极等。2004 年 2 月试验样机达到的工作性能为：功率为 27 kW、比冲为 87 000 m/s、效率为 78%、栅电压为 6 500 V 及推力为 500 mN。2005 年在喷气推进实验室开始了目标为 2 000 h 的 NEXIS 磨损试验，期望试验结果对离子光学系统材料的选择提供直接数据。

4）高功率电推进（HiPEP）系统。同样是在 NASA 普罗米修斯核电推进计划支持下，2002 年由格伦研究中心牵头研发 HiPEP 系统。HiPEP 的性能目标为：功率为 20～50 kW、比冲为 60 000～80 000 m/s、效率为 78%、栅电压大于 5 000 V 及 7～10 年消耗推进剂大于 2 000 kg。放电室采用矩形几何结构，以便简化功率缩比关系，用热解石墨栅极以延长寿命。试验样机工作性能为：功率为 34 kW、比冲为95 000 m/s、效率为78%、栅电压为 7 700 V、推力为 600 mN 及栅极尺寸为 91×41 cm。2005 年在 GRC 已经完成了 21 kW 功率的 2 000 h 推力器磨损试验。喷气推进实验室研制的热解石墨栅极通过了振动试验，已经开始制造实验室模型推力器。

5）碳栅极 NSTAR。深空 1 号的飞行成功促进了探测位于火星和木星之间 2 颗原生行星谷女神星（Ceres）和灶神星（Vesta）的黎明（DAWN）的研制进度。黎明航天器用 3 台 NSTAR 推力器作为主推进，工作 10 年消耗推进剂氙达 450 kg。轨道科学公司负责航天器研制，3 台 30 cm 推力器和 2 套电源系统由 BEDD 提供，流量控制单元由摩格（Moog）公司提供，气瓶由卡来顿（Carleton）技术公司提供，数字控制和接口单元及支架组件由喷气推进实验室（JPL）提供等。为延长工作寿命，在碳基离子光学系统技术计划中，BEDD 和 JPL 设计了多种石墨和碳碳栅极，为 30 cm 离子推力器研制的碳碳栅极和热解石墨栅极已经通过力学振动试验。

6）新型双级 4 栅极（DS4G）离子推力器。2001 年由戴维德·费尔（D. Fearn）教授提出了 DS4G 离子推力器概念。DS4G 采用 4 栅极设计以实现离子引出和离子加速之间的去耦合。前级 2 栅极间距小，工作在高电压，电压差小（3 kV）；后级 2 栅极间距大，工作在低电压。2005 年 11 月在欧洲太空研究与技术中心（ESTEC）进行了第一次试验，试验中电压差达到 30 kV，比冲达到210 000 m/s，束流发散角减小到 1/5。

7）小型化离子推力器。喷气推进实验室于 2002 年研制试验了 3 cm 离子推力器，在功率 15～50 W 范围内的推力为 0.5～1.5 mN，比冲为31 000 m/s。2004 年喷气推进实验室已经完成了 3 cm 离子推力器的加工和试验，试验结果显示推力为 1.55 mN、比冲为 32 000 m/s、推进剂效率为 85%。德国吉森大学基于 RIT - 10 性能数据和推力器缩比规律，设计、制造和试验了 4 cm 推力器 RIT - 4，其推力范围为 0.25～2.50 mN，功率推力比达到 33 W/mN，电源效率为 67%，推进剂效率为 73%，下一步准备研制 2.3 cm 推力器，

期望推力能达 $0.1\sim1.0$ mN。2001 年日本北海道（Hokkaido）技术研究所进行了低功率微波静电推力器试验，在 27 W 功率下的预期性能为：效率为 10％、比冲为 12 263 m/s、推力为 360 μN。2004 年完成了放电室直径 1.6 cm 的小型微波放电推力器的 5 000 h 试验，推力器用磁喷管加速引出束流，在 30.8 W 功率下，推力为 0.5mN，比冲为 13 710 m/s。俄罗斯的 KeRC 和 MAI 设计了两种离子推力器，直径为 5 cm 和 10 cm 功率为 $50\sim500$ W。其中 5 cm 离子推力器在 $50\sim500$ W 功率下推力为 $1.5\sim5.0$ mN，比冲为 $31\,000\sim37\,000$ m/s；10 cm 离子推力器在 $50\sim500$ W 功率水平下，推力为 $9.0\sim19.0$ mN，比冲为 $24\,700\sim65\,000$ m/s，且两种发动机的效率不低于 55％。

世界各国研制的氙离子推力器的性能参数见表 9-15。

表 9-15　部分氙离子推力器的性能参数

推力器名称	制造商	功率/kW	推力/mN	比冲/(m/s)	寿命/h	质量/kg
XIPS-13	Boeing（USA）	0.43	18	24 525～26 487	12 000	—
XIPS-25	Boeing（USA）	4.5	165	37 278	8 200	—
NSTAR 30	Boeing（UAS）	2.29	92	30 607	30 452	—
NEXT	GRC	0.54～9.9	＞236	40 908	17 450	—
UK-10(T5)	ASTRIUM(UK)	0.27～0.6	10～25	29 430～32 373	15 000	2.0
UK-25	ASTRIUM(UK)	9.0	196	29 430	—	—
RIT10	ASTRIUM(D)	0.58	15	35 316～36 788	＞17 000	1.8
RIT35	ASTRIUM(D)	7.5	271	30 803	—	—
T6	EADS-ST（D）	4.3～5.8	150～200	42 183～46 107	—	8.0
RIT-XT	ASTRIUM(D)	9.5～7.0	150～200	40 221～45 126	—	8.0
IES 12	MELCO(Japan)	0.7	23.3	28 449	—	—

9.4.2　场效应静电推力器

9.4.2.1　推力器的工作原理

场效应静电推力器（FEEP，Field Emission Electric Propulsion）

采用高压静电场加速带电离子，使其高速喷出产生推力。在场效
应静电推力器中，推进剂受热从贮箱中流出，使发射器出口细小
通道（1 μm）的内部变湿，由于毛细效应，从而在发射器的尖端
形成一个自由面。此时，在发射器尖端和加速电极间施加几千伏
的电压形成局部高度集中的静电场，液体边缘受静电力与表面张
力的共同作用，从而在狭缝的边缘形成一个突出的尖端，又称
"泰勒锥"。当静电力达到场发射的量级（109 V/m），这些尖端就
成为局部的离子发射点。发射并加速喷出的离子束随后即被入射
的电子束中和。场效应静电推力器的工作原理如图 9 - 34 所示，可
以看出其结构相对简单，无复杂元件，所以推力器可靠性高。

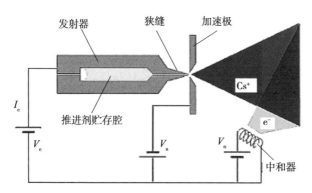

图 9 - 34　场效应静电推力器的工作原理图

9.4.2.2　推力器的技术特点

场效应静电推力器的推力处于微牛量级，可实现推力的精确控
制。根据不同的任务，可组成不同数量和单元的推进系统，另外，
也可以通过控制不同数量的推力器工作从而达到精确控制推力的要
求。因此对于需要精确定位和姿态维持的卫星，场效应静电推力器
是研制人员的首选。

根据场效应静电推力器的工作原理，可以推导出该推力器的推
力 F、比冲 I_{sp} 和功率推力比 R_{PF} 等参数。

推力

$$F = \frac{I_e m_p V_p}{e} = I_e m_p \cdot \sqrt{\frac{2U_a}{em_p}} = I_e \sqrt{\frac{2m_p U_a}{e}} \qquad (9-27)$$

式中　I_e——加热回路的电流，单位为 A；

　　　m_p——推进剂单个粒子的质量，单位为 kg；

　　　V_p——离子的喷出速度，单位为 m/s；

　　　U_a——推进剂的加速电压，单位为 V；

　　　e——粒子所带电荷，单位为 C。

比冲

$$I_{sp} = \frac{V_p}{g} = \frac{1}{g} \sqrt{\frac{2eU_a}{m_p}} \qquad (9-28)$$

功率推力比

$$R_{PF} = \frac{P}{F} = \lambda \sqrt{\frac{eU_a}{2m_p}} \qquad (9-29)$$

式中　λ——推力器的常数因子。

根据式（9-27）、式（9-28）和式（9-29），可得场效应静电推力器的性能与所采用的推进剂特性密切相关。一般情况下，对推进剂的要求有：

1）较高的原子质量，以提高推力器的推力水平；

2）较低的熔点，从而在加热推进剂时消耗较少的能量；

3）较低的电离能，因此可以降低所需的电场，节省能量；

4）良好的润湿性，由于推力器采用毛细效应供应推进剂，因此要求推进剂具有良好的润湿性，从而可以高效地输运推进剂；

5）与飞行器良好的相容性，推力器喷出的高能金属离子可能会附着在飞行器表面，造成羽流污染，因此要选择对飞行器性能影响低的推进剂。

目前，已经参与飞行和正在研究的场效应静电推力器主要采用铯和铟作为推进剂，这两种推进剂的性能参数见表 9-16。

表 9 - 16 推进剂铯和铟的性能参数

	铯（Cs）	铟（In）
表面张力能量/（J/m²）	7×10^{-2}	5.6×10^{-1}
工作势能/eV	1.81	4.12
原子质量/amu	133	114.8
电离能/eV	3.9	5.78
蒸气压/mbar	1.5×10^{-6}	1.5×10^{-16}
熔点/℃	28.5	159.6

铯具有高原子质量、低电离势、低熔点（28.4 ℃）和良好的毛细特性的优点，但由于其蒸气压很高，因此会给推力器带来较高的风险。对于在轨运行的场效应静电推力器，受到太阳辐射、铯离子覆盖表面以及加速电极的光电辐射作用，这种风险将变得更大。综合而言，铯并不是场效应静电推力器的最理想推进剂。由于铟较高的电离能和很低的蒸气压，因此它作为推进剂时则不存在这些风险，因而可以作为场效应静电推力器的推进剂。

场效应静电推力器的推力与发射器的长度有关，单位长度上最大推力可达 15～20 μN/mm，功率推力比约为 60 W/mN。表 9 - 17 给出了意大利 ALTA 公司研制的 FEEP - 5 的性能参数，该推力器采用铯作为推进剂，发射器长度 5 mm，标称推力密度 20 μN/mm。

表 9 - 17 FEEP - 5 的性能参数

	额定工况	最大推力下的工况
额定推力/μN	1～100	216
功率推力比/（W/mN）	19～53	64
效率/%	89～99	84
比冲/（m/s）	43 164～95 157	108 646
质量流率/（μg/s）	0.03～1.2	2.3

从表 9 - 17 中数据可以看出，在额定工况下，场效应静电推力器的效率可达 99%，表明该推力器的能量利用率很高，因此在空间

飞行状态下，可以显著降低能量消耗。另外，推进剂的质量消耗很小，一般处于 μg 量级，这说明携带少量的推进剂也可满足推力器长时间工作的要求。

因此，场效应静电推力器具有以下特点。

1）推力小、范围宽。场效应静电推力器的推力量级为 μN，然而通过不同组合，可实现推力的精确变化，因此可完成其他推力器（如冷气推力器）不能完成的航天器轨道和姿态的精确控制以及精确定位任务。

2）比冲高。场效应静电推力器的比冲范围可达 58 860～98 100 m/s，是目前各种类型推力器中最高的。意味着在携带相同质量推进剂的情况下，场效应静电推力器的在轨时间更长。

3）最小冲量小，控制精度高。场效应静电推力器的最小冲量为 5×10^{-9} N·s，在目前所有推力器中最小的。

4）效率高。与其他电推力器不同，场效应静电推力器的推进剂离子化和离子加速是在同一个电场中完成，大大提高了电能的利用率，电源效率为 89%～99%，远高于其他电推力器和化学推力器。

5）体积小、质量轻及结构简单。场效应静电推力器的推进剂为液态或固态金属，因此推进剂贮箱可与推力器集成为一体化结构，这是相对于其他推力器的明显优势。可将推力器做得较为紧凑，大幅减小结构质量。另外，场效应静电推力器依靠液态推进剂的毛细管效应供应推进剂，因此不需要复杂的高压管路系统和控制阀门，从而降低了系统的复杂性。

6）可靠性高。整个场效应静电推力器无活动部件，无机械噪声和振动，特别适合精确定位的任务，不会对定位精度产生影响。

9.4.2.3　推力器的典型结构

场效应静电推力器主要由推力器、中和器、功率处理单元及推进剂贮箱等组成。

（1）推力器

推力器的三维模型如图 9-35 所示，其结构组成如图 9-36 所示。

可以看出其结构十分简单，不含复杂构件。而且设计了发射器出口端
盖，在非工作状态时盖子处于关闭状态；在工作时，盖子自动打开。
其目的是为防止飞行器发射或轨道机动阶段受化学火箭的羽流污染堵
塞狭缝。飞行试验表明该设计可以有效避免这一问题的出现。

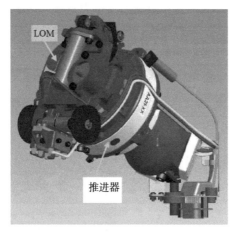

图 9-35　推力器的三维模型

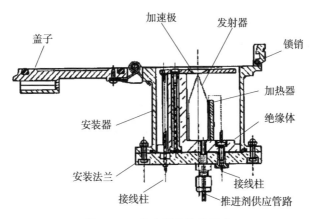

图 9-36　推力器的结构组成

发射器喷嘴的结构主要有针状喷嘴、管状或毛细喷嘴及线状喷嘴

三种形式。采用铯为推进剂的推力器一般采用线状喷嘴，在加速极作用下，喷嘴顶部形成一些喷射点，喷射点的个数和分布与喷嘴的长度和宽度有关，因此可以通过改变喷嘴长度来调节推力。采用铟为推进剂的推力器一般采用直径为 $2\sim15~\mu m$ 的针状或毛细喷嘴作为单个喷射点，离子以点的形式发射，限制了其推力量级。为了提高铟推力器的推力，通常采用多点发射形式，即把发射器设计为具有多个发射点的结构，或者将针状发射器集成在一起，形成一个具有多个发射点的发射器集群。图 9 - 37 给出了铟推力器普遍采用的发射器结构。

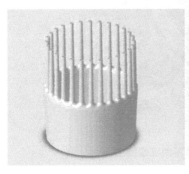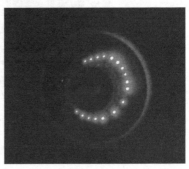

图 9 - 37　铟推力器的常用发射器结构

（2）中和器

场效应静电推力器依靠喷射金属离子产生推力，这些金属离子在太空中很容易与飞行器结合产生新的电场，如果不对这些金属离子进行很好的中和，必然会对飞行器产生很大的影响，甚至使整个飞行器失效，所以高效可靠的中和装置是场效应静电推力器得以发展的关键。

中和器的选择应满足以下要求：

1）长寿命：目前的任务要求场效应静电推力器至少工作几千小时，因此，一般要求中和器的寿命大于 10 000 h；

2）环境的适应性：场效应静电推力器通常工作在低轨道、地球静止轨道或者星际轨道，因此，中和器必须对性能的降低不敏感；

3）发射电流：一般地，微牛量级的场效应静电推力器的群簇要求几毫安的电流，毫牛量级的场效应静电推力器的群簇需要几十毫安的电流；

4）功率消耗：在相同的发射电流下，中和器应该比推力器的功率消耗小一个数量级。

因此，受这些条件的限制，中和器的选择范围大大缩小，基本上只有低功率的热阴极、场发射阵列阴极和碳纳米管阴极可以满足要求。

对于中和器而言，在研制阶段需要考虑以下关键问题：

1）环境压强问题：低功率热阴极的发射表面受到氧和水的影响会发生中毒现象，这会导致发射电流迅速减小，甚至发生不可挽救的破坏现象，因此一般要求环境压强必须小于 10^{-5} Pa；

2）离子轰击问题：理论上讲，被电离的残余气体原子以及推力器发射的低能离子可能会溅射到热阴极的发射表面，或损坏场发射电子源的尖端；

3）寿命问题：需要满足长寿命的要求。

新型中和器是基于一个小型轻质低功率的钡浸渍阴极，而且不需氙气作为工质，它工作在一个偏压的二极管结构里面，从而可以引出电子并被加速。钡浸渍阴极的基本结构是多孔的钨丝阵列浸渍在钡—钙—铝的氧化物中，这种特殊的材料可以很好地处理发射的热电流与加热功率之间的关系。图 9 - 38 给出了这种中和器的结构图，从图中可以看出，中和器的主体由两根陶瓷支架与三个钼法兰组成，一个与阴极组件连接，一个与阳极连接，另一个与钛外壳连接。

（3）功率处理单元

功率处理单元是场效应静电推力器的重要组成部分，其功能是向各个电极、中和器、控制总线以及其他用电单元提供电能。另外，该系统还需要将来自飞行器供电系统的低压电转化为高压电，以供加速极使用。

场效应静电推力器的金属离子完全由电场加速，为了获得足够强度的电场需要很高的电源电压，这对功率处理单元要求非常高，

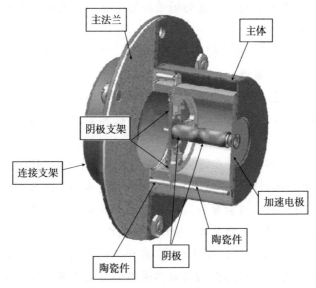

图 9 - 38　新型中和器的结构

另外，推力器本身质量较轻（2 kg 左右），如果功率处理单元设计不好，则会使质量变大。功率处理单元由以下部分组成：高压供给单元，可以给两个不同类型的推力器提供能量；加热器供给单元，加热并维持推进剂温度处于熔点以上，中和器供给与控制单元，中和发射器喷射的推进剂离子；逻辑控制与交互界面单元，主要是给推力器的控制系统提供能量。场效应静电推力器及电源供给系统的性能参数见表 9 - 18。

表 9 - 18　推力器及电源供给系统的性能参数

参数	ESA 电源	Microscope 电源	Lisa Pathfinder 电源
推力量级/μN	0.1～150	1～150	0.3～150
分辨率/μN	<0.1（典型值为 50/nN）		
稳定性/μN	±0.3		
推力命令率/Hz	10	2	10

续表

参数	ESA 电源	Microscope 电源	Lisa Pathfinder 电源
推力/（I/Fs）	4 狭缝，铯	3 狭缝，铯	4 狭缝，铯—针尖，铟
电源体积/mm	338×119×187	338×226×127	270×167×187
电源质量/kg	4.3	5.26	5.2
功率/W	70	57	66/76

阿斯特里木（Astrium）公司设计的推力器电源系统如图 9 - 39 所示，通过系统集成和结构优化，减轻了对飞行器性能和载荷的影响，可见该公司在电源系统设计方面积累了大量经验。对于空间飞行应用的电器系统，体积小、质量轻是一个非常明显的优势。

图 9 - 39　阿斯特里木公司设计的电源系统

（4）推进剂贮箱

场效应静电推力器的推进剂贮箱是金属推进剂的贮存和管理装置，由于推力器工作时，要涉及到推进剂的加热，因此推进剂贮箱的设计非常关键。

根据设计，需要在真空条件下进行纯液态铯推进剂的充填，随后推进剂贮箱关闭。在推力器工作时，通过加热推进剂贮箱，使得推进剂膨胀导致压力增大，当压力增大到爆破管的爆破压强时，花瓣状的爆破管打开，推进剂充满管理装置。通过进一步膨胀，推进剂会充满发射器的管路。为保证在工作期间，推进剂一直保持液态，需要合理设计推进剂管路。将推进剂供应管路设计在贮箱底部，可以满足功能要求，如图9-40所示。

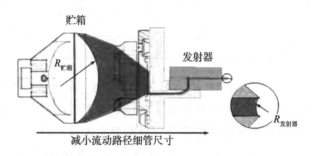

图 9 - 40 推进剂供应管路的设计图

9.4.2.4 推力器的研究现状

20 世纪 70 年代，随着航天技术的发展和应用领域的扩展，欧洲提出了场效应静电推力器的概念，由于它比冲高、推力可控性好等特点，使研究人员对其产生了浓厚的兴趣。很快人们就发现，场效应静电推力器是在微牛到毫牛量级唯一存在的可实现推力精确调节的推力器，从而使其在小卫星的姿态和轨道控制、科学试验飞船以及近地轨道通信卫星星座的阻力补偿和准确定点领域具有广泛的应用前景。

目前，国外在场发射电推进领域已经开展了大量的研究工作，有多个空间任务采用场效应静电推力器作为姿轨控的推进装置，并已取得良好的飞行效果。

意大利的 Centrospazio/Alta 公司选用铯作为推进剂，采用狭缝喷嘴形式，目前已经开发出 FEEP - 5 和 FEEP - 50 两个推力不同的推力器，并已经进行相关研究。FEEP-5 的最大推力为 150 μN，推力噪声比 0.1 μN。2000 年，搭载美国航天飞机进行了有效载荷搭载容器（GAS，Get Away Special）项目，验证了推力器的点火特性和中和器的中和特性，还在微重力条件下试验了推进剂的封装、贮存及利用毛细原理的液态金属输运特性。目前，该型号的场效应静电推力器已经应用于法国空间研究中心的 Microscope 卫星的推进系统。

在 1997 年以前，场效应静电推力器主要以铯作为推进剂，但由于其在飞行时会导致推进剂污染以及发射安全问题，受到用户的质疑。奥地利塞伯斯多夫研究中心（ARCS，Austrian Research Center Seibersdorf）开发以铟为推进剂的推力器，采用以针状或管状喷嘴为发射器的结构，并通过多个相同的发射器集群以达到相应的推力要求。ARCS 研制的单推力器在 10 μN 水平上进行了 18 000 h 的性能测试和寿命试验。

从 2005 年开始，ARCS 着眼于未来空间任务的需求，与荷兰共同开发毫牛级的场效应静电推力器，它具有极高的效率，而结构尺寸与目前的微牛级推力器并无较大差异。通过集群，其可产生 1.28 mN 的推力，比冲高于 58 860 m/s，功率推力比为 80 W/mN。图 9 - 41 和图 9 - 42 分别给出了环状钨针发射器和 3 个集群后的推力器。

图 9 - 41　环状钨针发射器

图 9-42　3 钨针发射器，1 mN 推力

　　目前欧洲空间局和 NASA 合作的激光干涉仪空间天线（LISA）卫星、探路者项目，欧洲空间局的盖亚（Gaia）卫星和 Darwin 等任务都采用了场效应静电推力器。另外，还有伽利略任务（GG - Galileo Galilei）、OMEGA（Orbiting Medium Explorer for Gravitational Astrophysics）、重力场与稳态洋流探测器（GOCE, Gravity field and steady state Ocean Circulation Explorer）卫星、MICROSCOPE 、GAIA 和 DARWIN 空间红外干涉仪等任务也采用了场效应静电推力器。

参 考 文 献

[1] KOPPEL C R，ESTUBLIER D. The SMART‐1 Electric Propulsion Subsystem [J]. AIAA 2003‐4545.

[2] DUCHEMIN O，DUMAZERT P，CARICHON S，et al. Performance and Lifetime Predictions by Testing and Modeling for the PPS 5000 Hall Thruster [J]. AIAA 2003‐4555.

[3] CHOUEIRI E Y. A Critical History of Electric Propulsion：The First 50 Years（1906‐1956）[J]. Journal of Propulsion and Power，2004，20（2）：193‐203.

[4] 刘文一，白文平，王虹旋. 稳态等离子体电推进技术研究现状及其关键技术[J]. 火箭推进，2007，33（4）：36‐40.

[5] KIMIYA K，HITOSHI K. Overview of Electric Propulsion Activities in Japan [J]. AIAA 2007‐5166.

[6] 任军学，刘宇，王一白. 可变比冲磁等离子体火箭原理与研究进展[J]. 火箭推进，2007，33（3）：36‐42.

[7] DAN M G，IRA K. Fundamentals of Electric Propulsion：Ion and Hall Thursters [M]. John Wiley & Sons Inc，2008.

[8] 毛根旺，付西鹏，陈茂林. 月球探测器电推进系统的应用研究[J]. 机械科学与技术，2008，27（7）：853‐856.

[9] PENCIL E J. Recent Electric Propulsion Development Activities for NASA Science Mission [C]. IEEE Aerospace Conference，2009.

[10] 毛根旺. 航天器推进系统及其应用[M]. 西安：西北工业大学出版社，2009.

[11] COREY R L. Performance and Evolution of Stationary Plasma Thruster Electric Propulsion for Large Communications Satellites [J]. AIAA 2010‐8688.

[12] 崔铁民，唐福俊. 离子电推进系统中的阴极配电与控制[J]. 真空与低

温，2010，16（2）：99－104.

[13] 刘磊，张庆祥，王立，等. 电推进羽流与航天器相互作用的研究现状与建议[J]. 航天器环境工程，2011，28（5）：440－445.

[14] CIFALI G. Experimental Characterization of HET and RIT with Atmospheric Propellants [J]. IEPC 2011－224.

[15] 王少宁，成钢，赵登峰. 空间离子电推进系统电源处理单元设计[J]. 真空与低温，2011，17（4）：235－240.

[16] CASAREGOLA C. The European HiPER Programme：High Power Electric Propulsion Technology for Space Exploration[J]. IEPC 2011－209.

[17] 杭观荣，康小录. 电推进在深空探测主推进中的应用及发展趋势[J]. 火箭推进，2012，38（4）：1－8.

[18] OBUKHOV V A. Application of Stationary Plasma Thrusters for Spacecraft Insertion into the Geostationary Orbit [J]. IAC－2012－C4.4.3.

[19] 张天平，张雪儿. 空间电推进技术及应用新进展[J]. 真空与低温，2013，19（4）：187－194.

[20] 刘悦. 全电推进卫星平台未来发展前景分析[J]. 国际太空，2014，11－15.

[21] 杭观荣，康小录. 国外多模式霍尔电推进发展概况及启示[J]. 火箭推进，2014，40（2）：1－6.

[22] 于达仁，刘辉，丁永杰，等. 空间电推进原理[M]. 哈尔滨：哈尔滨工业大学出版社，2014.

第10章 基于 MEMS 的微推进技术

10.1 引言

随着小卫星、微卫星、纳卫星、皮卫星和星座及编队飞行技术的出现，对空间推进技术提出了更高的要求，微小型空间推进器近年来越来越受到人们的重视，从而得到了较大发展。它利用现代微机电系统（MEMS，micro electro mechanical system）技术和微制造技术，通过微型化结构、集成功能及降低成本等措施，提高航天器的机动和控制性能，以及通信数据的传输、处理和存储能力。

微推进系统包括物理推进（冷气推进）、化学推进以及电推进系统等。冷气推进系统通过将具有一定压力的气体工质从喷管中喷出获得推力，这种推进系统的结构极为简单，但其比冲也低；化学推进大多是利用推进剂的分解、燃烧，并在喷管中加速喷出从而产生推力，这一点与传统的液体/固体火箭发动机基本相同；而电推进的基本原理是利用电能加热、离解和加速工质形成高速射流从而产生推力。空间微推进系统的性能参数见表 10-1（其中电推进的性能参数见表 9-2）。

表 10-1　空间微推进系统的性能参数

类型	推力器名称	比冲/(m/s)	效率/%	状态
冷气推进	冷气推力器	589～2 207	90～93	商业化
化学推进	温气推力器	687～2 943	90	在研
	单组元推力器（N_2H_4）	1 962～2 256	90～95	商业化
	单组元推力器（HAN）	1 864～2 354	90～95	在研
	单组元推力器（H_2O_2）	834～1 472	90～95	商业化

续表

类 型	推力器名称	比冲/(m/s)	效率/%	状 态
化学推进	双组元推力器	2 551~5 199	85~95	商业化
	三组元推力器	687~1 373	90	实验样机
	固体火箭发动机	2 453~2 943	90	商业化
	固液混合发动机	2 453~3 434	90~94	实验样机

当然，无论采用何种方式产生推力，在设计微推进系统时都必须考虑到小尺度下的一些特有现象。比如，在大型推进系统中流体表面张力和附面层效应等因素对系统性能的影响微乎其微，基本无须加以特殊考虑。但当对系统进行小型化设计时，流体的表面张力可能会对推进剂在系统内的输运产生决定性的影响，而附面层也许会占据绝大部分的流通面积。因此，如何消除或是利用这些微尺度下的物质特性就成为了微推进系统设计的一个关键问题。

微推进系统的研究始于 20 世纪 60 年代，其最早的应用方向主要为航天器的姿态控制和位置保持。随着航天技术的发展，航天器的体积和质量越来越小，很多微推进系统也开始作为微小航天器的主推进系统得到应用。为精确实现航天器的轨道调整、引力补偿、位置保持、轨道机动和姿态控制，曾经发展过数种微推进系统，如微冷气推进、微电推进和微激光等离子体推进等，能对航天器实施精确控制。另外，与传统的推进系统相比，微推进系统具有极高的比冲。所以，虽然小推力无法使航天器获得很高的加速度，但在推进剂总量一定的情况下，微推进系统所能够产生的总冲是传统推进系统无法比拟的。这种特性使得微推进系统在提高航天器寿命、星际航行以及深空探测方面具有巨大的优势。

由于质量、体积及功率等的限制，微小型航天器对推进系统的性能要求十分严格，例如极低的推力和脉冲冲量、小质量（小于几千克）及低功耗（小于 10 W）等，对系统集成的要求也更加苛刻。随着微小型航天器得到越来越广泛的应用，对微推进系统的要求也越来越高，目前在用的微推进系统已无法满足未来纳、皮型卫星或其他更小航天器的要求。因此，对采用新思路、新技术、新材料和新工艺研制的高度集成、功能强大、推质比高及性能优良的微推进系统的需求也变得越来越迫切。因此，基于 MEMS 的微推进技术得以迅速发展起来。其很容易将传感器、执行器及控制电路等集成在一起，极大地减少系统的组件个数，并且通过并行工艺大量生产。利用 MEMS 加工技术，还能将推进系统的推进剂贮箱、供给系统、阀门、燃烧室及喷管等都集成在一片或几片基底材料上，再通过键合等微连接和装配技术组装在一起，形成功能完善、稳定性高的集成微推进系统。

　　MEMS 微推进的概念最早是米特劳尔于 1991 年在微加工场效应等离子体推力器的基础上提出的。由于推力器关键部件（如发射器缝隙）尺寸在微米级，通过 MEMS 技术减小场效应等离子体推力器的质量和尺寸。随后，1994 年宇航公司（Aerospace）的詹森扩展了 MEMS 微推进的领域，提出了基于 MEMS 的电阻加热和等离子体推进技术。同时，美国喷气推进实验室的琼斯等人也开展了微型航天器的研究，在 1995 年进行了质量为 1~15 kg 的微型航天器的可行性研究，并提出了多种基于 MEMS 技术的微推进概念，包括基于 MEMS 的液体或固体相变推力器以及微型阀等。与此同时，欧洲也开始进行基于 MEMS 的微推进技术研究，瑞典的 ACR 电子公司在欧洲空间局的资助下进行了冷气推力器的研制，法国的系统结构和分析实验室在国家宇航中心的资助下开展了固体发动机阵列研究。多家私营公司很快启动了各自的 MEMS 微推进研究项目，包括美国的天合集团（TRW）、马罗塔公司（Marotta）、佛拉萨科技公司（Phrasor Scientific）、霍尼韦尔公司（Honeywell）、斯坦福国际研究院（SRI）以及意大利的 Centrospazio。同时很多大学实验室和政府的专业机构也加入到研究行列，如麻省理工学院、南加利福尼亚大学、普林斯顿大学、空军研究实验室以及美国国家航空航天局格伦研究中心（NASA GRC）等。

实际上，基于 MEMS 的微推进技术是以微化学推进系统或微电推进系统为基础，结合微尺度下一些特有的流动、燃烧、传热或电磁特性，利用现代先进的微制造技术而发展出的推进系统。其具有集成化程度高、体积小、质量轻、响应速度快、推质比高、功率小、可靠性高和易于集成为推进阵列等特点，可以广泛应用于微小型航天器的姿态控制、精确定位、位置保持、阻力补偿、轨道提升和重新定位，卫星星座系统的编队飞行，以及星际航行、深空探测等。

目前已发射的基于 MEMS 微推进的微小卫星主要有：俄罗斯航天研究院的卫星号（SPUTNIK）22，美国航空宇宙公司（Aeroastro）的 Bitsy，亚利桑那大学的 AUSat，斯坦福大学的 SQUIRT22 和皮卫星（PicoSat），英国萨里大学的快照（SNAP）21，以及墨西哥阿纳瓦克（Universidad Anahuac）大学的 AniSat 等。2000 年 2 月，美国国防高级研究计划局（DARPA）和航空公司成功地发射了世界上第一颗皮卫星，其质量仅为 245 g。

基于 MEMS 的微推进技术是微推进系统的发展趋势，可以使推进系统的小型化达到空前的水平，并大幅降低研制成本，缩短研制周期，是未来微小型航天器动力系统的最佳选择。不过由于技术水平的限制，基于 MEMS 的微推进技术的研究目前仍处于概念研究和样机研究阶段，相当一部分技术需要进一步考核验证，距离实际应用还有一段距离。

10.2　MEMS 微推进的基本原理

MEMS 微推进系统产生推力的机理与其他微推进系统并无不同，其特点在于对 MEMS 工艺的利用。不过，由于 MEMS 技术水平的限制，很多需要高电压或是会释放腐蚀性产物的电推进系统与MEMS 工艺的结合还较为困难。目前针对这些系统的研制也在进行中，但是还存在很多难以解决的问题。

MEMS 微推进系统主要包括微型泵、微型阀、微推力器以及相关的控制电路等。下面将对 MEMS 加工技术、微型泵、微型阀以及微推力器进行简要的介绍。

10.2.1　MEMS 加工技术

　　MEMS 加工技术是制造传感器、执行器、微结构和系统的一种强有力的手段，大多数 MEMS 加工方法采用的是并行工艺。常用的 MEMS 工艺主要来源于主流集成电路工业，包括添加 2D 层、腐蚀 2D 层（有时通过去除"牺牲层"而构成空腔），添加高出结构（如在某种模板内镀上各种材料后去除模板），与附加的衬底（如玻璃、硅等）键合并对该衬底腐蚀等。因为 MEMS 加工设备几乎都使用连续光刻图形化工艺，任何三维微机械器件都是基于二维层的图形化工艺，对二维层结构或衬底进行选择性腐蚀，或者是使用扭曲、铰链结构等。

　　典型的 MEMS 加工技术包括光刻、体去除、表面添加以及键合技术，接下来分别予以介绍。

10.2.1.1　光刻技术

　　微系统几乎总是涉及到具有复杂结构的微三维几何体，因而，微尺度下高精度的几何形状的图形化就成了主要研究课题。目前，光刻或微光刻是实现高精度微几何形状图形化的唯一可行途径。

　　光刻技术是利用光成像和光敏胶膜在基底上图形化，是微细加工中最重要的步骤。在微电子方面，图形化对于集成电路中的 PN 结、二极管及电容器等都是必须的。然而，在微系统方面，光刻主要用来作掩模版、体硅工艺的空腔腐蚀、表面工艺中牺牲层薄膜的沉积和腐蚀以及传感器和致动器初级电信号处理电路的图形化处理。

　　光刻技术的整个工艺过程如图 10-1 所示。从左上方图的基底开始，基底可用于微电子的单晶硅或其他材料（如二氧化硅和氮化硅）构成。光刻胶置于基底的平滑表面成为首层，然后，带有光刻胶的基底由一束通过绘有预定图案的掩模版中透明部分的光而曝光。光刻中使用的掩模版通常由石英制造而成，掩模版上的尺寸是从宏观或介观尺寸经缩小而成。当光照后，光刻胶会改变其溶解性。光照后易溶解的胶为称正胶，反之，处于阴影处更易溶解的胶称为负胶。当已曝光的基底经溶剂处理后，这两种光刻胶具有相反的效应，如图 10-1 的右图所示。原来的光刻胶材料经处理后 [见图 10-1 中步骤（a）] 产生原版本的图案。处于阴影中的光刻胶的基底部分被保护以免被腐蚀 [见图 10-1 中步骤（b）]。因而，在除去光刻胶后，基底上就产生了一个永久的图案 [见图 10-1 中步骤（c）]。

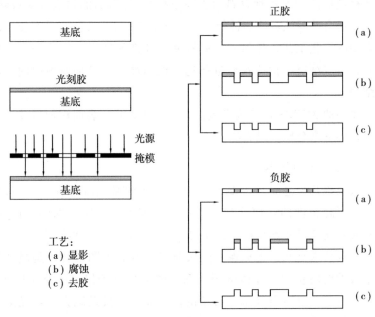

图 10-1　光刻技术的工艺过程

光刻工艺需要在洁净度为 10 或更高的洁净室中进行。洁净度为 10 的房间是指房间里每立方英尺空气中含有 0.5 μm 或更大灰尘的微粒数小于 10。其他许多的 MEMS 工艺允许在洁净度为 100 级的房间中进行。对这些房间空气清洁质量的要求与通常环境下洁净指数为 500 万的空气质量具有极大的差别。

10.2.1.2　体去除技术

体去除技术通常包括湿法腐蚀和干法腐蚀两种，其取决于湿法腐蚀剂还是干法腐蚀剂的选择。湿法腐蚀又分为各向同性湿法腐蚀和各向异性湿法腐蚀。

各向同性湿法腐蚀在各个方向上的腐蚀速率几乎相同（有时是完全相同）。由于反应中的扩散限制，腐蚀会在狭窄的通道内慢下来，在这种情况下，搅动腐蚀剂能够控制腐蚀速率和腐蚀结构的最终形状。通过适当的搅动能得到具有球形表面的坑和腔。化学物质的转移问题常常使得腐蚀剂不能很好的表现出各向同性特性，搅拌的作用是为了加速反应物和产物的转移，并保证转移在各个方向的一致性。各向同性湿法腐蚀的效果如图 10 - 2 所示。

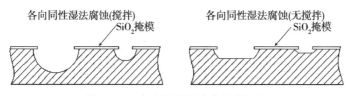

图 10 - 2　各向同性湿法腐蚀的效果

各向异性湿法腐蚀在某个方向上的腐蚀远快于另一方向。对硅的各个晶面来说，（111）晶面的腐蚀速度最慢，（100）和（110）晶面上的各向异性湿法腐蚀的效果如图 10 - 3 所示。

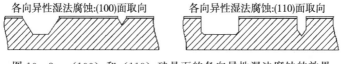

图 10 - 3　（100）和（110）硅晶面的各向异性湿法腐蚀的效果

干法腐蚀包括气相干法腐蚀和等离子体/反应离子腐蚀两种。气相干法腐蚀可以利用适当的反应气体/蒸气自发的实现，其成本较低，不需要复杂且昂贵的设备。而在等离子体/反应离子腐蚀反应中，外部能量以射频（RF）方式驱动化学反应（即代替升温或异常活跃的化学物质）。高能离子为低温等离子体反应提供所需能量，否则需要把温度升高到 1 000 ℃。用离子轰击表面（其方向通常垂直于晶片）以驱动腐蚀反应，可以取得很大的深宽比，采用这种方法，可以加工出从各向同性到各向异性的各种程度的腐蚀效果。

10.2.1.3　表面添加技术

MEMS 加工技术的表面添加通常采用生长或沉积的方式，沉积又包括化学气象沉积、激光驱动沉积与电沉积（电镀）等。例如，对二氧化硅而言，产生二氧化硅薄膜有如下几种方法：1）直接热生长，硅＋氧气为 $Si + O_2 \rightarrow SiO_2$（"干法"氧化），硅＋水蒸气为 $Si + 2H_2O \rightarrow SiO_2 + 2H_2$（"湿法"氧化）；2）化学气相沉积，硅烷＋氧气为 $SiH_2 + O_2 \rightarrow SiO_2 + H_2$，二氯甲硅烷＋一氧化二氮为 $SiCl_2H_2 + 2N_2O \rightarrow SiO_2 + 2N_2 + 2HCl$。

激光驱动沉积是利用激光提供驱动沉积反应的能量，使金属沉积在特定的区域。例如，使用 Ar＋离子激光器，可以从 W $(CO)_6$ 中沉积 W，从 Mo $(CO)_6$ 中沉积 Mo，激光器的波长范围为 350～360 nm，功率为 0.15～1 mW/cm^2。

在衬底上添加金属结构时，电沉积（电镀）是非常实用的技术，它可以用简单而廉价的设备在一个烧杯中实现。要被电镀的物体通过金属化和或掩模的方式确定电镀区域，电镀区表面保持为负电势（即阴极），与其相对应的正极（即阳极）为化学惰性（常用 Pt）。电镀溶液通常是水溶液，其中含有所要沉积的金属可还原离子。把要被电镀的表面偏置为负电压，这样就给裸露金属导体的表面提供了电子，溶液中的金属离子获得电子还原成金属原子，沉积在导体表面。

10.2.1.4　键合技术

键合技术在 MEMS 加工中广泛应用，它可以把相同或不同的衬底，相同或不同的元件，以及衬底和元件通过机械作用或电作用永久的连结成一体。键合技术主要包括阳极键合与熔融键合。

在金属和玻璃的键合中，当金属和玻璃的结合面被加热到使金属氧化物形成并与玻璃相"混合"的温度时，就会形成良好的键合，问题是这种方法要求温度达到 1 000 ℃左右。1968 年，波梅兰茨和沃利斯提出可以用强电场代替高温，使键合大约在 400 ℃时形成。所以阳极键合是一种用途广泛的键合操作，它可用在玻璃片和硅晶片的永久性键合上。在键合过程中，玻璃中的正离子向负电极漂移，在玻璃和硅的表面形成强电场，这种强电场把两表面拉到一起，使得键合操作在较低温度下完成。

阳极键合技术的工艺过程如下：1）将玻璃片置于硅晶片或氮化硅晶片表面；2）加热到约 400 ℃；3）给硅和玻璃之间加电，相对于玻璃，硅保持正极，电压一般约为 1.2 kV。

熔融键合技术在工业中也有广泛的应用。两片硅晶片，无论或没有热 SiO_2 层，均可以直接键合在一起。键合成的复合结构几乎没有热应力，因为两基片的热膨胀系数是相等的。另外，键合处的机械强度实际与硅一样，因而这是一种在晶片之间形成空腔、通道等结构的很好方法。

熔融键合形成的确切机理现在还没有完全弄清楚，不过，其基本思想是两基片表面必须有大量的氢氧基，使晶片非常亲水。开始时，两晶片是由接触时形成的氢氧基键合在一起的，一直到键合反应发生（$Si - O - H + H - O - Si \rightarrow Si - O - Si + H_2O$），这种键合反应发生的温度为 1 100 ℃左右。

10.2.2　MEMS 的微型组件

10.2.2.1　MEMS 的微型泵

由于流体设计及工作原理和机械制造技术的多样化，微型泵能够被分成多种。按照流体的类型来分，微型泵大体可以分为往复式微型泵和连续流微型泵两类。

往复式微型泵利用摆动部件将机械能转化成流体动能，这些微型泵中的流体被分成一系列的离散容积，形成脉动流，例如微型膜片泵和蠕动型微型泵。连续流微型泵将电能、磁能或机械能直接转换成流体的动能，流体以连续流的形式传输，例如电水力微型泵、磁水力微型泵、电化学置换微型泵以及超声波微型泵等。由于目前研制的大多数微型泵都基于往复式微泵的概念，所以下面主要介绍往复式微型泵。

　　往复式微型泵的研究起始于 20 世纪 70 年代中期。这些微型泵都遵循着同样的膜片或活塞式的原理。如图 10 - 4 所示，紧靠泵腔的是可灵活变形的膜片，膜片可以在泵腔的一侧或多侧。借助于合适的致动原理，膜片的上下移动使得泵腔容积产生变化，并且因此在泵腔中形成负压或过压力。泵的工作是一个循环过程，这个过程分成供应模式（泵腔容积的增加）和泵模式（泵腔容积的减少）。

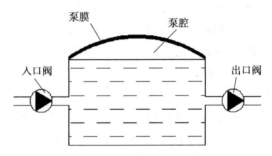

图 10 - 4　往复式微型泵的工作原理

　　在供应模式中，泵腔扩张，腔内形成一定的真空，泵腔内外的压差 ΔP 变得高于入口阀的打开压力 ΔP_{in}，促使流体通过入口被抽进泵室。在泵模式中，泵腔收缩，此时 ΔP 变得高于出口阀的打开压力 ΔP_{out}，流体从出口被挤压出去。在此过程中入口阀是关闭的，不会产生回流，同样出口阀在整个供应阶段也是关闭的。

　　往复式微型泵的泵膜使用致动器驱动，其致动原理几乎覆盖可用微型致动器技术的整个范畴。常用的致动器包括热气式、压电式、静电式和电磁式致动器，也有极个别的致动器利用了形状记忆合金或磁致伸缩材料等。

图 10 - 5 所示为一个热气致动的 MEMS 微型泵，泵膜上方是一个密闭的空腔，空腔内有一个电阻加热器。加热器工作时空腔内的气体膨胀，压缩泵膜向下运动，将流体从出口挤压出去，加热器停止工作时，空腔体积收缩，泵膜回到原位置，泵腔扩张将流体从入口吸入，如此反复就可以将流体源源不断的从泵的入口传输至出口处。热气致动式的微型泵结构非常简单，但由于空腔内气体的加热和冷却都需要一定时间，因此工作频率相对较低。

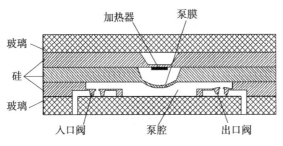

图 10 - 5 热气致动的微型泵工作原理

压电致动、静电致动以及电磁致动的微型泵结构都与热气致动泵相似，所不同的只是将电阻加热器换成了压电陶瓷致动块、平板电极或电磁线圈。

压电式致动器具有较高的行程容积、较大的致动力以及较快的响应速度，在微型泵的应用中具有非常大的优势。其缺点在于需要较高的工作电压，且压电陶瓷（PZT）的安装比较困难，需要极为复杂的胶合过程。为了解决压电陶瓷与其他 MEMS 结构的装配问题，研究了很多种工艺方法，例如平面打印和薄膜沉积。虽然这些技术的可行性已经被验证，但其效果却不尽人意。使用胶合方法与泵体连接的压电陶瓷块在 100 V 的工作电压下可以产生 15 μm 的行程，而使用薄膜沉积的方法获得的压电陶瓷膜在同样电压下只能产生 1 μm 的行程。

静电式致动器与 MEMS 技术具有非常好的兼容性，极其容易与其他 MEMS 器件集成，并且具有很快的响应速度。其致动原理是在硅结构上制造出一对平板电极，并在电极上施加反向电压，使电极之间产生很强的吸力或斥力，从而驱动泵膜收缩或扩张。静电致动的缺点在于致动力较小，如果希望获得较强的致动力，就必须提高电极间的电压，而这有可能造成绝缘措施失效。通常情况下，静电致动器的工作电压在 200 V 左右，而在此电压下其行程约为 10 μm（与电极的结构尺寸相关）。

电磁式致动器具有致动力大、响应速度快的优点，但其不易与其他 MEMS 器件集成。

另外，所谓的蠕动型微型泵实际上是将一组致动器组合在一起，并使其轮流工作，从而获得较长的传输行程，其致动原理与往复式的微型泵并没有区别。图 10 - 6 所示为蠕动型微泵的工作过程。

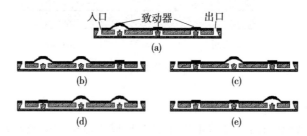

图 10 - 6　蠕动型微型泵的工作过程

10.2.2.2　MEMS 的微型阀

在医疗、汽车等行业中，MEMS 的微型阀已经得到了广泛的应用。但对于空间微小航天器的推进系统而言，微型阀距离应用还存在一定的差距，这是因为空间推进系统对微型阀的要求更为特殊。其要求主要有以下几点。

1）尺寸和质量的要求。对于 MEMS 微型阀，封装后的阀门质量可能比一个利用微机械加工工艺制造出的电磁阀轻不了多少，因而在一个系统需要配备几个阀门时，如何减轻 MEMS 微型阀门的质量和减小体积就成为首要的技术目标。

2）功率消耗的要求。微小航天器上可用的功率非常有限，因此一个微型阀的功率消耗不应超过几瓦。有时为了热防护的需要，必须对功率消耗进行强行限制。如果可能的话，需要研究自锁阀门，这样就可以只在进行打开或关闭动作时提供功率。

3）供电电压的要求。目前一般的航天器总线电压为 28 V，对于微小航天器，总线电压希望更小一些。如喷气推进实验室研制的 MTD II 微型航天器的总线电压为 ±15 V，而未来微小航天器的设计电压可能不会超过 5 V。这些航天器上使用的微型阀应该能在低电压下工作，或者需要增加一个小功率、高集成度的电路处理单元。

4）响应时间的要求。为了使推进系统能够提供足够小的脉冲冲量，微型阀需要具有很快的响应时间。经过估算，若希望微推进系统的最小脉冲冲量可以达到 10^{-6} N·s 量级，则阀门的响应时间约在 1～10 ms 之间。

5）泄漏率的要求。任何阀门的阀座处都有一定程度的泄漏，在常规航天器上使用的阀门，认为可以接受的气态氦泄漏率在 10^{-4}～10^{-3} scc/s 之间，而对于一个 1～10 kg 的微小航天器，阀门的泄漏率则须达到 10^{-6}～10^{-5} scc/s 量级。

6）液体推进剂相容性的要求。有些推进剂（如肼）不能和硅基材料相容，这就需要在硅基材料表面覆盖不会被推进剂渗透的钝化膜，或者在和推进剂接触的部分使用其他可以相容的材料，比较有潜力的是一种"混合式"（硅加其他材料）的 MEMS 设计。

7）阀门密封压强的要求。阀座处的泄漏可以通过增加阀门的密封压强来减小。由于大多数 MEMS 微型阀的阀座都采用硬质材料制成，这需要比软质阀座大得多的密封压强，所希望的阀座密封压强大于 100 MPa。

8）过滤器的要求。就像目前控制多余物的常规做法一样，在微型阀入口处集成过滤器是必要的。现在还不清楚过滤精度的设计原则，通常要求杂质颗粒的尺寸要比阀门行程和阀门座宽度小得多。

MEMS 的微型阀与往复式微型泵类似，都是利用各种微型致动器驱动可动机构从而使阀门关闭或打开。常用的致动原理包括：热气致动、压电致动、静电致动、电磁致动及形状记忆合金致动等。

图 10 - 7 所示为热气致动的 MEMS 微型阀，可以看出其工作原理与热气致动的微型泵基本相同，可动机构的上方存在空腔，空腔内布置了电阻加热器，当加热器工作时，空腔内气体膨胀，驱动阀芯运动则阀门开启。

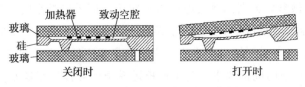

图 10 - 7　热气致动的微型阀工作原理

利用各种机理的微驱动器设计的微型阀还有很多，但其结构原理大多与热气致动微型阀类似，即利用致动器驱动阀芯运动促使阀门的开启或关闭，在此不再冗述。表 10 - 2 列出了现有几种 MEMS 的微型阀性能参数，表 10 - 3 对常见 MEMS 的微型阀进行了比较。

表 10 - 2　MEMS 的微型阀性能参数

	热气致动阀	双金属片阀	形状记忆合金阀
工作压力/MPa	7	1～4	7～30
功率/W	2	0.5	0.3～2
质量/g	4.5	8.8	—
响应时间/ms	400	100～300	打开 1，关闭 20
流量/sccm	15 000	150	6 000
泄漏率/sccm	—	—	0.01

表 10 - 3　常见 MEMS 的微型阀比较

	热气动阀	双金属片阀	记忆合金阀	静电致动阀	压电致动阀	电磁致动阀
尺寸及质量	优秀	优秀	优秀	优秀	优秀	优秀
功　耗	良好	良好	良好	优秀	优秀	优秀
致动电压	中等	良好	—	极差	极差	中等

续表

	热气动阀	双金属片阀	记忆合金阀	静电致动阀	压电致动阀	电磁致动阀
响应时间	极差	极差	极差	优秀	优秀	优秀
工作压力	较差	较差	较差	极差	中等	中等
泄漏率	极差	极差	极差	极差	中等	中等
密封力	中等	中等	中等	极差	良好	良好

10.2.3　MEMS 的微推进系统

利用 MEMS 技术可以制造出体积非常小和质量非常轻的设备，这为有着严格体积和质量要求的微小航天器提供了技术保障，尤其对于要求多推力器单元工作的姿态控制任务。下面介绍几种主要的 MEMS 微推力器，它们都处于早期研制阶段，一旦通过可行性验证将很快进行飞行验证阶段。

10.2.3.1　MEMS 的微型固体推力器

在固体火箭发动机中，燃料，氧化剂和粘合物混合起来并以固态形式贮存。固体发动机的特点在于其结构致密，比冲较高（介于单组元发动机和双组元发动机之间），另外，对于固体火箭发动机来说不需要担心推进剂的泄漏问题。曾有人担心推进剂通过喷管暴露在真空中而升华，但事实表明，即便在航天器上经过 10～15 个月后，固体火箭发动机的性能也不会下降。在麦哲伦任务中，一个 ThiokolSTAR - 48 - B 发动机进入太空 462 天后才为金星轨道插入点火，另一个 ThiokolSTAR - 24 发动机经过 225 天才点火。

图 10 - 8 显示了一种基于 MEMS 技术的微型固体推力器，每一个推力单元都有推进剂存贮腔、点火器及喷管等部分。喷管和推进剂存贮腔通过刻蚀工艺获得，并利用键合的手段将几层结构连接起来。每个喷管的喉部附近都集成了点火电路，为防止燃烧产生的热量通过热传导引起临近推力单元的误燃，在推力单元之间加工了隔热槽。采用热电阻方式点火，热电阻阵列可选址，每个单元都能够独立控制。

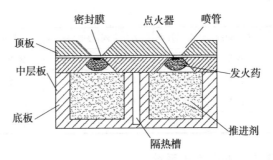

图 10 - 8　MEMS 的微型固体推力器

10.2.3.2　MEMS 的场效应静电推力器

　　场效应静电推力器利用强静电场加速离子并使其喷出，从而产生推力，所需的离子通过强静电场从液态金属中抽取。图 10 - 9 所示为场效应静电推力器的工作原理，它主要由发射极、引出极及中和器等组成。固体推进剂贮存在发射器内腔中，工作时加热内腔使推进剂液化，毛细作用使得推进剂流向发射器出口的狭缝，即喷嘴。喷嘴和引出极之间施加高压电场（约 109 V/m）使金属离子化，在高压电场的作用下离子克服表面张力脱离液体金属，经电场加速后射出，从而产生推力，加速后的离子速度可达 105 m/s。

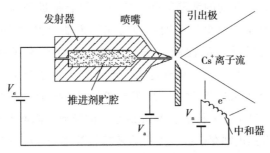

图 10 - 9　场效应静电推力器的工作原理图

　　MEMS 的场效应静电推力器与传统场效应静电推力器具有相同的工作原理，但它用一种类似微型火山的中空结构取代了发射器尖端，强电场在火山出口边缘产生。

　　MEMS 的场效应静电推力器具有很多优点，如减小了尺寸和质量，具备良好的推力器模块设计能力以及易于与航天器其他子系统的 MEMS 组件集成等。其设计面临的挑战是避开离子加速所需的高电压。不过，由于 MEMS 加工技术的特点，其推力器的电极间距也比传统推力器的电极间距小很多，所以获得同样电场强度时所需的加速电压也低得多，这在一定程度上为推力器设计提供了便利。

　　MEMS 的场效应静电推力器面临的又一挑战是需要研究 MEMS 结构材料与典型推进剂之间的相容性问题，以及推进剂与材料的润湿性能。因此，微火山口和发射器尖端需要镀金属层，以保证与传统推力器相同的润湿性能。另外关于离子轰击引起结构的喷溅腐蚀和微加工阵列与推进剂之间的距离误差也需要开展研究。

10.2.3.3　MEMS 的电阻加热推力器

　　MEMS 的电阻加热推力器最早由美国空军研究实验室（AFRL）的安德鲁等人于 1997 年提出，其工作原理是利用薄膜电阻加热器，通过推进剂分子与加热器和壁面的碰撞，将能量传递给推进剂，再经过喷管喷出产生推力。它的工作压强为 50～500 Pa，推力器尺寸很小，通道宽度只有 1～100 μm，推进剂以分子状态流动。

　　图 10 - 10 所示为一个基于 MEMS 的自由分子流电阻加热推力器，它由 4 层结构组成，利用 MEMS 加工技术，在第一层硅片上加工出微喷管，第二层硅片上加工出燃烧室与微通道，并将加热电阻

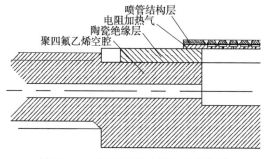

图 10 - 10　MEMS 的电阻加热推力器

与热电偶沉积在此层结构上。陶瓷层起到绝热的作用，同时从陶瓷层上接出外部引线。在聚四氟乙烯结构层上加工了推力器与外部管路的接口，从而实现推进剂的供应和室压的测量。

10.2.3.4　MEMS 的双组元推力器

MEMS 的双组元推力器的推力产生机理与双组元液体火箭发动机完全相同，即氧化剂和燃料在燃烧室内雾化、混合、燃烧并因此膨胀加速从喷管喷出，从而获得推力。但是，MEMS 的双组元推力器可能是受微小尺度效应影响最大的一种 MEMS 推力器。由于流道、喷注器及燃烧室的尺寸都非常小，推进剂很难得到充分的雾化混合，这对喷注器的设计提出了很高的要求。另外，如何将燃烧室内的温度控制在合适的温度范围内也是需要重点考虑的问题，温度太高会损坏硅基推力器的结构（熔融键合结构会在 1 000 ℃左右时被破坏），温度太低又会导致推力器性能太差。

MEMS 的双组元推进系统如图 10 - 11 所示，该系统通过将微型阀门、微型泵、燃烧室、喷管以及必要的推进剂流道集成在一个芯片上而实现。推进剂通过微型泵的增压后进入燃烧室，并在燃烧后通过喷管喷出从而产生推力。推力器采用了互击式的喷注器结构，并且，为了省略点火装置，MEMS 的双组元推力器一般都选用能够自燃的氧化剂和燃料。

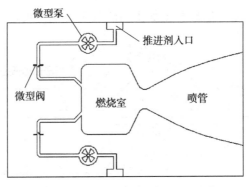

图 10 - 11　MEMS 的双组元推进系统

10.3　MEMS 微推进的性能计算

　　MEMS 的微推进系统多种多样，各种微型泵、阀的致动原理也层出不穷。下面挑选几种具有代表性的微型泵、阀的致动器和微推力器，对其性能计算方法进行简单的介绍。

10.3.1　MEMS 的微型致动器

　　MEMS 的微型泵、阀具有很多种致动方式，在此对应用比较广泛的压电致动和静电致动方式的性能计算方法进行介绍。

10.3.1.1　压电致动的性能

　　压电致动器由压电陶瓷和电极组成，通常为块状或圆片状，采用环氧树脂胶粘接在需要致动的膜片上。这种致动器变形大（相同驱动条件下膜片越薄，则变形量越大且与驱动电压和频率成比例）、响应快、致动力大（可达 1 kN）、功耗也较小。通常将多片压电陶瓷叠成压电堆或压电块以增加致动力和应变量，其缺点是致动电压相对较高（30~150 V）。图 10‑12 所示为一个典型的压电陶瓷叠堆。

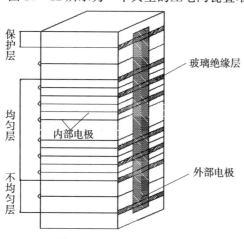

图 10‑12　压电陶瓷叠堆

根据压电陶瓷材料的特性，其在电场的作用下将产生机械应变，而在应力作用下会产生电场。电场作用下材料的应变

$$\varepsilon = d_{33}V \qquad (10-1)$$

式中　V——电场强度，单位为 V/m；

　　　d_{33}——压电晶体的压电系数，单位为 m/V。

压电陶瓷材料的机电转换系数 K 是指机械能到电能的转换系数

$$K^2 = \frac{E_m}{P_{in}} \qquad (10-2)$$

式中　E_m——输出的机械能，单位为 J；

　　　P_{in}——输入的电能，单位为 J。

应力产生的电场

$$V = f\sigma \qquad (10-3)$$
$$f = (E \cdot d_{33})^{-1}$$

式中　σ——施加的应力，单位为 Pa；

　　　f——压电常数；

　　　E——压电材料的杨氏模量，单位为 Pa。

压电材料产生的力与电压的关系

$$F = N\left(\frac{S}{L}\right)d_{33}EV \qquad (10-4)$$

式中　N——压电薄膜的层数；

　　　S——压电薄膜的截面积，单位为 m²；

　　　L——压电陶瓷的叠堆厚度，单位为 m。

表 10-4 中列出了常见的压电晶体的性能参数，根据表中的数据及式（10-1）～式（10-4），即可求得压电陶瓷叠堆所能够输出的位移和力。另外，由于压电陶瓷致动器的致动力很大，将其应用在微型泵与微型阀中时，基本不需要考虑结构对其的约束，其输出位移即是泵膜或阀芯的行程，当然，此形成要在基体材料允许的范围之内，不能对器件本身造成破坏。

表 10 - 4　常见压电晶体材料的性能参数

压电晶体	压电系数 $d_{33}/(10^{-12}\,m/v)$	机电转换系数 K	密度/ (kg/cm^3)	杨氏模量 $E/$ GPa	相对介电常数/ ε
石英 （晶体 SiO_2）	2.1	0.1	2.27	73.0	—
钛酸钡 （$BaTiO_3$）	100~190	0.49	—	—	—
锆钛酸钡 （PZT）	635	0.72	8.0	58.25	5 440
PZT - 8	232	0.53	8.0	54.00	970
PZT - 4	350	0.58	8.0	58.00	1 500
$PbZrTiO_6$	250	—	—	—	—
$PbNb_2O_6$	80	—	—	—	—
罗舍尔盐	350	0.78	—	—	—

10.3.1.2　静电致动的性能

　　根据气体放电的帕歇尔定律，空气中发生电离放电的最低电压（对任何缝隙宽度）约为 330 V。当电极间电压低于 330 V 时，极间产生的作用力

$$F = \frac{1}{2}\varepsilon_0\varepsilon_r\,(U/d)^2 S \qquad (10-5)$$

式中　ε_0——真空介电常数，等于 $(1/36\pi)\times 10^{-9}$ F/m；

　　　ε_r——介电材料的相对介电常数；

　　　U——电极间电压，单位为 V；

　　　d——电极间距，单位为 m；

　　　S——电极面积，单位为 m^2。

　　假设膜片为周边固支的圆板，当其受到的均匀压力载荷 F 的作用时，将发生弯曲，膜片中心最大变形量

$$w_{max} = \frac{3F(m^2-1)a^2}{16\pi Em^2h^3} \qquad (10-6)$$

$$m = 1/v$$

式中　v——材料的泊松比；

　　　a——膜片半径，单位为 m；

　　　h——膜片厚度，单位为 m。

根据式（10-5）和式（10-6），当电极尺寸、间距、极间电压及膜片尺寸确定后，就可以求得膜片的变形量，并由此推算出静电致动微型泵阀的泵腔体积变化或阀芯行程。当然，由于膜片的变形会引起电极间距的变化从而导致静电力的变化。式（10-5）和式（10-6）只能粗略计算膜片的变形量，若要获得准确的数值，则需进行数值模拟计算。常用的数值计算软件，如 ANSYS、Matlab 等都可进行此类计算。

10.3.2　MEMS 的电阻加热推力器性能

自由分子流电阻加热推力器是目前技术状态最为成熟的 MEMS 推力器之一，其结构简单，工作电压低，功耗小，且与 MEMS 加工技术具有极好的兼容性。所谓的自由分子流是由于推力器尺度太小，工质在其中的传输已无法保持连续流的状态，所以对这种推力器内流体的计算方法与传统发动机的计算方法区别很大。

MEMS 的电阻加热推力器由微喷管阵列组成，其下方布置着电阻加热电路，如图 10-13 所示。

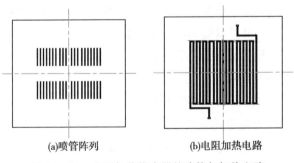

(a)喷管阵列　　　　　　　　　(b)电阻加热电路

图 10-13　电阻加热推力器的喷管与加热电路

设推力器共有 40 个推力单元，总推力 0.8 mN，则单个推力单元的设计推力为 20 μN，取水为推进剂，则推力器比冲为 687 m/s。

比冲

$$I_{sp} = \frac{F}{\dot{m}} \qquad (10-7)$$

式中　F——推力，单位为 N；

　　　$\dot{m}$——推进剂的质量流量，单位为 kg/s。

根据式（10-7）可求得，单个推力单元推进剂的质量流量 0.028 6 mg/s。

推力单元喉部面积

$$A_s = \frac{2FT_c}{\alpha p_c \sqrt{T_0 T_c}} \qquad (10-8)$$

式中　p_c——推力室的室压，单位为 Pa，此处取 300 Pa；

　　　T_0——推进剂的初始温度，单位为 K，此处取 293 K；

　　　T_c——推力室的室温，单位为 K，此处取 600 K；

　　　α——热适应系数，当温度为 300～700 K 时，其值为 0.9～0.54，此处取 0.6。

根据式（10-8），可计算出推力单元喉部面积 A_s 为 3.18×10^{-7} mm²。

10.3.3　MEMS 的双组元推力器性能

微型双组元推力器可能是自 MEMS 推进系统的概念提出以来研究的最为广泛的化学推力器。尽管如此，MEMS 的双组元推力器依然有一些技术困难无法解决。在性能方面，MEMS 推力室的设计需要进行大量的数值模拟计算工作。

为了能够尽量简化推力器的结构，在选择推进剂时应该选择能够自燃的氧化剂和燃料，并且推进剂最好可以在常温下贮存，可以选择的推进剂组合包括 H_2O_2/C_2H_5OH，$H_2O_2/$煤油以及 $N_2O_4/$UDMH。考虑到推进剂与硅基材料的相容性问题，选择

H_2O_2/C_2H_5OH的推进剂组合。为了实现推力室的冷却，可以在推力室外壁加工出流道对推力室进行水冷，如图 10 - 14 所示。

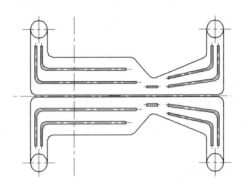

图 10 - 14　推力室的冷却流道

　　推力室的主要设计参数见表 10 - 5，根据双组元液体火箭发动机的相关公式，此处就不再冗述，对推力室进行热力学计算，获得的数据在见表 10 - 6。

表 10 - 5　推力室的主要设计参数

参　　数	符　号	单　位	数　　值
真空推力	F_v	N	0.4
混 合 比	r_{mc}	—	3.2
室压	P_c	MPa	0.5
喷管面积比	ε	—	14
特征长度	$L*$	mm	138
喷管效率	η_n	—	0.80
燃烧效率	η_c	—	0.93
比冲效率	η	—	0.744

表 10 - 6　推力室的热力计算结果

参　　数	符　号	单　位	数　　值	备　注
混 合 比	r_{mc}	—	3.2	
推进剂焓值	I	kJ/kg	6 534 801	总焓值

续表

参　数	符　号	单　位	数　值	备　注
理论真空比冲	I_{sv}, th	m/s	2 692	
理论特征速度	$C * $ th	m/s	1 519	
燃气温度	T_c	K	2 304	燃烧室内
燃气气体常数	R_c	J/（kg·K）	417.84	燃烧室内
燃气分子量	M_r	g/mol	19.9	燃烧室内
等熵指数	n	—	1.23	燃烧室内

10.4　MEMS 微推进的研究现状

MEMS 技术可以制造体积非常小和质量非常轻的设备，这为质量和体积有着严格要求的微小航天器提供了技术保障。MEMS 的微推进系统尤其适用于微小航天器上要求多推力器单元工作的姿态控制任务。不过，总体上 MEMS 的微推进系统仍处于早期研制阶段，大多处于可行性研究或原理实验研究阶段，若要真正应用在微小航天器上，还需要进一步的研究。

MEMS 的微推进领域还存在很多值得探讨的问题，单独的MEMS 部件可以达到高度小型化，但经过装配、封装、加防护层及电路连接，其质量和体积不会比现有传统的微型推力器有显著降低。例如，不采用 MEMS 技术制造的冷气推力器加微型电磁阀的质量也仅有 7 g 而已，在此情况下似乎看不到 MEMS 微推进系统的技术优势。但是，如果将 MEMS 推进部件与其他推进部件以及控制电子器件集成在一起，它的质量和体积将比非 MEMS 微型化部件显著降低。例如，将 MEMS 推力器与 MEMS 阀门和过滤器集成，电子设备直接集成到芯片上，就将形成一个极为紧凑的模块，使得推进系统乃至整个微型航天器的体积和质量大大减小，成本显著下降。如果采用传统的微型化器件，只是将其与 MEMS 微推力器相连接，就无法产生较大的技术优势了，而且在经济上也不合算。

另一方面，MEMS 微推进的概念也面临着许多挑战。硅是目前 MEMS 技术领域的主要材料，从继承性的角度考虑，硅与其他材料（沉积在硅基材料上的氧化硅、氮化硅及推进剂等）的相容性问题需要进一步研究。为避免设计上的难题，非硅基材料的微加工技术也需要进一步研究，这主要依赖于微加工技术的发展。

MEMS 阀门技术也需要进一步的技术创新，当前的 MEMS 阀门都使用硬对硬阀座（硅-硅），密封力相对较低，推进剂泄漏的问题较难解决。因此，将来需要研制软密封、快速响应的 MEMS 阀门。

尽管还存在着种种问题，MEMS 微推进系统还是代表着微推进技术的发展方向，它可以将推进系统微型化到空前的水平，是微小航天器应用的关键技术。下面将简要介绍 MEMS 微推进技术的发展现状，包括微型泵、微型阀和微推力器。

10.4.1　MEMS 的微型泵发展现状

麻省理工学院（MIT）利用压电叠堆振子制作了高频率、大流量压电叠堆式压电薄膜泵，其特点是可以在高电压、高频率下工作。其微型压电泵（压电振子为直径 1 mm、高 1 mm 的圆柱形压电叠堆）在峰值电压为 1 200 V（基压 600 V）、频率为 4.5 kHz、输出压力为零时的最大输出流量可达到 3 mL/min。压电薄膜泵虽然结构相对复杂，但可实现流量精确控制。瑞士学者迪迪埃·马耶费等设计了一种植入式低流量微型硅截止阀压电泵，在流量为 0~0.1 mL/h 的范围内，每个工作循环输出流量精度可达±10%。

荷兰特文特大学（Twente University）研制的热气驱动微型泵，其驱动输入电压和功率分别小于 10 V 和 2 W，在驱动频率为 5 Hz 时，可以实现的输出流量为 0~50 μL/min。

形状记忆合金（Shape Memory Alloy，SMA）与压电、静电和热气等驱动方式相比，具有最高的做功密度（$5 \times 10^7/J/m^3$）。通常应用的形状记忆合金为 NiTi 合金薄膜，其优点在于输出位移和功率很大。采用 Si 泵膜的微型泵的应变一般低于 0.2%，而 NiTi 泵膜在一次性循环条件下可产生 8% 的应变，即使在多次循环条件下，也能产生 3% 的应变。由于可恢复应变大，所以每次泵程所输出的流体体积也大。另外，NiTi 薄膜的电阻率约为 100 $\mu\Omega/cm$，可通过调节焦耳加热电流来控制驱动力。经计算，NiTi 薄膜泵在 200 mN 的恒定载荷下，可达到 80 μm 的冲程。

E·匡特等人利用稀土超磁致伸缩材料（GMM）薄膜型执行器设计了 MEMS 微型泵，其基片由硅材料制成，上侧镀上具有正磁致伸缩效应的 TbDyFe，下侧镀上具有负磁致伸缩效应的 SmFe。该泵的流量可通过调整磁场频率而改变，当超磁致伸缩薄膜向上偏转时泵吸液，当向下偏转时泵排液。当外磁场变化频率为 2 Hz 时，泵的输出流量可达 10 $\mu L/min$，输出压力可达 100 Pa。

电水力泵的原理是通过诱导液体中的电荷运动而产生动量，带动流体运动。微型电水力泵按其驱动电压类型可分为两种：一种是在平行电极间施加直流电压的电水力学（EHD）泵，另一种是在电极阵列上施加不同相位行波电压的 EHD 泵。其原理比较新颖，但这种泵对液体的导电特性有特殊的要求，往往还需要在液体中注入离子，这使其应用受到很大的限制。

关于 EHD 泵的设想起源于 1960 年左右。1990 年，巴特和里克特等人采用这种思想制作了 EHD 微型泵。在他们的设计中使用的基本原理是 EHD 感应效应，也就是感应电荷在流体-流体之间或流体-固体边界层之间生成和移动以及基于电化学的结构和电荷离子移动的 EHD 的注射效应。具有同向硅栅格电极和在相反面上有金镀层的微型泵的许多硅晶片通过各项异性蚀刻和喷溅镀层的方法阳极化粘结在一起，并放在流体管路中。栅格的间距通过晶片的厚度定义。在电极之间施加高的电压把离子注进液体中。

射频和超声波泵使用渐进机械波的拖动力或者使用垂直振荡表面的"石英风"，石英风在固-液表面产生，例如微型管路的边壁或者端壁。试验波装置诸如压电超声波或射频变频器被用于生成能量，生成能量的频率从超声波的范围一直到数十兆赫兹。

新加坡南洋科技大学和美国加利福尼亚大学共同研制一种超声弯曲平面波微型泵（ultrasonic flexural plate wave micropump），简称为超声泵（acoustic pump）或 FPW - 泵，是一种无阀泵。它是基于超声流（acoustic streaming）现象实现流体输出的，当弯曲波在薄膜内传播时，在靠近薄膜的液体内出现了高强度超声场，它促使超声场内的液体沿着超声波的行进方向流动。压电超声泵的特点是：工作电压低，不发热，而且对所传输的液体/气体类型没有限制，可用于传输包含 DNA 及其他生物试样的液体等。加利福尼亚大学的奥德拉·H·孟等利用辐射超声波振子（radial transducer）制作了压电超声泵，在输入电压为 12 V、工作频率为 3.79 MHz 时，获得最大输出流速 1.15 mm/s。另外，辐射超声波振子还成功地使直径 2 nm 的聚苯乙烯球聚束通过了宽度不足 100 nm 的束腰（beam waist）。

还有许多微泵采用了新型的驱动原理，如热气驱动的蠕动式无阀泵，膜片与管道之间的间隙处于常开状态，加热驱动膜片使间隙关闭，膜片的顺序动作促使流体定向流动；电能微型泵，利用渗透的水珠的毛细作用来填充溶合的硅石，并在两端使用铂电极；电化学置换微型泵，通过电流注射在充满电解液的容器中产生气泡，相应容积的增加将在旁边的弯管中产生连续和稳步的置换，将流体输送出去；基于黏性的微泵，利用旋转轴与上下两端壁面的距离不同所造成的黏性力的不同来实现流体的定向输送等。

10.4.2　MEMS 的微型阀发展现状

MEMS 的热气动阀是由斯坦福大学的安吉尔和斯迪布里克在 20 世纪 70 年代末 80 年代初研制的。后来斯迪布里克成立了红木公司（Redwood）并将热气动阀门用于商业市场。阀门的硅片上刻蚀有凹槽，硅片上下两面键合耐热玻璃（Pyrex），其中上层玻璃集成电阻加热器（加热器集成在玻璃上是因为玻璃的隔热性能好于硅）。硅片凹槽与上层耐热玻璃形成的密封腔体中封装有液体，给加热器通电后，腔体内的流体就会被加热到沸点并气化，产生的蒸气压力推动硅片薄膜向外弯曲，从而使阀芯离开阀座，开启阀门。虽然理论上这种阀的密封腔内可以应用任何与阀门材料相容的液体或气体，但当腔体内流体的热量传递给推进剂时，会对阀门的动作产生影响，即这部分热量会加热阀门并使阀门打开，或导致阀门关闭滞后，所以需要强制对流冷却。显然导热性好的液体推进剂所受的影响要比气体推进剂所受的影响大的多。红木公司选择了沸点在 $56 \sim 253$ ℃范围内的 3M Fluorinert 液体。

美国的惠普和 IC 传感器公司、德国的罗伯特博世股份有限公司致力双金属片微型阀的研究工作。作为另一种热致动阀的概念，双金属片阀只适用于气体。惠普的阀门工作压力为 35 kPa～14 MPa，流量为 $0.1 \sim 1\,000$ sccm，阀门的响应时间约为 100 ms，整个响应周期较长是因为需要时间来冷却薄膜。

另一种双金属片阀由 IC 传感器公司的耶尔门研制，该微型阀的工作压力为 0.35 MPa，最大的流量为 150 scc/s，在 0.2 MPa 的入口压力时泄漏率为 3×10^{-4} scc/s。阀门完全打开的时间依功率不同在 $100 \sim 300$ ms 之间，而关闭时间要等阀门冷却下来，这导致总的响应周期在 $250 \sim 450$ ms 之间，该阀的功率为 0.5 W，封装后的质量为 8.8 g。

形状记忆合金阀由 Microflow 和 TiNi 合金公司研制。该阀的入口压力为 $0.7 \sim 2.8$ MPa，最大流量为 6 000 sccm，响应时间为打开 1 ms，关闭 20 ms。功率在 $0.3 \sim 3$ W 时测得的泄漏率为 0.01 sccm。

麻省理工学院与德国的罗伯特博世公司合作研制了静电致动微型阀，该阀门的工作压力可达 15 MPa，阀芯行程为 5 μm。

依萨希等人设计了压电致动微型阀，该阀门的打开电压为 $50 \sim 100$ V 之间。在 0.75 atm 的压力下，提供 $0 \sim 100$ V 的致动电压可以控制 $0.1 \sim 90$ sccm 的流量。根据压力的不同，当不给致动器提供电压时，阀门的泄漏率为 0.1 sccm 或者更小。

此外，美国、德国正在研究其他的压电致动阀，瑞典的 ACR 电子公司与乌普萨拉大学也在欧洲空间局的资助下联合开展微型压电致动阀的研究工作，准备用于微型冷气推力器上。该阀正在研制过程中，但目前还没有可喜的突破，只是研究结果表明，采用堆栈式压电致动器更为有利，因为每个堆栈式致动器单元产生的收缩变形可以被叠加，因而可以只提供 25 V 的电压而获得较大的收缩变形。这种叠加方式的好处在于压电致动器在小变形时可以产生较大的力。虽然每个单元的变形量很小，但可以获得较大的致动力。喷气推进实验室也进行着相似原理概念的阀的研究工作，但这些研究还处于初始阶段。

　　目前已有多种形式的电磁致动阀正在研究，然而，由于 MEMS 技术制造的线圈能力有限，所以目前常使用外加线圈或永磁铁，这被称为混合式 MEMS 设计。图 10 - 15 所示为其中一种形式，螺旋状弹性阀盖（阀门头）是通过在镍铁合金磁性材料制成的薄片上溅射沉积氩粒子束制成的，阀门头与阀体相连。阀体集成阀门座和阀门出口。整个阀门插入一个管子内，电磁线圈置于管子外部。根据通电线圈产生的磁场及线圈电流方向的不同，产生向上或向下的力作用于磁性阀头，控制阀门的开启与关闭。

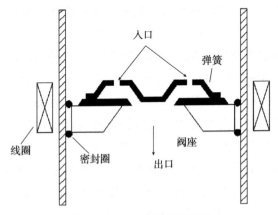

图 10 - 15　电磁致动微型阀

喷气推进实验室目前正在开展一种基于 MEMS 技术的隔离阀的研究工作，该阀集成在一个仅为 1 cm×1 cm×0.5 cm 的硅晶片上，其设计思想是用一个被掺杂硅的隔离塞堵住流道，阻止流体通过。隔离塞是通过蚀刻法加工成形的阀门的一部分，起密封作用，可以隔离杂质并承受阀门产生的轻微振动。当给宽度很窄的隔离塞（厚度为 10～50 μm）通电时，随着产生的热量的扩散，塞块会熔化并破裂，被上游的高压流体冲走，则阀门打开。

10.4.3　MEMS 的微推力器发展现状

MEMS 的场效应静电推力器的研究主要集中在意大利的 Centrospazio，美国的斯坦福国际研究院也对这种推力器进行过早期研究。美国空军研究实验室、南加州大学（USC）与喷气推进实验室合作开展了多种形式的微离子发动机的概念研究和组件研制。微离子发动机具有高比冲、高推功比以及使用无毒、无污染推进剂等优点，并且能够以连续方式工作。麻省理工学院的初步研究表明，极小的推力器尺寸导致推力器效率极低。然而，要研制如此小的微离子发动机，需要解决几个关键问题：高表面积与体积比下持久有效的等离子体放电；用低功耗、易于微型化的场发射器基阴极系统取代空心阴极，作为发动机的阴极和中和器；微型加速栅极系统的制造可行性和工作可行性；微型功率调节单元的制造可行性和工作可行性；微型化管路部件的研制。

离子发动机关键部件（阴极、中和器和栅极）的微型化是微型离子发动机研制的基础，因此，喷气推进实验室开展了这些部件的研究，包括用作离子发动机阴极和中和器的场发射器阵列以及离子发动机栅极技术等。在等离子体放电中运用场致发射阵列技术面临的挑战是精细的负偏差发射器尖端暴露在恶劣的等离子体环境中，由于离子轰击引起的喷溅腐蚀导致尖端腐蚀，并严重改变发射特性。同时，由于腐蚀使得发射器尖端变钝，使得发射电压急剧增加。喷气推进实验室与密歇根大学合作，在不同环境压强下，对不同发射器尖端材料及其工作特性进行了可行性研究。他们采用排斥静电力方法使电子能量与场致发射阵列门电压相互独立，设计了所谓的阴极镜头和离子排斥器列阵用于阻止离子到达发射器尖端。

南加州大学与美国空军研究实验室一起提出了空心阴极离子发动机的概念，其放电室由直径 1 cm 的半球圆顶和一个平面孔板组成，平板中心有一个直径 1 mm 的孔，圆顶和孔板互相电绝缘。圆顶加负电压，孔板加正电压，圆顶表面和孔板之间形成电场，并且在中心孔附近电场最强。从阴极发射的电子进入电场最大的区域，并电离推进剂工质。该发动机的优点是强电场直接聚焦电子路径，不需要束缚电子的磁场。采用 Ar 作为推进剂进行试验，电离所需的放电电压为几百伏特，放电室的压强大于等于 100 Pa 时，通过朗缪尔探针对羽流进行测量，可知离子化率仅为 0.1%。在发动机内部可能有较高的离子化率，或者可以用场致发射阴极阵列（布满圆顶内表面），增加阴极表面的电子电流以提高离子化率。要完成离子发动机的设计，还需要栅极系统和中和器。然而，初期的研究仅集中在等离子体的产生过程。格伦研究中心正在研究另一种形式的空心阳极离子发动机。

宇航公司、美国空军研究实验室和喷气推进实验室都在致力于MEMS 的电阻加热推力器的研制。空军研究实验室的研究是基于推力器热交换器区域分子流动的自由分子流微电阻加热推力器（FMMR）；喷气推进实验室的研究是蒸发液体微推力器（VLM），它采用相变推力器概念，主要研究液体推进剂蒸发产生推力，避免了推进剂的贮存和泄漏问题。南加州大学与空军研究实验室合作研制的 FMMR 推进系统于 2003 年 2 月 23 日在质量为 8 kg、功率为30 W 的旅行者 1 号（Traveler Ⅰ）微卫星上进行了飞行技术验证试验，主要用于卫星的姿态控制和提供巡航动力。

层流推力器的设计思想是将加热器沉积在一个独立的薄膜上，推进剂先供应至硅片上的光刻微加工通道，再在薄膜周围流过。宇航公司设计的蒸发液体微推力器，加热器沉积在微通道壁的两侧，再利用各向异性光刻技术加工方形喷管。加热器元件的材料为多晶硅和金，因为金加热器的电阻较低，所以要求的电压低。宇航公司和喷气推进实验室已经加工了多个推力器芯片，喷气推进实验室进行了推进剂为水的验证试验，其输入功率为 2 W，电压为 2 V。由于没有合适的诊断方法，没有进行流量和推力的测量。目前，喷气推进实验室与普林斯顿大学合作，正在进行推力器性能方面的研究。

固体气化推力器的研究开始于 20 世纪 60 年代，主要研究单位包括火箭研究公司（现在的 Primex 公司）、洛克希德公司（现在的洛克希德·马丁）、NASA 戈达德研究中心。固体气化推力器的原理是高气化压强的固体推进剂（如氢硫化铵、氨基甲酸铵）被加热，推进剂贮箱的压强上升，蒸气通过阀门和喷管喷出，产生推力。推力器的比冲为 491～736 m/s，适用于航天器的姿态控制。遗憾的是上面所提到的推进剂有毒，且容易通过皮肤接触吸收。也有其他的气化推进剂，但气化压强很低。

喷气推进实验室以 MEMS 技术为基础提出了气化固体微推力器（Subliming Solid Microthruster，SSM）。其特点是结构简单，推力器芯片由一个微喷管和一个微加工过滤器组成。设置过滤器为了防止由于推进剂颗粒在推力器内漂移堵塞喷管。由于经费限制，SSM 的研制暂时搁置。

瑞典的 ACR 电子公司和乌普萨拉大学（Uppsala University）在欧洲空间局的资助下从事基于 MEMS 的冷气推力器的研究。由 4 个推力器模块与压电晶体阀门组成的系统集成在一个硅基片上。由于采用多层压电致动器，阀门的工作电压降至 24 V，其功耗远低于典型的 100～200 V 的压电致动微型阀。整个推力器（包括电子器件和结构）的质量约 70 g，直径为 40 mm，每个推力器产生的推力为 0.1 mN。目前正在进行硅基锥形轴对称微加工喷管的研制，采用激光刻蚀技术进行加工，激光加热并融化部分硅表面，氯气与融化硅反应形成挥发性的氯化硅，形成光刻通道。制造过程可以一次先加工半个喷管，然后将两部分键合在一起。冷气推力器适用于微型航天器的姿态控制，但推进剂的贮存和泄漏问题是设计的关键。

麻省理工学院正在进行泵压式双组元推力器的研制，主要进行硅基芯片双组元推力器的可行性验证。推力器的设计目标是流量为 5 g/s 时，推力 15 N。氧化剂和燃料泵所需功率为 75 W，设计上需要攻克的关键技术包括：MEMS 尺度下的燃烧、硅基材料芯片的热损失、推力器冷却、氧化剂和燃料泵的轴承制造，以及高速泵的研制。双组元推力器的推质比很高，预计可达 2 000：1。

数字化微推力器阵列通过在一个基片上放置很多微加工的单脉冲推力器形成，每个推力器只能工作一次，它通过单个推力器点火提供预定的脉冲冲量，可用于航天器的姿态控制。有多家单位正在研制四种形式的数字推力器阵列，包括：天合集团与宇航公司、加利福尼亚技术学院合作研制的数字化微推力器阵列；法国系统分析与建筑实验室（LAAS）研制的数字化微推力器阵列；霍尼韦尔与普林斯顿大学合作研制的数字化微推力器阵列；格伦中心研制的数字化微推力器阵列。

在天合集团和宇航公司，数字化微推力器阵列的研制目标是在直径 10 cm 的基片上布置 $10^4 \sim 10^6$ 个推力器，目前已经做到单个基片上加工 19 个腔体。阵列采用硅基片加工，每个推力器包括一个光刻形成的腔体，硅基片的一侧密封多晶硅加热器，另一侧用氮化硅薄膜密封。腔体内的固体或液体推进剂被加热气化或点火，一旦压强足够高，氮化硅薄膜破裂，产生一个脉冲冲量，脉冲冲量的大小由推进剂的多少和出口速度确定。目前的结构形式是加热器元件在腔体的底部，另一侧微喷管和薄膜。

在法国，数字化微推力器阵列采用陶瓷基片作为推力器材料，缩水甘油叠氮聚合物（GAP）作为推进剂。推力器阵列背面的推进剂集液腔采用耐热玻璃与陶瓷密封形成，正面腔体采用氮化硅和氧化硅薄膜密封，并与多晶硅电阻器集成。每一个腔体有一个电阻器，它作为单独的点火器，点火器通过电阻加热使推进剂点火。其燃烧进程为反向燃烧，即从喷管出口面向腔体内发展，这样可以阻止未燃烧的推进剂从喷管喷出。随着燃烧压强的增加，腔体内的密封薄膜和加热元件被吹掉，燃气从喷管喷出，产生推力。喷管作为腔体的一部分，在加工阶段也充填推进剂，当这部分推进剂喷出之后，剩余的推进剂燃烧产物从喷管喷出。在当前的技术水平下，每一个基片上可以放置 16 个腔体，推力器阵列密度为 $3 \times 10^3/cm^2$。单腔的燃烧过程较长，大约为 4 s。推力随喉部直径的变化而变化，当喉部直径为 $1 \sim 2$ mm 时，测得单腔峰值推力为 $5 \sim 10$ mN。通过合理的喉部直径和腔体设计，预计可以得到的推力范围为几百微牛到几毫牛。

在霍尼韦尔公司，数字化微推力器阵列仅仅是概念研究。其推力器设计是推力器腔体充填液体推进剂，氧化剂与燃料分开贮存，中间由氮化硅薄膜隔离。通过对燃料的加热，使得燃料腔压强升高冲破中间隔膜，氧化剂与燃料混合反应。随着反应的增强，压强进一步升高，第二个密封薄膜破裂，反应产物喷出，产生离散的脉冲。设计的目标是在 10.2 cm 的硅基片上放置 10^6 个推力器，每个推力器预计的脉冲冲量为 3 $\mu N \cdot s$，每个腔体内推进剂充填量为 1.6 μg，所需的加热功率为 10 mW。整个推力器阵列的质量为 2.4 g。由于采用氧化剂和燃料两组元燃烧方式，预计比冲可以达到 1 962 m/s。

格伦研究中心考虑采用固体推进剂推力器阵列，固体颗粒被放置在单独的微加工推力室内，并进行点火燃烧。推进剂选用 LAX112（$C_2H_4N_6O_2$），它作为气体发生器化合物正在被广泛研究。通过激光或加热丝点火，推进剂分解为 N_2、H_2、和 CO。在冻结流假设下，推进剂的理论比冲为 2 394 m/s。利用铜丝、铜板或激光作为点火源，他们已经做了多种推进剂的分解试验，并获得了成功。目前正在进行其他推进剂的研究，希望获得更高的分解度。

另外布鲁尔、朗和朗迈尔等人也分别进行了数字化微推力器阵列的研究。但是，到目前为止，该领域主要还是进行基础研究，并没有实质上的进展。

参 考 文 献

[1] MULLER，J. Thruster Options for Micro spacecrafts：A Review and Evaluation of Existing Hardware and Emerging Technologies［J］. AIAA 97 - 3058，1998.

[2] YANG X，GROSJEAN C，Tai Y C. Design，Fabrication，and Testing of Micromachined Silicon Rubber Membrane Valve［J］. Journal of MEMS，1999，8（4）：393 - 402.

[3] DAVID H L，SIEGFRIED W. Janson，Ronald B. Cohen，et al. Digital MicroPropulsion［J］. Sensors and Actuators，2000，80（2）：.

[4] 王沫然，李志信. 基于 MEMS 的微泵研究进展［J］. 传感器技术，2002，21（6）：59 - 61.

[5] 张高飞，尤政，胡松启，等. 基于 MEMS 的固体推进器阵列［J］. 清华大学学报（自然科学版），2004，44（11）：1489 - 1492.

[6] 徐泰然. MEMS 和微细统—设计与制造［M］. 北京：机械工业出版社，2004.

[7] 邵宝东，孙兆伟. 基于 MEMS 的微槽冷却系统在微纳卫星热控中的应用［J］. 上海航天，2006（4）：34 - 38.

[8] ZHANG X，PARK S，JUDY M W. Accurate Assessment of Packaging Stress Effects on MEMS Sensors by Measurement and Sensor—Package Interaction Simuluations ［J］. Journal of Microelectronmechanical Systems，2007，16（3）：639 - 649.

[9] 黎毅力，张建辉，夏齐霄，等. 泵用压电振子动态特性的研究［J］. 中国机械工程，2007，18（17）：2088 - 2093.

[10] 张晰哲，韩先伟，陈祖奎，等. 基于水推进剂自由分子流微型电阻加热推力器的微推进系统［C］. 第五届中国电推进技术学术研讨会，大连，2009.

[11] 王勇. MEMS 技术发展及应用优势［J］. 飞航导弹，2011，（5）：85 - 89.

[12]　蒋明霞，王磊，唐洁影. 芯片粘接对 MEMS 结构稳定性的影响[J]. 中国机械工程，2012，23（18）：2155 - 2159.

[13]　QU J，WU H，WANG Q. Experimental Investigation of Silicon - based Micro Pulsating Heat Pipe for Cooling Electronics [J]. Nanoscale and Microscale Thermophysical Engineering，2012，16（1）：37 - 49.

[14]　李创新，余协正，叶迎华，等. MEMS 固体化学微推进阵列的微冲量测试技术[J]. 推进技术，2013，34（4）：572 - 576.

[15]　LEE J，KIM T. MEMS Solid Propellant Thruster Array with Micromembrane Igniter [J]. Sensors and Actuators：A，190，2013.

[16]　SHEN Q，YUAN W Z，LI X P，et al. A Fully Decoupled Design Method for MEMS Microthruster based on Orthogonal Analysis [J]. Transducers，2013.

[17]　陈婷婷，关新锋，杨杰，等. 基于压电效应的 MEMS 振动式微能源器件[J]. 微纳电子技术，2014，51（2）：110 - 114.

第 11 章　其他特种推进技术

11.1　引言

推进技术是空间活动的重要支撑技术，随着人类探索空间的活动规模不断扩大，对航天器飞行时间、载荷能力的要求也不断提高，传统的化学能推进由于比冲小、能量密度低，已很难适应未来空间活动的需要。作为未来航天发展所必要的动力基础，先进的特种推进技术一直是世界航天界锲而不舍的研究与探索目标。

特种推进技术包括电推进技术、微推进技术、核推进技术、太阳能推进技术和太阳帆推进技术等。其中电推进技术、微推进技术分别在第 9 章和第 10 章中进行了介绍，本章主要介绍其他的特种推进技术。

11.2　核推进技术

核推进（也称为核火箭）技术是指以核能作为火箭推进能源的推进技术。根据核能的形式，核推进技术分为：核裂变推进技术、核聚变推进技术和反物质推进技术。

11.2.1　核裂变推进技术

核裂变推进技术是以核裂变产生的能量为推进能源。根据能量的利用方式，核裂变推进可以分为核热推进、核电推进、混合核热/核电推进、核裂变碎片推进、核脉冲推进及核冲压推进等。这里主要介绍核热推进与核电推进两种基本形式。

（1）核热推进

核热推进是利用核裂变产生的热能将工质（一般常用液氢）加热到很高的温度，然后通过收缩、扩张喷管加速到超声速流而产生推力。

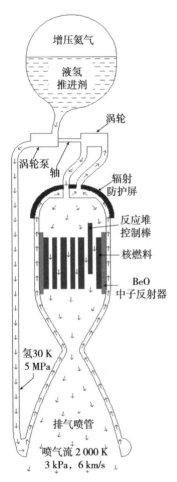

增压氦气

液氢
推进剂

涡轮

涡轮泵　轴

辐射
防护屏

反应堆
控制棒

核燃料

BeO
中子反射器

氢30 K
5 MPa

排气喷管

喷气流 2 000 K
3 kPa，6 km/s

图 11-1　核热推进的工作原理图

核热推进与化学火箭发动机相似，不同的是推进工质的能量由核裂变反应堆产生的热能提供，而非推进剂燃烧产生的化学能。核热推进的工作原理如图 11-1 所示，液氢工质经泵增压后进入喷管壁夹层，在对喷管进行冷却的同时吸收热量，变成氢气并推动涡轮做功，之后进入推力室，由反应堆产生的热能进行加热。

核热推进系统由反应堆、贮箱及涡轮泵系统、管路与冷却系统及喷管等组件构成。根据可裂变物质形态的不同，反应堆又分为固体堆芯、液体堆芯和气体堆芯三种。

核热推进的研究始于20世纪50年代，最初发展的动力主要来源于军事目的，当时是作为一种超低空飞行的核热冲压发动机的概念提出，但由于材料、工艺和技术手段落后，研制出的发动机质量太大，安全性也差，因此没有得到应用。

苏联关于核热推进的研究始于1956年，分别在固体堆芯和气体堆芯核热火箭发动机方面取得了一定的成就。在固体堆芯方面，采取非均质反应堆的方案，研制出了世界上首台核热火箭发动机RD-0410。非均质反应堆结构示意图如图11-2所示，反应堆中推进剂剂仍然是轴向流动，燃料条为扭曲型的金属基陶瓷材料条，多簇结构形式在一定程度上提高了推进剂的换热能力和温度的均匀性。在气体堆芯方面，苏联于1986年研制出了首台高温气冷堆。

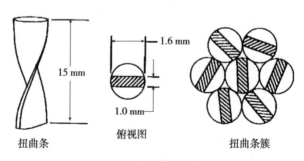

扭曲条　　　　俯视图　　　　扭曲条簇

图 11-2　非均质反应堆的结构示意图

美国从1955—1968年间投资约15亿美元，开展了巡视探测器（Rover）计划和火箭飞行器核发动机（NERVA）计划的研究，建造并试验了超过20种的核火箭反应堆。Rover计划和NERVA计划使得固体堆芯核火箭技术取得了较大的发展，其中以铀-235为燃料、氢气为推进剂、石墨为慢化剂及铍为反射剂的均质反应堆

芯功率达到 5 000 MW 以上。此外，美国在开展方格蜂槽
（SLHC）空间核火箭发动机的研制过程中，综合了 NERVA 及其
派生类核反应堆的优点，采用新型燃料和简化反应堆结构，如
图 11 - 3所示。SLHC 发动机的设计指标为：推力为 50～250 kN，
比冲为 9 123～9 516 m/s。

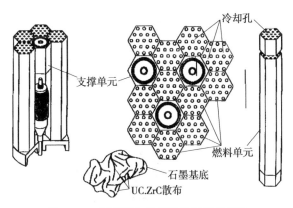

图 11 - 3　NERVA 反应堆的结构示意图

　　苏联解体后，俄罗斯的研究工作基本停顿，而美国则继续开展
了空间核热推进（SNTP）的研制计划，并于 20 世纪末研制出接近
实用的微型反应堆核火箭发动机（MITEE），其结构如图 11 - 4 所
示。MITEE 发动机采用图 11 - 5 所示的基于颗粒床反应堆（PBR）
的技术，颗粒床反应堆技术的主要着眼点是缩小体积，减轻结构质
量和提高反应堆的换热效率，同时为适应太空探测的任务，将推力
也适当减小，反应堆功率和输出功率密度都相应有所减小。

　　苏联的 RD - 0410 以及美国的 NERVA 的实物照片如图 11 - 6
所示。

　　国内早在 1949 年，钱学森先生就提出过发展核火箭的设想，随
后国内学术界也开展了关于核火箭的初步探讨，但受当时国民经济、
技术的制约，实际研制工作并未开展。2000 年 12 月 21 日由清华大
学实施的国内第一座高温气冷堆（简称 HTR - 10 堆）建成，表明我

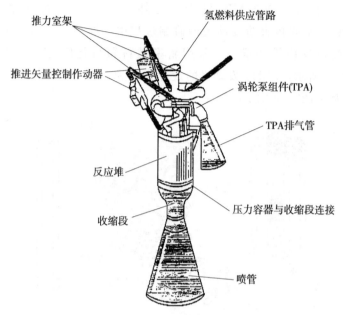

图 11-4　MITEE 发动机的结构示意图

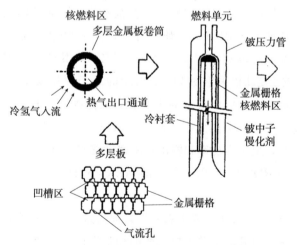

图 11-5　PBR 反应堆的结构示意图

(a) RD-0410(苏联，推重比1.8)　　(b) NERVA(美国，推重比2～3)

图 11 - 6　核热火箭发动机的实物照片

国已经掌握了高温气冷堆的设计、加工和建造技术，这将为我国发展核动力火箭提供有力的支持。

核热推进的优点主要有：

1）有较高的比冲，核热推进利用核裂变反应放出的热量加热氢工质，当排出气体温度达 3 000 K 时，比冲可达 9 806 m/s；

2）反应堆工作寿命都很长（一般在 10 年以上），在寿命期内可以为推进工质提供足够的热能。

总体而言，由于技术上的难度和缺乏明确的任务目标，核热推进从 20 世纪末以来，似乎开始进入相对缓慢发展的阶段。核热推进技术面临的共同问题主要有：反应堆体积庞大、质量太大，使得发动机的推质比最大只有 5 左右；输出功率密度较低，平均功率密度只有 3～5 MW/L；由于材料热应力的限制，发动机的起动时间都较长（典型启动时间在 30～60 s 的范围），致使推进剂在发动机的损耗太大。使得发动机的推质比最大只有 5 左右；输出功率密度较低，平均功率密度只有 3～5 MW/L；由于材料热应力的限制，发动机的起动时间都较长（典型启动时间在 30～60 s 的范围），使得推进剂损失太大。

核热推进的应用前景主要有：可利用行星和其卫星、小行星上的资源（如冰、及冰层下深处海洋中的水或甲烷）来制造推进工质，实现再加注推进剂，从而可以将深空资源运输回地球，以弥补地球资源的不足；可以将空间核热推进系统制成核冲压发动机，利用行星（如木星、土星、天王星和海王星）及卫星（如土星 6）的大气作为工质和反应堆的无限热能，进行无限制的环绕飞行，若飞行器上携带足够的探测仪器，则可对其大气层进行的各种状态（成分组成、密度和温度）进行详细的探测。这对于空间探测任务来说，是一个质变的革命性变化，而化学火箭则是望尘莫及的。

总而言之，核热推进的应用不仅将对人类的空间科学研究、太空探测带来量和质的突变，而且对人类定居太阳系和长远的经济发展，都有极其重大的意义。

（2）核电推进

核电推进是通过热电转换装置，将核反应堆裂变产生的热能转变为电能，电能供给电推进系统后，由电推进系统产生推力的推进系统，核电推进的能量分配如图 11-7 所示。

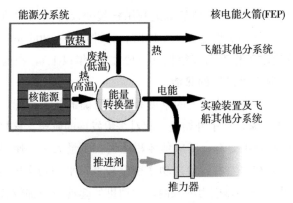

图 11-7　核电推进的能量分配

核电推进的比冲理论上可达 49 050～294 300 m/s。但由于结构复杂、质量大、热电转化效率低、能耗高的特点，一般仅适用于小推力的推进系统中，主要用于航天器的精确调姿、位置保持、或者作为小载荷的无人探测仪器推进。

11.2.2　核聚变推进技术

核聚变推进技术的能量来源于原子核聚变产生的能量，而要产生核聚变，需要将聚变材料在高压下保持（或约束）足够长的时间，并加热到近亿度。因此，核聚变控制是核聚变推进的关键。

目前主要有两种实现方案：一种是惯性约束核聚变（ICF）推进系统，也称为脉冲式核聚变推进系统（PFPS）；另一种是磁约束核聚变（MCF）推进系统。惯性约束核聚变推进系统用燃料本身的惯性来约束它，采用激光束或中子束点燃推力室内可发生核聚变反应的物质，产生推力。由于激光束或中子束能将核物质压缩到发生聚变所需的密度和温度，此时核物质的轻原子就会转变成重原子，并释放出大量的能量。惯性约束核聚变推进系统的核聚变反应与氢弹的原理相同，但规模要小得多。磁约束核聚变推进系统的工作原理是采用微波等手段，将推进剂（氢）加热到可发生聚变所需的温度，推进剂产生高温等离子体，依靠外界施加的强磁场对高温等离子进行约束、加速，产生推力。

核聚变的燃料通常为氘与氚的混合物。氘在海水里大量存在，而氚则需要人工合成。另一种燃料是氘与 He‑3 的混合物，其优点是反应产物为高能离子，可以直接从喷管中喷出产生推力。

现有技术条件下，核聚变推进技术还很不成熟。相对而言，磁约束核聚变推进系统的应用前景比较好。1985 年，美国的普林斯顿大学建了一座 Tokamak 核聚变反应堆（如图 11‑8 所示），并实现了 7 MW 的可控核聚变功率。1998 年，欧洲也建立了一个联合 Tokamak 反应堆。正如科学家预计的那样，或许会到 2050 年左右，当商业化的核聚变反应堆陆续投入使用后，核聚变推进技术才会迎来新的发展契机。

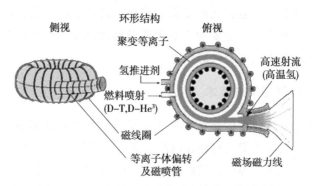

图 11 - 8　Tokamak 核聚变反应堆的工作原理图

11.2.3　反物质推进技术

反物质推进技术是将反物质在超低温条件下制备成固态反氢分子，并储存于磁约束的"容器"中，然后利用交变磁场将反氢物质运输到推力室，与从液氢贮箱供应的氢发生泯灭反应，释放出巨大的能量并形成高温物质，产生推力。反物质推进技术的工作原理如图 11 - 9 所示。

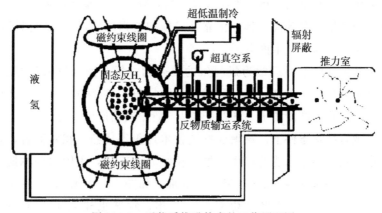

图 11 - 9　反物质推进技术的工作原理图

从能量角度来看，反物质推进技术在性能上更具优势：1 g 反氢原子与等量氢原子泯灭所产生的能量，相当于 23 个美国航天飞机外挂贮箱所携带推进剂燃烧产生的能量；反物质与物质泯灭产生的能量，高于核聚变所产生能量的两个数量级以上。通过控制反物质与推进剂的比例，理论上利用磁约束喷管的反物质推进系统的比冲可以达到 10^8 m/s 的量级。如果未来能在反物质的制备、储存和运输等技术上取得重大突破，则将带来推进系统的革命性变化。

11.3 太阳能热推进技术

太阳能推进技术可分为太阳能电推进（SEP）技术和太阳能热推进（STP）技术两大类。太阳能电推进技术是通过太阳能电池将太阳能转化成电能，再通过电源处理系统将电能供应给各种电推力器，由电推力器产生推力；太阳能热推进技术是利用聚集的太阳能直接加热工质，产生高温、高压气体，高温、高压气体经喷管膨胀产生推力。这里主要介绍太阳能热推进技术的原理、性能优势及研究现状。

11.3.1 工作原理

根据对推进剂加热方式的不同，太阳能热推进技术可分为间接吸热式（Indirect absorption）和直接吸热式（Direct absorption）两类。间接吸热式太阳能热推进系统中，太阳光束通过太阳能主聚光器改变传播方向，再通过折射式二次据聚光器将能量聚集于吸收器的内腔壁，使吸收器自身温度升高。当推进剂（通常为 H_2 气体工质）通过环绕于吸收器壁面的气体管路时，受传导、对流或辐射的换热作用而被加热并膨胀，膨胀后的高温气体进入膨胀室，经热气阀控制并通过喷管高速喷出产生推力。与间接吸热式太阳能热推进相比，直接吸热式太阳能热推进系统中太阳光束聚能后直接用来加热推进剂工质，使推进剂被加热、膨胀而产生推力。太阳能热推进的工作原理如图 11 - 10 所示。

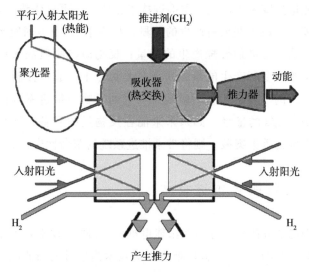

图 11 - 10　太阳能热推进的工作原理图

（1）间接吸热式太阳能热推进

间接吸热式太阳能热推进系统如采用用 H_2 作为推进剂，加热温度可达 2 770 K 以上，典型的发动机比冲和效率分别为 8 526 m/s 和 60%。根据热交换腔是否密闭，分为开式（Open heat exchanger cavity receiver）和窗式（Windowed heat exchanger cavity receiver）两种，如图 11 - 11 所示。

在间接吸热式太阳能热推进中，辐射换热器通常是一个真空辐射换热空腔。在不考虑太阳能聚集器的影响下，间接吸热式太阳能热推进的推进剂所能达到的最高温度主要取决于真空腔材料的最高温限以及其导热性能。目前，铼是继钨和碳之后第三难熔材料，而且具有其他的优点，被视为一种理想材料。

（2）直接吸热式太阳能热推进

直接吸热式太阳能热推进系统中，推进剂在推力室中与传热载体分子或离子团掺混，再通过热传导、对流、辐射方式将这些载体所吸收的太阳辐射能转换为推进剂气体的热能，因此系统中最高温

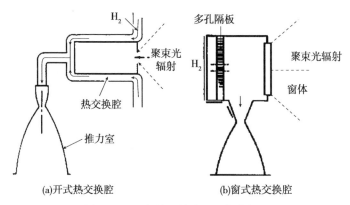

图 11 - 11　间接吸热式太阳能热推进

度不是出现推力室壁面，而是出现在工作流体中，并且由于载体微粒的换热，推进剂的整体换热效率相对较提高了，发动机的推力性能优于间接吸热式太阳能推进。典型的发动机比冲和效率分别可达到 7 840～12 740 m/s 和 70％左右。

分子/粒子式太阳能热推进通常采用具有很宽的吸收太阳能光谱带的碱金属蒸气（如钠、钾及铯蒸气粒子）与推进剂混合来实现热传递，如图 11 - 12 所示。在热能的转换过程中只有传热载体，没有转换太阳能的中间材料，所以也就不再有材料温度限制的问题，因此推进剂可以达到很高的工作温度。此外，恰当地应用辐射能收集技术还可以使燃烧室中心温度提高，而靠近壁面温度则相对较低。

旋转粒子床式太阳能热推进的推力室是由多孔材料制成的可旋转的圆筒形腔体。由太阳能聚光器聚集的太阳光，通过透明固体窗（多为石英或碱金属氟化物制成）射入推力室并被附着于腔内壁的石墨微粒吸收。推进器工作时推力室旋转，石墨微粒靠离心力紧紧依附于腔壁上，当推进剂通过时迅速吸收石墨的热量而升温，再经喷管排出。对于高速旋转的粒子床来说，换热性能的好坏不仅取决于传热载体的特性，还与推力室旋转速度有关，因此驱动推力室高速转动的方法是旋转粒子床式太阳能热推进技术的关键问题。另由于

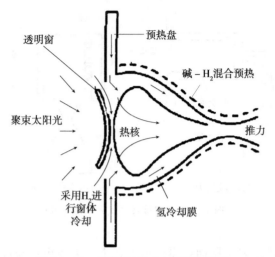

透明窗

预热盘

碱 – H_2混合预热

聚束太阳光

热核

推力

采用H_2进
行窗体
冷却

氢冷却膜

图 11 - 12　分子/粒子式太阳能热推进

高速旋转所产生巨大的离心力以及掺混物相当高的温度对轴承、推
力室多孔材料、密封材料及透明固体床来讲都是十分严峻的考验。
在性能设计中还要考虑透明固体窗引发的再辐射、红外辐射等问题。
此外,在对热力性能进行计算时,建立掺混物的流体力学模型,对
微粒间的热交换进行准确的数学描述也十分困难。

　　在目前的科研条件下,由于技术上的复杂性,直接吸热式太阳
能热推进并未被大多数科研人员看好,相对间接吸热式太阳能热推
进来说,离实际应用还有相当长的路要走。

11.3.2　特点及应用

　　与电推进技术相比,太阳能热推进技术利用聚集的太阳能直接
加热推进剂而产生推力,因此不需要电能转换和管理分配系统,系
统简单可靠、能量利用率高;与化学能推进发动机相比,太阳能热
推进技术的比冲较高,对同样的星际探索任务,可使有效载荷质量
比提高 1.36～3.4 倍。

　　太阳能热推进技术可以应用于通信卫星由近地轨道向地球静止

轨道的轨道转移。太阳能热推进系统的吸收器可以使用热贮存材料，在惯性滑行状态下积聚热能量，并且在推力阶段将热量传给推进剂完成推动。通过这种方式，可以在有限的时间内产生较高的推力，也进一步解决了太阳能热推进技术对太阳定位以及推力矢量控制的问题。

太阳能热推进技术也可以应用于行星间飞行器推进，其平均比冲可以达到 9 094 m/s。欧洲空间局提出一种将传统化学推进和太阳能热推进相结合的混合推进方案，从进入地球亚轨道开始，混合推进系统工作包括如下几个阶段：采用太阳能热推进系统到达地球高椭圆轨道；在近地点化学推进系统点火，以进行行星间轨道插入；如果有必要，行星间飞行时进行第二次太阳能热推进系统工作；行星间巡航；在近拱点化学推进系统点火，实现轨道插入。

11.3.3　研究现状

目前，国外主要有美国、日本和俄罗斯等国在进行太阳能热推进技术的相关研究。

美国在太阳能热推进技术的研究计划中启动了 STUS（Solar Thermal Upper Stage）和 ISUS（Integrated Solar Upper Stage）两个研究项目。其中，STUS 的研究重点是微重力环境下液氢（LH_2）的储存与供应系统，而 ISUS 的研究重点是高效的太阳能聚光器。STUS 和 ISUS 的研究目的是从设计、制造和操作等方面论证太阳能热推进系统作为上面级发动机的技术可行性，为太阳能轨道转移推进装置 SOTV 的研究奠定基础。1997 年 7 月～9 月，NASA Lewis 研究中心对 ISUS 系统成功地进行了地面实验，实验中测得的吸收器/推力室的最高壁温为 2 200 K，推进剂气体的最高温度为 2 022 K，推进剂流量为 1.7 g/s，计算比冲达 7 420 m/s。

另外，NASA 于 1997 年开始研究以太阳能热推进为推进系统的流星飞行实验系统，目的是考核太阳能热推进各部件结构的完整性及其性能。该装置采用两次太阳能聚光系统，即一次太阳能聚光器是可膨胀展开的菲涅耳（Fresnel）透镜，二次太阳能聚光器是折射式聚光器（材料大多采用石英、青玉及钇铝石榴石等）。

日本关于太阳能热推进技术的研究主要是针对远地点或近地点发动机的使用。在吸收器/推力室的材料方面，铼通常是一种高温性能非常优越的金属材料，但铼生产技术成本非常高，而钼和钨及其合金在加工焊接过程和高温再结晶过程中又易碎，制造工艺难度较大。日本则在这一研究领域取得了可喜成果：通过在单晶钼和单晶钨中掺杂少量 CaO 和（或）MgO，热轧制成单晶钼板和单晶钨板，提高了钨和钼及其合金材料的延展性，解决了钼和钨及其合金在加工焊接过程和高温再结晶过程中的易碎问题。用单晶钼或钨成功地研制了微小型（吸收器/推力室内径为 4 mm，外径为8 mm）、小型（吸收器/推力室内径为 10 mm）、中型（吸收器/推力室内径为20 mm）和大型（吸收器/推力室内径为 50 mm）的太阳能热推进系统，并以 N_2 或 He 为推进剂，进行了初步的性能实验。实验结果显示：微小型太阳能热推进系统中推进剂加热温度可达 2 000 K，折算成 H_2 的比冲达7 500 m/s；小型太阳能热推进系统中推进剂加热温度达 2 300 K，折算成 H_2 的比冲达 8 000 m/s；中型太阳能热推进系统中推进剂加热温度可达 1 600 K，折算成 H_2 的比冲达6 500 m/s（分析比冲低的主要原因是聚光器太小）；大型太阳能热推进系统中推进剂加热温度达 2 000 K，折算成 H_2 的比冲达 7 500 m/s。

俄罗斯的研究方向是开展带有补燃室的太阳能热推进技术研究。补燃式太阳能热推进的工作原理是：推进剂 H_2 由储箱进入吸收器/推力室，被聚光器聚集的太阳能初步加热，加热后的 H_2 进入补燃室，与由储箱进入补燃室的氧化剂混合燃烧后经喷管喷出产生推力，如图11-13所示。莫斯科航空研究所对补燃式太阳能热推进在不同氧化剂与燃烧剂比值情况下发动机的热力学特性、补燃室内压强对比冲的影响等进行了分析，认为补燃室内维持相对较低的压强对该类型太阳能热推进有利。

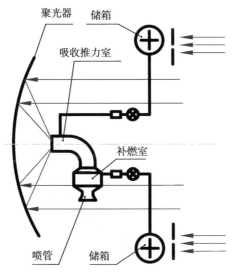

图 11-13 补燃式太阳能热推进的工作原理图

欧洲的太阳能热推进技术的发展相对于美国则较为缓慢，仅有欧洲空间局委托法国的斯奈克玛公司（Snecma）和欧洲航空防务与航天公司（EADS—LV）进行了太阳能热推进技术的研究。斯奈克玛公司的研究认为，虽然太阳能热推进技术与传统的双组元化学推进相比，可将更多的有效载荷送入地球静止轨道，但是太阳能热推进的较大干重百分比降低了其性能，同时太阳能热推进系统的液氢储箱很大，造成其在整流罩下的组装困难。为此，斯奈克玛公司提出了一种新型的推进系统——低成本轨道低温推进系统（Low Cost Orbital Cryogenic Propulsion，LCCP）。该系统利用低压工作的氢氧发动机（推力 200~1 000 N），在拱点（近地点或远地点）多次点火工作，完成轨道转移任务。低成本轨道低温推进系统的轨道转移时间远小于太阳能热推进系统，且推进剂储箱小。斯奈克玛公司认为，低成本轨道低温推进系统和太阳能热推进的组合式推进能为星际航行任务提供更高的性能。

总之，国外对太阳能热推进技术的研究主要有以下几种类型。

（1）单一吸收器/推力室式太阳能热推进

单一吸收器/推力室式太阳能热推进的原理如图 11-14 所示，可看出相应的只有一个旋转抛物面太阳能聚光器。

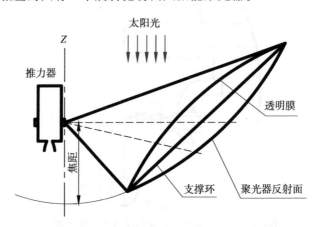

图 11-14 单一吸收器/推力室式太阳能热推进

（2）背对背布置的双吸收器/推力室式太阳能热推进

背对背布置的双吸收器/推力室式太阳能热推进的原理如图 11-15 所示，可看出有 2 个相同尺寸的吸收器/推力室，相应的有 2 个面对面布置的反射式太阳能聚光器。

（3）补燃式太阳能热推进

补燃式太阳能热推进除有一个吸收器/推力室外，还带有一个补燃室。补燃式太阳能热推进适用于克服地球引力的任务。

（4）太阳能二次聚光式太阳能热推进

根据二次聚光器的光线聚集原理，太阳能二次聚光式太阳能热推进一般分为折射二次聚光式（如图 11-16 所示）和二次光锥聚光式（如图 11-17 所示）两类。日本国家航空航天实验室（NAL）研制的以单晶钨为材料的背对背布置的双吸收器/推力室式太阳能热推进即采用这种方式，其中二次光锥聚光器与吸收器/推力室间互不接触，二者的间隙 δ 不大于 1 mm，以减小光的泄漏损失。根据实验结果，使用二次光锥聚光器后，能量密度为使用前的 2.2 倍。

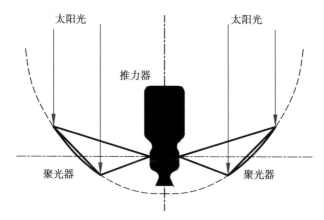

图 11 - 15　背对背布置的双吸收器/推力室式太阳能热推进

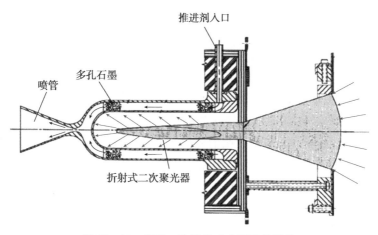

图 11 - 16　折射二次聚光式太阳能热推进

国内对太阳能热推进技术的研究还处于摸索阶段，主要是跟踪国外发展现状，展开一些相关技术的研究。西北工业大学针对折射二次聚光式太阳能热推进技术，给出了其性能预示的工程算法。计算结果表明，以氢气为推进剂，太阳能热推进技术具有比冲较高（7 500 m/s）、推力范围宽（0.6～50 N）的特点，并分析了聚光器的聚光比、太阳辐射能通量密度和推进剂气体的流量对性能的影响，

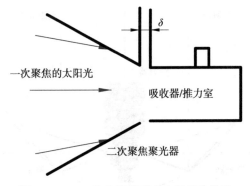

图 11 - 17　二次光锥聚光式太阳能热推进

得出了参数间的变化关系，为太阳能热推进的设计参数选取和进一步研究提供了参考。

11.4　太阳帆推进技术

太阳帆推进是一种利用太阳光的光压进行太空飞行的技术。太阳帆由中央鼓轮核向四周辐射展开的辐条（帆板）组成，其外形如图 11 - 18 所示。辐条受太阳的光压为动力而向外层空间运动。在没有空气阻力的宇宙空间中，太阳光光子会连续撞击太阳帆，使太阳帆获得的动量逐渐递增，从而达到要求的加速度。

11.4.1　原理及组成

（1）太阳帆推进的原理

太阳帆推进的原理是利用太阳光的光压产生推力。光是电磁波，具有波粒二象性，根据量子力学，光是由许多称为光子的离散能力单元组成的。每个光子没有静态质量，但具有能量 E，以及动量 I

$$E = hv；I = hv/c \tag{11 - 1}$$

式中　　h——普朗克常数；

v——光子频率；

图 11 - 18　太阳帆推进的外形图

c——真空中光速。

当光照射到物体表面时，光子会被表面反弹，就像气体分子撞到物体上一样，它的动能就转化为对物体的压力。根据动量守恒定律，如果被照物体能全部反射光，物体将会得到原光子两倍的动量。若每秒单位面积通过光子数为 n，则被照物体表面每秒单位面积的光动量变化为 ΔI

$$\Delta I = 2nh\upsilon/c \qquad (11-2)$$

根据牛顿第二定律，动量变化等于外力冲量，在每秒单位面积条件下，即为光压 p

$$p = 2nh\upsilon/c = 2N/c \qquad (11-3)$$
$$N = nh\upsilon$$

式中　N——能量流密度。

根据光的电磁理论，光照到导体表面上时，导体中的自由电子就处在交变电磁场作用下，产生感应电流，此电流在磁场中受力，就形成光压力。

通过上述理论推导，可以得到太阳辐射压力 p_0（地球附近，绝对黑体受到的太阳辐射压力为 4.57×10^{-6} N/m^2）。若太阳光完全反射，太阳帆受到的推力

$$F = 2p_0 S \cos\theta \left(\frac{R_0}{R}\right)^2 \qquad (11-4)$$

式中　θ——太阳光的入射角；

　　　S——太阳帆的面积；

　　　R_0——地球到太阳的距离；

　　　R——太阳帆到太阳的距离。

太阳光的光压大小与被照射的物体表面面积成正比。光压非常小，轨道上直径 300 m 的太阳帆，由光压获得的推力为 3.4 kN。为了让飞行器获得足够推力，太阳帆必须能够接受足够大的受照面积，以获得足够光压。光压大小也与受照物体表面的反光系数相关，表面镀铝或银，使其具有全反射的特性，所产生的光压就大。因此太阳帆要能够实现应用，必须具备质量轻、高反射的条件。

太阳帆的帆板一般为聚酯或聚酰亚胺等高分子材料薄膜，表面为反光涂层。太阳帆一般由很多大型的反射表面组成，通过改变太阳帆的角度，就可以达到控制飞行方向的目的。

（2）太阳帆推进的组成

太阳帆推进主要由支撑结构、太阳帆薄膜和包装展开机构组成。

①支撑结构

太阳帆、系链及锚索核杆组成的整个系统需要与太阳帆航天器的核心结构连接在一起。通过使用先进的复合材料核纤维，能够制造出质量很轻的可展开支撑结构。德国宇航研究院设计的太阳帆支撑结构由 4 根 14 m 长的碳纤维增强复合材料管组成，厚度小于0.01 mm，使用时充气刚化。

②太阳帆薄膜

单个光子所传送的动量非常小，必须使用大型的太阳帆来拦截大量的光子，以收集足够的能量。为了提高航天器的有效载荷能力，要求太阳帆超大、超轻、超薄。选择太阳帆材料时需要考虑空间环境的影响，拉伸时薄膜平整，形成近乎完美的反射面。太阳帆薄膜的材料是镀铝的聚酰亚胺或聚酯薄膜。目前最薄的聚酰亚胺薄膜厚度为 7.6 μm，面密度为 11 g/m^2。

③包装展开机构

在结构设计中，最有挑战性的问题之一就是如何将发射过程中紧密地包装太阳帆薄膜和支撑结构，在轨道上可靠地展开。一般选择与展开方法一致的包装方案，要求为包装体积最小以及内部没有残存的气体；太阳帆结构中所有元件的展开应是可控的、稳定的以及对缺陷和小的扰动反应不敏感。

11.4.2　特点及应用

与化学能推进技术、电推进技术、核推进技术及太阳热推进技术相比，太阳帆推进技术具有独特的优势。

（1）持续加速

太阳光压本身所提供的加速度非常小，但是太阳光可以看作是一种用之不竭的能量，可以持续不断地加速，而传统飞行器依靠火箭发动机只能加速有限的时间，通常不过几十分钟。

可以推算，由于太空中空气阻力为零，如果太阳帆产生的加速度达到 1 mm/s^2，航行 24 h，速度将会增加约 310 km/h，飞行路程为 7 500 km；到第 12 天时，它的速度将增加 3 700 km/h；如果能持续飞行 3 年，速度会提升到 160 000 km/h，这是人类任何飞行器都没有达到过的高速，相当于人类的宇宙探测先驱旅行者号探测器飞行速度的 3 倍。

（2）节省能量

以火星探测为例，使用传统的火箭发动机从地球向火星发射探测器，常规方法是首先进入环地球轨道，达到第一宇宙速度。而后依靠发动机加速实行变轨，达到环日轨道并与火星交会。第三步发动机给出制动脉冲，飞行器减速，被火星万有引力捕获并进入环火星轨道。

按照这个方案，假设飞行器初始位于 200 km 高度的环地球圆轨道，则须进行霍曼（Hohmann）变轨进入环地球大椭圆轨道，在远地点进行第二次霍曼变轨进入环日轨道追赶火星。

根据行星的宇宙常数、平均轨道半径，不考虑过多变轨机动细节可大致计算出脱离地球轨道的变轨所需要的速度增量约为 8.92 km/s。与火星交汇后，假设飞行器由抛物线轨道进入高度为 200 km 的环火星轨道，所需要速度增量约为 1.42 km/s。由此可见，行星际的探测活动是非常耗费能量的，传统的飞行器飞往火星必须携带大量的燃料。而太阳帆推进则不需要携带这些燃料，因此可以携带更多的有效载荷。

太阳帆推进技术的另一优点是清洁、安全。太阳帆不消耗能源，不发生化学变化，不产生废气、废物，不污染环境，是人们所希望的"绿色动力"。

太阳帆推进技术可应用于长时间、远距离和超远程的航天飞行，具有很广阔的应用前景。如前所述，靠持续不断的加速所达到的速度对于行星际航行已经足够了。虽然对于恒星际航行依然不足，但是从理论上讲，依靠持续加速太阳帆飞船可以到达任何一个速度，从而达到任何一个地区。NASA 先进概念研究所的朱布伦博士表示，如果设计合理，从理论上说，太阳帆的最高速度可达光速的 2% (6 000 km/s)，若真如此，恒星际航行将成为可能。届时，给这种宇宙飞船提供动力的将不是太阳，而是安装在卫星上功率巨大的激光器。太阳帆飞行器是目前为止人类能够进行深空探测甚至恒星际航行所具有的唯一可行的技术手段。

11.4.3　研究现状

太阳帆推进技术的主要研究机构有：俄罗斯巴巴金科学研究中心、俄罗斯空间研究所、德国航空航天研究院（DLR）、欧洲空间局以及美国国家航空航天局等。

俄罗斯在太阳帆推进技术上率先迈出了一步。莫斯科时间 2004 年 7 月 20 日，俄罗斯在巴伦支海成功进行了宇宙 1 号太阳帆飞船的发射实验。宇寓-1 号太阳帆由国际行星协会与俄罗斯巴巴金科学研究中心共同研制，是人类历史上第一艘实验型太阳帆飞船。此次飞行试验的目的，主要是测试形如花瓣的两个太阳帆能否在太空中顺利打开并产生动力，检验现行方案的合理程度，并为更远距离的航行提供借鉴，探索将来行星际旅行的可能性。火箭在液体燃料发动机的推动下，进入远地点约 1 200 km 的太空轨道后，飞船分离并缓缓地张开了两个花瓣状、总直径约 26 m 的太阳帆。这艘太阳帆飞船在近地轨道飞行约 25 min 后，按预定计划返回了地球，并准确降落至俄罗斯的堪察加半岛。

德国航空航天研究院于 1999 年 12 月进行了 20 m×20 m 的太阳帆地面演示试验。与欧洲航天局（ESA）合作进行制定了一个从 2002—2014 年的详细研究计划，主要研究内容包括：地面展开演示、轨道展开演示、自由飞行演示、深空科学探测等，总经费达 1 亿欧元。

美国也在太阳帆航天器方面开展了大量的研究工作，包括选择太阳帆的制造材料、航天器发射和太阳帆在太空的展开等问题。美国德克萨斯一家名为 Team Encounter 的公司也宣布，他们正在研制"人类第一艘星船"的太阳帆，大小相当于一个足球场。

11.5　脉冲爆震推进技术

脉冲爆震推进技术是利用间歇式爆震波产生的高温高压燃气来产生推力的一种新技术，燃料以剧烈的爆震方式燃烧，爆震波以超声速传播，可以产生极高的温度和压力。脉冲爆震推进系统具有结构简单、热效率高等优点。

11.5.1　工作原理

在自然界中有两种燃烧波：一种是爆燃波，另一种是爆震波。爆燃波通常以相对低的速度向未燃混合物传播，大多数碳氢燃料与空气的混合物的火焰传播速度约为每秒几米至十几米。其传播速度主要受层流或湍流的质量与热量扩散控制。爆燃波使流体比容增加，压力略有下降，可近似认为是等压过程。爆震波则以每秒几千米速度向未燃混合物传播，其本质上是激波后跟一个燃烧波。爆震波能产生极高的燃气压力（大于 15～55 atm）和燃气温度（大于 2 800 K），由于传播速度极快，其后的燃烧过程可视为等容燃烧过程。从热力学角度来看，定容燃烧的热力循环效率可达 47%，明显高于定压燃烧的 27%，因此脉冲爆震推进系统可极大地改善性能。

采用脉冲爆震推进技术的发动机称为脉冲爆震发动机（PDE，Pulse Detonation Engine），其工作原理是先给燃烧室以低压注入燃料和氧化剂混合物，然后用一个适当的点火源引爆混合物，在极短时间内，爆震波在燃烧室迅速传播，产生的高温高压燃气从尾喷管排出而产生推力，新的燃料和氧化剂随即注入爆震管，新一轮循环开始，如图 11-19 所示。

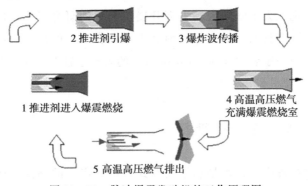

图 11-19　脉冲爆震发动机的工作原理图

脉冲爆震发动机主要由燃料和氧化剂输送系统、推进剂集流腔、脉冲流量控制阀、爆震引发系统、爆震燃烧室、传热/冷却系统、喷管/燃烧室结合件和喷管组成，如图 11-20 所示。

通常将采用脉冲爆震推进技术的推进系统分为纯脉冲爆震发动机（pure PDE）、组合脉冲爆震发动机（combined PDE）和混合脉冲爆震发动机（hybrid PDE）。纯脉冲爆震发动机由一排爆震管、一个进气道和一个尾喷管组成，结构最简单；组合脉冲爆震发动机是

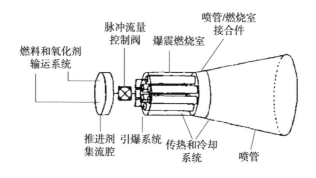

图 11 - 20　脉冲爆震发动机的组成

把脉冲爆震发动机与冲压发动机的流路或其他推进循环组合在一起，每一循环在不同的飞行速度范围内工作，以优化整个系统；混合脉冲爆震发动机是把脉冲爆震发动机与叶片机进行某种组合，用脉冲爆震燃烧代替定压燃烧。

11.5.2　特点及应用

脉冲爆震发动机与涡喷发动机相比，其可用燃料范围更宽，推重比更高。脉冲爆震发动机在 $Ma\ 0\sim4$ 的整个速度范围内都有较高的效率，在低速状态的效率低于涡喷发动机，但在高速（$Ma\ 2\sim4$）下，其性能优于其他发动机。其次，脉冲爆震发动机不像冲压发动机那样需要一台单独的发动机来达到巡航速度后才能投入工作，它能依靠自身的动力起动。此外，脉冲爆震发动机只有极少的转动零件，结构简单，易于维护。与其他类型发动机相比，脉冲爆震发动机的成本也较低（比超声速涡轮发动机低 75%）。

与现有的火箭发动机相比，脉冲爆震发动机具有明显的性能优势，理论上脉冲爆震发动机的推重比可达 20，飞行高度范围为 $0\sim50\ km$，推力范围 $5\sim490\ kN$，油率小于 $0.102\ km/s$。脉冲爆震发动机具有以下特点和优点：工作循环热效率可提高 18%～7%，比冲提高 5%～10%；结构简单、动力密度高、推重比大；推力调节比

大、响应快，特别适用于要求深度调节的空间发动机；具有自压缩
特性，对推进剂供应系统要求不高。

脉冲爆震发动机在军用和民用方面有广阔的应用前景，可应用
于亚声速、超声速和高超声速飞行器。

11.5.3　研究现状

国外对脉冲爆震推进机理的研究始于 20 世纪 40 年代初。美国
的政府研究机构、大学和公司有众多的脉冲爆震发动机研究计划，
美国空军研究实验室在采用碳氢燃料的吸气式脉冲爆震发动机和脉
冲爆震火箭发动机方面做了大量的工作。2004 年采用超临界燃料喷
射系统实现了 JP-8 燃料在空气中的爆震，完成了世界上第一架以
脉冲爆震发动机为动力的有人驾驶飞机的地面声学和振动试验。

除美国外，日本、加拿大、法国、比利时、俄罗斯以及以色列
等国也在积极开展脉冲爆震发动机的技术研究。国内对脉冲爆震发
动机的研究主要集中在航空航天院校，还处于以机理研究为主阶段，
实用研究相对偏少。虽然如此，仍然取得了丰硕成果。

11.6　其他新型推进技术

11.6.1　高能推进剂技术

在现有常规推进技术的基础上，通过提高推进剂的能量可以提
高推进系统的性能。当前的高能推进剂领域，$Be-O_2/H_2$ 与 $Li-F_2/H_2$ 组合的高能推进剂理论比冲能达到 7 000 m/s 左右，燃烧效率在
85%～90% 之间。

从能量的角度来看，远期最有潜力的高能推进剂要数自由原子
氢，因为自由原子氢的热值可以达到 2.19×10^5 kJ/kg（氢气的热值
只有 1.34×10^4 kJ/kg），其理论比冲可以达到 2×10^4 m/s 以上。根
据只有外层电子旋向相反的氢原子才能结合成氢分子的原理，利用
粒子轰击固态氢分子，使氢分子分解为氢原子，然后用超强磁场分

离出外层电子旋向相同的氢原子的方法可以获得自由原子氢。

自由原子氢制备与储存技术极为复杂，且长时间维持超低温极其困难，使用自由原子氢作为推进剂的高能推进剂火箭发动机技术离实际应用相距甚远，目前对自由原子氢的研究仅限于实验室中。

11.6.2 绳系推进技术

绳系推进技术是利用大气层到轨道空间中游离的带电粒子与端头裸露的电缆线形成闭合回路，当在电缆线中通电后，电缆线切割地球磁力线而产生推力，实现轨道上升的推进原理，其工作原理如图 11 - 21 所示。将飞行器上的离子传导体屏蔽，断开回路即可实现轨道保持，而当需要轨道下降时，只要取消屏蔽。

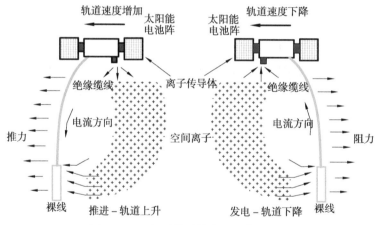

图 11 - 21 绳系推进技术的工作原理图

绳系推进技术具有结构简单、无需携带推进剂和可长期在轨运行等特点。绳系推进技术的可行性已得到了轨道飞行试验的初步验证。在亚轨道和低地球轨道的绳系结构展开、电磁力学特性与结构动力学特性试验中，最长的绳系成功展开，长度达到了 20 km（最终由于空间垃圾碎片碰撞而折断）。绳系推进技术的关键在于高强度轻质电缆线的研制、长电缆线的展开技术和结构稳定性的控制技术。

11.6.3　束能推进技术

束能推进技术是将能量聚焦成能量束，利用地基或空间站上的发射器远距离传输到飞行器上的接收器，接收器将能量转化为电能或热能从而产生推力，其工作原理如图 11 - 22 所示。能量束可以是激光束或微波束。束能推进技术最大的优点是能源与飞行器是分离的，结构质量较大的能源发射系统可以置于地面或大型空间站上。

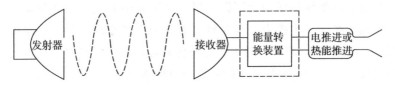

图 11 - 22　束能推进技术的工作原理图

束能推进技术的难点为大功率激光器或大功率微波发射器的研制，受激光器与微波发射器功率的限制，目前对束能推进技术的研究仅限于实验室，且所能推动的飞行器质量很小（几克至几十克）。此外，束能推进技术还存在激光或微波的超远距离传输与聚焦技术、飞行器精确跟踪和瞄准技术等。

2016 年 4 月，"突破摄星"项目由英国物理学家史蒂芬·霍金与俄罗斯亿万富翁尤里米纳尔、脸书创始人扎克伯格提出，开发以激光推进的、仅有邮票大小的微型星际飞船探索太空，以 1/5 光速在当前一代人的时间内实现飞到距离地球 4.37 光年的半人马座阿尔法星的目标。

11.6.4　等离子体帆推进技术

等离子体帆推进技术是在航天器周围形成一个封闭的磁场，然后将气体推进剂电离，沿磁力线方向喷出，由于等离子体无法穿越磁力线，它们就沿着磁层形成等离子层。当太阳风粒子与等离子体相碰撞时，将动量传递给航天器并推动航天器前进。等离子体帆推进技术利用周围环境能量，达到较高的效率和较大的比冲（可达上万秒），对太阳风的耦合可以通过将等离子体（被电离的气体）注入磁场而产生尺寸较大的磁泡或称微磁气圈的作用来完成。由于膨胀的过程是在电磁作用下实现的，它与太阳帆推进技术相比具有不可替代的优势。

等离子体帆推进作为深空主推进不仅可以减少星际探测飞行时间（冥王星探测只需 6 年，木星大气载入只需 1.2 年），还可以提供航天器辐射保护层，且其部件制造技术成本低。

等离子体帆推进的关键技术包括：空间环境太阳风的实验室地面模拟；推力测量理论方法与实验验证；数值仿真对壁面的处理，包括镜像电流、溅射与等离子体鞘层等；等离子体发生器结构优化以及螺旋型机化天线参数设计等。

参 考 文 献

［1］ 严传俊，何立明，范玮，等．脉冲爆震发动机的研究与发展［J］．航空动力学报，2001，16（3）：212-217.

［2］ 王文俊．国外高能推进剂研究的最新进展［J］．火箭推进，2003，29（2）：38-43.

［3］ ROY G D，FROLOV S M，BORISOV A A，et al. Pulse Detonation Propulsion：Challenges，Current Status，and Future Perspective［J］. Progress in Energy and Combustion Science，2004，30（6）：545-672.

［4］ 张纯良，高芳，张振鹏，等．太阳能热推进技术的研究进展［J］．推进技术，2004，25（2）：.

［5］ ANN K，HE X，MARK L. Propulsion：Pulse Detonation Wave Engine Simulation［ED］. http：// www. seas. ucla. edu/ combustion/ project/ pulsed-detonation-wave. html，2005.

［6］ 何伟锋，向红军，蔡国飙．核火箭原理、发展及应用［J］．火箭推进，2005，31（2）：37-43.

［7］ 夏广庆，毛根旺，唐金兰，等．太阳能热推进的研究与发展［J］．固体火箭技术，2005，28（1）：10-14.

［8］ 陈健，曹永，陈君．太阳帆推进技术研究现状及其关键技术分析［J］．火箭推进，2006，32（5）：.37-42

［9］ 刘宇艳，李学涛，杜星文．可展开太阳帆技术概述［J］．中国航天，2006，（5）：40-43.

［10］ 范玮，严传俊，李强，等．脉冲爆震火箭发动机试验［J］．推进技术，2006，27（5）：385-389.

［11］ ZAKIROV V，PAVSHOOK V. Russian Nuclear Rocket engine Design for Mars Exploration［J］. Tsinghua Science and Technology，2007，12（3）：256-260.

［12］ 李海鹏，何立明，张建邦．脉冲爆震发动机技术发展研究［J］．火力与指

挥控制，2008，33（2）：1-4.

[13]　李然，许滨，张珩. 空间电动绳系推进中导电系绳动态特性分析[J]. 振动与冲击，2008，27（6）：36-40.

[14]　MORI O，SAWADA H，Funase R，et al. First Solar Power Sail Demonstration by IKAROS [C]. 27th International Symposium on Space Technology and Science，2009.

[15]　陈国云，魏志勇，方美华，等. 核能推进航天器新方法[J]. 航天器环境工程，2010，27（1）：105-110.

[16]　DRAKE B G，HOFFMAN S J，BREATY D W. Human Exploration of Mars Design Reference Architecture 5.0 [C]. IEEE Aerospace Conference，Big Sky，MT，2010.

[17]　荣思远，刘家夫，崔乃刚. 太阳帆航天器研究及其关键技术综述[J]. 上海航天，2011，（2）：53-62.

[18]　JOHNSON L，YOUNG R，MONTGOMERY E，et al. Status of Solar Sail Technology within NASA [J]. Advances in Space Research，2011：48（11）.

[19]　张震亚. 太阳帆推进技术发展历程与研究要点[J]. 科技创业家，2013，（13）：5-8.

[20]　张群，范玮，徐华胜. 中国脉冲爆震发动机技术研究现状及分析[J]. 航空发动机，2013，39（3）：18-22.

[21]　陈立新，胡攀，王立鹏，等. 核热推进反应堆关键技术及其发展[J]. 现代应用物理，2014，5（2）：104-109.